火电厂生产岗位技术问答

HUODIANCHANG SHENGCHAN GANGWEI JISHU WENDA

汽轮机运行

主 编 杨 铸

参 编 贾三强 王国清

耿宝年 侯欣荣

中国电力出版社

www.cepp.com.cn

内 容 提 要

为帮助广大火电机组运行、维护、管理技术人员了解、学习、掌握火电机组生产岗位的各项技能，加强机组运行管理工作，做好设备的运行维护和检修工作，特组织专家编写《火电厂生产岗位技术问答》系列丛书。

本套丛书采用问答形式编写，以岗位技能为主线，理论突出重点，实践注重技能。

本书为《汽轮机运行》分册，简明扼要地介绍了热电厂设备基础知识及汽轮机组运行岗位技能知识，主要内容有岗位基础知识，设备、结构及工作原理，运行岗位技能知识，故障分析与处理。

本书可供从事火力发电厂汽轮机运行与检修日常工作的生产人员、技术人员和管理人员学习参考，以及为考试、现场考问等提供题库；也可供大、中专学校相关专业师生参考阅读。

图书在版编目(CIP)数据

汽轮机运行/《火电厂生产岗位技术问答》编委会编. —北京：中国电力出版社，2011.1（2021.3 重印）

（火电厂生产岗位技术问答）

ISBN 978-7-5123-0556-4

Ⅰ. ①汽…　Ⅱ. ①火…　Ⅲ. ①火电厂-汽轮机运行-问答　Ⅳ. ①TM621.4-44

中国版本图书馆 CIP 数据核字(2010)第 114721 号

中国电力出版社出版、发行

（北京市东城区北京站西街 19 号　100005　http://www.cepp.sgcc.com.cn）

北京雁林吉兆印刷有限公司印刷

各地新华书店经售

*

2011 年 1 月第一版　　2021 年 3 月北京第九次印刷

850 毫米×1168 毫米　32 开本　15.375 印张　494 千字

印数 15001—16500 册　　定价 **59.00** 元

前言

在电力工业快速持续发展的今天，积极发展清洁、高效的发电技术是国内外共同关注的问题，对于能源紧缺的我国更显得必要和迫切。在国家有关部委的积极支持和推动下，我国火电机组的国产化及大型高效火电机组的应用得到逐步提高。我国现代化、高参数、大容量火电机组正在不断投运和筹建，其发电技术对我国社会经济发展具有非常重要的意义。因此，提高发电效率、节约能源、减少污染，是新建火电机组、改造在运发电机组的头等大事。

根据火力发电厂生产岗位的实际要求和火力发电厂生产运行及检修规程规范以及开展培训的实际需求，特组织行业专家编写本套《火电厂生产岗位技术问答》丛书。本丛书共分 11 个分册，包括《汽轮机运行》、《汽轮机检修》、《锅炉运行》、《锅炉检修》、《电气运行》、《电气检修》、《化学运行》、《化学检修》、《集控运行》、《热工仪表及自动装置》和《燃料运行与检修》。

本丛书全面、系统地介绍了火力发电厂生产运行和检修各岗位遇到的各方面技术问题和解决技能。丛书的编写目的是帮助广大火电机组运行、维护、管理技术人员了解、学习、掌握火电机组生产岗位的各项技能，加强机组运行管理工作，做好设备的运行维护和检修工作，从而更加有效地将这些知识运用到实际工作中。

本丛书主要讲述火电机组生产岗位的应知应会技能，重点从工作原理、结构、启动、正常运行、异常运行、运行中的监视与调整、机组停运、事故处理、检修、调试等方面以问答的形式表述；注重新设备、新技术，并将基本理论与实用技术和实际经验结合，具有针对性、有效性和可操作性强的特点。

本书为《汽轮机运行》分册，由杨铸主编，贾三强、王国清、耿宝年、侯欣荣参与编写。

本书共分十五章，其中，第一章由大唐太原第二热电厂耿宝年编写；第二、五、六、十、十四章由山西兴能发电有限责任公司王国清编写；第三、四、七～九、十一、十二章由大唐太原第二热电厂杨铸编写；第十三、十五章由大唐太原第二热电厂贾三强编写。侯欣荣为本书的编写提供了大量资料。全书由杨铸统稿。

本丛书可作为火电机组运行及检修人员的岗位技术培训教材，也可为火电机组运行人员制订运行规程、运行操作卡，检修人员制订检修计划及检修工艺卡提供有价值的参考，还可作为大中专院校发电厂、电网及电力系统专业的师生的教学参考书。

由于编写时间仓促，本丛书难免存在疏漏之处，恳请各位专家和读者提出宝贵意见，使之不断完善。

《火电厂生产岗位技术问答》编委会

2010年8月

目录

第二部分 设备、结构及工作原理

第三部分　运行岗位技能知识

第四部分 故障分析与处理

第一部分

岗位基础知识

第一章 热力学基础识

1-1 什么是工质？工质有什么特性？火力发电厂采用什么作为工质？

答：工质是热机中热能转变为机械能的一种媒介物质（如燃气、蒸汽等），依靠它在热机中的状态变化（如膨胀）才能获得功。

为了在工质膨胀中获得较多的功，工质应具有良好的膨胀性。在热机的不断工作中，为了方便工质流入与排出，还要求工质具有良好的流动性和热力稳定性，其次还要求工质价廉、易取、无毒、无腐蚀性等。

在物质的固、液、气三态中，气态物质是较为理想的工质，目前火力发电厂广泛采用水蒸气作为工质。

1-2 什么是工质的状态参数？常用的状态参数有哪些？基本状态参数有哪些？

答：描写工质状态特性的物理量称为状态参数。

常用的工质状态参数有温度、压力、比体积、焓、熵、内能等。

基本状态参数有温度、压力、比体积。

1-3 什么是温度、温标？常用的温标形式有哪几种？

答：温度就是衡量物体冷热程度的物理量，从分子运动论的观点来说，温度是表示分子运动的平均动能的大小。

对温度高低量度的标尺称为温标。常用的温标有摄氏温标和热力学温标两种形式。

（1）摄氏温标。规定在标准大气压下纯水的冰点为0℃，沸点为100℃，在0℃与100℃之间分成100个格，每格为1℃，这种温标为摄氏温标，用℃表示单位符号，用t作为物理量符号。

（2）热力学温标（绝对温标）。规定水的三相点（水的固、液、气三相平衡的状态点）的温度为273.15K。绝对温标与摄氏温标每刻度的大小是相等的，但绝对温标的0K，则是摄氏温标的－273.15℃。绝对温标用K作为单位符号，用T作为物理量符号。

摄氏温标与绝对温标的关系为

$$t = T - 273.15(℃) \text{ 或 } T = t + 273.15(K) \tag{1-1}$$

1-4 什么是压力？压力的单位有几种表示方法？

答：分子不规则运动垂直作用于单位面积上的力称为压力，用符号 p 表示，即

$$p = \frac{F}{A} \quad (Pa) \tag{1-2}$$

式中 F——垂直作用于器壁上的合力，N；

A——承受作用力的面积，m^2。

压力的单位有如下几种：

（1）法定计量单位制中表示压力采用 N/m^2，名称为帕斯卡，符号是 Pa，$1Pa = 1N/m^2$。在电力工业中，机组参数多采用 MPa（兆帕），$1MPa = 10^6 N/m^2$。

（2）以液柱高度表示压力的单位有毫米水柱（mmH_2O）、毫米汞柱（mmHg），$1mmHg = 133N/m^2$，$1mmH_2O = 9.81N/m^2$。

（3）工程大气压的单位为 kgf/cm^2，常用 at 作代表符号，$1at = 98066.5N/m^2$；物理大气压的数值为 $1.0332kgf/cm^2$，符号是 atm，$1atm = 1.013 \times 10^5 N/m^2$。

1-5 什么是绝对压力？什么是表压力？

答：容器内工质本身的实际压力称为绝对压力，用符号 p_a 表示。工质的绝对压力与大气压力的差值为表压力，用符号 p_g 表示。因此，表压力就是用表计测量所得的压力，大气压力用符号 p_{atm} 表示。

1-6 绝对压力与表压力之间的关系是什么？

答：绝对压力与表压力之间的关系为

$$p_a = p_g + p_{atm} \text{ 或 } p_g = p_a - p_{atm}$$

1-7 什么是真空和真空度？

答：当容器内的压力低于大气压力时，把低于大气压力的部分称为真空。用符号 p_v 表示，其关系式为

$$p_v = p_{atm} - p_a$$

用百分数来表示真空值的大小称为真空度。真空度是真空值和大气压力比值的百分数，即

$$真空度 = \frac{p_v}{p_{atm}} \times 100\% \tag{1-3}$$

完全真空时的真空度为100%，若工质的绝对压力与大气压力相等时，真空度即为零。

1-8 什么是比体积和密度？它们之间有什么关系？

答：单位质量的物质所占有的体积称为比体积，用v表示，即

$$v = V/m(\mathrm{m^3/kg}) \tag{1-4}$$

式中 m——物质的质量，kg；

V——物质所占有的体积，$\mathrm{m^3}$。

比体积的倒数，即单位体积的物质所具有的质量，称为密度，用符号ρ表示，单位为$\mathrm{kg/m^3}$。

比体积与密度的关系为$\rho v=1$，显然比体积和密度互为倒数，即比体积和密度不是相互独立的两个参数，而是同一个参数的两种不同的表示方法。

1-9 什么是平衡状态？

答：在无外界影响的条件下，气体的状态不随时间而变的状态称为平衡状态。只有当工质的状态是平衡状态时，才能用确定的状态参数值去描述。也就是，当工质内部及工质与外界间达到热的平衡（无温差存在）及力的平衡（无压差存在）时，才能出现平衡状态。

1-10 什么是标准状态？

答：绝对压力为$1.013\ 25\times10^5$Pa（1个标准大气压）、温度为0℃（273.15K）时的状态称为标准状态。

1-11 什么是参数坐标图？

答：以状态参数为直角坐标表示工质状态及其变化的图称为参数坐标图。参数坐标图上的点表示工质的平衡状态，由许多点相连而组成的线表示工质的热力过程。如果工质在热力过程中所经过的每一个状态都是平衡状态，则此热力过程为平衡过程。只有平衡状态及平衡过程才能用参数坐标图上的点及线来表示。

1-12 什么是功？单位是什么？应如何换算？

答：功是力所作用的物体在力的方向上的位移与作用力的乘积。功的大小根据物体在力的作用下，沿力的作用方向移动的位移来决定。功不是状态参数，而是与过程有关的一个量。功的单位是N·m（或J），计算式为

$$W = Fs \quad (\mathrm{J}) \tag{1-5}$$

式中 F——作用力，N；

s——位移，m。

单位换算：1J＝1N·m，1kJ＝2.778×10^{-4}kWh。

1-13 什么是功率？单位是什么？

答：功率的定义是功与完成功所用的时间之比，也就是单位时间内所做的功，即

$$P = W/t \quad (\mathrm{W}) \tag{1-6}$$

式中 W——功，J；

t——做功的时间，s。

功率的单位就是瓦，1W＝1J/s。

1-14 什么是能？

答：物质做功的能力称为能。能的形式一般有动能、位能、光能、电能、热能等。热力学中应用的有动能、位能和热能等。

1-15 什么是动能？它与哪些因素有关？怎样表示？

答：物体因为运动而具有做功的本领称为动能。

物体的动能与物体的质量和运动的速度有关，速度越大，动能就越大；质量越大，动能也越大。动能与物体的质量成正比，与其速度的平方成正比。

动能按式（1-7）计算，即

$$E_\mathrm{k} = \frac{1}{2}mc^2 \quad (\mathrm{kJ}) \tag{1-7}$$

式中 m——物体的质量，kg；

c——物体的速度，m/s。

1-16 什么是位能？它与哪些因素有关？

答：由于相互作用，物体之间的相互位置决定的能称为位能，也称势能。物体所处高度位置不同，受地球的吸引力不同而具有的能，称为重力位能。

重力位能由物质的重量（G）和它离地面的高度（h）而定。高度越大，重力位能越大；物体越重，重力位能越大。重力位能 $E_\mathrm{p}=Gh$。

1-17 什么是热能？它与哪些因素有关？

答：物体内部大量分子不规则的运动称为热运动。这种热运动所具有的能量称为热能，它是物体的内能。

热能与物体的温度有关，温度越高，分子运动的速度越快，具有的热能就越大。

1-18　什么是机械能?

答：物质有规律的运动称为机械运动。机械运动一般表现为宏观运动。物质机械运动所具有的能量称为机械能。

1-19　什么是热量?

答：高温物体把一部分热能传递给低温物体，其能量的传递多少用热量来度量。因此物体吸收或放出的热能称为热量。

1-20　什么是热机?

答：把热能转变为机械能的设备称热机，如汽轮机、内燃机、蒸汽轮机、燃气轮机等。

1-21　什么是比热容？影响比热容的主要因素有哪些?

答：单位数量（质量或容积）的物质温度升高（或降低）1℃吸收（或放出）的热量，称为比热容。比热容表示了单位数量的物质容纳或储存热量的能力。物质的质量比热容用符号 c 表示，单位为 J/(kg・℃)。

影响比热容的主要因素有温度和加热条件。一般来说，随着温度的升高，物质比热容的数值就增大；定压加热的比热容大于定容加热的比热容。此外，分子中原子数目、物质性质、气体的压力等因素也会对比热容产生影响。

1-22　什么是热容量？它和比热容有什么不同?

答：质量为 m 的物质，温度升高（或降低）1℃所吸收（或放出）的热量称为该物质的热容。

热容 $C=mc$，即热容的大小等于物体质量与比热容的乘积，热容与质量有关，比热容与质量无关。对于相同质量的物体，比热容大的热容大；对于同一物质，质量大的热容大。

1-23　如何用定值比热容计算热量?

答：在低温范围内，可近似认为比热容不随温度的变化而改变，即比热容为某一常数，此时热量的计算式为

$$q = c(t_2 - t_1) \quad (\text{kJ/kg}) \tag{1-8}$$

1-24　什么是内能?

答：气体内部分子运动所形成的内动能和由于分子相互之间的吸引力所

形成的内位能的总和称为内能。

u 表示 1kg 气体的内能，U 表示 $m$kg 气体的内能，即

$$U = mu \tag{1-9}$$

1-25 什么是内位能？它与哪些因素有关？

答：气体内部分子克服相互间存在的吸引力具备的位能，称为内位能，它与气体的比体积有关。

1-26 什么是内动能？它与哪些因素有关？

答：气体内部分子热运动的动能称为内动能，它包括分子的移动动能、分子的转动动能和分子内部的振动动能等。从热运动的本质来看，气体温度越高，分子的热运动越激烈，所以内动能取决于气体的温度。

1-27 什么是焓？为什么焓是状态参数？

答：在某一状态下单位质量工质比体积为 v，所受压力为 p，为反抗此压力，该工质必须具备 pv 的压力位能。单位质量工质内能和压力位能之和称为比焓。

比焓的符号为 h，单位为 J/kg，其定义式为

$$h = u + pv \tag{1-10}$$

对 $m$kg 工质，内能和压力位能之和称为焓，用 H 表示，单位为 kJ，即

$$H = mh = U + pV \tag{1-11}$$

由 $H=U+pV$ 可看出，工质的状态一定，则内能 U 及 pV 一定，焓也一定，即焓仅由状态所决定，所以焓也是状态参数。

1-28 什么是熵？

答：熵是气体的重要参数之一。在没有摩擦的平衡过程中，单位质量的工质吸收的热量 dq（kJ/kg）与工质吸热时的绝对温度 T 的比值称熵的增加量，其表达式为

$$\Delta s = \frac{\mathrm{d}q}{T} \tag{1-12}$$

$$\Delta s = s_2 - s_1$$

式中 Δs——熵的变化量。

熵的单位是 J/(kg · K)，若某可逆过程中气体的熵增加，即 $\Delta s>0$，则表示气体进行的是吸热过程。

若某过程中气体的熵减少，即 $\Delta s<0$，则表示气体进行的是放热过程。

若某过程中气体的熵不变，即 $\Delta s=0$，则表示气体是经历绝热过程。

1-29 什么是理想气体？什么是实际气体？

答：气体分子间不存在引力，分子本身不占有体积的气体称为理想气体。反之，气体分子间存在着引力，分子本身占有体积的气体称为实际气体。

1-30 在火力发电厂中哪些气体可看作理想气体？哪些气体可看作实际气体？

答：在火力发电厂中，空气、燃气、烟气可以看作理想气体，因为它们远离液态，与理想气体的性质很接近。

在蒸汽动力设备中，作为工质的水蒸气，因其压力高，比体积小，即气体分子间的距离比较小，分子间的吸引力也相当大，离液态接近，所以水蒸气应看作实际气体。

1-31 理想气体的状态方程式是什么？

答：当理想气体处于平衡状态时，在确定的状态参数 p、v、T 之间存在着一定的关系，即1kg理想气体状态方程式。表达式为

$$pv = RT$$

如果气体质量为 $m$kg，则气体状态方程式为

$$pV = mRT \tag{1-13}$$

式中 p——气体的绝对压力，N/m^2；

T——气体的绝对温度，K；

R——气体常数，J/(kg·K)；

V——气体的体积，m^3。

气体常数 R 与状态无关，但对不同的气体却有不同的气体常数。例如，空气的气体常数 $R=287$J/(kg·K)，氧气的气体常数 $R=259.8$J/(kg·K)。

1-32 理想气体的基本定律有哪些？其内容是什么？

答：理想气体的三个基本定律是波义耳—马略特定律、查理定律、盖吕萨克定律。

三个基本定律的具体内容如下：

(1) 波义耳—马略特定律。当气体温度不变时，压力与比体积成反比变化，用公式表示为

$$p_1 v_1 = p_2 v_2$$

气体质量为 m 时

$$p_1 V_1 = p_2 V_2 (\text{其中 } V = mv) \tag{1-14}$$

(2) 查理定律。气体比体积不变时，压力与温度成正比变化，用公式表示为

$$\frac{p_1}{T_1}=\frac{p_2}{T_2} \tag{1-15}$$

(3) 盖吕萨克定律。气体压力不变时，比体积与温度成正比变化，对于质量为 m 的气体，压力不变时，体积与温度成正比变化，用公式表示为

$$\frac{v_1}{T_1}=\frac{v_2}{T_2} \text{ 或 } \frac{V_1}{T_1}=\frac{V_2}{T_2} \tag{1-16}$$

1-33　什么是热力学第一定律？它的表达式是怎样的？

答： 热可以变为功，功可以变为热，一定量的热消失时，产生一定量的功；消耗一定量的功时，必出现与之对应的一定量的热。

热力学第一定律的表达式为

$$Q=AW \tag{1-17}$$

其中，在工程单位制中，$A=\frac{1}{427}\text{kcal/(kgf·m)}$；在国际单位制中，功与热量均以焦耳（J）为单位，则 $A=1$，即 $Q=W$。

1-34　热力学第一定律的实质是什么？它说明什么问题？

答： 热力学第一定律的实质是能量守恒与转换定律在热力学上的一种特定应用形式。

热力学第一定律的实质说明了热能与机械能互相转换的可能性及其数值关系。

1-35　什么是可逆过程？什么是不可逆过程？

答： 当无摩擦存在时，一个过程正向进行之后再逆向进行；当工质恢复到初态时，外界同时恢复原状而不引起任何变化，这样的过程称为可逆过程。

存在摩擦、涡流等能量损失使过程只能单方向进行，不可逆转的过程称为不可逆过程。实际的过程都是不可逆过程。

1-36　什么是等容过程？等容过程中吸收的热量和所做的功如何计算？

答： 体积（或比体积）保持不变的情况下进行的过程称为等容过程。

由理想气体状态方程 $pv=RT$，得 $\frac{p}{T}=\frac{R}{v}=$常数，即等容过程中，压力与温度成正比。因 $\Delta v=0$，所以容积变化功 $w=0$，则 $q=\Delta u+w=\Delta u=u_2-u_1$，也即等容过程中，所有加入的热量全部用于增加气体的内能。

1-37 什么是等温过程？等温过程中工质吸收的热量如何计算？

答：温度不变的情况下进行的热力过程称为等温过程。

由理想气体状态方程 $pv=RT$ 可知，对一定的工质，$pv=RT=$常数，即等温过程中压力与比体积成反比。

等温过程中工质吸收的热量为

$$q=\Delta u+w \quad 或 \quad q=T(s_2-s_1) \tag{1-18}$$

1-38 什么是等压过程？等压过程中工质做的功及工质吸收的热量如何计算？

答：工质的压力保持不变的过程称为等压过程，如锅炉中水的汽化过程、乏汽在凝汽器中的凝结过程、空气预热器中空气的吸热过程都是在压力不变时进行的过程。

由理想气体状态方程 $pv=RT$，得$\dfrac{T}{v}=\dfrac{P}{R}=$常数，即等压过程中温度与比体积成正比。

等压过程做的功为

$$w=p(v_2-v_1) \tag{1-19}$$

等压过程工质吸收的热量为

$$\begin{aligned} q&=\Delta u+w=(u_2-u_1)+p(v_2-v_1)\\ &=(u_2+p_2v_2)-(u_1+p_1v_1)=h_2-h_1 \end{aligned} \tag{1-20}$$

1-39 什么是绝热过程？绝热过程的功和内能如何计算？

答：在与外界没有热量交换情况下所进行的过程称为绝热过程。例如，汽轮机为了减少散热损失，汽缸外侧包有绝热材料，而工质所进行的膨胀过程极快，在极短时间内来不及散热，其热量损失很小，可忽略不计，故常把工质在这些热机中的过程作为绝热过程处理。

因绝热过程 $q=0$，由 $q=\Delta u+w$，则 $w=-\Delta u$，即绝热过程中膨胀功来自内能的减少，而压缩功使内能增加。对于理想气体有

$$w=\frac{1}{\kappa-1}(p_1v_1-p_2v_2) \tag{1-21}$$

式中 κ——绝热指数，与工质的原子个数有关，单原子气体 $\kappa=1.67$，双原子气体 $\kappa=1.4$，三原子气体 $\kappa=1.28$。

1-40 什么是等熵过程？

答：熵不变的热力过程称为等熵过程。可逆的绝热过程，即没有能量损失的绝热过程为等熵过程。在有能量损耗的不可逆过程中，虽然外界没有加

入热量，但工质要吸收由于摩擦、扰动等损耗而转变成的热量，这部分热量使工质的熵是增加的，这时绝热过程不是等熵过程。汽轮机工质膨胀过程是不可逆的绝热过程。

1-41 简述热力学第二定律。

答：热力学第二定律说明了能量传递和转化的方向、条件、程度。它有以下两种叙述方法：

（1）从能量传递角度来讲，热不可能自发地、不付代价地从低温物体传至高温物体。

（2）从能量转换角度来讲，不可能制造出从单一热源吸热，使之全部转化成为功而不留下任何其他变化的热力发动机。

1-42 什么是热力循环？

答：工质从某一状态点开始，经过一系列的状态变化又回到原来这一状态点的封闭变化过程称为热力循环，简称循环。

1-43 什么是循环的热效率？它说明什么问题？

答：工质每完成一个循环所做的净功 w 和工质在循环中从高温热源吸收的热量 q 的比值称为循环的热效率，即

$$\eta=\frac{w}{q} \tag{1-22}$$

循环的热效率说明了循环中热转变为功的程度，η越高，说明工质从热源吸收的热量中转变为功的部分就越多，反之转变为功的部分就越少。

1-44 卡诺循环是由哪些过程组成的？其热效率如何计算？

答：卡诺循环是由两个可逆的定温过程和两个可逆的绝热过程组成的。因而，整个卡诺循环是个可逆过程，如图 1-1 所示。

在图 1-1 中，1→2 过程为可逆的定温膨胀过程；2→3 过程为可逆的绝热膨胀做功过程；3→4 过程为可逆的定温压缩过程；4→1 过程为可逆的绝热压缩过程。

$$q_1=T_1(s_2-s_1)=T_1\Delta s \text{（为工质从热源吸收的热量）}$$

$$q_2=T_2(s_2-s_1)=T_2\Delta s \text{（为工质向冷源放出的热量）}$$

卡诺循环热效率计算式为

$$\eta=\frac{w}{q_1}=\frac{q_1-q_2}{q_1}=1-\frac{q_2}{q_1}=1-\frac{T_2\Delta s}{T_1\Delta s}=1-\frac{T_2}{T_1} \tag{1-23}$$

卡诺循环能连续输出的净功是 T-s 图上的面积 12341，即净功 $w=q_1-q_2$。

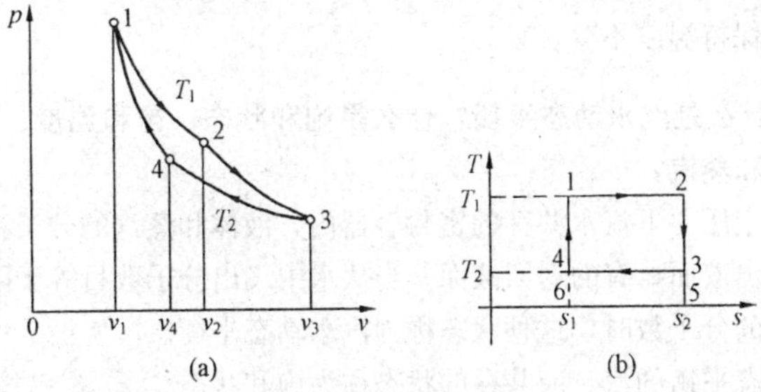

图 1-1 卡诺循环图

(a) 卡诺循环在 p-v 图上表示；(b) 卡诺循环在 T-s 图上表示

1-45 由卡诺循环的热效率计算式中可得出哪些结论？

答： 由 $\eta=1-T_2/T_1$ 可以得出以下几点结论：

(1) 卡诺循环的热效率取决于热源温度 T_1 和冷源温度 T_2，而与工质性质无关，提高 T_1，降低 T_2，可以提高循环热效率。

(2) 卡诺循环热效率只能小于 1，而不能等于 1，因为要使 $T_1=\infty$（无穷大）或 $T_2=0$（绝对零度）都是不可能的。也就是说，q_2 损失只能减少，而无法避免。

(3) 当 $T_1=T_2$ 时，卡诺循环的热效率为零。也就是说，在没有温差的体系中，无法实现热能转变为机械能的热力循环，或者说，只有一个热源装置而无冷却装置的热机是无法实现的。

1-46 什么是汽化？它分为哪几种形式？

答： 物质由液态变成汽态的过程称为汽化。

汽化分为蒸发和沸腾两种形式。液体表面在任何温度下进行的比较缓慢的汽化现象称为蒸发。液体表面和内部同时进行的剧烈的汽化现象称为沸腾。

1-47 什么是凝结？水蒸气凝结有什么特点？

答： 物质从气态变成液态的现象称为凝结，也称液化。

水蒸气凝结有以下特点：

(1) 一定压力下的水蒸气，必须降到该压力所对应的凝结温度才开始凝结成液体。这个凝结温度也就是液体沸点，压力降低，凝结温度随之降低，反之凝结温度升高。

(2) 在凝结温度下，水从水蒸气中不断吸收热量，则水蒸气可以不断凝

结成水，并保持温度不变。

1-48 什么是汽水动态平衡？什么是饱和状态、饱和温度、饱和压力、饱和水、饱和蒸汽？

答：一定压力下汽水共存的密封容器内，液体和蒸汽的分子在不停地运动，有的跑出液面，有的返回液面。当从水中飞出分子数目等于因相互碰撞而返回水中的分子数时，这种状态称为汽水动态平衡。

处于动态平衡的汽、液共存的状态称为饱和状态。

在饱和状态时，液体和蒸汽的温度相同，这个温度称为饱和温度；液体和蒸汽的压力也相同，该压力称为饱和压力。

饱和状态的水称为饱和水；饱和状态下的蒸汽称为饱和蒸汽。

1-49 饱和压力随饱和温度升高而增高的原因是什么？

答：温度升高，分子的平均动能增大，从水中飞出的分子数目越多，因而使汽侧分子密度增大。同时蒸汽分子的平均运动速度也随着增加，这样就使得蒸汽分子对器壁的碰撞增强，其结果使得压力增大，因此，饱和压力随饱和温度升高而增高。

1-50 什么是湿饱和蒸汽、干饱和蒸汽、过热蒸汽？

答：在水达到饱和温度后，如定压加热，则饱和水开始汽化，在水没有完全汽化之前，含有饱和水的蒸汽称为湿饱和蒸汽，简称湿蒸汽。湿饱和蒸汽继续在定压条件下加热，水完全汽化成蒸汽时的状态称为干饱和蒸汽。干饱和蒸汽继续定压加热，蒸汽温度上升而超过饱和温度时，就变成过热蒸汽。

1-51 什么是干度？什么是湿度？

答：1kg湿蒸汽中含有干蒸汽的质量百分数称为干度，用符号x表示，即

$$x=\text{干蒸汽的质量}/\text{湿蒸汽的质量}$$

干度是湿蒸汽的一个状态参数，它表示湿蒸汽的干燥程度；x值越大，则蒸汽越干燥。

1kg湿蒸汽中含有饱和水的质量百分数称为湿度，以符号$(1-x)$表示。

1-52 什么是临界点？水蒸气的临界参数是多少？

答：随着压力的增加，饱和水线与干饱和蒸汽线逐渐接近，当压力增加

到某一数值时，两线相交，相交点即为临界点。临界点的各状态参数称为临界参数，对水蒸气来说，其临界压力 $p_c=22.129$MPa，临界温度 $t_c=374.15$℃，临界比体积为 $v_c=0.003\ 147\text{m}^3/\text{kg}$。

1-53　是否存在400℃的液态水？

答：不存在。因为当水的温度高于临界温度时（$t>t_c=374.15$℃时）都是过热蒸汽，所以不存在400℃的液态水。

1-54　水蒸气状态参数如何确定？

答：由于水蒸气属于实际气体，其状态参数按实际气体的状态方程计算非常复杂，而且误差较大，不适应工程上实际计算的要求，因此，人们在实际研究和理论分析计算的基础上，将不同压力下水蒸气的比体积、温度、焓、熵等列成表或绘成图，利用查图、查表的方法确定其状态参数，这是工程上常用的方法。

1-55　水蒸气等压形成过程在 *p-v* 图和 *T-s* 图上如何表示？

答：在图1-2（a）中，水蒸气等压形成一条平行于 v 轴的直线。

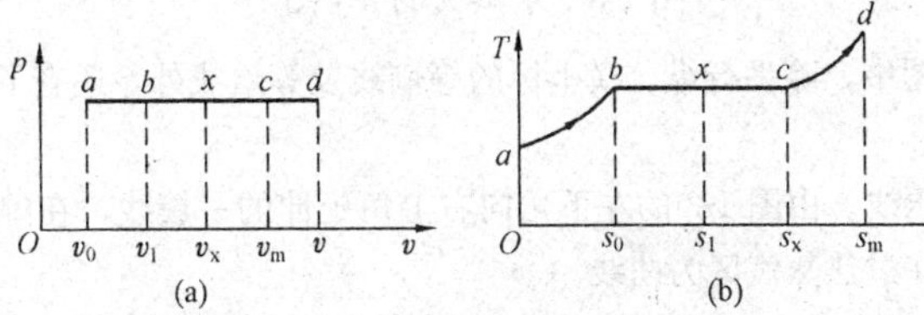

图1-2　水蒸气等压形成过程

（a）p-v 图；（b）T-s 图

a—b 段为液体水；b—c 段为饱和蒸汽；c—d 段为过热蒸汽

在图1-2（b）中，除饱和水等压加热成干饱和蒸汽阶段既等压又等温，是一条平行于 s 轴的直线外，其他两个阶段都是温度上升、近似于对数的曲线。

1-56　焓熵图是根据什么绘制的？

答：焓熵图是根据饱和水蒸气表、不饱和水及过热蒸汽表中所列的数据绘制的。

1-57　焓熵图是由什么线组成的？

答：焓熵图是由等焓线、等熵线、等压线、等容线、等温线、等干度线和干饱和蒸汽线组成的。

1-58 如何使用水蒸气焓熵图（h-s 图）？

答：如图 1-3 所示，纵坐标表示水蒸气的焓值，横坐标表示水蒸气的熵值。图中 $x=1$ 线将图 1-3 分成上下两部分，$x=1$ 线的上方是过热蒸汽区，$x=1$ 线下方是湿饱和蒸汽区，$x=1$ 线本身是干饱和蒸汽线，又称为上界线。位于线上的各点代表不同状态下的干饱和蒸汽。

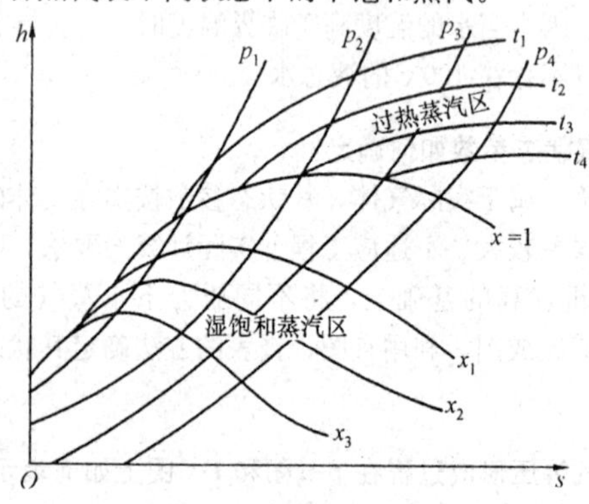

图 1-3 水蒸气的 h-s 图

在 h-s 图中，除平行纵、横坐标的等熵线及等焓线外，还有下述几簇等值线：

（1）等压线。由图 1-3 的左下角向右上角延伸的一簇线，在湿饱和蒸汽区为直线，在过热蒸汽区为曲线。

（2）等温线。由于饱和温度取决于压力，所以在湿饱和蒸汽区内的等温线与等压线重合，在过热蒸汽区内的等温线是自干饱和蒸汽开始向右延伸的一簇曲线。

（3）等干度线。在湿饱和蒸汽区与干饱和蒸汽线大致同向的一簇曲线。

（4）等比体积线。等比体积线和等压线相似，也是一簇自左下方向右上方延伸的曲线。

在 h-s 图上，每一点都代表一个状态，每一个状态都可以根据图上的曲线读出它的参数（h，s，t，p，x，v），并可以在图上做出需要分析的热力过程。

运用 h-s 图的方法如下：

（1）在过热蒸汽区中，确定过热蒸汽状态参数时，应由两个参数确定，如已知 p 及 t，从而查出 v、h、s。

（2）在湿饱和蒸汽区中，确定湿蒸汽参数时，应知两个状态参数，如已

知 p 及 x，从而查出 t_s、h、s、v。

（3）用等压线或等温线与上界线相交来确定干蒸汽状态参数。

1-59 什么是液体热、汽化热、过热热？

答： 把水加热到饱和水时所加入的热量，称为液体热。1kg 饱和水在定压条件下加热至完全汽化所加入的热量称为汽化潜热，简称汽化热。干饱和蒸汽定压加热变成过热蒸汽，过热过程吸收的热量称为过热热。

1-60 什么是稳定流动、绝热流动？

答： 流动过程中工质各状态点参数不随时间而变动的流动称为稳定流动。与外界没有热交换的流动称为绝热流动。

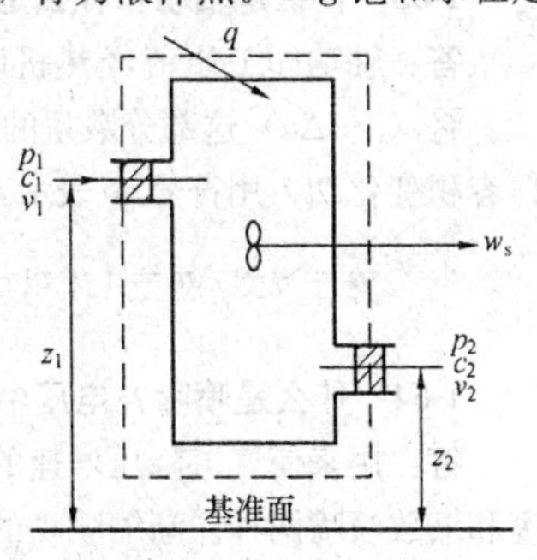

图 1-4 综合性热力设备图

1-61 稳定流动的能量方程是如何表示的？

答： 在图 1-4 所示的开口系统中（考虑工质的进出），有

$$q = (h_2 - h_1) + \frac{1}{2}(c_2^2 - c_1^2) + g(z_2 - z_1) + w_s \tag{1-24}$$

式中 $h_2 - h_1$——工质焓的变化量，kJ/kg；

$\frac{1}{2}(c_2^2 - c_1^2)$——工质宏观动能变化量，kJ/kg；

$g(z_2 - z_1)$——工质宏观位能变化量，kJ/kg；

g——重力加速度，取 9.8m/s^2；

w_s——工质对外输出的轴功。

1-62 稳定流动能量方程在热力设备中如何应用？

答：（1）汽轮机、泵和风机。工质流经汽轮机、泵和风机时，其进出设备时的宏观动能差及位能差相对于轴功 w_s 可忽略不计，这时 $\frac{1}{2}(c_2^2 - c_1^2) = 0$，$g(z_2 - z_1) = 0$，$q = 0$，其能量方程为

$$h_2 - h_1 + w_s = 0 \tag{1-25}$$

（2）锅炉和各种换热器。工质流经锅炉、加热器、凝汽器等换热器时，与外界只有热量的交换而无功的转换，即 $w_s = 0$。工质在流经这些设备时，速度变化很小，位置高度变化也不大，所以工质的宏观动能差、位能差与 q

相比是很小的，也可忽略不计，即 $\frac{1}{2}(c_2^2-c_1^2)=0$，$g(z_2-z_1)=0$，其能量方程式为

$$q=h_2-h_1 \tag{1-26}$$

1-63 什么是轴功？什么是膨胀功？

答：轴功即工质流经热机时，驱动热机主轴对外输出的功，以 w_s 表示。将 $(q-\Delta u)$ 这部分数量的热能所转变成的功称为膨胀功，它是一种气体容积变化功，用符号 w 表示，对一般流动系统，w 的计算式为

$$w=q-\Delta u=(p_2v_2-p_1v_1)+\frac{1}{2}(c_2^2-c_1^2)+g(z_2-z_1) \tag{1-27}$$

1-64 什么是喷嘴？电厂中常用的喷嘴有哪几种？

答：用来使气流降压增速的管道称为喷嘴。电厂中常用的喷嘴有渐缩喷嘴和缩放喷嘴两种。渐缩喷嘴的截面是逐渐缩小的，而缩放喷嘴的截面先收缩后扩大。

1-65 喷嘴中气流流速和流量如何计算？

答：(1) 流速的计算。气体在喷嘴中流动时，气流与外界没有功的交换，即 $w_s=0$；与外界热量交换数值相对极小，可忽略不计，即 $q=0$；宏观位能差也可忽略不计，因此气流在喷嘴内进行绝热稳定流动的能量方程式为

$$(h_2-h_1)+\frac{1}{2}(c_2^2-c_1^2)=0$$

则

$$\frac{1}{2}(c_2^2-c_1^2)=h_2-h_1$$

喷嘴出口气流流速的计算式为

$$c_2=\sqrt{2(h_1-h_2)+c_1^2} \tag{1-28}$$

式中 c_2、c_1——喷嘴出口截面及进口截面上气流的流速；

h_2、h_1——喷嘴出口截面及进口截面气流的比焓值。

当 c_1^2 与 c_2^2 相比数值甚小时，常将 c_1^2 忽略不计，即 $c_1^2=0$，这时 $c_2=\sqrt{2(h_1-h_2)}$。

(2) 流量的计算。气体质量流量为

$$q_m=\frac{Ac}{v} \tag{1-29}$$

式中 A——喷嘴某一截面的面积，m^2；

v——气流流经喷嘴某一截面的比体积，m^3/kg；

c——气流流经喷嘴某一截面的流速，m/s；

q_m——气体的质量流量，kg/s。

当喷嘴入口速度为零时，气体流经喷嘴出口截面上的流量为

$$q_m = \frac{A_2 c_2}{v_2} = \frac{A_2}{v_2} \times 1.414\sqrt{h_1 - h_2} \quad (1\text{-}30)$$

1-66 什么是节流？什么是绝热节流？

答：工质在管内流动时，由于通道截面突然缩小，因此工质流速突然增加、压力降低的现象称为节流。节流过程中如果工质与外界没有热交换，则称为绝热节流。

1-67 什么是朗肯循环？

答：在以水蒸气为工质的火力发电厂中，让饱和蒸汽在锅炉的过热器中进一步吸热，然后过热蒸汽在汽轮机内进行绝热膨胀做功，汽轮机排汽在凝汽器中全部凝结成水，并以水泵代替卡诺循环中的压缩机，使凝结水重又进入锅炉受热，这样组成的汽—水基本循环，称为朗肯循环。

1-68 朗肯循环是通过哪些热力设备实施的？各设备的作用是什么？画出其热力设备系统图。

答：朗肯循环的主要设备是蒸汽锅炉、汽轮机、凝汽器和给水泵四个部分。

(1) 锅炉。包括省煤器、炉膛、水冷壁和过热器，其作用是将给水定压加热，产生过热蒸汽，通过蒸汽管道，送入汽轮机。

(2) 汽轮机。蒸汽进入汽轮机绝热膨胀做功，将热能转变为机械能。

(3) 凝汽器。作用是将汽轮机排汽定压下冷却，凝结成饱和水，即凝结水。

(4) 给水泵。作用是将凝结水在水泵中绝热压缩，提升压力后送回锅炉。

朗肯循环热力设备系统图如图 1-5 所示。

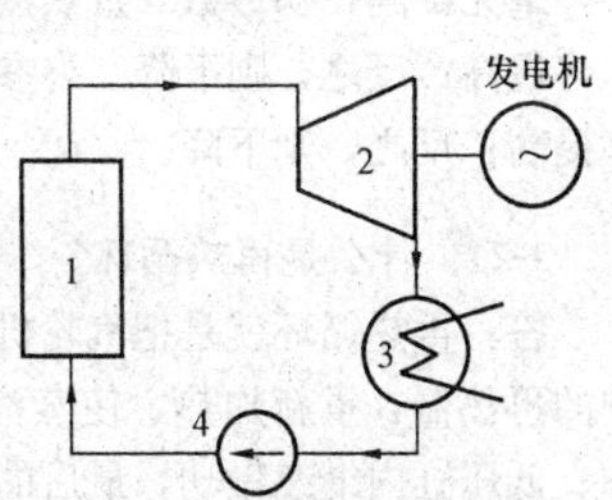

图 1-5 朗肯循环热力设备系统图

1—锅炉；2—汽轮机；3—凝汽器；4—给水泵

1-69 朗肯循环的热效率如何计算？

答：根据效率公式

$$\eta = \frac{w}{q_1} = \frac{q_1 - q_2}{q_1} \quad (1\text{-}31)$$

式中 q_1——1kg 蒸汽在锅炉中定压吸收的热量，kJ/kg；

q_2——1kg 蒸汽在凝汽器中定压放出的热量，kJ/kg。

朗肯循环中，1kg 蒸汽在锅炉中定压吸收的热量为

$$q_1 = h_1 - h_{fw} \tag{1-32}$$

式中 h_1——过热蒸汽的比焓，kJ/kg；

h_{fw}——给水的比焓，kJ/kg。

1kg 排汽在凝汽器中定压放出的热量为

$$q_2 = h_2 - h'_2 \tag{1-33}$$

式中 h_2——汽轮机排汽的比焓，kJ/kg；

h'_2——凝结水的比焓，kJ/kg。

因水在水泵中绝热压缩时，其温度变化不大，所以 h_{fw} 可以认为等于凝结水的比焓 h'_2，则循环所获功为

$$w = q_1 - q_2 = (h_1 - h_{fw}) - (h_2 - h'_2) = h_1 - h_2 + h'_2 - h_{fw} = h_1 - h_2 \tag{1-34}$$

所以

$$\eta = \frac{w}{q_1} = \frac{h_1 - h_2}{h_1 - h'_2} \tag{1-35}$$

1-70 影响朗肯循环效率的因素有哪些？

答：由朗肯循环效率公式 $\eta = \dfrac{h_1 - h_2}{h_1 - h'_2}$ 可以看出，η 取决于过热蒸汽的比焓 h_1、汽轮机排汽的比焓 h_2 和凝结水的比焓 h'_2。而 h_1 由过热蒸汽的初参数 p_1、t_1 决定。h_2 和 h'_2 都由参数 p_2 决定，所以朗肯循环效率取决于过热蒸汽的初参数 p_1、t_1 和终参数 p_2。

毫无疑问，初参数（过热蒸汽压力、温度）提高，其他条件不变，热效率将提高；反之，则下降。终参数（排汽压力）下降，初参数不变，则热效率提高；反之，则下降。

1-71 什么是再热循环？

答：再热循环就是把汽轮机高压缸内已经做了部分功的蒸汽再引入到锅炉的再热器，重新加热，使蒸汽温度又提高到初温度，然后再引回汽轮机中、低压缸内继续做功，最后的乏汽排入凝汽器的一种循环。

1-72 采用中间再热循环的目的是什么？

答：采用中间再热循环的目的如下：

(1) 降低终湿度。大型机组初压 p_1 的提高，使排汽湿度增加，对汽轮

机的末几级叶片侵蚀增大。虽然提高初温可以降低终湿度，但提高初温度受金属材料耐温性能的限制，因此对终湿度改善较少。采用中间再热循环有利于终湿度的改善，使得终湿度降到允许的范围内，减轻湿蒸汽对叶片的冲蚀，提高低压部分的内效率。

(2) 提高热效率。采用中间再热循环，正确地选择再热压力后，循环效率可以提高 4%～5%。

1-73 什么是热电合供循环？其方式有哪几种？

答：在发电厂中利用汽轮机中做过功的蒸汽，抽汽（或排汽）的热量供给热用户，可以避免或减少在凝汽器中的冷源损失，使发电厂的热效率提高，这种同时生产电能和热能的生产过程称为热电合供循环。

热电合供循环中，供热汽源有两种：一种是由背压式汽轮机排汽；一种是由调整抽汽式汽轮机抽汽。

1-74 背压式汽轮机供热循环的应用及特点是什么？

答：背压式汽轮机供热循环中（见图 1-6），来自锅炉的新蒸汽（压力为 p_0）进入汽轮机做功后，在一定的背压下，其排汽不再进入凝汽器而直接送到热用户。背压的大小取决于热用户的需要，为采暖供汽时，其排汽压力通常为 0.12～0.25MPa；排汽为工业用汽时，一般排汽压力为 0.4～0.8MPa，甚至可达 1.3～1.5MPa。

如图 1-7 所示，在背压式汽轮机供热循环中，由于汽轮机排汽压力很高，因此每千克蒸汽在汽轮机内做功减少，由原来凝汽循环做功面积12′3′51降为背压式供热循环做功面积12351，减少了做功面积22′3′32。显然，

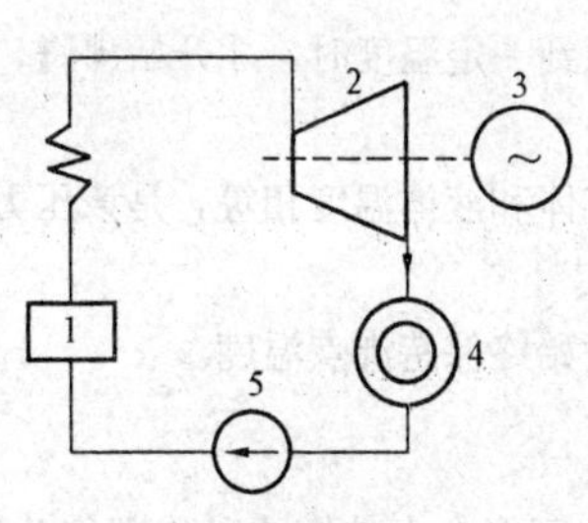

图 1-6 背压供热系统

1—锅炉；2—汽轮机；3—发电机；4—热用户；5—给水泵

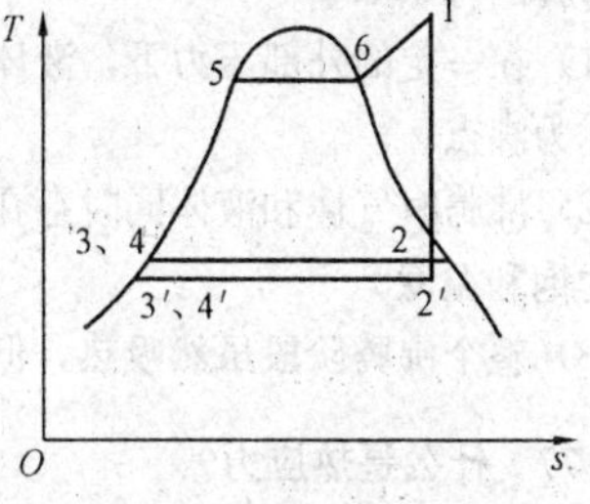

图 1-7 供热循环的 T-s 图

背压越高，每千克做功量越少，循环热效率必然越低，但是热量利用系数却增大。热量利用系数用符号 K 表示，计算式为

$$K=\frac{\text{已利用的热量}}{\text{工质从热源吸入的热量}}=\frac{w+q_2}{q_1} \tag{1-36}$$

式中 q_2——热用户利用的热量；

w——汽轮机做功相当的热量，在理想情况下，$K=1$。

实际上由于存在管道散热、泄漏等损失，一般 $K=0.65\sim0.7$。

背压式机组的主要优点是没有凝汽器及相应辅助设备，因此其系统简单，投资低。它的主要缺点是电负荷和热负荷之间互相制约，不能同时满足热负荷和电负荷的要求。电负荷取决于热负荷，只有热负荷增加，汽轮机流量增大，发出的电功率才能增加；当热用户用汽量减少时，进入汽轮机内的蒸汽量减少，电功率也减少。因此，发电量受到热用户的限制。这种供热方式不适于孤立电站，只有机组并入电网才能由其他机组多发电来满足用户对电负荷的需求。

1-75 什么是分体积？混合气体的总体积与各组成气体的分体积有什么关系？

答：混合气体中各组成气体在混合气体的温度和混合气体总压力下所占有的体积称为各组成气体的分体积。

混合气体的总体积等于组成混合气体的各组成气体的分体积之和。

1-76 什么是沸腾？沸腾有哪些特点？

答：在液体表面和液体内部同时进行的剧烈汽化现象称为沸腾。

沸腾的特点如下：

(1) 在一定的外部压力下，液体升高到一定温度时，才开始沸腾，这个温度称为沸点。

(2) 沸腾时气体和液体同时存在且气体和液体温度相等，是该压力下所对应的饱和温度。

(3) 整个沸腾阶段虽然吸热，但温度始终保持沸点温度。

1-77 什么是热应力？

答：物体内部温度变化时，只要物体不能自由伸缩或其内部彼此约束，则在物体内部就产生应力，这种应力称为热应力。

1-78 什么是热疲劳？

答：当金属零部件被反复加热和冷却时，其内部就会产生交变热应力。

在此交变热应力的反复作用下，零部件遭到破坏的现象称为热疲劳。

1-79 什么是热冲击？

答：金属材料急剧加热或冷却时，其内部将产生很大温差，引起很大的冲击热应力，这种现象称为热冲击。一次大的热冲击产生的热应力能超过材料的屈服极限，从而导致金属部件的损坏。

1-80 什么是蠕变？

答：蠕变是在高温应力不变的条件下，不断地产生塑性变形的一种现象。

1-81 什么是应力松弛？

答：零件在高温和某一初始应力作用下，若维持总变形不变，则随时间的延长，零件的应力逐渐降低，这种现象称为应力松弛。

1-82 什么是弹性变形？

答：金属部件在受到外力作用后，无论外力多么小，部件均会产生内部应力而变形。当外力停止作用后，如果部件仍能恢复到原来的形状和尺寸，则这种变形称为弹性变形。

1-83 什么是塑性变形？

答：当外力增大到一定程度时，外力停止作用后，金属部件不能恢复到以前的形状和几何尺寸，这种变形称为塑性变形。

1-84 什么是准稳态点？

答：汽轮机在启动过程中，当调速级的蒸汽温度达到满负荷时，所对应的蒸汽温度不再变化，即蒸汽温度变化率等于零，此时金属部件内部温差达到最大值，在温升率变化曲线上，这一点被称为准稳态点。

1-85 金属蠕变分为哪几个阶段？

答：开始部分，是加载后所引起的瞬时变形，它不属于蠕变变形。蠕变第一阶段，也称蠕变的不稳定阶段，其特点是塑性变形的增长速度随时间的增长而逐渐减小，经过一段时间后，蠕变速度不再发生变化。蠕变第二阶段，也称蠕变的稳定阶段，金属材料以恒定的蠕变速度变形，该阶段的长短决定金属在高温下工作的蠕变寿命。蠕变第三阶段或称蠕变最后（失稳）阶段，蠕变速度增加很快，金属部件一般不允许在这一阶段状态下运行。

1-86 影响金属蠕变快慢的原因有哪些？

答：影响金属蠕变快慢的原因如下：

（1）承受的应力。金属承受的应力越大，蠕变越快。

（2）工作温度。处于不同的温度水平，即使应力相同，温度越高，则蠕变越快。

1-87 什么是金属材料的使用性能？

答：金属材料的使用性能是指金属材料在使用条件下所表现的性能，即机械性能、物理性能、化学性能。

1-88 金属材料的工艺性能是指什么？

答：金属材料的工艺性能是指金属的铸造性、可锻性、可焊性和切削加工性。

1-89 钢材在高温时的性能变化主要有哪些？

答：钢材在高温时的性能变化主要有蠕变、持久断裂、应力松弛、热脆性、热疲劳及钢材在高温腐蚀介质中的氧化、腐蚀和失去组织稳定性。

1-90 对高温工作下的紧固件材料突出的要求是什么？

答：对高温工作下的紧固件材料突出的要求是：有较好的抗松弛性能，应力集中，敏感性、热脆性小和有良好的抗氧化性能。

1-91 什么是金属材料的机械性能？机械性能包括哪些方面？

答：金属材料的机械性能是指金属材料在外力作用下表现出来的特性。金属材料的机械性能包括强度、硬度、弹性、塑性、冲击韧性、疲劳强度等方面。

1-92 什么是金属强度？按外力作用的性质不同，金属强度可分为哪几种？

答：金属强度是指金属材料在外力作用下抵抗变形和破坏的能力。按外力作用的性质不同，金属强度可分为抗拉强度、抗压强度、抗弯强度和抗扭强度等。

1-93 什么是金属材料的铸造性、可锻性、可焊性、切削加工性？

答：金属材料的铸造性是指液态时的流动性、凝固时的收缩性、凝固后的化学成分不均匀性。金属材料的可锻性是指承受压力加工的能力。金属材料的可焊性是指是否易焊接。金属材料的切削加工性是指是否易于切削加工。

1-94 金属材料的物理性能包括哪些方面？

答：金属材料的物理性能包括金属的密度、比热容、熔点、导电性、磁性、导热性、热膨胀性、抗氧化性、耐腐蚀性等。

1-95 什么是金属的化学性能？金属的化学性能有哪些？

答：金属抵抗外界化学介质侵蚀的能力称为金属的化学性能。金属的化学性能如下：

（1）耐侵蚀性。金属材料在常温下抵抗各种介质侵蚀的能力。

（2）抗氧化性。金属在高温下抵抗氧腐蚀的能力。

1-96 什么是金属的化学腐蚀？

答：金属和周围介质直接发生化学作用，使金属损坏的现象称为化学腐蚀。例如，金属与干燥气体（O_2、SO_2、Cl_2 等）相接触时，在金属表面上生成相应的化合物（氧化物、硫化物、氯化物等），使金属腐蚀损坏；锻造时钢件表面形成的氧化皮，以及铜或铜合金与橡胶制品接触时，与橡胶中的硫发生化学反应，生成硫化铜，而使铜制品损坏。

1-97 什么是金属的电化学腐蚀？

答：金属与电解质溶液相接触，形成原电池而引起的腐蚀称为金属的电化学腐蚀。例如，金属在电解质溶液（酸、碱、盐水溶液）及海水中发生的腐蚀、地下金属管道的土壤腐蚀及在潮湿空气中的大气腐蚀等，均属于电化学腐蚀。

1-98 常用的金属防腐蚀方法有哪些？

答：常用的金属防腐蚀方法如下：

（1）提高金属本身的耐腐蚀性。在冶炼金属的过程中，加入一些合金元素，如铬、镍、锰等，使铁与这些元素作用，增强抗腐蚀能力；也可利用表面热处理，使金属表面产生一层抗腐蚀的表面层。

（2）覆盖法防腐。把金属与腐蚀介质隔开，以达到防腐的目的：①用电镀、喷镀等方法镀上一层或多层金属；②用油漆、搪瓷、合成树脂等非金属材料覆盖在金属表面；③用磷化等氧化方法，使金属表面自身形成一层坚固的氧化膜。

（3）电化学防腐法。经常采用的牺牲阳极法，即用电极电位较低的金属与被保护的金属接触，使被保护的金属成为阴极而不被腐蚀。

(4) 改善腐蚀环境。使环境湿度控制在不大于35%。

1-99 什么是热处理？热处理在生产上有什么意义？

答：热处理是将金属或合金在固定范围内，通过加热、保温、冷却的有机配合，使金属或合金改变内部组织而得到所需性能的操作工艺。通过热处理，可充分发挥金属材料的潜力，延长零件和工具的使用寿命，节约金属材料的消耗。

1-100 简述金属超温与过热的关系。

答：金属的超温与过热在概念上是相同的。所不同的是，超温是指在运行中由于种种原因使金属的管壁温度超过它允许的温度；而过热是指因为超温致使金属发生不同程度的损坏。也就是说，超温是过热的原因，过热是超温的结果。

1-101 什么是金属的热脆性？

答：金属材料在高温短载的作用下，金属材料的塑性增加；但在高温长时荷载作用下的金属材料冷却后，其塑性会显著降低，缺口敏感性增加，往往呈现脆性断裂现象。金属材料的这种特性称为热脆性。

1-102 什么是金属的低温脆性转变温度？

答：低碳钢和高强度合金钢在某些温度下有较高的冲击韧性，但随着温度的降低，其冲击韧性将有所下降。金属由韧性状态向脆性状态转变的温度称为低温脆性转变温度（FATT）。金属的低温脆性转变温度就是脆性断口占50%时的温度，用$FATT_{50}$来表示。

1-103 什么是低周疲劳？

答：低周疲劳是相对于高周疲劳在周期较长交变应力作用产生的疲劳现象，如汽轮机零件热应力交变作用产生的疲劳即属于低周疲劳，通常指金属部件承受10^4～10^5次应力和应变循环而产生裂纹或断裂的现象。在承受10^7次应力应变循环的作用而不发生破坏的应力称为疲劳强度极限。

1-104 影响金属材料脆性转变温度的因素有哪些？

答：影响金属材料脆性转变温度的因素如下：

(1) 金属合金元素成分的影响。在钢中加入镍、锰等可使脆性转变温度降低，随着含碳、磷元素的增加，脆性转变温度明显升高。

(2) 加载速度的影响。缓慢加载可降低脆性转变温度，相反，会使脆性转变温度升高。

(3) 晶粒度的影响。细晶粒钢要比粗晶粒钢具有较高的冲击韧性和较低的脆性转变温度。

(4) 热处理的影响。采用不同的热处理方法，可以得到不同的金相组织，提高钢材的冲击韧性。最好的热处理方法是进行调质处理。

(5) 材料的厚度和缺陷对脆性转变温度也有影响。

1-105 什么是流体？流体主要有哪些物理性质？

答：通常将易流动的液体、气体统称为流体。流体的主要物理性质如下：

(1) 流体的惯性，即流体具有保持原有运动状态的物理性质。

(2) 流体的万有引力特性，即物体之间具有相互吸引力的物理性质。

(3) 流体的压缩性，即流体的体积随着压力的增加而缩小的性质。

(4) 流体的膨胀性，即流体的体积随着温度的升高而增大的特性。

(5) 流体的黏滞性，即流体运动时，流体内部产生摩擦力或黏滞阻力的特性。

1-106 什么是流体的密度？

答：单位体积的流体所具有的质量称为流体的密度，用符号 ρ 表示，即

$$\rho=\frac{m}{V} \tag{1-37}$$

式中 ρ——流体的密度，kg/m^3；

m——流体的质量，kg；

V——流体的体积，m^3。

1-107 什么是理想流体？

答：不具有黏滞性的流体称为理想流体，这是自然界中并不存在的一种假想流体。

1-108 什么是液体静压力？其特性是什么？

答：液体处于平衡状态时，其中任何一点所受到的压力称为液体静压力(简称为静压力)，以 p 表示。

液体静压力具有以下两个重要特性：

(1) 静压力的方向总是与作用面相垂直，且指向作用面，即沿着作用面的内法线方向。

(2) 液体静压力的大小与其作用面的方位无关。

1-109 液体的静力学基本方程式是什么？该方程式说明了什么问题？

答：液体的静力学基本方程式是

$$p = p_0 + \rho g h \tag{1-38}$$

式中 p——液体的静压力，N/m^2；

p_0——液体的表面压力，N/m^2；

ρ——液体的密度，kg/m^3；

h——液体的高度，m。

该方程式说明了下列问题：

（1）静止液体中，任意一点的静压力值等于表面压力加上该点在液面下的深度与密度及重力加速度的乘积。

（2）静压力 p 的值随深度 h 按直线规律变化。

（3）在相同种类、静止的连通液体中，深度相同各点的静压力值相等，故由静压力值相等的各点组成的面（称为等压面）必然是水平的平面。

（4）表面压力 p_0 均匀地传递到液体各质点。

1-110 什么是液体的运动要素？

答：表征液体运动的物理量称为液体的运动要素，如运动速度、加速度、密度和动压力等。

1-111 什么是稳定流动和非稳定流动？

答：运动要素只随位置改变，而与时间无关的流态称为稳定流动或恒定流。运动要素不仅随位置改变，也随时间改变的流态称为非稳定流动或非恒定流。

1-112 什么是过流断面？

答：与流动边界内所有流线垂直的横断面称为过流断面（或称有效断面，简称断面）。

1-113 什么是断面平均流速？

答：假设过流断面 A 上各点的流体都以某一假想的同一速度 c 运动，且通过的实际流量为 q，这一假想速度 c 就称为断面平均流速，简称平均流速，即 $c=q/A$。

1-114 液体的连续方程式是什么？它的实质是什么？

答：连续方程式就是液体运动过程中遵守质量守恒定律的数学表达式，即

$$\frac{c_1}{c_2} = \frac{A_2}{A_1} \tag{1-39}$$

式中 c_1、c_2——两个断面上的平均流速；

A_1、A_2——液体两个断面的面积。

式（1-39）表明，不可压缩流体在稳定流动状态下，沿流程体积流量保持不变（重量流量或质量流量也保持不变），各过流断面的平均流速与过流断面面积成反比。

1-115 什么是层流？什么是紊流？

答：流体有层流和紊流两种流动状态。

层流是各流体微团彼此平等地分层流动，互不干扰与混杂。

紊流是各流体微团间强烈地混合与掺杂，不仅有沿着主流方向的运动，而且还有垂直于主流方向的运动。

1-116 层流和紊流各有什么流动特点？在汽水系统上常遇到哪一种流动？

答：层流的流动特点：各层间液体互不混杂，液体质点的运动轨迹是直线或是有规则的平滑曲线。

紊流的流动特点：流体流动时，液体质点之间有强烈的互相混杂，各质点都呈现出杂乱无章的紊乱状态，运动轨迹不规则，除有沿流动方向的位移外，还有垂直于流动方向的位移。

在汽、水、风、烟等各种管道系统中的流动绝大多数属于紊流运动。

1-117 什么是雷诺数？它的大小说明了什么问题？

答：雷诺数用符号 Re 表示，流体力学中常用它来判断流体流动的状态，其计算式为

$$Re = \frac{cd}{\nu} \tag{1-40}$$

式中 c——流体的流速，m/s；

d——管道内径，m；

ν——流体的运动黏度，m^2/s。

雷诺数大于 10 000 时，表明流体状态是紊流；雷诺数小于 2320 时，表明流体流动状态是层流。在实际应用中只用下临界雷诺数，对于圆管中的流动，当雷诺数小于 2300 时，为层流；当雷诺数大于 2300 时，为紊流。

1-118 流体在管道内流动的压力损失有哪几种类型？

答：流体在管道内流动的压力损失有以下两种类型：

(1) 沿程压力损失。液体在流动过程中用于克服沿程压力损失的能量称为沿程压力损失。

(2) 局部压力损失。液体在流动过程中用于克服局部阻力损失的能量称为局部压力损失。

1-119 什么是流量？什么是平均流速？它与实际流速有什么区别？

答：液体流量是指单位时间内通过过流断面的液体数量，其数量用体积表示时，称为体积流量，单位为 m^3/s 或 m^3/h；其数量用质量表示时，称为质量流量，单位为 kg/s 或 kg/h。

平均流速是指过流断面上各点流速的算术平均值。

实际流速与平均流速的区别：过流断面上各点的实际流速是不相同的，而平均流速在过流断面上是相等的（这是由于取算术平均值而得）。

1-120 流体在管道内的流动阻力可分为哪几种？

答：流体在管道内的流动阻力可分为沿程阻力和局部阻力两种。

1-121 写出沿程阻力损失、局部阻力损失和管道系统的总阻力损失公式，并说明公式中各项的含义。

答：(1) 管道流动过程中单位质量液体的沿程阻力损失公式为

$$h_y = i\frac{l}{d_a}\times\frac{c^2}{2g} \tag{1-41}$$

式中 i——沿程阻力系数；

l——管道的长度，m；

d_a——管道的当量直径，m；

c——平均流速，m/s；

g——重力加速度，m/s^2。

(2) 局部阻力损失公式为

$$h_j = \xi\frac{c^2}{2g} \tag{1-42}$$

式中 ξ——局部阻力系数。

(3) 管道系统的总阻力损失公式为

$$h_w = \sum h_y + \sum h_j \tag{1-43}$$

式（1-43）表明，由于工程上管道系统是由许多直管子组成的，因此，整个管道的总流动阻力损失 h_w 应等于整个管道系统的总沿程阻力损失 $\sum h_y$ 与总的局部阻力损失 $\sum h_j$ 之和。

1-122 减少汽水流动损失的方法大致有哪些?

答: 减少汽水流动损失的方法大致如下:

(1) 尽量保持汽水管道系统阀门处于全开状态，减少不必要的阀门和节流元件。

(2) 合理选择管道直径和进行管道布置。

(3) 采取适当的技术措施，减少局部阻力。

(4) 减少涡流损失。

1-123 什么是水锤现象? 水锤现象有哪些危害?

答: 在压力管路中，由于液体流速的急剧变化，从而造成管中的液体压力显著、反复、迅速地变化，对管道有一种“锤击”的特征，这种现象称为水击(或称水锤)。

水锤现象有正水锤和负水锤之分，它们的危害如下:

(1) 产生正水锤现象时，管道中的压力升高，可以超过管中正常压力的几十倍至几百倍，以致管壁产生很大的应力，而压力的反复变化将引起管道和设备的振动，管道的应力交变变化，将造成管道、管件和设备的损坏。

(2) 产生负水锤现象时，管道中的压力降低，也会引起管道和设备振动。应力交替变化，对设备有不利的影响。同时，如压力降得过低可能使管中产生不利的真空，在外界压力的作用下，会将管道挤扁。

1-124 水锤产生的原因是什么? 怎样防止水锤现象的发生?

答: 水锤产生的内因是液体的惯性和压缩性，外因是外部扰动(如水泵的启停、阀门的开关等)。

为了防止水锤现象的出现，可增加阀门启闭时间，尽量缩短管道的长度，在管道上装设安全阀门或空气室，以限制压力突然升高的数值或压力降得太低的数值。

1-125 水锤波传播的四个阶段是什么?

答: 水锤波传播的四个阶段是压缩过程、压缩恢复过程、膨胀过程、膨胀恢复过程。

1-126 什么是流体的压缩性? 什么是流体的膨胀性?

答: 当温度保持不变，流体所承受的压力增大时，其体积缩小的性质称

为流体的压缩性。当流体压力不变时，流体体积随温度升高而增大的性质称为流体的膨胀性。

1-127 什么是流体的黏滞性？

答：当流体运动时，在流体层间发生内摩擦力的特性称为流体的黏滞性。

1-128 什么是流体的动力黏度？什么是流体的运动黏度？

答：流体的动力黏度是指流体单位接触面积上的内摩擦力与垂直于运动方向上的速度变化率的比值。流体的运动黏度是指动力黏度与同温、同压下流体密度的比值。

1-129 观测流体运动的两种重要参数是什么？

答：观测流体运动的两种重要参数是压力和流速。

1-130 什么是流体的重力密度？

答：流体单位体积内所具有的重量称重力密度，单位为 N/m^3。

1-131 作用在流体上的力有哪几种？

答：作用在流体上的力有表面力和质量力两种。

1-132 什么是热交换？热交换有哪些基本形式？

答：物体间的热量交换称为热交换。热交换有三种基本形式，即导热、对流换热、辐射换热。

直接接触的物体各部分之间的热量传递现象称为导热。

在流体内，由于流体的运动，使热流体中的一部分热量传递给冷流体，这种热量传递方式称为对流换热。

高温物体的部分热能变为辐射能，以电磁波的形式向外发射到接收物体后，辐射能再转变为热能而被吸收，这种电磁波传递热量的方式称为辐射换热。

1-133 什么是辐射力？

答：物体在单位时间内、单位面积上所发射出去的辐射能称为辐射力。

1-134 什么是稳定导热？

答：物体各点的温度不随时间而变化的导热称为稳定导热。火力发电厂中大多数热力设备在稳定运行时，其壁面间的传热都属于稳定导热。

1-135　如何计算平壁壁面的导热量？

答：实验证明，单位时间内通过固体壁面的导热热量与两侧表面温度差和壁面面积成正比，与壁厚成反比（见图1-8）。考虑这些因素，写出下列导热的计算式，即

$$Q=\lambda\frac{t_1-t_2}{\delta}A \tag{1-44}$$

式中　Q——单位时间内由高温表面传给低温表面的热量，W；

t_1、t_2——平壁壁面两侧表面的温度，℃；

A——壁面的面积，m^2；

δ——平壁的厚度，m；

λ——热导率，W/（m·℃）。

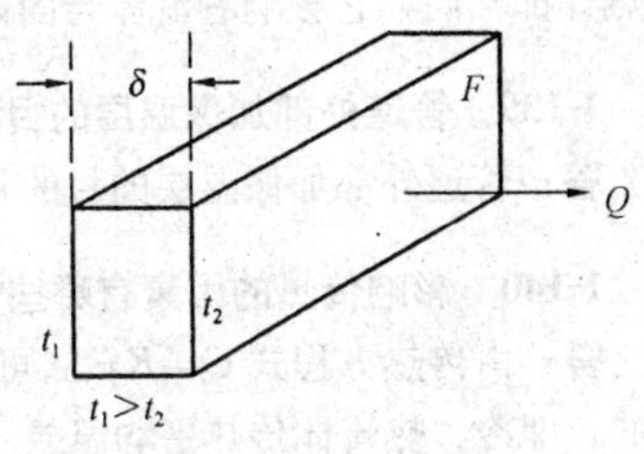

图1-8　平壁示意图

1-136　什么是热导率？热导率与什么有关？

答：热导率是表明材料导热能力大小的一个物理量，它在数值上等于壁的两表面温差为1℃、壁厚等于1m时，在单位壁面积上每秒钟所传递的热量。

热导率与材料的种类、物质的结构、湿度有关。对同一种材料，热导率还和材料所处的温度有关。

1-137　什么是对流换热？举出在电厂中几个对流换热的实例。

答：流体流过固体壁面时，流体与壁面之间进行的热量传递过程称为对流换热。

在电厂中利用对流换热的设备较多，如蒸汽流过加热器管束时与管壁及管壁与管内凝结水之间的热交换；在凝汽器中，铜管内壁与冷却水及铜管外壁与汽轮机排汽之间发生的热交换。

1-138　影响对流换热的因素有哪些？

答：影响对流换热的因素主要有以下五个方面：

（1）流体流动的动力。流体流动的动力有两种：一种是自由流动；另一种是强迫流动。强迫流动换热通常比自由流动换热更强烈。

（2）流体有无相变。一般来说，同一种流体有相变时的对流换热比无相变时的对流换热更强烈（物质分固态、液态、气态三相，相变就是指其状态变化）。

（3）流体的流态。由于紊流时流体各部分之间流动剧烈混杂，所以紊流时，热交换比层流时更强烈。

（4）几何因素影响。流体接触的固体表面的形状、大小及流体与固体之间的相对位置都影响对流换热。

（5）流体的物理性质。不同流体的密度、黏性、热导率、比热容、汽化潜热等都不同，它影响着流体与固体壁面的热交换。

1-139　管道外部加保温层的目的是什么？

答：管道外部加保温层的目的是增加管道的热阻，减少热量的传递。

1-140　影响传热的因素有哪些？

答：由传热方程式 $Q=KF\Delta t$ 可以看出，传热量是由三个方面的因素决定的，即冷、热流体传热平均温差（Δt），换热面积（F）和传热系数（K）。

1-141　减少散热损失的方法有哪些？

答：减少散热损失的方法有：增加绝热层厚度，以增大导热热阻；设法减小设备外表面与空气间的总换热系数。

1-142　物体的黑度与吸收系数是什么关系？

答：物体的黑度与吸收系数的关系：某温度下物体的黑度在数值上近似等于同温度下物体的吸收系数。

1-143　影响辐射换热的因素有哪些？

答：影响辐射换热的因素如下：

（1）黑度大小影响辐射能力及吸收率。

（2）温度高低影响辐射能力及传热量的大小。

（3）角系数由形状及位置而定，它影响有效辐射面积。

（4）物质不同，影响辐射传热，如气体与固体的辐射传热不同。

1-144　增强传热的方法有哪些？

答：增强传热的方法如下：

（1）提高传热平均温差。在相同的冷、热流体进、出口温度下，逆流布置的平均温差最大，顺流布置的平均温差最小，其他布置介于两者之间。因此，在保证各受热面安全的情况下，都应力求采用逆流或接近逆流的布置。

（2）在一定的金属耗量下增加传热面积。管径越细，在一定的金属耗量下总面积就越大，采用较细的管径还有利于提高对流换热系数，但过分缩小管径会带来流动阻力增加的后果。

（3）提高传热系数。减少水垢等热阻，定期排污和冲洗，以保证给水品质合格。

1-145　影响对流放热系数 α 的主要因素有哪些？

答：影响对流放热系数 α 的主要因素如下：

（1）流体的流速。流速越高，α 值越大（但流速不宜过高，因流体阻力随流速的加快而增大）。

（2）流体的运动特性。流体的流动有层流与紊流之分，层流运动时，各层流间互不掺混；而紊流流动时，由于流体流点间剧烈混合使换热大大加强。强迫运动具有较高的流速，所以，对流放热系数比自由运动大。

（3）流体相对于管子的流动方向。一般横向冲刷比纵向冲刷的放热系数大。

（4）管径、管子的排列方式及管距。管径小，对流放热系数值较高。叉排布置的对流放热系数比顺排布置的对流放热系数值大，这是因为流体在叉排中流动时对管束的冲刷和扰动更强烈些。此外，流体的物理性质如黏度、密度、热导率、比热容等以及管壁表面的粗糙度，都对对流放热系数有影响。

1-146　什么是导热时间？它与哪些因素有关？

答：汽轮机启停和工况变化时，热量在金属内部导热需要一定的时间，这个时间称为导热时间。导热时间的数值与金属部件的结构、厚度、材质等因素有关。

1-147　什么是凝结换热？

答：当蒸汽与温度低于蒸汽压力对应的饱和温度的金属表面接触时，在金属壁面就会发生蒸汽凝结的现象，蒸汽放出汽化潜热，凝结成液体。这种换热方式称为凝结换热。

1-148　凝结换热的形式分为哪几种？

答：凝结换热的形式分为膜状凝结和珠状凝结两种。

1-149　什么是膜状凝结？

答：汽轮机冷态启动时，汽缸、转子等金属部件的温度等于室温，低于蒸汽的饱和温度，蒸汽容易在金属表面上凝结，并形成水膜。这层水膜把蒸汽与金属表面分开，蒸汽凝结时放出的汽化潜热要通过水膜才能传给金属表面，这种凝结方式称为膜状凝结。汽轮机冷态启动的初始阶段，蒸汽对汽缸

内壁的放热就是膜状凝结。

1-150 什么是珠状凝结?

答：如果蒸汽在金属表面上凝结时，未形成水膜，则这种方式的凝结称为珠状凝结。汽轮机冷态启动的初始阶段，蒸汽对转子表面的放热就属于珠状凝结。

1-151 凝结换热的特点是什么?

答：凝结换热的特点如下：

(1) 换热系数较大，换热剧烈，膜状凝结换热的换热系数为4652～17445W/(m^2·K)，而珠状凝结的换热系数是膜状凝结的换热系数的15～20倍。

(2) 由于凝结换热剧烈，易在金属部件内形成较大的温差。

1-152 影响凝结换热的因素有哪些?

答：影响凝结换热的因素如下：

(1) 蒸汽中含不凝结气体。当蒸汽中含有空气时，空气附在冷却面上，影响蒸汽的通过，造成很大的热阻，使蒸汽凝结换热显著削弱。

(2) 蒸汽流动速度和方向。如果蒸汽流动方向与水膜流动方向相同，因摩擦作用的结果，水膜会变薄而水膜热阻减小，凝结换热系数增加。反之，则凝结换热系数减小。但是如果蒸汽流速较高，由于摩擦力超过水膜向下流动的重力时，水膜会被吹离冷却壁面，使水蒸气与冷却表面直接接触，凝结换热系数反而会大大增加。

(3) 冷却表面情况。冷却面表面粗糙不平或不清洁，会使凝结水膜向下流动阻力增加，水膜厚度增加，热阻增大，从而使凝结换热系数减小。

(4) 管子排列方式。管子排列方式有顺排、叉排、辐排等。当管子排数相同时，下排管子受上排管子凝结水膜下落的影响为顺排最大，叉排最小，辐排居中。所以，叉排时换热系数最大。

第二章　汽轮机设备基础知识

2-1　水泵的主要性能参数有哪些？

答：水泵的主要性能参数有流量 Q、扬程 H、转速 n、功率 P、效率 η、比转速 n_s 及汽蚀余量［NPSH］等。

2-2　什么是水泵的流量？

答：单位时间内水泵所输送出的液体数量称为水泵的流量，其数量用体积表示的，称为体积流量，用 q_V 表示，单位为 m^3/s；其数量用质量表示的，称为质量流量，用 Q_m 表示，单位为 kg/s。

2-3　什么是水泵的扬程？

答：单位质量的液体通过水泵所获得的能量称为水泵的扬程，用 H 表示，单位为 Pa，习惯上也常用液柱高度 m 表示。

2-4　什么是水泵的转速？

答：泵轴每分钟旋转的圈数称为转速，用 n 表示，单位为 r/min。转速越高，它所输送的流量与扬程就越大。增高转速可以减少叶轮级数，缩小叶轮的直径。

2-5　什么是水泵的功率？

答：水泵的功率通常指输入功率，即由原动机传给水泵泵轴上的功率，一般称为轴功率，用 P 表示，单位为 kW。

其中被有效利用的功率称为有效功率，即泵的输出功率，用 P_e 表示，单位为 kW。它表示单位时间内通过水泵的液体所获得的有效能量。

原动机的输出功率称为原动机功率，用 P_g 表示。

2-6　什么是水泵的效率？

答：有效功率 P_e 与轴功率 P 之比称为水泵的效率，用 η 表示，即

$$\eta=\frac{P_e}{P}\times 100\% \tag{2-1}$$

2-7 什么是泵的比转数？

答：将一台泵的实际尺寸，几何相似地缩小至流量为 $0.075\text{m}^3/\text{s}$、扬程为 1m 的标准泵，此时，标准泵的转数就是实际泵的比转数。

比转数的表达式为

$$n_s = 3.65\frac{n\sqrt{q_V}}{H^{3/4}} \tag{2-2}$$

式中 q_V ——泵的流量，对于双吸叶轮，用 $q_V/2$ 代入计算；

H ——每级叶轮的平均扬程。

同一台泵在不同工况下具有不同的比转数，一般取最高效率工况下的比转数为该泵的比转数。由式（2-2）可知，大流量小扬程泵的比转数大，小流量大扬程泵的比转数小，比转数与泵的入口直径和出口宽度有关，随着泵的入口直径和出口宽度的增加，泵的比转数增大。因此，根据泵的比转数可以区分泵的种类：比转数在 30～300 之间的泵为离心泵；比转数在 300～500 之间的泵为混流泵；比转数在 500～1000 之间的泵为轴流泵。

2-8 比转速与叶轮长短有什么关系？

答：在比转速由小增大的过程中，要满足流量由小变大，扬程由大变小的要求，叶轮的结构应该是外径 D_2 由大变小，叶片宽度 b_2 由小变大。所以比转速低，叶轮狭长；比转速高，叶轮短宽。

2-9 比转速与泵的高效率区有什么关系？

答：当泵的比转速较低时，其 $Q-\eta$ 性能曲线比较平坦，这种类型的泵，高效率区较宽，运行的经济性能好。随着泵比转速的增加，其 $Q-\eta$ 性能曲线变得较陡，高效率区域较窄。

2-10 什么是汽蚀现象？

答：由于叶轮入口处压力低于工作水温的饱和压力，因此引起一部分液体蒸发（汽化）。汽泡进入压力较高的区域时受压突然凝结，于是四周的液体就向此处补充，造成水力冲击，使附近金属表面局部脱落，这种现象称为汽蚀现象。

2-11 什么是泵的汽蚀余量？

答：泵进口处液体所具有的能量超过液体发生汽蚀时所具有的能量之差值，称为泵的汽蚀余量。汽蚀余量大，则泵运行时，抗汽蚀性能就好。

2-12 泵的汽蚀余量可分为哪几种?

答: 泵的汽蚀余量分为有效汽蚀余量和必需汽蚀余量两种。

2-13 什么是有效汽蚀余量? 什么是必需汽蚀余量?

答: 液体由吸入液面流至泵吸入口处，单位质量液体所具有的超过饱和蒸汽压力的富余能量称为有效汽蚀余量。

单位质量液体从泵吸入口流至叶轮叶片进口压力最低处的压力降称为必需汽蚀余量。必需汽蚀余量越大，则表示压力降越大，泵的抗汽蚀能力越差；反之抗汽蚀能力越高。

2-14 有效汽蚀余量的大小与哪些因素有关?

答: 影响有效汽蚀余量的因素有吸入液面的表面压力、被吸液体的密度、泵的几何安装高度及吸入管道的阻力损失等。泵的有效汽蚀余量越大，泵出现汽蚀的可能性就越小。

2-15 必需汽蚀余量的大小与哪些因素有关?

答: 必需汽蚀余量与吸入管路装置系统无关，它只与泵吸入室的结构、液体在叶轮进口处的流速等因素有关。

2-16 有效汽蚀余量与必需汽蚀余量有什么关系?

答: 有效汽蚀余量是在泵吸入口处提供大于饱和蒸汽压力的富余能量，而必需汽蚀余量是液体从泵吸入口流到叶轮叶片进口压力最低点所需的压力降，这个压力降只能由有效汽蚀余量来提供。要使泵内压力最低点处不发生汽化，必须使有效汽蚀余量大于必需汽蚀余量。

2-17 何谓离心泵的性能曲线?

答: 在转速固定不变的情况下，将离心泵的扬程、轴功率、效率及必需汽蚀余量随流量的变化关系用曲线来表示，这些曲线称为离心泵的性能曲线。

2-18 离心泵的性能曲线有哪些?

答: 离心泵的性能曲线有流量—扬程关系曲线（$Q-H$）、流量—轴功率关系曲线（$Q-P$）、流量—效率关系曲线（$Q-\eta$）及流量—必需汽蚀余量关系曲线（$Q-\Delta h_r$）等。其中最重要的是$Q-H$性能曲线，其他曲线都是在此基础上绘制的。

2-19 离心泵的性能曲线有哪些特点?

答: 离心泵的性能曲线的特点如下：

(1) 当流量为零时，扬程不等于零，此时的扬程称为关死点扬程。在流量为零时，轴功率不等于零，这部分功率是离心泵的空载轴功率。因为阀门关闭流量为零，所以离心泵的效率等于零。

(2) $Q-\eta$ 曲线上有一最高效率点 η_{max}，离心泵在此工况下运行经济性最高。

(3) 离心泵的 $Q-H$ 特性曲线的形状有平坦形、陡降形和驼峰形三种。平坦形特性曲线通常有8%～12%的倾斜度，其特点是在流量变化较大时，扬程变化较小；陡降形特性曲线具有20%～30%的倾斜度，其特点是扬程变化较大而流量变化较小；驼峰形特性曲线具有一个最高点，其特点是开始部分有个不稳定阶段，离心泵只能在较大流量下工作。

2-20 轴流泵有哪些重要性能特性？

答：轴流泵有以下重要性能特性：

(1) $Q-H$ 性能曲线是一条马鞍形曲线，即扬程随流量的增加先是下降，然后有一个不大的回升，最后又下降。在出口阀关死的情况下，即 $Q=0$（关死点）时，扬程最高。

(2) 轴流泵所需的功率 P 随流量的减小而增加，当阀门完全关闭时 $(Q=0)$，轴功率 P 达到最大值。

(3) 轴流泵的效率曲线上高效区的范围不大，一离开最高效率点，不论是流量增加还是减小，效率都要迅速下降。

2-21 容积式真空泵有哪几种？

答：容积式真空泵一般有液环式和离心式两种。

2-22 液环泵的性能指标有哪些？

答：液环泵的性能指标有容量、功率、抽气量、汽气混合物量及吸入压力。

2-23 何谓液环泵的特性线？

答：液环泵的容量、功率、抽气量、汽气混合物量及吸入压力等参数组成的相互关系曲线称为液环泵的特性线。

2-24 什么是管道性能曲线？

答：管道性能曲线是管道系统中通过的流量与液体所必须具有的能量之间的关系曲线，其曲线方程式为

$$H = H_p + H_z + BQ^2 \tag{2-3}$$

式中 H——管道系统必须具有的能量，m；

H_p——管道系统需要提高的压力能，m；

H_z——管道系统需要提高的位能，m；

B——管道系统的特性系数，对于给定的管道系数，它是一个常数。

2-25 管道性能曲线的形状取决于哪些因素?

答：管道性能曲线的形状取决于管道装置、流体性质和流体阻力等。

2-26 在管道系统总的性能曲线中，并联与串联管段各有哪些工作特点?

答：如果管道系统由简单管段并联而成，则管道系统总的性能曲线由并联的管段性能共同决定。并联管段的工作特点：并联各管段阻力损失相等；总的流量为各管段流量之和。

如果管道系统由不同直径的管道串联而成，则管道系统总的性能曲线由组成串联管系的各简单管段的性能曲线组合而成。串联管道的工作特点：串联各管段的流量相等；总的阻力损失为各简单管段的阻力损失之和。

2-27 什么是泵的工作点?

答：泵的 $Q-H$ 特性曲线与管道阻力特性曲线的相交点就是泵的工作点。

泵的工作点取决于泵的特性和与之相连的管道特性。管道特性取决于管道的阻力损失、管道的直径、泵的出口阀开度和所供液体的输送高度等。

2-28 为什么泵在工作点上能稳定工作?

答：因为当泵在工作点运行时，供给的能量与所需要的能量得到平衡，所以能稳定地工作。如果泵不在泵的 $Q-H$ 性能曲线与管道阻力曲线的交点处工作，那么供给的能量与所需要的能量得不到平衡，工作就不稳定，而且必然会重新稳定在交点处工作。

2-29 什么是泵的允许吸上真空高度?

答：泵的允许吸上真空高度就是指泵入口处的真空允许数值。规定泵的允许吸上真空高度是因为泵入口真空过高时，泵入口的液体就会汽化，产生汽蚀。

泵的入口真空度是由三个因素决定的：①泵产生的吸上高度 H_g；②克服吸水管水力损失 h_w；③泵入口造成的适当流速 v_s。

泵的入口真空度表达式为

$$H_s = H_g + h_w + \frac{v_s^2}{2g} \tag{2-4}$$

在上述三个因素中，吸上高度 H_g 是主要的，即吸上真空高度 H_s 主要由 H_g 的大小来确定。吸上高度越大，则真空度越高。当吸上高度增加到泵因汽蚀不能工作时，吸上高度就不能再增加了，这个工况的真空高度就是最大吸上真空高度。为了保证运行时不产生汽蚀，泵的允许吸上真空高度应为最大吸上真空高度减去 0.5m。

2-30 什么是水泵的几何安装高度？安装高度与允许吸上真空高度之间有何联系？

答：对于一般卧式离心泵，泵轴中心线距吸取液面的垂直距离称为水泵的几何安装高度，用符合 H_g 表示。

允许吸上真空高度与几何安装高度是两个不同的概念，但它们之间又有密切联系。几何安装高度低，水泵所需吸上真空高度就低，水就不会汽化；几何安装高度增大，吸上真空高度也要增大，当吸上真空高度大到一定值时，因吸上真空过大而开始产生汽蚀，影响水泵的正常工作。所以几何安装高度取决于水泵允许吸上真空高度的大小。

2-31 什么是泵的车削定律？

答：当泵叶轮外径车削后，其流量、扬程、功率与外径的关系称泵的车削定律，计算公式为

$$\frac{Q}{Q'} = \frac{D}{D'} \tag{2-5}$$

$$\frac{H}{H'} = \left(\frac{D}{D'}\right)^2 \tag{2-6}$$

$$\frac{P}{P'} = \left(\frac{D}{D'}\right)^3 \tag{2-7}$$

式中 Q、H、P、D——车削前泵的流量、扬程、功率和叶轮外径；

Q'、H'、P'、D'——车削后泵的流量、扬程、功率和叶轮外径。

车削定律与比例定律公式相类似，它们都能改变泵的特性曲线。车削定律只适用于流量、扬程、功率减小的场合。叶轮外径经车削后，效率均要降低。例如，比转数 n_s 为 60～120 的泵，叶轮外径车削 10%，则其效率下降 1%；比转数 n_s 为 200～300 的泵，叶轮外径车削 4%，效率也下降 1%。为了不使效率降低过多，对叶轮的车削量应加以限制；对于 $60 < n_s < 120$ 的泵，叶轮外径车削量可为 20%；对于 $120 < n_s < 200$ 的泵，叶轮外径车削量可为

15%～10%；对于 $200 < n_s < 350$ 的泵，叶轮外径车削量可为 10%～7%。

2-32　什么是泵的相似定律？

答：泵的相似定律就是在两台泵成几何相似、运动相似的前提下得出的两台泵的流量、扬程、功率的关系，即

$$\frac{Q}{Q'} = \left(\frac{D_2}{D_2'}\right)^3 \frac{n}{n'} \tag{2-8}$$

$$\frac{H}{H'} = \left(\frac{D_2}{D_2'}\right)^3 \left(\frac{n}{n'}\right)^2 \tag{2-9}$$

$$\frac{P}{P'} = \left(\frac{D_2}{D_2'}\right)^5 \left(\frac{n}{n'}\right)^3 \tag{2-10}$$

式中　Q、H、P——实际泵的流量、扬程、功率；

Q'、H'、P'——模型泵的流量、扬程、功率；

D_2、n——实际泵的出口直径和转速；

D_2'、n'——模型泵的出口直径和转速。

对于同一台泵，$D_2 = D_2'$，当它的转速变化时，流量、扬程、功率的关系为

$$\frac{Q}{Q'} = \frac{n}{n'} \tag{2-11}$$

$$\frac{H}{H'} = \left(\frac{n}{n'}\right)^2 \tag{2-12}$$

$$\frac{P}{P'} = \left(\frac{n}{n'}\right)^3 \tag{2-13}$$

式（2-11）～式（2-13）表明，当转速变化时，流量与转速成正比，扬程与转速的平方成正比，功率与转速的立方成正比。

2-33　什么是泵的损失功率？

答：轴功率与有效功率之差是泵的损失功率。

2-34　离心泵能得到广泛应用的原因是什么？

答：离心泵能得到广泛应用的原因是构造简单、不易磨损、运行平稳、噪声小、出水均匀、可以制造各种参数的水泵、效率高等。

2-35　离心泵的损失有哪几种？

答：离心泵的损失有机械损失、容积损失和水力损失三种。

2-36　离心泵的机械损失主要包括哪两部分？

答：离心泵的机械损失主要包括轴与轴承、轴端密封的摩擦损失和叶轮

圆盘与流体之间的摩擦损失两部分。其中，叶轮圆盘摩擦损失是机械损失的主要部分。

2-37 叶轮圆盘摩擦损失产生的原因是什么？

答：叶轮圆盘摩擦损失产生的原因：叶轮两侧与泵壳（蜗壳）间充满液体，这些液体受到旋转叶轮产生的离心力的作用后，形成了回流运动，此时液体和旋转的叶轮发生摩擦而产生能量损失。叶轮圆盘摩擦损失的功率约为轴功率的 2%～10%。

2-38 叶轮圆盘摩擦损失的功率 ΔP_2 如何计算？

答：叶轮圆盘摩擦损失的功率 ΔP_2 用式（2-14）计算，即

$$\Delta P_2 = K\rho g n^3 D_2^5 \tag{2-14}$$

式中 K——叶轮圆盘摩擦系数，与泵壳的形状、叶轮的粗糙度、液体的黏性等因素有关；

D_2——叶轮外径，m。

2-39 为什么在水泵设计中，单纯用增大 D_2 的方法来提高叶轮所产生的扬程是不可取的？

答：根据叶轮圆盘摩擦损失的功率 ΔP_2 计算式可知，ΔP_2 与转速 n 的三次方成正比，与叶轮外径 D_2 的五次方成正比。所以说，单纯用增大 D_2 的方法来提高叶轮所产生的扬程是不可取的。目前，高压给水泵正向提高转速、减小直径的方向发展。

2-40 离心泵机械损失的大小如何表示？

答：离心泵机械损失的大小用机械效率 η_m 来表示，即

$$\eta_m = \frac{P - \Delta P_m}{P} \tag{2-15}$$

$$\Delta P_m = \Delta P_1 + \Delta P_2 \tag{2-16}$$

式中 ΔP_m——机械损失功率，kW。

离心泵的机械效率 η_m 一般为 0.90～0.98。

2-41 什么是离心泵的容积损失？

答：在离心泵的转动部件与静止部件之间不可避免地存在间隙，当叶轮转动时，部分在叶轮中获得能量的流体通过间隙从高压侧向低压侧泄漏，这种损失称为离心泵的容积损失。

2-42 离心泵的容积损失主要由哪些泄漏量组成？

答：离心泵的容积损失是由于泄漏引起的，主要由叶轮入口处密封间隙的泄漏量 q_1、平衡装置所引起的泄漏量 q_2、级间泄漏量 q_3、轴封泄漏量 q_4 组成。

2-43 离心泵容积损失的大小如何表示？

答：离心泵容积损失的大小用容积效率 η_v 来表示，即

$$\eta_v = \frac{P - \Delta P_m - \Delta P_v}{P - \Delta P_m} \tag{2-17}$$

式中 ΔP_v——容积损失的功率，kW。

离心泵的容积效率 η_v 一般为 0.90～0.95。

2-44 什么是离心泵的水力损失？

答：流体在泵内流动时，由于流动阻力的存在，总要消耗一部分能量，这部分能量损失称为离心泵的水力损失。

2-45 离心泵水力损失的大小与哪些因素有关？

答：离心泵水力损失的大小与流道的几何形状、壁面的粗糙程度、流体的黏度和流速等因素有关。

2-46 离心泵水力损失主要由哪几部分组成？

答：离心泵水力损失主要由以下三部分组成：

(1) 摩擦阻力损失。

(2) 漩涡阻力损失。

(3) 冲击损失。

2-47 离心泵水力损失的大小如何来表示？

答：离心泵水力损失的大小用水力效率 η_h 来表示，即

$$\eta_h = \frac{P - \Delta P_m - \Delta P_v - \Delta P_h}{P - \Delta P_m - \Delta P_v} = \frac{\Delta P_e}{P - \Delta P_m - \Delta P_v} \tag{2-18}$$

式中 ΔP_h——水力损失功率，kW。

离心泵的水力效率 η_h 一般为 0.80～0.95。

2-48 离心泵的总效率是什么？

答：离心泵的总效率等于有效功率与轴功率之比，即

$$\eta = \frac{P_e}{P} = \frac{P_e}{P - \Delta P_m - \Delta P_v} \times \frac{P - \Delta P_m - \Delta P_v}{P - \Delta P_m} \times \frac{P - \Delta P_m}{P} = \eta_h \eta_v \eta_m \tag{2-19}$$

可见，离心泵的总效率也等于水力效率 η_h、容积效率 η_v 和机械效率 η_m 三者的乘积，减小各种损失就可以提高离心泵的效率。

2-49 什么是离心泵的串联运行？串联运行有什么特点？

答： 液体依次通过两台以上离心泵向管道输送的运行方式称为串联运行。

串联运行的特点：①每台离心泵所输送的流量相等，总的扬程为每台离心泵的扬程之和。②与离心泵单独在这个系统中工作时比较，串联后的总扬程和流量都增加了。每台离心泵在串联工作时的扬程比它单独工作时降低了，即串联泵台数越多，每台离心泵扬程下降也越多。

串联运行时，离心泵的总性能曲线是各泵的性能曲线在同一流量下各扬程相加所得的点相连组成的光滑曲线，其工作点是泵的总性能曲线与管道特性曲线的交点。

2-50 什么是离心泵的并联运行？并联运行有什么特点？

答： 两台或两台以上离心泵同时向同一条管道输送液体的运行方式称为并联运行。

并联运行的特点：每台水泵所产生的扬程相等，总的流量为每台泵流量之和。

并联运行时泵的总性能曲线是每台泵的性能曲线在同一扬程下各流量相加所得的点相连而成的光滑曲线。泵的工作点是泵的总性能曲线与管道特性曲线的交点。

2-51 在哪些情况下泵采用并联工作方式？

答： 在下列情况下，泵采用并联工作方式：

（1）当需要的流量大，而大流量的泵制造困难或造价太高。

（2）电厂中为了避免一台泵的故障影响到机炉停运。

（3）由于所需要的流量有很大变动，为了发挥泵的经济效果，使其能在高效率范围内工作，往往采用两台或数台泵并联的工作方式，以增减运行泵的台数来适应外界负荷变化的要求。

2-52 在哪些情况下泵采用串联工作方式？

答： 在下列情况下，泵采用串联工作方式：

（1）设计制造一台高压的泵比较困难，或实际工作需要分段升高压头。

（2）在改建或扩建时管道阻力加大，要求提高扬程以输出较多的流量。

2-53 液力耦合器有哪些损失？

答：液力耦合器有机械损失和液力损失两种。机械损失指轴承密封损失、外部转子摩擦鼓风损失，以及为了冷却起见，需向液力耦合器通入若干工作流体，从而造成系统、泵轮能量消耗等（这种损失也称为空载损失）。

液力损失指在泵轮和涡轮叶片之间的流道中，由于涡流和流体的内部摩擦和进入工作轮入口处的冲击损失等所造成的能量损失。

2-54 什么是液力耦合器的转速比？什么是滑差率？

答：涡轮和泵轮的转速之比称为液力耦合器的转速比，即

$$i = \frac{n'}{n} = \eta \tag{2-20}$$

式中 i——转速比。

它实际上反映了液力耦合器的传动效率，也就是，涡轮转速越接近泵轮转速，传动效率越高（但不可能为1），所以液力耦合器很少在低转速比下工作。

滑差率也称转差率，它反映了液力耦合器的传动损失，即

$$s = \frac{n - n'}{n} = 1 - \eta \tag{2-21}$$

式中 s——滑差率；

n'——泵轮的转速；

n——涡轮的转速；

η——传动效率或转速比。

2-55 什么是管道的热补偿？什么是管道的冷补偿？

答：所谓管道的热补偿就是当管道发生热膨胀时，利用管道允许有一定程度的自由弹性变形来吸收热伸长，以补偿热应力。对于工作温度较低的管道，如循环水、生活用水和消防水等水管道，其热伸长值较小，依靠管道本身的弹性压缩即可作为热伸长的补偿；其余温度较高的汽水管道，则通过管道的自然补偿和采用补偿器来进行热补偿。

管道的冷补偿是在管道冷态时预先给管道施加相反的冷紧应力，使管道在受热膨胀的初期，热应力与冷紧应力互相抵消，从而使管道总的热膨胀应力减小。

2-56 管道补偿器有哪几种？

答：当自然补偿不能满足要求时，可在管道上加装热膨胀补偿器。管道补偿器有Ω形或Π形弯曲补偿器、波纹补偿器和套筒式补偿器三种。

2-57 什么是管道的自然补偿？管道的自然补偿适用于什么范围？

答：利用管道的自然走向，选择各区段的适当外形及固定支架的位置，使管道能利用它的自然弯曲和扭转变形来补偿热应力，这种补偿方法称为自然补偿。自然补偿适用于流体压力小于1.57MPa的管道。

2-58 解释有关阀门术语的定义。

答：有关阀门术语的定义如下：

(1) 公称直径。公称直径是一种名义计算直径，用DN表示，单位为mm。一般情况下，阀门的通道直径与公称直径是近似相等的。

(2) 工作压力。工作压力指阀门在工作状态下的压力，用p表示。

(3) 公称压力。公称压力是阀门的一种名义压力，指阀门在规定温度下的最大允许工作压力，以PN表示。规定温度为：对于铸铁和铜阀门是120℃，对于碳钢阀门是200℃，对于钼钢和铬钼钢阀门是350℃。

(4) 试验压力。阀门进行强度或严密性水压试验时的压力称为试验压力，用p_S表示。

2-59 进入锅炉的给水为什么必须经过除氧？

答：这是因为如果锅炉给水中含有氧气，将会使给水管道、锅炉设备及汽轮机通流部分遭受腐蚀，缩短设备的寿命。防止腐蚀最有效的办法是除去水中的溶解氧和其他气体，这一过程称为给水的除氧。

2-60 给水除氧的方式有哪几种？

答：给水除氧的方式分为物理除氧和化学除氧两种。物理除氧是在除氧器中，利用抽汽加热凝结水达到除氧的目的；化学除氧是在凝结水中加化学药品进行除氧。

2-61 什么是给水的化学除氧？

答：在高参数发电厂中，为了使给水中含氧量更低，给水除了应用除氧器加热除氧以外，同时还采用化学除氧作为其补充处理，这样可以保证给水中的溶氧接近完全除掉，以确保给水的纯净。给水的化学除氧是在水中加入定量的化学药剂使溶解在水中的氧气成为化合物而析出的。中、低压锅炉可使用亚硫酸钠（Na_2SO_3），亚硫酸钠与氧发生反应生成硫酸钠（Na_2SO_4）沉淀下来。这种除氧方法的缺点是，由于水中增加了硫酸盐，因此使锅炉的排污量增加。

另一种化学除氧法是联氨除氧法，使用联氨不会提高水中的含盐量，联氨和氧的反应产物是水和氮气。联氨除氧法虽有上述优点，但它的价格高于加热除氧法，所以仅作为加热除氧的补充。

2-62　什么是除氧器定压运行?

答：所谓除氧器定压运行，即运行中不管机组负荷多少，始终保持除氧器在额定的工作压力下运行。定压运行时，抽汽压力始终高于除氧器压力，用进汽调节阀节流调节进汽量，保持除氧器额定工作压力。

2-63　什么是除氧器滑压运行?

答：所谓除氧器滑压运行是指除氧器的运行压力不是恒定的，而是随着机组负荷与抽汽压力而改变。机组从额定负荷至某一低负荷范围内，除氧器进汽调节阀全开，进汽压力不进行任何调节。机组负荷降低时，除氧器压力随之下降；负荷增加时，除氧器压力随之上升。

2-64　除氧器的汽耗量如何计算?

答：除氧器汽耗量的计算式为

$$D = W(h_2' - h_{op})/\eta(h_2 - h_2') \quad (t/h) \tag{2-22}$$

式中　W——除氧器的进水量，t/h；

h_2'——除氧器出水的焓，kJ/kg；

h_{op}——除氧器进水的焓，kJ/kg；

h_2——除氧器进汽的焓，kJ/kg；

η——除氧器的效率。

2-65　什么是给水管道系统?

答：从除氧器水箱经给水泵、高压加热器到锅炉给水操作台前的全部管道系统称为锅炉给水管道系统。给水管道系统按其压力不同可分为低压给水管道系统和高压给水管道系统。

2-66　什么是低压给水管道系统?什么是高压给水管道系统?

答：由除氧器水箱到给水泵进口之间的管通、阀门等称为低压给水管道系统。由给水泵出口经高压加热器至锅炉给水操作台的管道、阀门等称为高压给水管道系统。

2-67　什么是发电厂锅炉给水的回热加热?

答：发电厂锅炉给水的回热加热是指从汽轮机某中间级抽一部分蒸汽，送到给水加热器中对锅炉给水进行加热，与之相应的热力循环和热力系统称为回热循环和回热系统。加热器是回热循环过程中加热锅炉给水的设备。

2-68 什么是加热器的端差？运行中有什么要求？

答：进入加热器的蒸汽饱和温度与加热器出水温度之间的差称为端差。在运行中应尽量使端差达到最小值。对于表面式加热器，此数值不得超过5～6℃。

2-69 什么是除氧器的自沸腾现象？

答：所谓除氧器的“自沸腾”是指进入除氧器的疏水汽化和排气产生的蒸汽量已经满足或超过除氧器的用汽需要，从而使除氧器内的给水不需要回热抽汽加热自己就沸腾，这些汽化蒸汽和排汽在除氧塔下部与分离出来的气体形成旋涡，影响除氧效果，使除氧器压力升高。这种现象称除氧器的自沸腾现象。

2-70 什么是凝汽器的端差？

答：凝汽器压力下的饱和温度与凝汽器冷却水出口温度之差称为端差。

2-71 什么是凝汽器的热力特性曲线？

答：凝汽器内压力的高低是受许多因素影响的，其中主要因素是汽轮机排入凝汽器的蒸汽量、冷却水的进口温度和冷却水量。这些因素在运行中都会发生很大的变化。

凝汽器的压力与凝汽量、冷却水进口温度、冷却水量之间的变化关系称为凝汽器的热力特性。

在冷却面积和冷却水量一定时，对应于每一个冷却水进水温度，可求出凝汽器压力与凝汽量之间的关系，将此关系绘成曲线，即为凝汽器的热力特性曲线。

2-72 什么是凝汽器的变工况特性？

答：凝汽器内蒸汽的压力随凝汽量、冷却水量、冷却水进口温度的变化而变化，它们之间的变化关系称为凝汽器的变工况特性。

2-73 凝汽器热交换平衡方程式如何表示？

答：凝汽器热交换平衡方程式的物理意义：排汽凝结时放出的热量等于冷却水带走的热量，其方程式为

$$D_c(h_c - h'_c) = D_w(t_2 - t_1)c_w \tag{2-23}$$

式中 D_c——进入凝汽器的蒸汽量，kg/h；

h_c——汽轮机排汽的焓，kJ/kg；

h'_c——凝结水的焓，kJ/kg；

t_1、t_2 ——冷却水的进、出水温度，℃；

c_w ——冷却水的比热容，kJ/(kg·℃)；

D_w ——进入凝汽器的冷却水量，kg/h。

其中，($h_c - h'_c$) 的数值为（510～520）×4.186kJ/kg，近似取 520×4.186kJ/kg。

2-74　什么是凝汽器的冷却倍率？

答：凝结 1kg 排汽所需要的冷却水量，称为冷却倍率，其数值为进入凝汽器的冷却水量与进入凝汽器的汽轮机排汽量之比，一般取 50～80。

2-75　凝汽器的真空是如何形成的？

答：当比体积很大的排汽在密闭的凝汽器中冷却成水时，其体积会急剧缩小（如在 0.004MPa 下蒸汽凝结成水时，体积约缩小 3 万多倍），原来被排汽充满的密闭空间便形成了高度真空。

2-76　凝汽器的真空形成和维持必须具备的条件有哪些？

答：凝汽器的真空形成和维持必须具备以下三个条件：

（1）凝汽器铜管必须通过一定的冷却水量。

（2）凝结水泵必须不断地把凝结水抽走，避免水位升高，影响蒸汽的凝结。

（3）抽气器必须把漏入的空气和排汽中的其他气体抽走。

2-77　什么是阴极保护法？

答：阴极保护法是防止铜管电腐蚀的一种方法，常用外部电源法和牺牲阳极法两种。

2-78　什么是牺牲阳极法？

答：牺牲阳极法就是在凝汽器水室内安装一块金属作为阳极，它的电位低于被保护物（管板、管端、水室），而使整个水室、管板和管端成为阴极。在溶液（冷却水）的浸泡下，电腐蚀就只腐蚀装上的金属板，也就是牺牲阳极保护了管板等金属免受腐蚀。受腐蚀的金属板阳极可以定期更换，材料为高纯度锌板、锌合金或纯铁。

2-79　什么是外部电源法？

答：外部电源法是在水室内装上外加电极接直流电源。水室接电源的负极作为阴极，外加电极接电源的正极作为阳极。当电源接入通以电流时，水室、管板、管端各部分成为阴极免受腐蚀，从而得到保护。阳极材料一般选

择磁性氧化铁及铝合金。

2-80 什么是凝汽器的额定真空?

答: 一般汽轮机铭牌排汽绝对压力对应的真空是额定真空。这是指机组在设计工况、额定功率、设计冷却水温时的真空。这个数值并不是机组的极限真空值。

2-81 什么是汽轮机的极限真空?

答: 凝汽设备在运行中应该从各方面采取措施以获得良好真空。但真空的提高也不是越高越好，而有一个极限。这个真空的极限由汽轮机最后一级叶片出口截面的膨胀极限所决定。当通过最后一级叶片的蒸汽已达到膨胀极限时，如果继续提高真空，不可能得到经济上的效益，反而会降低经济效益。

简单地说，当蒸汽在末级叶片中的膨胀达到极限时，所对应的真空称为极限真空（又称阻塞背压），也有的称为临界真空。

2-82 什么是凝汽器的最有利真空?

答: 对于结构已确定的凝汽器，在极限真空内，当蒸汽参数和流量不变时，提高真空使蒸汽在汽轮机中的可用焓降增大，就会相应增加发电机的输出功率。但是在提高真空的同时，需要向凝汽器多供冷却水，从而增加循环水泵的耗功。凝汽器真空提高，使汽轮机功率增加与循环水泵多耗功率的差数为最大时的真空值称为凝汽器的最有利真空。

影响凝汽器最有利真空的主要因素是进入凝汽器的蒸汽量、汽轮机排汽压力、冷却水的进口温度、循环水量（或是循环水泵的运行台数）、汽轮机的出力变化及循环水泵的耗电量变化等。实际运行中则是根据凝汽量及冷却水出口温度来选用最有利真空下的冷却水量，即合理调度使用循环水泵的容量和台数。

2-83 什么是凝汽器的汽阻? 汽阻过大有什么影响? 大型汽轮机一般要求汽阻多大?

答: 蒸汽空气混合物在凝汽器内由排汽口流向抽汽口时，因存在流动阻力，其绝对压力要降低，通常把这一压力称为汽阻。

汽阻的存在会使凝汽器喉部（排汽口）压力升高、凝结水过冷度及含氧量增加，引起热经济性降低和管子腐蚀。

对于大型机组，汽阻一般为 $2.7\times10^{-4}\sim4.0\times10^{-4}$ MPa。

2-84 什么是凝汽器的热负荷?

答：凝汽器的热负荷是指凝汽器内蒸汽和凝结水传给冷却水的总热量（包括排汽、汽封漏汽、加热器疏水及蒸汽管道疏水等热量）。凝汽器的单位负荷是指单位面积所冷凝的蒸汽量，即进入凝汽器的蒸汽量与冷却面积的比值。

2-85 什么是循环水温升?

答：循环水温升是凝汽器冷却水出口温度与进口水温的差值。

2-86 什么是凝结水的过冷却度?

答：在凝汽器压力下的饱和温度减去凝结水温度称为过冷却度，即凝结水温度 t_{co} 比排汽压力 p_{co} 对应的饱和温度 t_{cos} 低的数值称为凝结水的过冷却度，用 δ 表示，计算式为

$$\delta = t_{cos} - t_{co} \tag{2-24}$$

从理论上讲，凝结水温度应和凝汽器的排汽压力下的饱和温度相等，但实际上，各种因素的影响使凝结水温度低于排汽压力下的饱和温度。

2-87 什么是接触散热?

答：两种温度不同的物体相互接触时存在着热量的传递，在冷却塔中，当水温与不同温度的空气接触时，在它们之间就有热量传递，水的这种传热方式称为接触散热。

2-88 什么是空冷机组？什么是空冷系统?

答：用空气作为冷源直接或间接冷凝汽轮机组排汽的机组称为空冷机组。能完成这一任务的系统称为空气冷却系统，简称空冷系统。

2-89 空冷系统根据蒸汽冷凝方式的不同可以分为哪几种?

答：空冷系统根据蒸汽冷凝方式的不同，可分为直接空冷系统和间接空冷系统。

2-90 什么是发电厂的供水系统?

答：由水源、取水、供水设备和管路组成的系统称为发电厂的供水系统。

2-91 发电厂供水系统应满足哪些要求?

答：发电厂供水系统应满足以下要求：

（1）保证发电厂在任何时候都有充足的水量。

（2）在夏季气温较高时，进入凝汽器的冷却水温一般不应超过制造厂规

定的允许最高数值。

（3）水质应符合使用要求，若采用海水或腐蚀性水源，则应采用相应的特殊设备。

（4）供水系统的建筑、运行及维护费用应最少。

2-92 发电厂供水系统分哪几种方式？

答：发电厂供水系统分两种方式：直流供水系统（或称开式供水系统）方式和循环供水系统（或称闭式供水系统）方式。

2-93 什么是循环供水系统？

答：冷却水经凝汽器吸热后进入冷却设备冷却，被冷却的水由循环水泵再送入凝汽器，冷却水被如此反复循环使用的系统称为循环供水系统。

2-94 循环供水系统根据冷却设备的不同可分为哪几种供水系统？

答：循环供水系统根据冷却设备的不同可分为冷却水池循环供水系统、喷水池循环供水系统和冷却塔循环供水系统。

2-95 发电机氢气的置换有哪几种方法？

答：发电机氢气的置换有以下两种方法：

（1）中间介质置换法。先将中间气体 CO_2（或 N_2）从发电机壳下部管路引入，以排除机壳及气体管道内的空气。当机壳内 CO_2 含量达到规定要求时，即可充入氢气排出中间气体，最后置换成氢气。排氢过程与上述充氢过程相似。在使用中间介质法时，注意气体采样点要正确，化验分析结果要准确，气体的充入和排放顺序及使用管路要正确。

（2）抽真空置换法。应在发电机静止停运的条件下进行。首先将机内空气抽出，当机内真空度达到 90%～95%时，可以开始充入氢气。然后取样分析，当氢气纯度不合格时，可以再抽真空，再充氢气，直到纯度合格为止。采用抽真空法时，应特别注意密封油压的调整，防止发电机进油。

2-96 什么是热工仪表？

答：用来测量热工参数的仪表称为热工仪表。

2-97 评定热工仪表质量主要有哪几项指标？

答：评定热工仪表质量的主要指标有基本误差、精度等级、变差、灵敏度和分辨率五项。

2-98 大型机组热力过程自动化由哪几部分组成？

答：大型机组热力过程自动化一般由热工检测、自动调节、程序控制、热工信号及自动保护组成。

2-99 热工检测在生产中的作用是什么？

答：热工检测在生产中的作用是给运行人员和自动控制装置提供必要的、准确可靠的热力设备运行参数的测量信号。

2-100 衡量热工仪表好坏的指标有哪些？

答：衡量热工仪表好坏的指标是准确度、灵敏度和反应时间。

2-101 仪表误差有几种？

答：仪表误差有以下几种：

（1）绝对误差

$$\text{绝对误差}=\text{被校表读数}-\text{标准表读数} \tag{2-25}$$

（2）相对误差

$$\text{相对误差}=\frac{\text{绝对误差}}{\text{仪表量程}}\times 100\% \tag{2-26}$$

（3）允许误差

$$\text{允许误差}=\frac{\text{仪表的最大允许绝对误差}}{\text{仪表量程}}\times 100\% \tag{2-27}$$

（4）精度等级。允许误差去掉百分号以后的绝对值。

2-102 什么是仪表的基本误差？什么是系统误差？

答：在规定的技术条件下，将仪表的示值和标准表的示值相比较，在被测量平稳增加和减少的过程中，在仪表全量程取得的诸示值的引用误差中的最大者，称为仪表的基本误差。

在相同条件下多次测量同一量时，误差的大小和符号保持恒定，或按照一定规律变化，这种误差称为系统误差。一般可以通过实验或分析的方法查明其变化的规律及产生的原因，并能在确定数值大小和方向后，对测量结果进行修正。

2-103 什么是仪表的灵敏度？什么是仪表的分辨力？

答：灵敏度是仪表对被测量的反应能力，通常定义为输入变化引起输出变化 ΔL 对输入变化 ΔX 之比值。它是衡量仪表质量的重要指标之一，仪表的灵敏度高，则示值的位数可以增加，但应注意灵敏度与其允许误差要相适应，过多的位数是不能提高测量精度的。

仪表的分辨力也称鉴别力，表明仪表响应输入量微小变化的能力。分辨

力不足将引起分辨误差，即在被测量变化某一定值时，示值仍不变，这个误差称不灵敏区或死区。

2-104 什么是仪表的反应时间？

答：仪表的反应时间是指从被测量开始变化到仪表反映出这一变化所经历的时间。反应时间越短越好。

2-105 仪表面板上标注的1.5、2.5是什么意思？

答：仪表面板上的1.5或2.5一般称为仪表的精度等级，它表示仪表的基本误差为±1.5%或±2.5%。如果知道仪表的实际量程，即可知道这只表的最大绝对误差。例如，有一块表计，量程上限为500℃，量程下限为100℃，精确度为1.5，它的最大绝对误差为(500－100)×(±1.5%)＝±6℃。

2-106 什么是测量？什么是测量仪表？

答：测量就是通过实验的方法，把被测量与其所采用的单位标准量进行比较，求出其数值的过程。

被测量与其单位用实验方法进行比较，需要一定的设备，它输入被测量、输出被测量与单位的比值，这种设备就称为测量仪表。

2-107 什么是测量结果的真实值？何谓测量误差？

答：测量结果的真实值是指在某一时刻、某一位置或某一状态下，被测物理量的真正大小。一般把标准仪器所测量的结果视为真实值。

测量结果与测量真实值之间存在的差值通常称为测量误差。测量误差有大小、正负和单位。

2-108 火力发电厂热力的热工测量参数有哪些？

答：火力发电厂热力的热工测量参数一般有温度、压力、流量、料位和成分。另外，还需测量转速、机械位移和振动等。

2-109 热工参数的调节和控制分为几种方式？

答：热工参数的调节和控制分为人工调节方式和自动调节方式两种。

2-110 热力过程自动调节中的常用语有哪些？

答：热力过程自动调节中的常用语如下：

（1）调节对象。被调节的生产设备称为调节对象。

（2）调节系统。调节设备和调节对象构成的具有调节功能的统一体称为调节系统。

（3）被调量。调节对象中需要控制和调节的物理量。

（4）扰动。引起被调量变化的各种因素称为扰动。调节系统由于内部原因引起的扰动称为内部扰动，由于外来因素引起的扰动称为外部扰动。

（5）给定值。希望被调量达到并保持的规定值称为被调量的给定值。

2-111 自动调节系统由哪两部分组成？组成自动调节系统最常见的基本环节有哪些？

答：自动调节系统由调节对象和自动装置两部分组成。组成自动调节系统常见的基本环节有一阶惯性环节、比例环节、积分环节、微分环节和迟延环节。

2-112 什么是分散控制系统（DCS）？

答：分散控制系统（Distributed Control System，DCS）指控制功能分散、风险分散、操作显示集中。DCS是采用分布式结构的智能网络控制系统，即利用计算机技术对生产过程进行集中监视、操作、管理和分散控制。作为一种纵向分层和横向分散的大型综合控制系统，DCS以多层计算机网络为依托，将分布在全厂范围内的各种控制设备的数据处理设备连接在一起，实现各部分信息共享的协调工作，共同完成控制、管理及决策功能。

2-113 什么是数据采集系统（DAS）？

答：数据采集系统（DAS）指采用数字计算机控制系统对工艺系统和设备的运行参数、状态进行检测，对检测结果进行处理、记录、显示和报警，对机组的运行情况进行运算分析并提出运行指导的监视系统。

2-114 什么是协调控制系统（CCS）？

答：协调控制系统（CCS）指将锅炉—汽轮发电机组作为一个整体进行控制，通过控制回路协调锅炉、汽轮机，在自动运行状态下，给锅炉、汽轮机的自动控制系统发出指令，以适应负荷变化的需要，尽最大可能发挥机组的调频、调峰的能力。CCS直接作用的执行级是锅炉燃料控制系统和汽轮机控制系统。

2-115 协调控制系统的运行方式有哪几种？

答：协调控制系统的运行方式有以下几种：

（1）协调控制方式。

（2）汽轮机跟随锅炉。

（3）锅炉跟随汽轮机，机组输出功率不可调节。

（4）全手动方式。

2-116 什么是锅炉跟随汽轮机的控制方式?

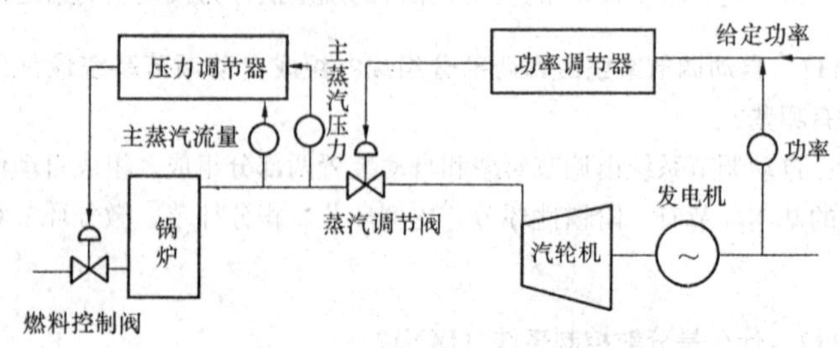

图 2-1 锅炉跟随汽轮机的控制方式

答： 如图 2-1 所示，当汽轮发电机组按照指令增加功率时，首先开大汽轮机调节汽阀，利用锅炉储热量来增加汽轮机进汽量，使发电机输出功率达到与功率指令相一致；蒸汽流量的增加，引起了主蒸汽压力下降，使调节级蒸汽压力与主蒸汽压力给定值产生偏差；利用蒸汽的偏差，可以控制锅炉的燃料量，增加蒸发量，以保持蒸汽的压力值。这种控制方式称为锅炉跟随汽轮机的控制方式。

2-117 什么是汽轮机跟随锅炉的控制方式?

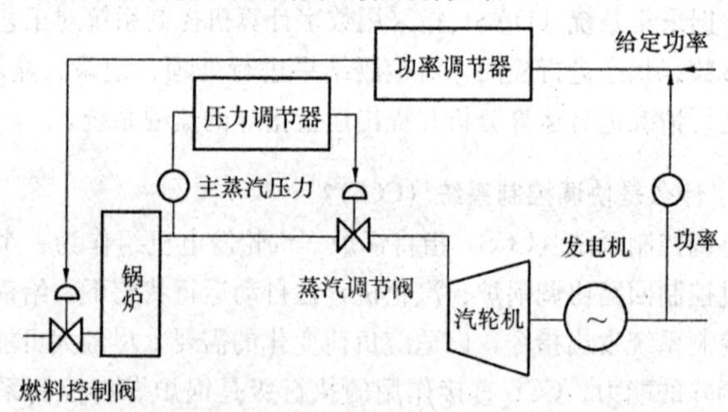

图 2-2 汽轮机跟随锅炉的控制方式

答： 如图 2-2 所示，当需增加功率时，首先指定锅炉的控制器，调整燃料调节阀开度，增加燃料；随着燃烧强度的增大，蒸发量增加，主蒸汽压力上升，汽轮机前置压力调节器维持主蒸汽压力为定值；控制调节汽阀的开度，增加汽轮机进汽量，使功率增加到指定值。这种控制方式称为汽轮机跟随锅炉的控制方式。

2-118 什么是机炉协调控制方式？

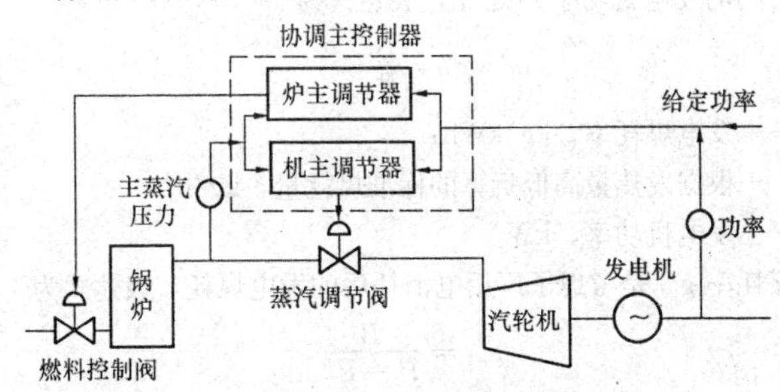

图 2-3 机炉协调控制方式

答：如图 2-3 所示，在机炉协调控制方式下，当外界负荷发生变化时，控制器对锅炉和汽轮机同时发出调节指令，平行地改变锅炉的给水、燃烧和汽轮机的进汽量，同时还根据主蒸汽压力偏差给定值的情况，适当地改变调节汽阀的开度，并加强锅炉的调节作用。在调节结束时，机组的输出功率达到负荷要求功率，而主蒸汽压力恢复为给定值，这样在整个过程中，主蒸汽压力变化不大，并且单元机组很快适应负荷的变化，因而使机组的运行工况比较稳定。这种机炉协调控制方式综合了锅炉跟随汽轮机和汽轮机跟随锅炉的控制方式的特点，既能保证有良好的负荷跟踪性能，又能保证锅炉运行的稳定性。

2-119 什么是顺序控制系统（SCS）？

答：顺序控制又称为程序控制。顺序控制系统指对火电机组的辅机及辅助系统，按照运行规律规定的顺序（输入信号条件顺序、动作顺序或时间顺序），实现启动或停止过程的自动控制系统。

2-120 什么是热工信号？热工信号的作用是什么？

答：热工信号是指在机组启停或运行过程中，当某些重要参数达到规定限值，或设备、自动装置出现异常情况（但未构成危及机组安全）时，向运行人员发出报警的一种信号。

热工信号的作用是在有关的热工参数偏离规定范围或出现某些异常情况时发出灯光和音响信号，引起运行人员的注意，以便及时采取相应的措施，避免事故发生或事故扩大。

2-121 什么是凝汽式发电厂的发电煤耗率及供电煤耗率？

答：凝汽式发电厂的发电煤耗率是在单位时间中所耗用的标准煤耗量 B 与在单位时间的发电机功率 P 之比，表达式为

$$b=\frac{B}{P} \tag{2-28}$$

式中 b——发电煤耗率，kg/kWh；

B——根据发热量高低折算的标准煤耗量，kg/h；

P——发电机功率，kW。

供电煤耗率 g_{gd} 是考虑了厂用电消耗后的发电煤耗，表达式为

$$g_{gd}=\frac{B}{P-P_c} \tag{2-29}$$

式中 P——发电厂功率，kW；

P_c——发电厂的厂用电功率，kW。

2-122 什么是热电厂的供热煤耗率？

答：热电厂用于供热的煤耗量 B 与对外供热量 Q_b 之比称为供热煤耗率，表达式为

$$b=\frac{B}{Q_b} \tag{2-30}$$

式中 B——供热的煤耗量，kg；

Q_b——对外供热量，kJ。

2-123 什么是发电厂的厂用电率？

答：发电厂在发电过程中，本身要耗用一部分厂用电量，此电量 W_c 与发电量 W 之比称为厂用电率 λ，计算式为

$$\lambda=\frac{W_c}{W}\times 100\% \tag{2-31}$$

2-124 汽轮发电机组的汽耗率如何计算？

答：汽轮发电机组每生产 1kWh 的电能所消耗的蒸汽量称为汽轮发电机组的汽耗率，计算式为

$$d_o=\frac{\text{计算期内总的汽耗量}(D)}{\text{计算期内发电量}(W)}\quad [\text{kg/kWh}] \tag{2-32}$$

2-125 纯凝汽式汽轮发电机组和回热循环机组的热耗率如何计算？

答：汽轮发电机组每生产 1kWh 的电能所消耗的热量称为汽轮发电机组热耗率 q_o。

对纯凝汽式机组，热耗率为

$$q_o = d(h_o - h_c) \tag{2-33}$$

式中　h_c——凝结水的焓，数值近似于凝结水的温度值乘以 4.187kJ/kg；

h_o——主蒸汽的焓，kJ/kg；

d——汽耗率，kg/kWh。

对采用回热循环的汽轮发电机组，热耗率为

$$q = d(h_o - h_{fw}) \tag{2-34}$$

式中　h_{fw}——锅炉给水的焓，kJ/kg；

h_o——主蒸汽的焓，kJ/kg；

d——汽耗率，kg/kWh。

2-126　运行人员如何计算汽轮发电机组效率？

对于回热循环的凝汽式汽轮发电机组，效率为

$$\eta = \frac{3600}{d(h_o - h_{fw})} \tag{2-35}$$

式中　d——汽耗率，kg/kWh；

h_o——主蒸汽的焓，kJ/kg；

h_{fw}——锅炉给水的焓，kJ/kg。

对于中间再热机组，热耗率为

$$q = \frac{D_o(h_o - h_{fw}) + D_{rh}(h_{rh} - h_e)}{W} \tag{2-36}$$

式中　D_o——主蒸汽的流量，kg；

D_{rh}——进入中压缸的再热蒸汽的流量，kg；

h_{rh}——进入中压缸的再热蒸汽的焓，kJ/kg；

h_e——高压缸排汽的焓，kJ/kg；

W——发电量，kW。

再热机组的效率为

$$\eta = \frac{3600}{q} = \frac{3600W}{D_o(h_o - h_{fw}) + D_{rh}(h_{rh} - h_e)} \tag{2-37}$$

第三章 热力网基础知识

3-1 什么是热力网？热力网由哪几部分组成？

答：热力网是指供应热能的动力网。

热力网和电力网相似，是由生产热能的热源、输送热能的热网和使用热能的热用户组成。

3-2 热能的供应方式有哪几种？

答：热能的供应有分散供热、集中供热两种。

（1）分散供热。由于它的供热规模限制，因此只能采用热效率不高的小锅炉（实际效率为50%～40%以下）。

（2）集中供热。采用区域性锅炉房或热电联产，由于其规模大，因此采用了高效率的大锅炉（效率为85%～90%以上）。

3-3 集中供热与分散的小锅炉房供热相比有什么优点？

答：集中供热与分散的小锅炉房供热相比，优点是可以保证供热质量，提高劳动生产率，节约燃料，更重要的是可以减轻环境污染，优化生态环境。

3-4 集中供热有哪几种形式？

答：集中供热有热电联产和热电分产两种形式。

3-5 什么是热电联产？什么是热电分产？

答：热电联产是集中供热的最高形式，又称热化，它把热电厂中的高位热能用于发电，低位热能用于供热，实现了合理的能源利用。

热电分产是指用区域性锅炉房供热、凝汽式发电厂生产电能的系统。

3-6 城市集中供热的大型供暖系统具有哪些特点？

答：城市集中供热的大型供暖系统具有供热半径大、输送距离远、供热量大、管径大、系统存水量大、沿途阀门（主管线）少等特点。

3-7 什么是供热热负荷？

答：由热电厂通过热网向热用户供应的不同用途的热量称为供热热负荷。

3-8 根据热用户在一年内用热工况的不同，热负荷可分为哪几类？

答：根据热用户在一年内用热工况的不同，热负荷可分为如下两类：

(1) 季节性热负荷。主要指在每年采暖期用热的热用户，其热量与室外气温有关。

(2) 非季节性热负荷。全年用热的热用户，其用热量与室外气温基本无关。

3-9 按热量用途的不同又可以把热负荷分为哪几种？

答：按热量用途的不同又可以把热负荷分为以下3种：

(1) 工艺热负荷。主要用于石油、化工、纺织、冶金等行业，如加热、烘干、蒸煮、清洗、熔化或拖动各种机械设备（如汽锤、汽泵）等工艺过程。这种热负荷由一定参数的蒸汽（参数一般为0.15～1.6MPa，也有高于1.6MPa的）供给，其大小和变化规律完全取决于工艺性质、生产设备的形式及生产的工作制度，在一昼夜间可能变化较大，但在全年和每昼夜中的变化规律却大致相同。采用直接供汽时工质损失大（20%～100%），间接供热时工质损失小（0.5%～2%）。

(2) 热水负荷。主要用于生产洗涤、城市公用事业及民用。这种热负荷由60～65℃的热水供应，其特点是非季节性，全年变化不大，但一昼夜变化较大，工质全部损失。

(3) 采暖及通风热负荷。主要用于生产厂房、城市公用事业及民间的采暖及通风。这种负荷是由温度为70～130℃以上的热水供应或由压力为0.07～0.02MPa的蒸汽供应，其特点是季节性强，全年变化大，昼夜变化不大，采用水网供热时工质损失较小（0.5%～2%）。

3-10 根据热电联产所用的能源及热力原动机形式的不同，热电联产可分为哪几种基本形式？

答：根据热电联产所用的能源及热力原动机形式的不同，热电联产可分为下列4种形式：

(1) 汽轮机热电厂型。它燃用的是低质化石燃料，并通过较成熟完善的原动机—汽轮机在生产电能的同时对外供热。这种形式是目前国内外发展热化事业的基础，是热电联产的最基本形式。

(2) 燃气—蒸汽热电厂型。这种热电厂的特点是把燃气循环部分排气的

高温放热量在供热汽轮发电机组的蒸汽循环中再次利用，是燃气轮机与汽轮机的优缺点相互补偿的供热发电机组的热电厂。

（3）核能热电厂型。燃用核燃料，利用核电型汽轮机发电和对外供热的热电厂。从长远观点来说，核能热电厂将是热能动力事业发展的一个重要方面。

（4）热泵热电厂型。其工作原理是在蒸发器中低沸点物质（如氟利昂等）吸收由低位热源供给的热量而汽化。生成的氟利昂蒸气在压缩机升压、升温后又在凝汽器中凝结，加热供热的热网水，而凝结了的氟利昂则通过节流阀降压后又重新送入蒸发器，如此循环成为一个城市集中供热的热源。可见，热泵热电厂是一种很有发展前途的热电联产形式。

3-11 根据供热式汽轮机的形式及热力系统，汽轮机热电厂可分为哪几种形式？

答：根据供热式汽轮机的形式及热力系统，汽轮机热电厂可分为下列 4 种形式，如图 3-1 所示。

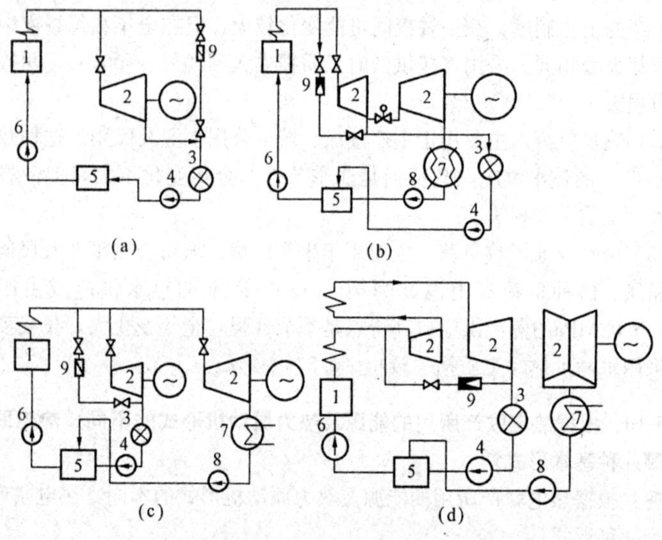

图 3-1 联合能量生产系统图

（a）背压式；（b）抽汽式；（c）背压与凝汽式；（d）凝汽—采暖两用式

1—锅炉；2—背压或抽汽式汽轮机；3—热用户；4—回水泵；5—除氧器；6—给水泵；7—凝汽器；8—凝结水泵；9—减温减压器

（1）背压式机组热电联产系统。采用背压式汽轮机发电做功后的蒸汽全部对外供热，没有凝汽设备，系统简单。

（2）抽汽式机组热电联产系统。采用可调整抽汽的供热机组，将在汽轮机内做了部分功的蒸汽抽出对外供热，其余部分继续做功，排汽进入凝汽设备。其特点是抽汽压力可以调整，当电负荷在一定范围内变化时，热负荷可以维持不变。

（3）背压与凝汽式机组热电联产系统。为克服背压式机组不能同时适应电、热负荷变化的缺点，与凝汽式机组联合的一种热电联产系统。

（4）凝汽—采暖两用式机组热电联产系统。将现代大型凝汽式汽轮机稍作改动（在中、低压缸导汽管上加装调整蝶阀作为抽汽调节机构），在采暖期从抽汽蝶阀前抽汽对外供热并相应减少发电量；在非采暖期仍还原为凝汽式机组发电。这是大机组普遍采用的热电联产方式。

3-12　何谓热电冷三联产？

答：热电冷联产（三联产）是指热电厂的汽轮发电机组在发电的同时，根据用户的需要，将已在汽轮机中做了一部分功的低品位蒸汽热能，用以对外供热和制冷，简称为热电冷三联产。

3-13　供热系统由哪几部分组成？

答：供热系统由热源、热网、用户引入口和局部用热系统组成，如图3-2所示。

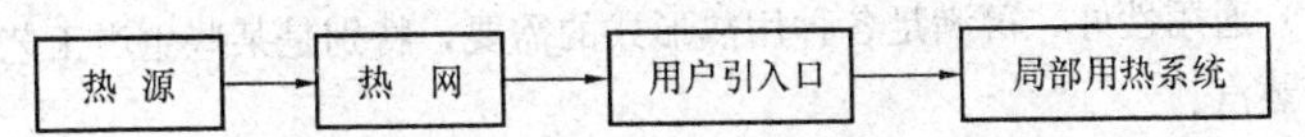

图 3-2　供热系统组成框图

（1）热源。集中供热的热源，可以是热电联产的热电厂或大型区域集中供热锅炉房，热源设备生产的热能通过能够载热的物质——载热质输送到热用户的引入口。

（2）热网。将热源热量输送到用户引入口的管道及换热设备。

（3）用户引入口。将热量由热网转移到局部用热系统，同时对转移到局部用热系统中的热量和热能能够局部调节的设备。

（4）局部用热系统。将热量传递或将热能转换给用户的用热设备。

3-14　根据载热质流动的形式，供热系统可分为哪几种？

答：根据载热质流动的形式，供热系统可分为以下 3 种：

（1）双管封闭式系统。用户只利用载热质所携带的部分热量，而载热质

本身则携带剩余的热量返回到热源，并在热源处重新增补热量。

（2）双管半封闭式系统。用户利用载热质的部分热量，同时耗用一部分载热质，剩余的载热质及其所含有的余热返回热源。

（3）单管开放式系统。在单管开放式系统中，载热质本身和它携带的热量全部被用户利用。

3-15 热网系统可以用什么作载热质？

答：热网系统可以用水或蒸汽作载热质。

3-16 热网系统用水作载热质有什么特点？

答：热网系统用水作载热质的特点如下：

（1）可进行远距离供热（一般为20～30km或更远，而汽网供热距离多在10km以内）。

（2）输送热量时损失小（大型水网的温降小于1℃/km，比汽网的热损失小5%～10%，而汽网的压力降低为0.1～0.15MPa/km）。

（3）汽轮机抽汽压力低（从0.06～0.2MPa），使供热发电量增加。

（4）水质损失少，不需要较大的补充水设备。

（5）局部供暖网络的投资少，运行调节方便。

3-17 热网系统用蒸汽作载热质有什么特点？

答：热网系统用蒸汽作载热质的特点如下：

（1）通用性好，可满足各种用热形式的需要，特别是某些生产工艺用热必须用蒸汽。

（2）输送载热质所需要的电能少。

（3）由于蒸汽的密度小，所以蒸汽因输送地形高度而形成的静压力很小。汽网的泄漏量比水网的泄漏量小20～40倍。

（4）在散热器或加热器中，蒸汽的温度和传热系数都比水的高，因而可减少换热器面积，降低设备造价。

3-18 什么是热网的供热调节？

答：依据被加热介质需热量的变化来改变供热系统中散热器放热量的总体手段称为热网的供热调节。

3-19 根据调节的地点不同，供热调节可分为哪几种方式？

答：根据调节的地点不同，供热调节可分为中央调节、局部调节和单独调节三种方式。

3-20 什么是中央调节？

答：在热电厂进行的供热调节称为中央（集中）调节，它是既经济又方便的供热调节方式。

3-21 什么是局部调节？

答：在热用户总入口处进行的调节称为局部（地方）调节。

3-22 什么是单独调节？

答：根据单个用热设备的特殊需要直接在用热设备处进行的调节称为单独调节。

3-23 中央调节时，根据调节对象的不同，供热调节可为哪几种方式？

答：中央调节时，根据调节对象的不同，供热调节又可分为质调节、量调节和混合调节 3 种调节方式。

3-24 什么是质调节？其优点是什么？

答：水热网供水流量不变，只调节供水温度，从而改变供热量的调节方式称为质调节。质调节的优点是当热负荷较小时，就可降低水热网的供水温度，使供热机组的抽汽压力相应降低，因而可提高热化发电比，多节约燃料。同时，因热网水流量不变，水力工况稳定，质调节易实现供热调节自动化。

3-25 什么是量调节？其优缺点各是什么？

答：维持水热网供水温度不变，只调节供水流量从而改变供热量的调节方式称为量调节。量调节的优点是当热网负荷减小时，水网流量的降低可节省热网水泵的电耗。缺点是因供水温度不变，水网低负荷时，不能利用低压抽汽，降低了热化效果；当网络和用户系统流量改变时，在地方水暖系统内会产生严重的水力失调，自动调节较困难。

3-26 什么是混合调节？

答：热网供水温度与供水流量相互配合调节，从而改变供热量的调节方式称为混合调节（质—量调节）。混合调节综合了质调节和量调节的优点，抑制了质调节和量调节各自的缺点。

3-27 从效率法的观点来看，热电联产的特点包括哪些方面？

答：从效率法的观点来看，热电联产的特点包括以下两个方面：

（1）利用热功转换过程不可避免的冷源损失来对外供热，使热化发电没

有了冷源损失。

（2）热化是一种集中供热方式，它采用了高效率、大容量锅炉代替低效率的分散小锅炉，减少了锅炉方面的热损失，提高了效率。

3-28 在热电联产工程中，一般采用什么方法评价热功能量转换的效果？

答：在热电联产工程中，一般采用热平衡法（热效率法）评价热功能量转换的效果，它是一种能量的数量方面的分析法。

3-29 简述背压式、抽汽背压式汽轮机（B、CB）的热经济性。

答：因为背压式汽轮机的排汽全部被用来供热，是纯粹的热电联产，所以该类汽轮机在热能数量方面的利用率最高，而且结构简单（不需凝汽器）、投资省。背压式汽轮机生产的热、电相互制约，不能调节，需在保证热负荷的情况下发电，即采用"以热定电"方式运行；当热负荷变化剧烈，且流量偏离设计值较多时，机组相对内效率下降很多，不经济。

3-30 简述抽汽凝汽式汽轮机（C、CC）的热经济性。

答：抽汽凝汽式汽轮机克服了背压式汽轮机的缺点，相当于背压式汽轮机和凝汽式汽轮机的组合，热电负荷在一定范围内各自独立调节，适应性较大。由于抽汽只是某一部分，因此整机热经济性低于背压式汽轮机，高于凝汽式机组。根据抽汽量的变化，其效率介于背压式汽轮机与凝汽式汽轮机之间。

3-31 凝汽—采暖两用机有什么特点？

答：凝汽—采暖两用机有以下特点：

（1）与凝汽式N型机比，采暖期因采用了部分热电联产方式，提高了机组的经济性；非采暖期却因增加了调节机构使流动阻力增大，比纯凝汽式汽轮机效率有所降低。

（2）两用机在采暖季节因热负荷增加，不得不使电负荷减少（因两用机是按凝汽工况设计的）。

（3）两用机比类似的供热机组可缩短设计、制造工期，降低成本和增加通用性。

（4）为提高两用机的热经济性，其采暖抽汽压力一般较低（如苏联采暖抽汽压力为0.05～0.2MPa，美国采暖抽汽压力为0.042～0.25MPa），可采用两级加热热网水的方式。

3-32 为什么说热电厂热经济指标的制定比凝汽式电厂和供热锅炉要复杂和困难得多？

答：热电厂热经济指标的制定比凝汽式电厂和供热锅炉要复杂和困难得多，原因如下：

（1）以热电联产为基础的热电厂，是同时生产形式不同、质量不同的两种产品——热能和电能，它们对燃料能量的利用程度差别很大。

（2）热电厂一般同时存在着热电两种不同生产方式——热电联产和热电分产，它们的热经济性也不一样。

第二部分

设备、结构及工作原理

第四章　汽轮机本体设备结构及工作原理

4-1　汽轮机工作的基本原理是什么？

答：汽轮机工作的基本原理：具有一定压力和温度的水蒸气进入汽轮机，流过喷嘴并在喷嘴内膨胀获得很高的速度，这时蒸汽的压力、温度降低，速度增加，使热能转变成动能。然后，具有较高速度的蒸汽由喷嘴流出，进入动叶片流道，在弯曲的动叶流道内改变汽流方向，给动叶片以冲动力，产生了使叶轮旋转的力矩，带动主轴旋转输出机械功，即在动叶片中蒸汽推动叶片旋转做功，完成动能到机械能的转换。

4-2　汽轮机有哪些类型？

答：汽轮机的类型有以下几种：

（1）按蒸汽流动方向分。

1）轴流式汽轮机。蒸汽流动总体方向大致与轴平行。

2）辐流式汽轮机。蒸汽流动总体方向大致与轴垂直。

3）周流式汽轮机。蒸汽大致沿叶轮轮周方向流动。

（2）按工作原理分。

1）冲动式汽轮机。按冲动做功原理工作，蒸汽的膨胀主要在喷嘴中进行，少部分在动叶片中膨胀。

2）反动式汽轮机。按反动做功原理工作，蒸汽的膨胀在喷嘴和动叶片中大约各占一半。

3）冲动反动联合式汽轮机。由冲动级和反动级组合而成的冲动—反动联合式汽轮机。

（3）按主蒸汽压力分。

1）低压汽轮机。主蒸汽压力为1.17～1.47MPa。

2）中压汽轮机。主蒸汽压力为1.96～3.92MPa。

3）高压汽轮机。主蒸汽压力为5.88～9.80MPa。

4）超高压汽轮机。主蒸汽压力为11.76～13.72MPa。

5）亚临界压力汽轮机。主蒸汽压力为15.68～17.64MPa。

6）超临界压力汽轮机。主蒸汽压力在22.06MPa以上。

（4）按热力过程分。凝汽式汽轮机、背压式汽轮机、调整抽汽式汽轮机及中间再热式汽轮机。

4-3 汽轮机型号如何表示？

答：汽轮机型号表示如下：

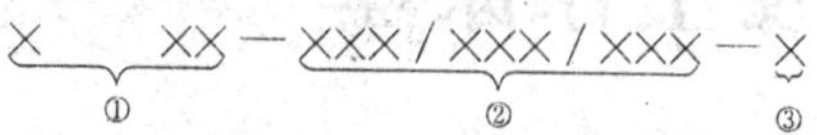

①表示汽轮机形式及额定功率（MW）；②表示蒸汽参数；③表示改型序号。

在汽轮机型号表示中，其形式的代号见表4-1。

表4-1 汽轮机形式的代号

汽轮机形式	我国汽轮机新型号中形式代号 第一个拼音字母
凝汽式	N
一次调整抽汽式	C
二次调整抽汽式	CC
背压式	B
调整抽汽背压式	CB

在我国汽轮机新型号中，蒸汽参数的表示方法见表4-2。

表4-2 蒸汽参数的表示方法

汽轮机形式	蒸汽参数表示方法
凝汽式	进汽压力/进汽温度
中间再热式	进汽压力/进汽温度/中间再热温度
一次调整抽汽式	进汽压力/调整抽汽压力
二次调整抽汽式	进汽压力/高压调整抽汽压力/低压调整抽汽压力
背压式	进汽压力/排汽压力

4-4 什么是冲动式汽轮机？

答：冲动式汽轮机指蒸汽主要在喷嘴中进行膨胀，在动叶片中蒸汽不再膨胀或膨胀很少，而主要是改变流动方向。现代冲动式汽轮机各级均具有一定的反动度，即蒸汽在动叶片中也发生很小一部分膨胀，从而使汽流得到一定的加速作用，但仍算做冲动式汽轮机。

4-5 什么是反动式汽轮机？

答：反动式汽轮机是指蒸汽在喷嘴和动叶中的膨胀程度基本相同。此时，动叶片不仅受到由于汽流冲击而引起的作用力，而且受到因蒸汽在叶片中膨胀加速而引起的反作用力。动叶片进出口蒸汽存在较大压差，与冲动式汽轮机相比，反动式汽轮机轴向推力较大。因此，一般都装平衡盘以平衡轴向推力。

4-6 什么是凝汽式汽轮机？

答：进入汽轮机做功后的蒸汽，除少量漏汽外，全部或大部分排入凝汽器凝结成水又返回锅炉的汽轮机称为凝汽式汽轮机。蒸汽全部排入凝汽器的又称为纯凝汽式汽轮机；采用回热加热系统，除部分抽汽外，大部分蒸汽排入凝汽器的汽轮机称为凝汽式汽轮机。凝汽式汽轮机的排汽热量被冷却水带走，排汽热损失较大，经济性不高。

4-7 什么是背压式汽轮机？

答：由于工厂或用户需要具有较高压力和温度的蒸汽，用于生产和取暖，因此汽轮机的排汽压力高于大气压力，这种汽轮机称为背压式汽轮机。背压式汽轮机的优点是将全部排汽供给其他工厂或用户使用，不设凝汽器，这样使蒸汽的含热量全部得到使用，从而节省设备、简化构造；缺点是进汽量受用户用汽量的限制。在供热式电厂中，背压式汽轮机一般与调整抽汽式机组联合使用；也用于老厂改造，将高压背压式机组的排汽送给老厂部分低压或中压凝汽式汽轮机，可以大大提高全厂的热效率。

4-8 什么是调整抽汽式汽轮机？

答：从汽轮机某一级中经调压器控制抽出大量已经做了部分功的一定压力范围的蒸汽供给其他工厂及热用户使用，机组仍设有凝汽器，这种形式的机组称为调整抽汽式汽轮机。它能使蒸汽中的含热量得到充分利用，同时，因设有凝汽器，当用户用汽量减少时，还能根据低压缸的容量保证汽轮机带一定电负荷。

4-9 供热式汽轮机有什么特点？

答：供热式汽轮机有以下特点：

（1）热效率高。供热式汽轮机一方面向热用户供应一定要求的蒸汽，同时也向用户供应电力。部分或全部蒸汽在汽轮机内做过一定功后，从抽汽点抽出供给热用户，而不排向凝汽器，冷源损失大大减小，所以其效率要比纯凝汽式汽轮机高得多。

（2）主蒸汽流量大。供热机组要求同时满足用户对热和电的需求，为弥补因抽汽而少发的电功率，必须增大汽轮机的进汽量，一般为同功率纯凝汽式汽轮机的 1.4～1.6 倍。对于大型供热机组，常以“以热定电”为原则进行设计，只要满足热用户要求，少发的电量由其他机组补充，机组的主蒸汽流量与同功率的纯凝汽式机组相同，这样可以大大提高设备的利用率，特别是对采暖供热机组更有利。

（3）调速保安系统复杂。供热式汽轮机除了调节系统以外，还设置了调压设备及系统。同时，由于供热机组有较多引起动态超速的因素，因此保安系统也变得复杂。

（4）轴向推力变化复杂。供热式汽轮机的轴向推力变化比纯凝汽式汽轮机复杂，除了电功率、参数变化引起轴向推力变化外，抽汽压力的变化还会使轴向推力发生变化，甚至可能由正轴向推力变为负轴向推力，使推力瓦受到冲击。

（5）低压缸蒸汽流量小。低压缸的流量取决于机组进汽量和抽汽量的大小。当处于热负荷大、电负荷小的工况时，低压缸流量可能小于其最小流量，不能满足低压缸叶片鼓风摩擦热的冷却。因此，为了保证供热机组低压缸冷却流量，供热和供电的某些工况受到限制。

4-10　什么是中间再热式汽轮机？

答：主蒸汽进入汽轮机高压缸做了一部分功，中间排出又通过锅炉的再热器提高温度后，再回到汽轮机中、低压缸继续做功，最后排到凝汽器，这种形式的汽轮机称为中间再热式汽轮机。它的再热次数可以是一次、两次或多次。

中间再热的经济性在很大程度上取决于中间再热系统和再热方法，按其采用的加热介质可分为下列三种：

（1）用锅炉烟使蒸汽再热。

（2）用新蒸汽使蒸汽再热。

（3）用中间载热质使蒸汽再热。

4-11　中间再热式汽轮机主要有什么优缺点？

答：采用中间再热式汽轮机，主要目的是为了提高机组的经济性。在同样的初参数下，采用再热的机组效率比不采用再热机组的效率提高 4%左右。另外，采用再热式汽轮机能提高末几级叶片的蒸汽干度，对防止大型汽轮机低压末几级叶片水蚀有改善作用。再热式汽轮机的缺点是给机组调速系统的调节带来一定的困难。

4-12　汽轮机有哪些内部损失和外部损失?

答: 汽轮机的内部损失如下：

(1) 进汽机构的节流损失。蒸汽通过主汽阀和调节汽阀时，受汽阀的节流作用，压力下降，节流前后的焓值基本不变，但汽轮机的理想焓降减少，从而造成损失。

(2) 排汽管压力损失。汽轮机内做完功的乏汽从最末级动叶片排出后，经排汽管引至凝汽器。排汽在排汽管中流动，会因摩擦和涡流而造成压力降。这部分压力降用于克服排汽管的阻力，没有做功，称为排汽管的压力损失。

(3) 汽轮机的级内损失。

1) 叶高损失。指喷嘴和动叶栅根部与顶部由于产生涡流所造成的损失，其大小与叶高有关。

2) 扇形损失。叶片沿轮缘成环形布置，使流道截面成扇形，因而沿叶高方向各处的节距、圆周速度和进汽角都不同于叶片平均直径处的数值。这样不仅在叶顶和叶根附近产生汽流撞击叶片进口的能量损失，而且汽流将产生半径方向的流动，引起附加流动损失，这些损失称为扇形损失。

3) 叶栅损失。由相同叶型的静叶片或动叶片排列成的栅状汽流通道称为叶栅，叶栅损失是蒸汽在流道内发生摩擦等造成的动能减少。

4) 余速损失。因离开动叶的蒸汽仍具有一定的速度所引起动能的损失称为余速损失。

5) 叶轮摩擦损失。高速转动的叶轮与其四周的蒸汽相互摩擦，带动这些蒸汽旋转将消耗一部分叶轮有用功。此外，黏附在叶轮表面的蒸汽受离心力的作用被甩向叶轮外缘，靠近喷嘴或隔板的汽流则向叶轮中心移动，形成涡流，从而增加了叶轮有用功的消耗。这两种损失称为叶轮摩擦损失。

6) 撞击损失。当汽轮机工作情况变化时，蒸汽进入动叶栅的相对进汽角相应变化，因而与实际的动叶片进汽角不相符，汽流不能平滑进入动叶槽道，而是撞击在动叶进汽边的背弧或内弧上引起附加的能量损失称为撞击损失。

7) 部分进汽损失。若喷嘴连续布满隔板的整个圆周，称为全周进汽；

若喷嘴只布置在某个弧段内，其余部分不装喷嘴，则称为部分进汽。在实际运行中，通过汽阀控制某一段或几段喷嘴的进汽造成部分进汽，由于部分进汽引起的损失称为部分进汽损失。部分进汽损失由动叶经过不装喷嘴弧段时发生的鼓风损失和动叶由非工作弧段进入喷嘴的工作弧段时发生的斥汽损失组成。

8）湿气损失。在湿气区工作的级，湿气的水滴不能在喷嘴中膨胀加速，不仅减少了做功的蒸汽量，而且消耗携带它的气流的动力。此外，气流从喷嘴中流出时，水滴的速度比蒸汽的速度小，因而进入动叶时，它将打在叶片入口的背弧上，不仅对叶片产生制动作用，而且冲蚀叶片，这些损失为湿气损失。在设计上，采用提高排汽干度、增加去湿装置等措施可减少湿气损失。

9）漏汽损失。由于喷嘴和动叶前后存在压差，因此会有一部分蒸汽不经过喷嘴和动叶的流道，而经过各种间隙绕过隔板和动叶流走，不参与主流做功。由此形成的能量损失为漏汽损失，绕过隔板产生的损失为隔板漏汽损失，绕过叶片产生的损失为叶顶损失。

汽轮机的外部损失如下：

（1）外部漏汽损失。汽轮机的主轴在穿出汽缸两端时，为了防止动静部分摩擦，总要留有一定间隙，虽然装上端部汽封后这个间隙很小，但由于压差的存在，在高压端总有部分漏汽向外漏出。在汽轮机低压汽封处，由于级内压力低于大气压力，为了防止空气漏入汽轮机内，向低压汽封处通入蒸汽密封，这部分蒸汽的大部分漏入汽缸，也有少部分漏向大气，漏出的蒸汽不做功，其所造成的损失为外部漏汽损失。

（2）机械损失。汽轮机运行时，要克服支撑轴承和推力轴承的摩擦阻力及带动主油泵、调速器等，都将消耗一部分有用功而造成损失，这些损失即为机械损失。

4-13 大功率汽轮机总体结构方面有哪些特点?

答: 大功率汽轮机由于采用了高参数蒸汽、中间再热以及低压缸分流等措施，汽缸的数目相应增加，这就带来了机组布置、级组分段、定位支撑、热膨胀处理等许多新问题。

从总体结构上讲，大功率汽轮机有如下特点：

（1）为了适应主蒸汽高压高温的特点，蒸汽室与调节汽阀从高压汽缸壳上分离出来，构成单独的进汽阀体，从而简化了高压汽缸的结构，保证了铸件质量，降低了由于运行温度不均而产生的热应力。国产 125、300MW 机组的高、中压调节汽阀以及200MW汽轮机的高压缸调节汽阀都采用这种结构形式。

(2) 高、中压级的布置采用两种方式。一种是高、中压级合并在一个汽缸内(上海汽轮机厂125MW机组和东方汽轮机厂300MW机组上采用);另一种是高、中压级分缸的结构(上海汽轮机厂300MW机组和国产200MW机组采用这种结构)。

(3) 大功率汽轮机各转子之间一般用刚性联轴器连接,由此带来机组定位和胀差过大的问题,故必须设置合理的滑销系统。

(4) 大机组都装有胀差保护装置,一旦胀差超过极限时,便发出信号报警或紧急停机。

(5) 大机组大多不把轴承布置在汽缸上,而采用全部轴承座直接由基础支撑的方法。国产125、300MW汽轮机采用了这种布置,而200MW机组仍采用传统的把轴承座布置在低压缸上的方法。

4-14 汽轮机本体主要由哪几个部分组成?

答: 汽轮机本体主要由以下几个部分组成:

(1) 转动部分。由主轴、叶轮、轴封和安装在叶轮上的动叶片及联轴器等组成。

(2) 固定部分。由喷嘴室汽缸、隔板、静叶片、汽封等组成。

(3) 控制部分。由调节系统保护装置和油系统等组成。

4-15 汽缸的作用是什么?

答: 汽缸是汽轮机的外壳。汽缸的主要作用是将汽轮机的通流部分(喷嘴、隔板、转子等)与大气隔开,保证蒸汽在汽轮机内完成做功过程。此外,它还支撑汽轮机的某些静止部件(隔板、喷嘴室、汽封套等),承受它们的重量,还要承受由于沿汽缸轴向、径向温度分布不均而产生的热应力。

4-16 汽轮机的汽缸可分为哪些种类?

答: 汽轮机的汽缸一般制成水平对分式,即分上汽缸和下汽缸。为合理利用钢材,中小汽轮机汽缸常以一个或两个垂直接合面分为高压段、中压段和低压段。大功率的汽轮机根据工作特点分别设置高压缸、中压缸和低压缸。高压高温采用双层汽缸结构后,汽缸分内缸和外缸。汽轮机末级叶片以后将蒸汽排入凝汽器,这部分汽缸称排汽缸。

4-17 为什么汽缸通常制成上下缸的形式?

答: 汽缸通常制成具有水平接合面的水平对分形式。上、下汽缸之间用

法兰螺栓连在一起，法兰接合面要求平整，光洁度高，以保证上、下汽缸结合面严密不漏汽。汽缸分成上、下缸，主要是为了便于加工制造与安装、检修。

4-18 上、下汽缸温差大的危害是什么？

答：在汽缸内部，同一圆周的温度往往是不均匀的。由于热蒸汽容易聚集在汽缸上部，而且下汽缸布置有回热抽汽管道因而增大了散热面，因此上汽缸温度一般高于下汽缸温度，使上汽缸膨胀比下汽缸多，造成汽缸向上拱起，俗称“猫拱背”。这种变形使下汽缸底部径向间隙减小甚至消失，易造成动静摩擦，损坏设备。另外，还会出现隔板和叶轮偏离正常时所在的垂直平面的现象，使轴向间隙变化，甚至引起轴向动静摩擦。

4-19 汽缸与法兰之间的温度差值是如何产生的？有何危害？

答：因为法兰不直接接触汽缸内的工作蒸汽，所以汽缸在受热或受冷却时，法兰膨胀或冷缩比其他部位慢，因而也容易产生较大的热应力。如果运行操作不当，如升负荷过快等，会造成汽缸塑性变形，甚至产生裂纹。

4-20 汽缸在工作时所承受的作用力主要有哪些？

答：汽缸在工作时所承受的作用力如下：

(1) 汽缸内外的压力差使汽缸壁承受一定的作用力。高、中压部分汽缸内蒸汽压力高于大气压力，汽缸壁受着向外的张力；低压部分汽缸内蒸汽压力低于大气压力，汽缸壁承受着向内的压力。当汽轮机负荷变化时，各级压力发生变化，汽缸壁的受力也随之发生变化。

(2) 隔板和喷嘴作用在汽缸上的力。这是由于隔板前后的压力差及汽流流过喷嘴时的反作用所引起的，这些作用力随负荷变化而改变。

(3) 汽缸本身和安装在汽缸上的零部件的重力。

(4) 对于轴承座与汽缸铸造在一起或轴承座用螺栓连接下汽缸的机组，汽缸还承受着转子的重力和转子转动时产生的不平衡力。

(5) 进汽管道作用在汽缸上的力。

(6) 汽轮机在运行中，汽缸各部分存在着温度差，引起极为复杂的热应力。例如，汽缸与法兰之间及汽缸内、外壁之间的温度差，造成汽缸的热应力；采用部分进汽时，汽缸沿横断面方向温度各不相同，造成汽缸的热应力；汽轮机负荷变化时，各级的温度压力都要变化，在汽缸长度方向及内、外壁之间的温度差发生变化，增大汽缸的热应力；在启、停机时，上、下汽缸之间存在温度差，产生汽缸沿横断面方向的热应力等。汽缸在运行中的热应力，对高参数、大功率机组的影响更为突出。

4-21 制造汽轮机汽缸常用哪些材料?

答: 制造汽缸的材料主要取决于它们的工作温度。

(1) t≤250℃时，采用灰铸铁及合金铸铁。

(2) 250℃<t≤320℃时，采用球墨铸铁。

(3) 320℃<t≤360℃时，采用铸钢。

(4) 360℃<t≤500℃时，采用铬钼铸钢。

(5) 500℃<t≤540℃时，采用铬钼钒铸钢ZG20CrMoV，高、中压缸用。

(6) 540℃<t≤570℃时，采用铬钼钒铸钢ZG15Cr1Mo1V，高、中压内缸用。

当工作温度超过580℃以后，可在上述铬钢、铬钼钒系热强钢中提高铬量或添加钛、铌、硼等元素，以克服金属材料持久强度的降低以及高温氧化腐蚀的加剧。

4-22 汽轮机的汽缸是如何支撑的?

答: 汽缸的支撑要求平稳并保证汽缸能自由膨胀而不改变它的中心位置。

汽缸都是支撑在基础台板（也称座架、机座）上；基础台板又用地脚螺栓固定在汽轮机基础上。小型汽轮机用整块铸件做基础台板，大功率汽轮机的汽缸则支撑在若干块基础台板上。

汽轮机的高压缸通过水平法兰所伸出的猫爪（也称搭爪）支撑在前轴承座上。它又分为上汽缸猫爪支撑和下汽缸猫爪支撑两种方式。

4-23 下汽缸猫爪支撑方式有什么优缺点?

答: 中、低参数汽轮机的高压缸通常利用下汽缸前端伸出的猫爪作为承力面，支撑在前轴承座上。这种支撑方式较简单，安装检修也较方便，但是由于承力面低于汽缸中心线（相差下汽缸猫爪的高度数值），因此当汽缸受热后，猫爪温度升高，汽缸中心线向上抬起，而此时支撑在轴承上的转子中心线未变，结果将使转子与下汽缸的径向间隙减小，与上汽缸径向间隙增大。对于高参数、大功率汽轮机，由于法兰很厚，温度很高，因此猫爪膨胀的影响是不能忽视的。

4-24 上汽缸猫爪支撑方式的主要优点是什么?

答: 上汽缸猫爪支撑方式也称中分面（指汽缸中分面）支撑方式。它的

主要优点是由于以上汽缸猫爪为承力面，其承力面与汽缸中分面在同一水平面上，受热膨胀后，汽缸中心仍与转子中心保持一致。

当采用上汽缸猫爪支撑方式时，上汽缸猫爪也称为工作猫爪。下汽缸猫爪称为安装猫爪，只在安装时起支撑作用，下面的安装垫铁在检修和安装时起作用，当安装完毕，安装猫爪不再承力。这时，上汽缸猫爪支撑在工作垫铁上，承担汽缸重量。

4-25　为什么大机组高、中压缸采用双层缸结构?

答：对于大机组的高、中压缸，形状应尽量简单，避免特别厚、重的中分面法兰，以减少热应力、热变形以及由此而引起的接合面漏汽。

采用双层缸结构后，很高的汽缸内、外蒸汽压差由内、外两层汽缸分别承受，汽缸壁和法兰相对讲可以做得比较薄些，也有利于机组启停和工况变化时减小金属温差。所以，目前高压汽轮机高、中压汽缸大多采用双层缸结构，国产125、200、300MW机组都是如此。

4-26　汽轮机的高、中压汽缸采用双层缸结构有什么优点?

答：大功率汽轮机的高、中压缸采用双层缸结构有如下优点：

(1) 整个蒸汽压差由外缸和内缸分担，从而可减薄内、外缸缸壁及法兰的厚度。

(2) 外层汽缸不致与高温蒸汽相接触，因而外缸可以采用较低级的钢材，节省优质钢材。

(3) 双层缸结构的汽轮机在启动、停机时，汽缸的加热和冷却速度都可加快，因而缩短了启动和停机的时间。

4-27　为什么汽缸采用双层缸能提高汽轮机的安全可靠性?

答：汽缸采用双层缸减少了每层缸的压差与温差，在机组启停及变工况时，其热应力也相应减少，因此有利于汽轮机膨胀、收缩，控制胀差在合理的范围内，缩短启动时间和提高负荷适应性，提高运行安全性。其次，外缸的内、外压差比单层汽缸时降低了许多，因此，减小了漏汽的可能性，使汽缸接合面的严密性能够得到保障。

4-28　高压高温汽轮机为什么要设汽缸、法兰螺栓加热装置?

答：高压高温汽轮机的汽缸要承受很高的压力和温度，同时又要保证汽缸接合面有很好的严密性，所以汽缸的法兰必须做得又宽又厚。这给汽轮机的启动就带来了一定的困难，即沿法兰的宽度产生较大温差。如温差过大，所产生的热应力将会使汽缸变形或产生裂纹。一般来说，汽缸比法兰容易加热，而螺栓的热量是靠法兰传给它的，因此螺栓加热更慢。对于双层汽缸的机组，外缸受热比内缸慢得多，外缸法兰受热更慢，由于法兰温度上升较慢，牵制了汽缸的热膨胀，引起转子与汽缸间过大的膨胀差，从而使汽轮机通流部分的动、静间隙消失，发生摩擦。

简单地说，为了适应快速启、停的需要，减小额外的热应力和减少汽缸与法兰、法兰与螺栓及法兰宽度上的温差，有效地控制转子与汽缸的膨胀差，50、100MW 汽轮机都设法兰螺栓加热装置；125、200、300MW 机组采用双层缸结构，在内外汽缸除法兰螺栓有加热装置外，还设有汽缸夹层加热装置。

4-29 夹层是如何对汽缸进行加热或冷却的?

答：通常在内、外缸夹层里引入一股中等压力的蒸汽流，当机组正常运行时，由于内缸温度很高，因此其热量源源不断地辐射到外缸，有使外缸超温的趋势，这时夹层汽流对外缸起冷却作用；当机组冷态启动时，能使内、外缸尽可能迅速同步加热，以减小动、静部分的胀差和热应力，缩短启动时间，此时夹层汽流对汽缸起加热作用。

4-30 为什么高、中压缸采用合缸有利于机组运行?

答：高、中压进汽部分都集中在汽缸的中段，即高温区在中间，使汽缸温度分布均匀，热应力降低，以及因温差过大而造成汽缸变形的可能性减小。同时，采用反向布置的通流部分和平衡活塞可使高、中压转子上的轴向推力得到平衡。

4-31 排汽缸的作用是什么?

答：排汽缸的作用是将汽轮机末级动叶排出的蒸汽导入凝汽器中。

4-32 大机组的低压缸有哪些特点?

答：大机组的低压缸有如下特点：

(1) 低压缸的排汽容积流量较大，要求排汽缸尺寸庞大，因此一般采用钢板焊接结构代替铸造结构。

(2) 再热机组的低压缸进汽温度一般都超过 230℃，与排汽温度差达 200℃，因此采用双层结构。通流部分在内缸中承受温度变化，低压内缸用高强度铸铁铸造，而兼作排汽缸的整个低压外缸仍为焊接结构。庞大的排汽缸只承受排汽温度，温差变化小。

(3) 为防止长时间空负荷运行、排汽温度过高而引起的排汽缸变形，在排汽缸内还装有喷水降温装置。

(4) 为减少排汽损失，排汽缸设计成径向扩压结构。

4-33 什么是排汽缸径向扩压结构?

答：所谓排汽缸径向扩压结构，实质上是指整个低压外缸（汽轮机的排汽部分）两侧排汽部分用钢板连通。离开汽轮机的末级排汽由导流板引导径向、轴向扩压，以充分利用排汽余速，然后排入凝汽器。

采用径向扩压主要是充分利用排汽余速，降低排汽阻力，提高机组效率。

4-34 为什么汽轮机有的采用单个排汽口，而有的采用几个排汽口?

答：大功率汽轮机的极限功率实质上受末级通流截面的限制，增大叶片高度能增大通流能力，也即增大机组功率，但增大叶片高度又受材料强度和制造工艺水平的限制。如采用同样的叶片高度，将汽轮机由单排汽口改为双排汽口，极限功率可增大1倍。为增加汽轮机的极限功率，现在大功率汽轮机采用多个排汽口。如国产125MW汽轮机为双排汽口，200MW汽轮机为三排汽口，300MW汽轮机为四排汽口（200、300MW汽轮机末级采用长叶片后改为双排汽口）。

4-35 低压缸为什么要装设喷水降温装置?

答：在汽轮机组启动、空负荷及低负荷时，蒸汽通流量很小，不足以带走蒸汽与叶轮摩擦产生的热量，从而引起排汽温度升高，造成排汽缸温度也升高。排汽温度过高会引起汽缸变形，破坏汽轮机动静部分中心线的一致性，严重时会引起机组振动或其他事故，所以，大功率机组都装有排汽缸喷水装置。

4-36 排汽缸喷水降温装置是如何设置的?

答：排汽缸喷水降温装置设置在低压外缸内，喷水管沿末级叶片的叶根呈圆周形布置，喷水管上钻有两排喷水孔，将水喷向排汽缸内部空间，起降温作用。喷水管在排汽缸外面与凝结水管相连接，打开凝结水管的阀门即进行喷水，关闭阀门则停止喷水。

4-37 低压缸上部排汽阀的作用是什么?

答：低压缸上部排汽阀的作用是在事故情况下，如果低压缸内压力超过大气压力，会自动打开向空排汽，以防止低压缸、凝汽器、低压段主轴等因超压而损坏。向空排汽阀用石棉橡胶板封闭，平时不漏汽，超压时爆破石棉板而向空排汽。石棉橡胶板厚度一般为0.5～1mm。

4-38 汽缸进汽部分布置有哪几种方式？

答：从调节汽阀到调节级喷嘴这段区域称为进汽部分，包括蒸汽室和喷嘴室，是汽缸中承受压力、温度最高的区域。

一般中、低参数汽轮机进汽部分与汽缸浇铸成一体，或者将它们分别浇铸好后，用螺栓连接在一起。高参数汽轮机单层汽缸的进汽部分则是将汽缸、蒸汽室、喷嘴分别浇铸好后，焊接在一起。国产 50、100MW 汽轮机进汽部分就是这种结构。这种结构由于汽缸本身形状得到简化，而且蒸汽室、喷嘴室沿着汽缸四周对称布置，汽缸受热均匀，因此热应力较小。因为高温、高压蒸汽只作用在蒸汽室与喷嘴室上，汽缸接触的是调节级喷嘴出口后的汽流，所以汽缸可以选用比蒸汽室、喷嘴室低一级的材料。

4-39 为什么大功率高参数汽轮机的调节汽阀与汽缸分离单独布置？

答：主蒸汽压力在 9.0MPa、主蒸汽温度在 535℃以下的中、小功率汽轮机，调节汽阀均直接装在汽缸上。更高参数的大功率汽轮机，为减小汽缸热应力，同时使汽缸受热均匀及形状对称，则要求喷嘴室沿圆周均匀分布，而且汽缸上下都要有进汽管和调节汽阀。由于调节汽阀布置在汽缸下部会给机组布置、安装、检修带来困难，因此需要调节汽阀与汽缸分离单独布置。

另外，大功率汽轮机主蒸汽和再热蒸汽进汽管道都为双路布置，需要两个主汽阀。这样就可以把两个主汽阀分置于汽缸两侧，并且分别和调节汽阀合用一个壳体，每个主汽阀控制两个或多个调节汽阀。

4-40 双层缸结构的汽轮机为什么要采用特殊的进汽短管？

答：对于采用双层缸结构的汽轮机，因为进入喷嘴室的进汽管要穿过外缸和内缸才能和喷嘴室相连接，而内、外缸之间在运行时具有相对膨胀，进汽管既不能同时固定在内、外缸上，又不能让大量高温蒸汽外泄，所以采用了一种双层结构的高压进汽短管，把高压进汽导管与喷嘴室连接起来。

4-41 高压进汽短管的结构是怎样的？

答：国产 125MW 汽轮机和 300MW 汽轮机的高压进汽短管外层通过螺栓与外缸连接在一起，内层则套在喷嘴室的进汽管上，并用密封环加以密封。这样既保证了高压蒸汽的密封，又允许喷嘴室进汽管与双层套管之间的相对膨胀。

为遮挡进汽连接管的辐射热量，在双层套管的内外层之间还装有带螺旋圈的遮热衬套管，或称遮热筒。遮热衬套管上端的小管就是汽缸内层中冷却蒸汽流出或启动时加热蒸汽流入的通道。

4-42 为什么大机组都采用滑动密封式进汽导管?

答:采用滑动密封式进汽导管可以保证不同蒸汽参数和材质的内外缸的相对自由膨胀,并且具有良好的密封性能,可减小蒸汽外漏量。

4-43 什么是汽轮机喷嘴、隔板及静叶?

答:汽轮机喷嘴是由静叶片构成的不动汽道,是一个把蒸汽的热能转变成为动能的结构元件。装在汽轮机第一级前的喷嘴成若干组,由一个调节汽阀控制。

隔板是汽轮机各级的间壁,用以固定静叶片。

静叶是固定在隔板上静止不动的叶片。

4-44 什么是喷嘴弧?

答:采用喷嘴调节配汽方式的汽轮机第一级喷嘴,通常根据调节汽阀的个数成组布置,这些成组布置的喷嘴称为喷嘴弧段,简称喷嘴弧。

4-45 喷嘴弧有哪几种结构形式?

答:喷嘴弧的结构形式如下:

(1)中参数汽轮机上采用由单个铣制的喷嘴叶片组装、焊接成的喷嘴弧。

(2)高参数汽轮机采用整体铣制焊接而成或精密浇铸而成的喷嘴弧。

例如,25MW汽轮机采用第一种喷嘴弧,200MW汽轮机采用后一种喷嘴弧。

4-46 节流配汽与喷嘴调节对汽轮机运行有何影响?

答:采用节流配汽使各级温度随负荷变化的幅度大致相同,而且温度变化幅度较小,从而减小了热变形及热应力,提高了机组运行的可靠性及对负荷变化的适应能力。采用喷嘴调节,在滑压运行时,调节级汽室及高压级在变工况下的蒸汽温度变化比较大,从而会引起较大的热应力,成为限制喷嘴配汽汽轮机迅速改变负荷的主要因素。

4-47 什么是节流—喷嘴联合调节?其优点是什么?

答:为了同时发挥节流调节和喷嘴调节的优点,一些带基本负荷的大容量机组采用低负荷时为节流调节,高负荷时为喷嘴调节,这种调节称节流—喷嘴联合调节。

这种调节方法的优点是减小调节室中蒸汽温度的变化幅度,从而提高了调整负荷的快速性和安全性。

4-48 为什么汽轮机第一级喷嘴安装在喷嘴室，而不固定在隔板上?

答：第一级喷嘴安装在喷嘴室的目的如下：

(1) 将与最高参数的蒸汽相接触的部分尽可能限制在很小的范围内，使汽轮机的转子、汽缸等部件仅与第一级喷嘴后降温减压后的蒸汽相接触。这样可使转子、汽缸等部件采用低一级的耐高温材料。

(2) 由于高压缸进汽端承受的蒸汽压力比主蒸汽压力低，因此可在同一结构尺寸下，使该部分应力下降，或者保持同一应力水平，使汽缸壁厚度减薄。

(3) 使汽缸结构简单匀称，提高汽缸对变工况的适应性。

(4) 降低高压缸进汽端轴封漏汽压差，利于减小轴端漏汽损失和简化轴端汽封结构。

4-49 什么是隔板套? 为什么隔板套结构会使启动时间延长?

答：隔板套即将相邻几级隔板装在一个隔板套中，然后套装在汽缸上。采用隔板套会增大汽缸的径向尺寸，相应增大法兰厚度，延长汽轮机的启动时间。

4-50 隔板套的作用是什么? 采用隔板套有什么优点?

答：隔板套的作用是安装固定隔板。

采用隔板套可使级间距离不受或少受汽缸上抽汽口的影响，从而使汽轮机轴向尺寸相对减小。此外，还可简化汽缸形状，便于拆装，并允许隔板受热后能在径向自由膨胀。同时，还为汽缸的通用化创造方便条件。

国产 100、125、200、300MW 机组的部分级组均采用隔板套结构。

4-51 简述汽轮机隔板的作用、组成及其在汽缸内的固定方法。

答：汽轮机隔板是用来固定喷嘴并形成各级之间间隔的，主要由隔板体、喷嘴叶片和外缘三部分组成。隔板在汽缸中的支撑与定位，主要由销钉、悬挂销和键及 Z 形悬挂销来完成。

4-52 隔板的结构有哪几种形式?

答：隔板的具体结构取决于隔板的工作温度和作用在两侧的蒸汽压差，主要有以下 3 种形式：

(1) 焊接隔板。焊接隔板具有较高的强度和刚度、较好的汽密性，加工较方便，被广泛用于中、高参数汽轮机的高、中压部分。

(2) 窄喷嘴焊接隔板。高参数大功率汽轮机的高压部分，每一级的蒸汽压差较大，隔板做得很厚，而静叶高度很短，采用宽度较小的窄喷嘴焊接隔

板。它的优点是喷嘴损失小，缺点是有相当数量的导流筋存在，增加汽流的阻力。国产125、200、300MW汽轮机都采用窄喷嘴焊接隔板。

（3）铸造隔板。铸造隔板加工制造比较容易，成本低，但由于静叶片的表面光洁度较差，使用温度也不能太高（一般应小于300℃），因此都用在汽轮机的低压部分。

4-53 对汽轮机隔板的结构有什么要求？

答：为了便于隔板在工作时有良好的经济性和可靠性，对其结构有以下要求：

（1）应有足够的强度和刚度。

（2）有良好的严密性，采用密封措施。

（3）采用合理的定位措施，尽量使运行状态下的隔板中心与转子中心保持一致。

（4）隔板上的喷嘴应具有良好的流动性。

（5）结构应简单。

4-54 调整抽汽式汽轮机的旋转隔板是怎样工作的？

答：旋转隔板和调节汽阀的作用相同，它装在汽轮机汽缸内部，使机组结构紧凑，因而能把调整抽汽式汽轮机做成单缸，从而简化汽轮机结构。用于控制中压缸进汽量的旋转隔板称为高压旋转隔板。常用的低压旋转隔板是由一个将喷嘴分成内外两层的固定隔板和一个安装在固定隔板前的钢质回转轮组成。隔板的后面装有双层叶片的叶轮。回转轮具有与两层喷嘴对应的内外两层同心孔口，其孔口位置排列为：当回转轮自关闭位置顺时针方向转动时，先打开隔板上的内层喷嘴，后打开外层喷嘴。因此，这种隔板代替了两个调节汽阀的作用。为了保证旋转隔板打开时，汽流能均匀地增加，回转轮上的孔口布置应使隔板外层喷嘴的叶道能稍微早开一些，也就是当隔板的内层叶道尚未完全开启时，外层喷嘴的叶道已开始开启，这和调节汽阀开启时应有一定重叠度的道理一样。旋转隔板全部关闭时，回转轮上的孔口与隔板上的喷嘴仍留下2mm的间隙，以保证低压缸冷却用的最小蒸汽流量。回转轮的转动由调节系统的油动机带动，也就是说回转轮受调节系统操纵。

这种旋转隔板只能用来调节不高的蒸汽压力，是因为蒸汽压力太高时，回转轮被很大的蒸汽轴向推力压向隔板，引起油动机过载以及隔板的磨损。

4-55 什么是汽轮机的级？

答：由一列喷嘴和一列动叶栅组成的汽轮机最基本的工作单元称为汽轮机的级。

4-56 什么是调节级？

答：当汽轮机负荷变化时，各调节汽阀按规定顺序依次开、关，通过改变进汽量来调节机组的功率，第一级的实际通流面积将随负荷变化而变化，因此该级称为调节级。

4-57 什么是压力级？

答：调节级以外的级统称为压力级。压力级是以利用级组中合理分配的压力降或焓降为主的级，是单列冲动级或反动级。

4-58 什么是双列速度级？

答：为了增大调节级的焓降，利用第一列动叶出口的余速，减小余速损失，使第一列动叶片出口汽流经固定在汽缸上的导叶改变流动方向后，进入第二列动叶片继续做功。这时把具有一列喷嘴，但一级叶轮上有两列动叶片的级，称为双列速度级。

4-59 采用双列速度级有什么优缺点？

答：采用双列速度级会增大汽轮机调节级的焓降，减少压力级级数，节省耐高温的优质材料，缺点是效率较低。

100MW汽轮机的调节级采用双列速度级，125、200、300WM汽轮机采用单列调节级。

4-60 什么是汽轮机的转子？转子的作用是什么？

答：汽轮机中所有转动部件的组合体称为转子。转子的作用是承受蒸汽对所有工作叶片的回转力，并带动发电机转子、主油泵和调速器转动。

4-61 汽轮机转子一般有哪几种形式？

答：汽轮机转子有如下几种形式：

(1) 套装叶轮转子。叶轮套装在轴上，国产25MW汽轮机转子和100MW汽轮机低压转子都是这种形式。

(2) 整锻式转子。由一整体锻件制成，叶轮联轴器、推力盘和主轴构成一个整体。

(3) 焊接转子。由若干个实心轮盘和两个端轴拼焊而成，如125MW汽轮机低压转子为焊接式鼓形转子。

（4）组合转子。高压部分为整锻式，低压部分为套装式，如100MW机组高压转子、200MW机组中压转子。

4-62 什么是套装叶轮转子？其运行安全性能差表现在哪些方面？

答：套装叶轮转子的叶轮、轴封套、联轴节等部分是分别加工后，红套在阶梯形主轴上的。各部件与主轴之间采用过盈配合，以防止叶轮等因离心力及温度作用引起松动，并用键传递力矩。在高温条件下，叶轮内孔直径将因材料的蠕变而逐渐增大，最后导致装配过盈量消失，使叶轮与主轴之间产生松动，从而使叶轮中心偏离轴的中心，造成转子质量不平衡，产生剧烈振动，且套装转子快速启动适应性差。

4-63 套装叶轮转子有哪些优缺点？

答：套装叶轮转子的优点是加工方便，材料利用合理，叶轮和锻件质量易于保证；缺点是不宜在高温条件下工作，快速启动适应性差，材料高温蠕变和过大的温差易使叶轮发生松动。

4-64 整锻式转子有哪些优缺点？

答：整锻式转子的优点是避免了叶轮在高温下松动的问题，结构紧凑，强度、刚度高；缺点是生产整锻式转子需要大型锻压设备，锻件质量较难保证，而且加工要求高，贵重材料消耗量大。

4-65 为什么整锻式转子的安全性能较高？

答：因为整锻式转子为整体锻件加工而成，主轴、叶轮、联轴器均为一个整体。没有热套部件，消除了叶轮与主轴发生松动的可能性，与套装转子相比，可以在较小的内孔应力下获得较好的刚性，对启动和变负荷的适应性较强，所以安全性能较高。

4-66 组合转子有什么优缺点？

答：组合转子兼有整锻式转子和套装叶轮转子的优点，广泛用于高参数中等容量的汽轮机上。

4-67 焊接转子有哪些优缺点？

答：焊接转子的优点是强度高，相对质量轻，结构紧凑，刚度大，而且能适应低压部分需要大直径的要求；缺点是焊接转子对焊接工艺要求高，要求材料有良好的焊接性能。

随着冶金和焊接技术的不断发展，焊接转子的应用日益广泛。例如，BBC公司生产的1300MW双轴汽轮机的高、中、低压转子就全部采用焊接结构。

4-68　整锻式转子中心孔起什么作用？

答：整锻式转子通常打有 $\phi100$ 的中心孔，这主要是为了便于检查锻件质量，同时也可以将锻件中心材质差的部分去掉，防止缺陷扩展，以保证转子的强度。

4-69　什么是转子的相对膨胀死点？

答：一般推力瓦的位置就是转子相对于汽缸的膨胀死点。

4-70　什么是转子的临界转速？

答：在升速过程中，当激振力的频率即转子的角速度等于转子的自振频率时，便发生共振，振幅急剧增大，此时的转速就是转子的临界转速。当汽轮机转速达到某一数值时，机组会发生强烈的振动，越过这一转速，振动便迅速减弱；在另一更高的转速下机组又发生强烈振动。通常数值最小的临界转速称为一阶临界转速，往上依次分别称为二阶临界转速、三阶临界转速等。

4-71　什么是刚性转子？什么是挠性转子？

答：当转子的工作转速低于一阶临界转速时，这种转子称为刚性转子。当转子的工作转速高于一阶临界转速，甚至高于二阶临界转速时，这种转子称为挠性转子。一般要求工作转速避开临界转速±15%以上。

4-72　转子临界转速的大小与什么有关系？

答：转子临界转速的大小与转子的直径、质量、几何形状、两端轴承的跨距、轴承支撑的刚度等有关。一般来说，转子直径越大，质量越轻，跨距越小，轴承支撑刚度越大，则转子临界转速越高，反之则越低。

4-73　汽轮机主轴断裂和叶轮开裂的原因有哪些？

答：汽轮机主轴断裂和叶轮开裂的原因多数是材料及制造上的缺陷造成的，如材料内部有气孔、夹渣、裂纹，材料的冲击韧性值及塑性偏低，叶轮机械加工粗糙，键装配不当造成局部应力过大。另外，长期过大的交变应力及热应力作用易引起材料内部微观缺陷发展，从而造成疲劳裂纹甚至断裂。

运行中，叶轮严重腐蚀和严重超速是引起主轴、叶轮设备事故的主要原因。

4-74　防止叶轮开裂和主轴断裂应采取哪些措施？

答：防止叶轮开裂和主轴断裂应采取以下措施：

（1）首先应由制造厂对材料质量提出严格要求，加强质量检验工作，尤

其是应特别重视表面及内部的裂纹发生，加强设备监督。

（2）运行中尽可能减少启停次数，严格控制升速和变负荷速度，以减少设备热疲劳和微观缺陷发展引起的裂纹，要严防超压、超温运行，特别是要防止严重超速。

4-75 叶轮的作用是什么？叶轮是由哪几部分组成的？

答：叶轮的作用是装置叶片，并将汽流力在叶栅上产生的扭矩传递给主轴。汽轮机叶轮一般由轮缘、轮面和轮毂等几部分组成。

4-76 运行中叶轮受到哪些作用力？

答：叶轮工作时受力情况较复杂，除叶轮自身、叶片零件质量引起的巨大的离心力外，还有温差引起的热应力，动叶片引起的切向力和轴向力，叶轮两边的蒸汽压差和叶片、叶轮振动时的交变应力。

4-77 叶轮上开平衡孔的作用是什么？

答：叶轮上开平衡孔是为了减小叶轮两侧蒸汽压差，防止转子产生过大的轴向力。但在调节级和反动度较大、负荷很重的低压部分最末一、二级，一般不开设平衡孔，以使叶轮强度不致削弱，并可减少漏汽损失。

4-78 为什么叶轮上的平衡孔为单数？

答：每个叶轮上开设单数个平衡孔，应避免在同一径向截面上设两个平衡孔，以避免使叶轮截面强度过分削弱。叶轮上通常开 5 个或 7 个孔。

4-79 装配式叶轮的结构是怎样的？

答：装配式叶轮由轮缘、轮面和轮毂三部分组成。轮缘上开有安装叶片用的叶根槽，其形状按叶根形式确定。轮面是叶轮的主体，它把轮缘和轮毂连在一起。轮毂是叶轮和主轴相连的部分，为了减小内孔的应力而加厚，它的内表面往往开有键槽。

4-80 按轮面的断面型线不同，可把叶轮分成几种类型？

答：按轮面的断面型线不同，可把叶轮分为如下类型：

（1）等厚度叶轮。这种叶轮轮面的断面厚度相等，用在圆周速度较低的级上。

（2）锥形叶轮。这种叶轮轮面的断面厚度沿径向呈锥形，广泛用在套装式叶轮上。

（3）双曲线叶轮。这种叶轮轮面的断面沿径向呈双曲线形，加工复杂，仅用在某些汽轮机的调节级上。

(4) 等强度叶轮。叶轮设有中心孔，强度最高，多用在盘式焊接转子或高速单级汽轮机上。

4-81　套装叶轮的固定方法有哪几种?

答：套装叶轮的固定方法有以下几种：

(1) 热套加键法。

(2) 热套加端面键法。

(3) 销钉轴套法。

(4) 叶轮轴向定位采用定位环。

4-82　动叶片的作用是什么?

答：在冲动式汽轮机中，由喷嘴射出的汽流给动叶片一冲动力，将蒸汽的动能转变成转子上的机械能。

在反动式汽轮机中，除喷嘴出来的高速汽流冲动动叶片做功外，蒸汽在动叶片中也发生膨胀，使动叶出口蒸汽速度增加，对动叶片产生反动力，推动叶片旋转做功，将蒸汽热能转变为机械能。

4-83　叶片工作时受到哪几种作用力?

答：叶片工作时受到的作用力主要有两种：一种是叶片本身质量和围带、拉金质量所产生的离心力；另一种是汽流通过叶栅槽道时使叶片弯曲的作用力以及汽轮机启动、停机过程中，叶片中的温度差引起的热应力。

4-84　汽轮机叶片的结构是怎样的?

答：叶片由叶型、叶根和叶顶三部分组成。叶型部分是叶片的工作部分，它构成汽流通道。按照叶型部分的横截面变化规律，可以把叶片分成等截面叶片和变截面叶片。

等截面叶片的截面面积沿叶高是相同的，各截面的型线通常也一样。变截面叶片的截面面积则沿叶高按一定规律变化，一般地，叶型也沿叶高逐渐变化，即叶片绕各截面形心的连线发生扭转，所以通常称为扭曲叶片。

叶根是叶片与轮缘相连接的部分，它的结构应保证在任何运行条件下叶片都能牢靠地固定在叶轮上，同时应力求制造简单，装配方便。

叶型以上的部分称叶顶。随叶片成组方式不同，叶顶结构也各异。采用铆接与焊接围带时，叶顶做成凸出部分（端钉）；采用弹性拱形围带时，叶顶必须做成与弹性拱形片相配合的铆接部分。当叶片用拉筋连成组或作为自由叶片时，叶顶通常削薄，以减轻叶片质量并防止运行中与汽缸相碰时损坏叶片。

4-85 叶根的作用是什么?

答：叶片通过叶根安装在叶轮或转毂上。叶根的作用是紧固动叶，使其在经受汽流的推力和旋转离心力的作用下，不致从轮缘沟槽里拔出来。

4-86 汽轮机叶片的叶根有哪些形式?

答：叶根的形式较多，通常有以下几种：

(1) T形叶根。

(2) 外包凸肩 T 形叶根。

(3) 菌形叶根。

(4) 双 T 形叶根。

(5) 叉形叶根。

(6) 枞树形叶根。

4-87 装在动叶片上的围带和拉筋（金）有什么作用?

答：为了使叶片之间连接成组，增强叶片的刚度，调整叶片的自振频率，以及改善振动情况，可在动叶片顶部装围带，在动叶片中部串拉筋。另外，围带还有防止漏汽的作用。

4-88 汽轮机高压段为什么采用等截面叶片?

答：一般在汽轮机高压段，蒸汽容积流量相对较小，叶片短，叶高比 d/L（d 为叶片平均直径，L 为叶片高度）较大，沿整个叶高的圆周速度及汽流参数差别相对较小。此时依靠改变不同叶高处的断面型线，不能显著地提高叶片工作效率，所以多将叶身断面型线沿叶高做成相同的，即做成等截面叶片。这样做虽使效率略受影响，但加工方便，制造成本低，而强度也可得到保证，有利于实现部分级叶片的通用化。

4-89 为什么汽轮机有的级段要采用扭曲叶片?

答：大机组为增大功率，往往叶片做得很长。随着叶片高度的增加，当叶高比具有较小值（一般小于 10）时，不同叶高处圆周速度与汽流参数的差异已不容忽视。此时叶身断面型线必须沿叶高相应变化，使叶片扭曲变形，以适应汽流参数沿叶高的变化规律，减小流动损失；同时，从强度方面考虑，为改善离心力所引起的拉应力沿叶高的分布，叶身断面面积也应由根部到顶部逐渐减小。

4-90 多级凝汽式汽轮机最末几级为什么要采用去湿装置?

答：多级凝汽式汽轮机的最末几级蒸汽温度很低，一般均在湿蒸汽区工作。湿蒸汽中的微小水滴不但消耗蒸汽的动能形成湿汽损失，还将冲蚀叶片，威胁叶片安全。因此必须采取去湿措施，以保证凝汽式汽轮机膨胀终了的允许湿度。大功率机组采用中间再热，对减少低压级叶片湿度带来显著的效果。当末级湿度达不到要求时，应加装去湿装置和提高叶片的抗冲蚀能力。

4-91 汽轮机末级排汽的湿度一般允许值为多少？

答：一般规定汽轮机末级排汽的湿度不超过10%～12%。中间再热机组的排汽湿度一般为5%～8%。

4-92 汽轮机去湿装置有哪几种？

答：汽轮机去湿装置根据它所安装的位置分级前和动叶片前两种。它是利用水珠受离心力作用而被抛向通流部分外圆的原理工作的，一般将水滴甩进到去湿装置的槽中，然后引入凝汽器。

另外，还采用具有吸水缝的空心静叶，利用凝汽器内很低的压力，把附着在静叶表面的水滴沿静叶片上开设的吸水缝直接吸入凝汽器。

4-93 提高动叶片抗冲蚀的能力有哪些办法？

答：为提高汽轮机末几级动叶片抗冲蚀能力，可采取将多级汽轮机末几级动叶片的进汽边背弧的叶顶处局部淬硬（电火花强化）、表面镀铬以及镶焊司太立硬质合金片等措施。

4-94 汽封的作用是什么？

答：汽缸内部、隔板前后及带反动度的动叶片两侧存在着压差，而相应各动、静部分之间又必须保持一定的间隙，这就造成有一定蒸汽漏出或空气漏入汽缸内。为了减少泄漏，就在这些相应的位置安装了汽封。根据汽封在汽轮机中所处位置可分为轴端汽封（简称轴封）、隔板汽封和围带汽封（通流部分汽封）三类。

4-95 汽封的结构形式和工作原理是怎样的？

答：汽封的结构形式有曲径式和迷宫式。曲径式汽封有梳齿形（平齿、高低齿）、J形、枞树形三种。

曲径式汽封的工作原理：一定压力的蒸汽流经曲径式汽封时，必须依次经过汽封齿尖与轴凸肩形成的狭小间隙，当经过第一个间隙时通流面积减小，蒸汽流速增大，压力降低。随后，高速汽流进入小室，通流面积突然变大，流速降低，汽流转向，发生撞击和产生涡流等现象，速度降到近似为

零，蒸汽原具有的动能转变成热能。当蒸汽经过第二个间隙时，又重复上述过程，蒸汽流速再次增大，压力再次降低。蒸汽流经最后一个汽封齿后，蒸汽压力降至与大气压力相差甚小。所以，在一定的压差下，汽封齿越多，每个齿前后的压差就越小，漏汽量也越小。当汽封齿数足够多时，漏汽量为零。

4-96 为什么装设通流部分汽封?

答：在汽轮机的通流部分，由于动叶顶部与汽缸壁面之间存在着间隙，动叶栅根部和隔板也存在着间隙，而动叶两侧又有一定的压差，因此在动叶顶部和根部必然会有蒸汽的泄漏。为减少蒸汽的漏汽损失，在通流部分装设了通流部分汽封。

4-97 为什么装设隔板汽封?

答：冲动式汽轮机隔板前后压差大，而隔板与主轴之间又存在着间隙，因此必定有一部分蒸汽从隔板前通过间隙漏至隔板后与叶轮之间的汽室里。由于这部分蒸汽不通过喷嘴，同时还会恶化蒸汽主流动状态，因此形成了隔板漏汽损失。为减小该损失，必须将间隙设计得小一点，故装有隔板汽封。反动式汽轮机无隔板结构，只有单只静叶环结构，静叶环内圆处的汽封称为静叶环汽封，隔板汽封与静叶环汽封统称为静叶汽封。

4-98 为什么装设轴端汽封?

答：由于汽轮机主轴必须从汽缸内穿过，因此主轴与汽缸之间必须存有一定的径向间隙，且汽缸内蒸汽压力与外界大气压力不等，就必然会使高压蒸汽通过间隙向外漏出，造成工质损失恶化环境，并且加热主轴或冲进轴承使润滑油质恶化；或使外界空气漏入低压缸，增大抽气器负荷，降低机组效率。为提高汽轮机的效率，尽量防止或减少这种现象，在转子穿过汽缸两端处都装有汽封，称为轴端汽封。高压轴封用来防止蒸汽漏出汽缸，低压轴封用来防止空气漏入汽缸。

4-99 什么是汽轮机的轴向弹性位移?

答：汽轮机的轴向位移反映的是汽轮机转动部分和静止部分的相对位置，轴向位移变化，也是转子和定子轴向相对位置发生了变化。

汽轮机推力盘及工作推力瓦片后的支撑座、垫片瓦架等在汽轮机负荷增加、推力增加时，会发生弹性变形，由此产生随着负荷增加而增加的轴向弹性位移。当负荷减小时，弹性位移也减少。

4-100　汽轮机为什么设置滑销系统？

答：汽轮机在启、停和运行时，由于温度的变化，会产生热膨胀。为了使机组的动静部分能够沿着预先规定的方向膨胀，保证机组安全运行，设计了合理的滑销系统。

4-101　滑销系统的作用是什么？

答：滑销系统的作用如下：

（1）保证汽缸能自由膨胀，以免发生过大应力引起变形。

（2）保持汽缸和转子的中心一致，避免因机体膨胀造成中心变化，引起机组振动或动、静之间摩擦。

（3）使定子和转子轴向与径向间隙符合要求。

4-102　滑销系统由哪些部分组成？各滑销的作用是什么？

答：根据滑销系统的结构形式、安装位置和作用的不同，滑销系统通常由横销、纵销、立销、猫爪横销、斜销、角销等组成。

各滑销的作用如下：

（1）横销。作用是允许汽缸在横向能自由膨胀。

（2）纵销。作用是允许汽缸沿纵向中心线自由膨胀，限制汽缸纵向中心线的横向移动。

（3）立销。作用是保证汽缸在垂直方向自由膨胀，并与纵销共同保持机组的纵向中心线不变。

（4）猫爪横销。作用是保证汽缸能横向膨胀，同时随着汽缸在纵向的膨胀和收缩，推动轴承向前或向后移动，以保持转子与汽缸的轴向位置。

（5）角销。也称压板，装在各轴承座底部的左、右两侧，以代替连接轴承座与台板的螺栓，但允许轴承座纵向移动。

（6）斜销。这是一种辅助滑销，起纵销和横销的双重导向作用。

（7）推拉螺栓。一般安装在1号轴承座与高压外缸之间，汽缸热胀冷缩时，依靠这种推拉机构完成高压缸与前轴承箱之间的推拉。

4-103　什么是汽轮机膨胀的“死点”？通常布置在什么位置？

答：横销引导轴承座或汽缸沿横向滑动并与纵销配合成为膨胀的固定点，称为“死点”，也即纵销中心线与横销中心线的交点。“死点”固定不动，汽缸以“死点”为基准向前后左右膨胀滑动。

对于凝汽式汽轮机，死点多布置在低压排汽口的中心线或其附近，这样在汽轮机受热膨胀时，对庞大笨重的凝汽器影响就较小。国产200MW和

125MW汽轮机组均设有两个死点，高、中压缸向前膨胀，低压缸向发电机侧膨胀，各自的绝对膨胀量都可适当减小。

4-104 什么是正、负胀差?

答：在机组启动加热时，转子的膨胀大于汽缸，其相对膨胀差值称为正胀差。而当汽轮机停机冷却时，转子冷却较快，其收缩也比汽缸收缩快，产生负胀差。

4-105 如何确定汽轮机轴向位移的零位?

答：在冷状态时，轴向位移零位的定法是将转子的推力盘推向推力瓦工作瓦块并与工作面靠紧，此时仪表指示应为零。

4-106 如何确定高压胀差零位?

答：高压胀差的零位定法与轴向位移的零位定法相同。汽轮机在全冷状态下，将转子推向发电机侧，推力盘靠向推力瓦块工作面，此时仪表指示为零。机组在盘车过程中，高压胀差指示表应为一定的负值（−0.4～−0.3mm）。

4-107 什么是联轴器?

答：联轴器俗称靠背轮或对轮，是连接多缸汽轮机转子或汽轮机转子和发电机转子的重要部件。联轴器可传递扭矩，使发电机转子克服电磁反力矩做高速旋转，将机械能转换为电能。

4-108 汽轮机联轴器的作用是什么？联轴器有哪几种?

答：联轴器的作用是连接汽轮机各个转子、发电机转子并传递扭矩。联轴器有以下几种：

（1）刚性联轴器。刚性联轴器的对轮对准中心后再一起铰扎，并用配合螺栓紧固，以保证两连接转子同心。刚性联轴器的优点是尺寸小，工作时不需润滑且无噪声；缺点是传递振动和轴向位移，找中心要求高。

（2）半挠性联轴器。两对轮之间用一波形套筒连接起来，并配以螺栓紧固。波形套筒具有一定弹性，可以吸收部分振动，允许两连接转子的轴线有少许的中心偏差。

（3）挠性联轴器。挠性联轴器有齿轮式和蛇形弹簧式两种。挠性联轴器允许转子间有稍大的偏心，可以避免传递振动和轴向推力，但结构复杂，需要润滑，容易磨损；磨损后或装配质量不好时，运行中还会有噪声。

4-109 刚性联轴器分哪两种?

答：刚性联轴器又分装配式和整锻式两种形式。装配式刚性联轴器是把两半联轴器分别用热套加双键的方法，套装在各自的轴端上，然后找准中心、铰孔，最后用螺栓紧固；整锻式刚性联轴器与轴整体锻出，强度和刚度都比装配式刚性联轴器的高，且没有松动现象。为使转子的轴向位置作少量调整，在两半联轴器之间装有垫片，安装时按具体尺寸配制一定厚度的垫片。

4-110 刚性联轴器工作时有何特点？

答：刚性联轴器除可传递较大的扭矩外，还可传递轴向力和径向力，将转子质量传递到轴承上。因此，在多缸汽轮机中以刚性联轴器连接的转子轴系，其轴向力可以只用一个推力轴承来承受，但是不允许被连接的两个转子在轴向和径向有相对位移，对两轴的同心度要求严格。因其对振动的传递比较敏感，故增加了现场查找振动原因的困难。

4-111 齿轮式挠性联轴器的结构形式是怎样的？

答：挠性联轴器有齿轮式和蛇形弹簧式两种形式。齿轮式挠性联轴器多用在小型汽轮机上，它的结构是两个齿轮用热套加键的方式分别装在两个轴端上，并用大螺母紧固，以防止从轴上滑脱。两个齿轮的外面有一个套筒，套筒两端的内齿分别与两个齿轮啮合，从而将两个转子连接起来。套筒的两侧安置挡环限制套筒的轴向位置，挡环用螺栓固定在套筒上。

125MW 机组电动调速给水泵采用这种挠性联轴器。

4-112 蛇形弹簧式挠性联轴器的结构是怎样的？

答：蛇形弹簧式挠性联轴器，因结构复杂比较少见，国产 50MW 汽轮机的主油泵转子与减速齿轮轴之间以及某些进口机组中可以见到这种形式的联轴器。

蛇形弹簧式挠性联轴器的两半分别套装在相对轴端上的对轮外缘，铣出类似渐开线齿形的牙齿，沿圆周嵌入若干段弹性钢带制成的蛇形弹簧把两边的牙齿连接起来，外面再用以螺栓并紧的由两半组成的外壳罩住，以防弹簧飞出。主动轮的扭矩通过牙齿和弹簧传给从动轮。

4-113 什么是盘车装置？

答：在汽轮机启动冲转前和停机后，使转子以一定的转速连续地转动，以保证转子均匀受热和冷却的装置称为盘车装置。

4-114 汽轮机的盘车装置起什么作用？

答：汽轮机冲动转子前或停机后，进入或积存在汽缸内的蒸汽使上缸的

温度比下缸的温度高，从而使转子不均匀受热或冷却，产生弯曲变形。因此，在冲转前和停机后，必须使转子以一定的速度连续转动，以保证其均匀受热或冷却。换句话说，冲转前和停机后盘车可以消除转子热弯曲，同时还有减小上、下汽缸的温差和减少冲转力矩的功用，还可在启动前检查汽轮机动、静部分之间是否有摩擦及润滑系统工作是否正常。

4-115 盘车有哪两种方式？电动盘车装置主要有哪两种形式？

答：盘车有手动盘车和电动盘车两种，小机组采用人力手动盘车，中型和大型机组都采用电动盘车。

电动盘车装置主要有以下两种形式：

(1) 具有螺旋轴的电动盘车装置（大多数国产中、小型汽轮机组及125、300MW机组采用）。

(2) 具有摆动齿轮的电动盘车装置（国产50、100、200MW机组采用）。

4-116 具有螺旋轴的电动盘车装置构造和工作原理是怎样的？

答：螺旋轴电动盘车装置由电动机、联轴器、小齿轮、大齿轮、啮合齿轮、螺旋轴、盘车齿轮、保险销、手柄等组成。啮合齿轮内表面铣有螺旋齿与螺旋轴相啮合，啮合齿轮沿螺旋轴可以左右滑动。

当需要投入盘车时，先拨出保险销，推手柄，手盘电动机联轴器直至啮合齿轮与盘车齿轮全部啮合。当手柄被推至工作位置时，行程开关触点闭合，接通盘车电源，电动机启动至全速后，带动汽轮机转子转动进行盘车。

当汽轮机启动冲转后，转子的转速高于盘车转速时，使啮合齿轮由原来的主动轮变为被动轮，即盘车齿轮带动啮合齿轮转动，螺旋轴的轴向作用力改变方向，啮合齿轮与螺旋轴产生相对转动并沿螺旋轴移动退出啮合位置，手柄随之反方向转动至停用位置，断开行程开关，电动机停转，基本停止工作。

若需手动停止盘车，可手按盘车电动机停按钮，电动机停转，啮合齿轮退出，盘车停止。

4-117 具有摆动齿轮的盘车装置构造和工作原理是怎样的？

答：具有摆动齿轮的盘车装置主要由齿轮组、摆动壳、曲柄、连杆、手轮、行程开关、弹簧等组成。齿轮组通过两次减速后带动转子转动。

盘车装置脱开时，摆动壳被杠杆系统吊起，摆动齿轮与盘车齿轮分离；行程开关断路，电动机不转，手轮上的锁紧销将手轮锁在脱开位置；连杆在压缩弹簧的作用下推紧曲柄，整个装置不能运动。

投入盘车时，拔出锁紧销，逆时针转动手轮，与手轮同轴的曲柄随之转动，克服压缩弹簧的推力，带动连杆向右下方运动；拉杆同时下降，使摆动壳和摆动轮向下摆动，当摆动轮与盘车齿轮进入啮合状态时，行程开关闭合接通电动机电源，齿轮组即开始转动。由于转子尚处于静止状态，摆动齿轮带着摆动壳继续顺时针摆动，直到被顶杆顶住。此时摆动壳处于中间位置，摆动轮与盘车齿轮完全啮合并开始传递力矩，使转子转动起来。

盘车装置自动脱开过程：冲动转子以后，盘车齿轮的转速突然升高，而摆动齿轮由主动轮变为从动轮，被迅速推向右方并带着摆动壳逆时针摆起，推动拉杆上升。当拉杆上端点超过平衡位置时，连杆在压缩弹簧的推动下推着曲柄逆时针旋转，顺势将摆动壳拉起，直到手轮转过预定的角度，锁紧销自动落入锁孔将手轮锁住。此时行程开关动作切断电动机电源，各齿轮均停止转动，盘车装置又恢复到投用前脱开状态。操作盘车停止按钮，切断电源，也可使盘车装置退出工作。

4-118　采用高速盘车有什么优缺点？

答：高速盘车虽消耗功率较大，但盘车时较容易形成轴承油膜，并且在消除热变形及冷却轴承等方面均比低速盘车好。

4-119　汽轮机轴承一般采用哪几种？轴承的作用是什么？

答：汽轮机的轴承一般采用支撑轴承和推力轴承两种。

支撑轴承也称径向轴承或主轴承，它的作用是支撑转子质量和承受由于转子质量不平衡引起的离心力，并确定转子的径向位置，使转子中心与汽缸中心保持一致。

推力轴承的作用是承担蒸汽作用在转子上的轴向力，并确定转子的轴向位置，使转子与静止部分保持一定的轴向间隙。

4-120　轴承的润滑油膜是怎样形成的？

答：轴瓦的孔径比轴颈稍大些，静止时，轴颈位于轴瓦下部直接与轴瓦内表面接触，在轴瓦与轴颈之间形成了楔形间隙。

当转子开始转动时，轴颈与轴瓦之间会出现直接摩擦。但是，随着轴颈的转动，润滑油由于黏性而附着在轴的表面上，被带入轴颈与轴瓦之间的楔形间隙中。随着转速的升高，被带入的油量增多，由于楔形间隙中油流的出口面积不断减小，因此油压不断升高。当这个压力增大到足以平衡转子对轴瓦的全部作用力时，轴颈被油膜托起，悬浮在油膜上转动，从而避免了金属

直接摩擦，建立了液体摩擦。

4-121 两表面间建立油膜的条件是什么？

答：两表面间建立油膜的条件如下：

(1) 两表面之间应构成楔形间隙。

(2) 两表面之间应有足够的润滑油量，而且润滑油应有适当的黏性。

(3) 两表面之间应有足够的相对运动速度，以便在油楔中产生所需的内部压力。

4-122 汽轮机主轴承主要有哪几种结构形式？

答：汽轮机主轴承主要有以下 4 种结构形式：

(1) 圆筒瓦支撑轴承。

(2) 椭圆瓦支撑轴承。

(3) 三油楔支撑轴承。

(4) 可倾瓦支撑轴承。

4-123 固定式圆筒形支撑轴承的结构是怎样的？

答：固定式圆筒形支撑轴承用在容量为 50～100MW 的汽轮机上。轴瓦外形为圆筒形，由上下两半组成，用螺栓连接。下瓦支撑在三块垫铁上，垫铁下衬有垫片，调整垫片的厚度可以改变轴瓦在轴承洼窝内的中心位置。上轴瓦顶部垫铁的垫片可以用来调整轴瓦与轴承上盖间的紧力。润滑油从轴瓦侧下方垫铁中心孔引入，经过下轴瓦体内的油路，自水平接合面的进油孔进入轴瓦。由于轴的旋转，油先经过轴瓦顶部间隙，再经过轴颈和下瓦间的楔形间隙，然后从轴瓦两端泄出，由轴承座油室返回油箱。在轴瓦进油口处有节流孔板来调整进油量大小。轴瓦的两侧装有防止油甩出来的油挡。轴瓦水平接合面处的锁饼用来防止轴瓦转动。

轴瓦一般用优质铸铁铸造，在轴瓦内部车出燕尾槽，并浇铸锡基轴承合金（巴氏合金），也称乌金。

4-124 什么是自位式轴承？

答：圆筒形支撑轴承和椭圆形支撑轴承按支撑方式都可分为固定式和自位式（又称球面式）两种。

自位式轴承与固定式轴承不同的只是轴承体外形呈球面形状。当转子中心变化引起轴颈倾斜时，轴承可以随轴颈转动自动调位，使轴颈和轴瓦之间的间隙在整个轴瓦长度内保持不变。但是这种轴承的加工和调整较为麻烦。

4-125 椭圆形轴承与圆筒形轴承有什么区别？

答：椭圆形支撑轴承的结构与圆筒形支撑轴承基本相同，不同之处是，只是轴承侧边间隙加大了，通常侧边间隙是顶部间隙的2倍；轴瓦曲率半径增大。

轴颈在轴瓦内的绝对偏心距增大，轴承的稳定性增加。同时轴瓦上、下部都可以形成油楔（因此又有双油楔轴承之称）。由于上油楔的油膜力向下作用，轴承运行的稳定性好，因此，这种轴承在大、中容量汽轮机组中得到广泛应用。

4-126 什么是三油楔轴承？

答：在大容量机组中，如国产125、200、300MW机组都采用三油楔轴承。

三油楔支撑轴承的轴瓦上有3个长度不等的油楔，从理论上分析，3个油楔建立的油膜的作用力从3个方向拐向轴颈中心，可使轴颈稳定地运转，但这种轴承上、下轴瓦的接合面与水平面倾斜角为35°，给检修与安装带来不便。

从三油楔支撑轴承发生油膜振荡的现象来看，这种轴承的承载能力并不是很大，稳定性并不是十分理想。

4-127 什么是可倾瓦支撑轴承？

答：可倾瓦支撑轴承通常由3～5个或更多个能在支点上自由倾斜的弧形瓦块组成，所以又称为活支多瓦形支撑轴承，也称为摆动轴瓦式轴承。由于瓦块能随着转速、荷载及轴承温度的不同而自由摆动，因此轴颈周围会形成多油楔，且各个油楔的油膜压力总是指向中心，具有较高的稳定性。可倾瓦支撑轴承还具有支撑柔性大、吸收振动能量好、承载能力大、耗功小和适应正反方向转动等特点。

4-128 几种不同形式的支撑轴承各适用于哪些类型的转子？

答：圆筒形支撑轴承主要适用于低速重载转子；三油楔支撑轴承、椭圆形支撑轴承分别适用于较高转速的轻、中和中、重载转子；可倾瓦支撑轴承则适用于高转速的轻载、重载转子。

4-129 推力轴承的作用是什么？

答：推力轴承的作用是承受转子在运行中的轴向推力，确定和保持汽轮机转子和汽缸之间的轴向相互位置。

4-130 推力轴承有哪些种类？主要构造是怎样的？

答：推力轴承可以设置为单独式，也可以和支撑轴承合并为一体，称为联合式轴承（推力支撑联合轴承），按结构形状分为多项颚和扇形瓦片式。现在普遍采用的为扇形瓦片式轴承，主要由工作瓦片、非工作瓦片、调整垫片、安装环等组成。推力盘的两侧分别安装10～12片工作瓦片和非工作瓦片。各瓦片都安装在安装环上，工作瓦片承受转子正向轴向推力，非工作瓦片承受转子的反向轴向推力。

4-131 什么是推力间隙？

答：推力盘在工作瓦片和非工作瓦片之间的移动距离称为推力间隙，一般不大于0.4mm。瓦片上的乌金厚度一般为1.5mm，其值小于汽轮机通流部分动静之间的最小间隙，以保证即使在乌金熔化的事故情况下，汽轮机动、静部分也不会相互摩擦。

4-132 汽轮机推力轴承的工作过程是怎样的？

答：安装在主轴上的推力盘两侧工作面和非工作面各有若干块推力瓦块，瓦块背面有一销钉孔，靠此孔将瓦块安置在安装环的销钉上，瓦块可以围绕销钉略为转动。

瓦块上的销钉孔设在偏离中心7.54mm处，因此瓦块的工作面和推力盘之间就构成了楔形间隙。当推力盘转动时，油在楔形间隙中受到挤压，压力提高，因而这层油膜具有承受转子轴向推力的能力。安装环安置在球面座上，油经过节流孔接入推力轴承进油室，分为两路经推力轴承球面座上的进油孔进入主轴周围的环形油室并在瓦块之间径向流过。在瓦块与瓦块之间留有宽敞的空间，便于油在瓦块中循环。

推力轴承球面座上装有回油挡油环，油环围在推力盘外圆形成环形回油室。在工作面和非工作面回油挡环的顶部各设两个回油孔，而且还可以用针形阀来调节回油量。

在推力瓦块安装环与推力盘之间也装有挡油环，该挡油环包围住推力瓦块，形成推力轴承的环形进油室。

第五章　汽轮机的调节与保护

5-1　汽轮机油系统的作用是什么?

答: 汽轮机油系统的作用如下:

(1) 向机组各轴承供油，以便润滑和冷却轴承。

(2) 供给调节系统和保护装置稳定充足的压力油，使它们正常工作。

(3) 供应各传动机构润滑用油。

根据汽轮机油系统的作用，一般将油系统分为润滑油系统和调节（保护）油系统两个部分。

5-2　汽轮机油系统由哪些设备组成?

答: 汽轮机油系统主要由主油箱、主油泵、高压启动油泵、射油器、交/直流润滑油泵、冷油器、排烟风机、滤油机、交/直流密封油泵及油系统管道等组成。

5-3　汽轮机油系统中各油泵的作用是什么?

答: 主油泵多数由汽轮机主轴带动，它具有流量大、出口压力稳定的特点，即扬程—流量特性平缓，以保证在不同工况下向汽轮机调速系统和轴瓦稳定供油。主油泵不能自吸，因此在主油泵正常运行中，需要有射油器提供0.05～0.1MPa的压力油，供给主油泵入口。

在转子静止或启动过程中，高压启动油泵代替主油泵。在机组启动前应首先启动高压油泵，供给调速系统用油。待机组进入工作转速后，高压启动油泵停止运行作为备用。

机组正常运行时，机组润滑油是通过射油器来供给的。在机组启动或射油器故障及润滑油压低时，交流润滑油泵投入运行，确保汽轮机润滑油的正常供给。直流润滑油泵则在厂用电故障或交流润滑油泵故障时投入运行，以保证任何情况下轴承的润滑。

交流密封油泵在机组运行中向发电机密封油提供压力油。当厂用电故障或交流密封油泵故障及密封油压低时，直流密封油泵投入运行，保证发电机密封油正常供给。

5-4 对汽轮机的油系统有哪些基本要求?

答：汽轮机的油系统供油必须安全可靠，为此油系统应满足如下基本要求：

(1) 设计、安装合理，容量和强度足够，支吊牢靠，表计齐全以及运行中管路不振动。

(2) 系统中不许采用暗杆阀门，且阀门应采用细牙阀杆，止回阀动作灵活，关闭要严密。阀门水平安装或倒装，防止阀芯掉下断油。

(3) 管路应尽量少用法兰连接，必须采用法兰连接时，其法兰垫应选用耐油、耐高温垫料，且法兰应装铁皮盒罩；油管应尽量远离热体，热体上应有坚固完整的保温，且外包铁皮。

(4) 油系统必须设置事故油箱，事故油箱应在主厂房外，事故排油阀应装在远离主油箱便于操作的地方。

(5) 整个系统的管路、设备、部件、仪表等应保证清洁无杂物，并有防止进汽、水及灰尘的装置。

(6) 各轴承的油量分配应合理，以保证轴承的润滑。

5-5 汽轮机油箱的主要构造是怎样的?

答：汽轮机油箱一般由钢板焊成，油箱内装有两层滤网和净段滤网，过滤油中杂质并降低油的流速。油箱底部倾斜以便能很快地将已分离开来的水、沉淀物或其他杂质由最底部的放水管放掉。在油箱上设有油位计，用以指示油位的高低。在油位计上还装有最高、最低油位的电气触点，当油位超过最高或最低油位时，这些触点接通，发出音响和灯光信号。稍大的机组装有两个油位计，一个装在滤网前，一个装在滤网后，以便对照监视。如果两个油位计的指示相差太大，则表示滤网堵塞严重，需要及时清理。

为了避免油箱内压力高于大气压力，在油箱盖上装有排烟孔，大机组油箱上专设有排油烟机。

5-6 汽轮机主油箱底部为什么设计成倾斜的并且装有放水管?

答：汽轮机运行时，轴封漏汽到轴承中，使得轴承油中有水分。带有水分的油回到主油箱，由于水的密度比油的密度大，因此水与油分离沉积到油箱底部。另外，油中的其他沉淀物也会沉积到油箱底部，进行定期放水时可将它们排掉，从而保证了油质的合格。所以，主油箱底部设计成倾斜的并且装有放水管。

5-7 汽轮机油箱为什么要装设排油烟机?

答：汽轮机油箱装设排油烟机的作用是排除油箱中的气体和水蒸气，一方面使水蒸气不在油箱中凝结；另一方面，使油箱中压力不高于大气压力，使轴承回油顺利地流入油箱。

反之，如果油箱密闭，那么大量气体和水蒸气积在油箱中产生正压，会影响轴承的回油，同时易使油箱油中积水。

排油烟机还有排除有害气体使油质不易劣化的作用。

5-8 汽轮机主油箱的容量是根据什么确定的？什么是汽轮机油的循环倍率？

答：汽轮机主油箱的容量大小取决于油系统的大小，应能储存满足润滑及调节系统的用油量。机组越大，调节、润滑系统用油量越多，主油箱的容量也越大。

汽轮机油的循环倍率等于每小时主油泵的出油量与油箱总油量之比，一般应小于12。如循环倍率过大，汽轮机油在油箱内停留时间少，空气、水分来不及分离，致使油质迅速恶化，缩短油的使用寿命。

5-9 一般大功率汽轮机供油系统为什么分为两套？

答：随着机组单机容量的增加，驱动执行机构所需的油压也相应提高，同时汽阀装设位置也有了较大的变动，由汽缸上方移到汽缸两侧，带动这些汽阀的执行机构——油动机也相应移位。油动机一般都装在灼热的壳体和管道周围，这就增加了发生火灾的危险性，为此在大机组中多数采用了抗燃油作为这些执行机构的工质。除主汽阀和调节汽阀的执行机构需用抗燃油系统供油外，润滑油系统仍担负着重要的作用，因此，一般大功率汽轮机供油系统分为润滑油系统和抗燃油系统。

5-10 为什么要将抗燃油作为汽轮发电机组油系统的介质？

答：随着机组功率和蒸汽参数的不断提高，调节系统的调节汽阀提升力越来越大，提高油动机的油压是解决调节汽阀提升力增大的一个途径。但油压的提高，容易造成油的泄漏，而普通汽轮机油的燃点低，容易造成火灾。

抗燃油的自燃点较高，通常大于700℃，即使落在炽热高温蒸汽管道表面也不会燃烧起来。同时，抗燃油还具有火焰不能维持及传播的可能性，从而大大减小了火灾对电厂的威胁。因此，超高压大功率机组以抗燃油代替普通汽轮机油已成为汽轮机发展的必然趋势。

5-11 采用抗燃油作为油系统的介质有什么特点？

答：抗燃油的最大特点是它的抗燃性，但也有它的缺点，如有一定的毒

性、价格昂贵、黏温特性差（温度对黏性的影响大）。所以，一般将调节系统与润滑系统分成两个独立的系统。调节系统用高压抗燃油，润滑系统用普通汽轮机油。

5-12 汽轮机调速抗燃油系统由哪些装置组成？

答：汽轮机调速抗燃油系统由抗燃油箱、抗燃油泵、蓄能器、抗燃油冷却系统及抗燃油净化装置等组成。抗燃油箱主要用于储油，油箱内装有磁过滤器，用于吸附油箱内抗燃油中的微小铁末，提高抗燃油的品质。抗燃油泵有多种形式，常用的是螺杆泵，具有安装简单、维护方便、运行特性稳定等优点。蓄能器的作用主要是当调速系统动作、大量用油时，释放所蓄油压力能，以保持系统压力稳定、主汽阀关闭迅速。由于高压力的抗燃油系统不宜装设冷油器，因此设计了并列循环冷却系统用于调节抗燃油温度在合格范围内。抗燃油净化装置可用来消除系统长期运行而产生的化学黏结物和进入系统的机械杂质，保证油质良好。

5-13 为什么汽轮机润滑油系统多采用套装油管路？

答：汽轮机润滑油系统采用套装油管路，油泵集中布置，是为了便于检查维护及现场设备管理。更重要的一点是，套装油管路可以防止压力油管跑油而发生火灾事故和造成损失。

5-14 汽轮机的主油泵有哪几种形式？

答：汽轮机主油泵主要有容积式油泵和离心式油泵两种，容积式油泵包括齿轮油泵和螺旋油泵。目前，大功率机组都采用主轴直接传动的离心式油泵。

5-15 容积式油泵有什么优缺点？

答：容积式油泵最大的优点是吸油可靠；缺点是工作转速低，不能由主轴直接带动，在油动机动作、大量用油时，泵的出口油压下降较多，影响调节系统的快速动作。

5-16 离心式油泵有什么特点？

答：离心式油泵的优点如下：

（1）转速高，可由汽轮机主轴直接带动而不需任何减速装置。

（2）特性曲线比较平坦，调节系统动作、大量用油时，油泵出油量增加，而出口油压下降不多，能满足调节系统快速动作的要求。

离心式油泵的缺点：油泵入口为负压，一旦漏入空气就会使油泵工作失常。因此，必须用专门的射油器向主油泵供油，以保证油泵工作的可靠与稳定。

5-17 射油器的工作原理是怎样的?

答: 射油器由喷嘴、滤网、扩压管、混合室等组成。射油器是一种喷射泵，其工作原理：高压油经油喷嘴高速喷出，造成混合室真空，油箱中的油被吸入混合室。高速油流带动周围低速油流并在混合室中混合后进入扩压管。油流在扩压管中速度降低，油压升高，最后以一定压力流出，供给系统使用。装在射油器进口的滤网是为了防止杂物堵塞喷嘴。

5-18 射油器有哪几种连接方式?

答: 射油器的连接方式有以下三种：

(1) 双射油器并列方式。

(2) 单射油器供油系统。

(3) 双射油器串联方式。

5-19 汽轮机油油质劣化有什么危害?

答: 汽轮机油油质量的好坏与汽轮机能否正常运行关系密切。油质变坏，会使润滑油的性能和油膜力发生变化，造成各润滑部分不能很好地润滑，结果使轴瓦乌金熔化损坏；还会使调节系统部件腐蚀、生锈而卡涩，导致调节系统和保护装置动作失灵的严重后果。因此，必须重视对汽轮机油质的监督。

5-20 汽轮机油有哪些质量指标?

答: 汽轮机油的主要质量指标有黏度、酸价、抗乳化度、酸碱性反应、透明度、凝固点温度、闪光点及杂质含量等。

5-21 什么是汽轮机油的黏度? 黏度指标是多少?

答: 黏度是判断汽轮机油稠和稀的标准。黏度大，油就稠，不容易流动；黏度小，油就稀薄容易流动。黏度以恩氏度作为测定单位，常用的汽轮机油黏度为恩氏度 2.9～4.3。黏度对于轴承润滑性能影响很大，黏度过大轴承容易发热，过小会使油膜破坏。油质恶化时，油的黏度会增大。

5-22 影响汽轮机油黏度的因素有哪些?

答: 影响汽轮机油黏度的因素如下：

(1) 润滑油的组成，即当润滑油组成的碳原子数目相同时，芳香烃的黏度最大，烷烃黏度最低。

(2) 黏度随着分子质量和沸点的增加而增大。

(3) 油中胶质物越多，黏度越大。

(4) 油的黏度随着油温的升高而降低，随着油温的降低而升高。

5-23 什么是汽轮机油的酸价？什么是酸碱性反应？

答：酸价表示油中含酸分的多少，以每克油中用多少毫克的氢氧化钾才能中和来计算。新汽轮机油的酸价应不大于0.04mgKOH/g油。油质劣化时，酸价迅速上升。

酸碱性反应是指油呈酸性还是碱性。良好的汽轮机油应呈中性。

5-24 什么是抗乳化度？什么是闪点？

答：抗乳化度是油能迅速地和水分离的能力，它用分离所需的时间来表示。良好的汽轮机油抗乳化度不大于8min，油中含有机酸时，抗乳化度就恶化增大。

闪点是指汽轮机油加热到一定程度时部分油变为气体，用火一点就能燃烧，这个温度称为闪点（又称引火点）。汽轮机的温度很高，因此闪点不能太低，良好的汽轮机油闪点应不低于180℃。油质劣化时，闪点会下降。

5-25 汽轮机油乳化的原因是什么？

答：汽轮机油乳化的原因如下：

（1）汽轮机油中存在乳化剂，如胶质等。

（2）油中存在水分，汽轮机轴封漏汽漏入油中。

（3）油、水乳化剂在机组高速运转时受到高速搅拌而形成油水乳化液。

5-26 什么是汽轮机油的添加剂？

答：汽轮机油在炼制过程中加有一些添加剂，以使其具备一定的品质。例如，抗氧化剂使汽轮机油不易老化；抗乳化剂使油中水分容易聚成水珠而沉降下来；防锈剂使油中的水分不易接触到铁而生锈。又如，汽轮机油的消泡能力对汽轮机的正常运行也十分重要。汽轮机油的消泡性能衰退时泡沫大增，在油箱油面上飘浮起厚达数百毫米的泡沫层，泡沫层与油界面不清，使油箱油位指示虚假。正常泡沫层厚度不应大于50mm，必要时可在运行中加入消泡剂。

5-27 汽轮机调节系统的任务是什么？

答：为了保持电网频率稳定，汽轮机转速始终为3000r/min。但是外界负荷变化时，如果汽轮机转速相应调整，则转速就会降低；当外界负荷降低时，转速就会上升。所以，为了维持汽轮机转速稳定在3000r/min，蒸汽量就要随负荷的变化而相应调整。因此，要有一套自动调节机构持续不断地进行调整来满足电网的需要，保持机组平稳运行，这就是调速系统的任务。

5-28 汽轮机调节系统应满足哪些要求？

答：汽轮机调节系统应满足如下要求：

（1）当主汽阀全开时，能维持汽轮机空负荷运行。

（2）机组由满负荷甩至零负荷时，能保证汽轮机转速在危急保安器动作转速以下。

（3）调节系统在加、减负荷时应动作平稳，无晃动现象。

（4）机组单机运行时各种负荷下的转速摆动值和并网运行时负荷摆动值均应在允许范围内。

（5）当危急保安器动作后，应能保证高、中压主汽阀、调节汽阀迅速关闭。

（6）调节系统速度变动率应满足要求（一般为4%～6%），迟缓率越小越好（一般应在0.5%以下）。

5-29 汽轮机进汽调节方式有哪几种？各有何优缺点？

答：汽轮机的进汽调节方式有以下三种：

（1）节流调节法。节流调节法也称质量调节法。汽轮机的进汽量全部经过一个或几个同时开关的调节汽阀进入所有喷嘴。这种调节法只有带额定负荷时，调节汽阀全开，节流损失最小，此时汽轮机效率最高。负荷减少时调节汽阀关小，使蒸汽在调节汽阀内产生节流作用，降低蒸汽压力，然后进入汽轮机，由于节流作用而存在节流损失，汽轮机的效率也降低。

（2）喷嘴调节法，也称断流调节法。进入汽轮机的蒸汽量，通过数只依次启闭的调节汽阀，进入汽轮机的第一级喷嘴调整汽轮机的负荷。每个调节汽阀控制一组喷嘴，根据负荷的多少确定调节汽阀的开启数目。在每一个调节汽阀未开足时，也有节流损失，但这仅是全部新蒸汽的一部分，因此在低负荷时此节流调节的节流损失小，经济性好。它的缺点是检修安装时调整较为复杂；变工况时调节汽室温度变化大，负荷的变动速度不能太快。

（3）旁通调节法。采用节流调节的汽轮机，特别是反动式汽轮机应用较多。通常在汽轮机的经济负荷下，主、调节汽阀全开。超出经济负荷时开旁通阀，把新蒸汽引至后面几级叶片中去。它的优点是在经济（设计）负荷时运行效率最高，节流损失最少。它的缺点是当超过经济负荷时，旁通进汽，优质金属材料的比例相应提高，其效率也因旁通阀的节流损失和旁通室压力升高而下降。

5-30 什么是油动机？油动机有什么特点？

答：油动机又称伺服马达，通常是控制调节汽阀开度的执行机构。油动机的特点是力量大、动作快、体积小，这些特点是其他执行机构（如电动机）等无法比拟的。所以，在汽轮机调节系统中，油动机是带动调节汽阀的唯一执行机构。

5-31 对汽轮机的自动主汽阀有什么要求?

答:对汽轮机的自动主汽阀有以下要求:

(1)在任何情况下,特别是在油源断绝时,自动主汽阀仍能关闭。自动主汽阀是利用弹簧来关闭的,为了可靠,一般都采用双弹簧机构。

(2)有足够大的关闭力和快速性。要求在主汽阀全关以后,弹簧对主汽阀的压紧力留有5~8kN的余量,且从保护装置动作到主汽阀全关的时间应小于0.5~0.8s。

(3)有隔热防火措施。自动主汽阀的油压操作机构必须有良好的密封装置,操作机构与主汽阀之间应有隔热措施。

(4)有正常运行中活动主汽阀的装置,以防自动主汽阀长期不动而卡涩。

(5)主汽阀应具有足够的严密性。要求在额定参数下,主汽阀全关后,机组转速能降到1000r/min以下。

5-32 高压自动主汽阀和高压调节汽阀合并成联合汽阀的形式有什么优缺点?

答:高压自动主汽阀和高压调节汽阀合并在同一阀体内构成联合汽阀。工作时先打开带有预启阀的主汽阀,然后再开启调节汽阀。这种形式的优点是结构布置紧凑,汽流流动损失小;缺点是主汽阀阀杆伸出端较长,易卡涩而且预启阀处易磨损。

5-33 自动主汽阀带有预启阀结构有什么优点?

答:高压机组主汽阀阀碟很大,而且主蒸汽压力很高,阀碟在开启前,阀门的前、后压差很大,需要很大的油动机提升力开启,所以油动机尺寸设计很大。如果主汽阀带有预启阀结构,开启主汽阀的提升力就会减小,使操纵装置结构紧凑。

5-34 调节汽阀的形式有哪几种?

答:调节汽阀的形式有如下几种:

(1)普通单座阀。根据阀芯的形状分为球形阀和锥形阀两种形式。锥形阀的阀芯有一个伸入阀座的节流锥体。锥形阀在开启的初始阶段,通流面积增加很缓慢,故蒸汽流量增加不太显著,只有当节流锥体脱离阀座后,通流面积才有较快的增长。由于它具有这种特性,因此广泛用作喷嘴调节中的第一个调节汽阀,以提高机组空负荷运行时的稳定性。

（2）带预启阀的调节汽阀。阀门开启时，首先提升预启阀，蒸汽自预启阀进入汽轮机。当预启阀开启到一定程度后，主阀开始提升，这时主阀前后压差已经减小，使提升力减小。

5-35　什么是调节汽阀的重叠度？为什么调节汽阀要有重叠度？

答：当前一个调节汽阀尚未完全开启时，后一个调节汽阀即开启，即称调节汽阀的重叠度。调节汽阀的重叠度通常在10%左右，也就是说，前一个调节汽阀开启到阀后压力为阀前压力的90%左右时，后一个调节汽阀随即开启。

采用喷嘴调节的汽轮机是由多个调节汽阀来控制进汽量的，各调节汽阀的流量特性联合在一起，便构成了汽轮机调节汽阀的联合流量特性。如果调节汽阀没有重叠度，调节系统的静态特性也就不是一根平滑的曲线，这样的调节系统就不能平稳地工作。

5-36　什么是一次调频？

答：各机组并网运行时，受外界负荷变动影响，电网频率发生变化，这时，各机组的调节系统参与调节作用，改变各机组所带的负荷，使之与外界负荷相平衡。同时，还尽力减少电网频率的改变，这一过程称为一次调频。

5-37　什么是二次调频？

答：机组并网运行时，通过同步器可以改变机组功率，使各台机组负担给定负荷，调整电网频率，以维持电网频率稳定，这一过程称为二次调频。

5-38　什么是调节系统的静态特性及动态特性？

答：机组在稳定工况下，汽轮机负荷与转速之间的关系为调节系统的静态特性。

当处于稳定状态下运行的机组受到外界干扰时，稳定状态被破坏，要经过调节系统的一个调节过程，又过渡到另一个新的稳定状态。调节系统从一个稳定状态过渡到另一个稳定状态动作过程中的特性，称为调节系统的动态特性。在动态特性中，可掌握动态过程中负荷、转速、调节汽阀开度及控制油压等参数随时间变化的规律，判断调节系统是否稳定，评价调节系统品质，以及分析影响动态特性的因素。

5-39　什么是调节系统的有差调节？汽轮机的调节系统为什么必须采用有差调节？

答：由调节系统的静态特性曲线可知，不同的负荷，其稳定转速将是有

差别的，一定的负荷对应于一定的转速，这就是调节系统的有差调节特性。而具有无差调节特性的调节系统，在任何负荷下，转速均为一定，它不能用于带电负荷并列运行的汽轮机。因为在任何稳定工况下，虽然转速是稳定的，但只要电网频率稍有变化，汽轮机所带负荷就会来回晃动。严重时可能从满负荷晃动到空负荷。所以汽轮机除了特殊的用途外，其调节系统几乎都具有有差调节的特性。

5-40 什么是调节系统的速度变动率？速度变动率不同的机组，一次调频能力有何差别？

答：从调节系统静态特性曲线可以看到，单机运行从空负荷到额定负荷，汽轮机的转速由 n_2 降低至 n_1，该转速变化值与额定转速 n_0 之比称为速度变动率，以 δ 表示，即

$$\delta=\frac{n_2-n_1}{n_0}\times 100\% \tag{5-1}$$

式中 n_1 ——汽轮机满负荷时的稳定转速；

n_2 ——汽轮机空负荷时的稳定转速；

n_0 ——汽轮机额定转速。

速度变动率 δ 就是静态特性线的斜率。δ 值越大，静态特性线就越陡；反之，δ 越小，静态特性线就越平坦。电网频率变化时，引起的负荷变化与机组调节系统速度变动率成反比，即当外界负荷变化时，速度变动率越大，分给该机组的负荷变化量越小，反之则越大。因此，带基本负荷的机组，速度变动率应选择大些，使电网频率改变时，负荷变化较小，即减小参加一次调频的作用，使之近似保持基本负荷不变，一般 δ 取 4%～6%。而带调峰负荷的调频机组，速度变动率应选择小一些，δ 取 3%～4%。目前，由于电网容量日益增大，因此为使机组能参加一次调频，速度变动率不宜选择过大。

5-41 为什么速度变动率以不大于6%为宜？

答：一般机组甩去全负荷时动态超速比静态时的速度变动率 δ_{n0} 大 50%左右，即动态最大转速可达 $1.5\delta_{n0}$。为保证甩去全负荷时，不致使转速升高到超速保护动作，一般速度变动率以不大于 6%为宜。

5-42 什么是调节系统的迟缓率？迟缓率与哪些因素有关？

答：调节系统在同一负荷下，转速上升过程的静态特性曲线和转速下降过程的静态特性曲线之间的转速差与额定转速比值的百分数，称为调节系统

的迟缓率。

调节系统的迟缓率是由系统中各部件的摩擦、卡涩、不灵活，以及连杆铰链等接合处的间隙、错油门的重叠度等因素造成的。另外，汽轮机的配汽机构、蒸汽品质和油质都对调节系统的迟缓率有影响。

5-43 调节系统的迟缓率过大对汽轮机运行有什么影响？

答：调节系统的迟缓率过大对汽轮机运行有下列影响：

(1) 在机组空负荷时，由于迟缓率过大，将引起转速不稳定，从而使机组并网困难。

(2) 在机组并网后，由于迟缓率过大，将会引起负荷的摆动。

(3) 当电网系统发生故障时，引起机组甩负荷，由于迟缓率过大，使调节汽阀不能快速关闭以切断汽轮机进汽，从而造成汽轮机超速、危急保安器动作。

5-44 调节系统的迟缓率是否可以为零？

答：机组在实际运行中，调节系统的迟缓率不可能为零，因为调节系统的部件、机构动作时总是存在摩擦等各种阻力。但假如迟缓率为零，调节过分灵敏，调节系统是不稳定的，使调节汽阀处在不停的动作中。尤其对液压式调节系统，油压不可避免地存在波动。因此，保持一定的迟缓率，对改善调节系统的调节性能是有好处的。

5-45 为什么机组甩负荷时会出现动态超速？

答：机组发生甩负荷时，由于转子的惯性和调节系统迟缓动作，进汽量还来不及变化，机组转速就上升很多出现动态超速。

5-46 汽轮机调节系统由哪些机构组成？

答：汽轮机调节系统由转速感应机构、传动放大机构、执行机构及反馈机构组成。

5-47 调节系统转速感应机构的作用是什么？

答：调节系统转速感应机构的作用是感受汽轮机的转速变化，并将其转变成其他物理量的变化信号（如位移、油压等），以传递给下一个机构。这种感受汽轮机转速变化的感应机构称为调速器。

5-48 调节系统传动放大机构起什么作用？

答：调节系统调速器传递来的位移或油压信号能量较小，而操纵调节汽阀需要很大的提升力，所以要经过传动放大机构，将其放大成油动机活塞位

移和操纵调节汽阀的提升动力，才能操纵调节汽阀的开关。

5-49 调节系统中的反馈装置有哪几种？它们各自是怎样实现反馈作用的？

答：调节系统中的反馈装置有机械反馈、液压反馈和动反馈。

（1）机械反馈是通过杠杆来实现反馈作用的，又称为杠杆反馈。

（2）液压反馈是通过改变油口面积来实现反馈作用的，又称为油口反馈。

（3）动反馈发生在油动机的动作过程中，油动机动作结束后，反馈作用随之消失。

5-50 汽轮机为什么必须有保护装置？

答：为保证汽轮机设备的安全，防止设备损坏事故的发生，除了要求调节系统动作可靠以外，还应具有必要的保护装置，以便在汽轮机调节系统失灵或发生故障时，能及时动作，迅速停机，避免事故的扩大和设备的损坏。保护装置本身应特别可靠，并且汽轮机容量越大，造成事故的危害越严重，因此对保护装置的可靠性要求就越高。

5-51 汽轮机为什么装设超速保护装置？

答：汽轮机是高速旋转的设备，转动部分的离心力与转速的平方成正比，即转速增高时，离心应力将迅速增加。当汽轮机转速超过额定转速20%时，离心应力接近于额定转速下应力的1.5倍，此时不仅转动部件中按紧力配合的部件会发生松动，而且离心应力将超过材料所允许的强度使部件损坏。为此，汽轮机均装设了超速保护装置，它能在超过额定转速10%～12%时动作停机，使汽轮机停止运转。

5-52 危急保安器滑阀的作用是什么？

答：危急保安器滑阀是各种停机保护信号的传动放大机构，它感受两个信号：①飞锤或飞环引起杠杆位移信号；②滑阀下部保安油压信号。危急保安器滑阀动作后将泄掉保安油压，使主汽阀、调节汽阀迅速关闭。

5-53 什么是危急保安器滑阀的工作位置？

答：机组未挂闸前，危急保安器中的大滑阀下部承受保安油压向上的作用力，上部承受挂闸油路油压作用力。当挂闸油压泄压，大滑阀上升至上限位置即达到危急保安器滑阀的正常工作位置，这时，滑阀凸肩将保安油路与排油口隔开。

5-54 危急保安器按结构形式可分为哪几种?

答：危急保安器按结构形式可分为飞锤式和飞环式两种。它们的工作原理完全相同。当汽轮机转速升高至危急保安器动作值时，飞锤或飞环通过离心力飞出，打击脱扣杠杆，使危急遮断滑阀落下，泄油口打开，关闭主汽阀及调节汽阀，切断汽轮机进汽。

5-55 为什么要定期进行危急保安器充油试验?

答：为防止机组启动和运行中飞锤或飞环卡涩造成机组发生超速时，危急保安器不能正常动作，损坏汽轮机，因此设置充油试验装置。该试验装置在机组空负荷或正常带负荷情况下均可进行试验，试验时，用压出试验滑阀移开杠杆，充油压出试验完毕后恢复原位。

5-56 危急保安器充油试验后不能马上进行超速试验的原因是什么?

答：危急保安器充油试验后不能马上进行超速试验的原因：防止充油试验时，撞击子下部积油未排尽，造成飞锤动作转速提前，无法准确测定超速动作转速。

5-57 排油滑阀有什么作用？其动作过程如何?

答：在机组启动冲转过程中，当主油泵与高压油泵并列运行时，为了不使主油泵打闷泵，设置了排油滑阀。

排油滑阀下部承受高压油泵出口油压，上部承受主油泵出口油压，当滑阀下部的作用力大于上部的作用力时，滑阀顶至上止点。主油泵出口与排油滑阀接通，排走主油泵内压力油，不使主油泵打闷泵。

5-58 汽轮机为什么装轴向位移保护装置?

答：在汽轮机运行中，汽轮机动、静部分之间的轴向间隙很小，动、静部分之间的轴向间隙是靠推力轴承来保证的。当轴向推力过大致使推力轴承乌金熔化时，转子将产生较大的轴向位移，导致动、静部分摩擦的严重设备损坏事故。为此，汽轮机一般都装有轴向位移保护装置。

5-59 汽轮机轴向位移保护的作用是什么?

答：汽轮机轴向位移保护的作用是当汽轮机轴向位移达到一定数值时，发出报警信号；当轴向位移达到极限值时，轴向位移保护动作，切断汽轮机进汽，停止汽轮机运行，防止汽轮机设备损坏。

5-60 汽轮机为什么装设润滑油压低保护装置?

答：在汽轮机启动、停机及正常运行中，必须不间断地供给轴承一定压

力和温度的润滑油，使汽轮发电机组的轴颈和轴瓦之间形成油膜，建立液体摩擦，达到冷却和润滑的作用，保证汽轮发电机安全稳定运行。润滑油压如果降低，不仅能造成轴瓦损坏，而且还能引起动、静部分碰磨的恶性事故。因此，汽轮机都设有润滑油压低保护装置。

5-61 汽轮机润滑油压低保护的作用是什么？

答：汽轮机润滑油压低时应能正确、可靠地联动交、直流润滑油泵。为确保防止在油泵联动过程中瞬间断油的可能，当润滑油压降至0.08MPa时，发出报警信号，提醒运行人员注意并及时采取措施。当润滑油压降至0.07MPa时，联动交流润滑油泵；当润滑油压降至0.06MPa时，联动直流润滑油泵并停机投盘车；当润滑油压降至0.03MPa时，停止盘车运行。

5-62 汽轮机为什么要设低真空保护装置？

答：当汽轮机真空降低时，不仅会降低汽轮机出力和热经济性，而且真空降低过多还将使轴向推力增大，排汽温度升高，严重威胁汽轮机的安全运行。因此，设置低真空保护装置在低真空时遮断汽轮机。

5-63 为什么要求冷油器的水侧压力低于油侧压力？

答：运行中，要求冷油器的水侧压力低于油侧压力，以防止管路破裂后，水进入油中使油质变差，影响润滑油的冷却和润滑效果。

5-64 调节系统检修后为什么要进行油循环？

答：调节系统在大修当中所有调速部件、轴瓦、油管均解体检修，各油室、前箱盖均打开，在检修过程中难免落入杂物，在组装和扣盖时虽然经过清理，但不可避免地仍会留有微小的杂物，这对调节系统、轴承的正常运行都是十分有害的。油循环就是在开机前用油将系统彻底清洗，去掉一切杂物，同时用临时滤网将油中杂质滤掉，确保油质良好、系统清洁。

5-65 为什么再热式机组必须采用单元制？

答：机组采用中间再热后，中间再热器的压力随机组功率变化而变化，各台机组不一定相同，因此，再热器之间无法设置母管。这样，再热式机组就必须采用单元制。

5-66 采用中间再热式机组的调节为什么会受到再热容积的影响？

答：由于再热式汽轮机在高压缸和中压缸之间加入了一个中间再热器及其连接管道，因此再热器及其来回的再热蒸汽管形成了很大的中间蒸汽容积。这个中间蒸汽容积给再热式汽轮机的调节带来了许多不利的影响，机组的功率调整滞延，甩负荷时的动态超速增加，对汽轮机的安全运行是不利的。

5-67 再热式汽轮机给调节系统的调节带来什么问题？

答：再热式汽轮机给调节系统的调节带来下列问题：

（1）减小了对锅炉蓄能的利用。在单元机组中，机炉一一对应。汽轮机没有利用其他锅炉及母管蓄能的可能，特别是采用直流锅炉的单元机组，可被利用的蓄能更小。而锅炉本身的热惯性大，其时间常数达 100～300s。所以，当系统负荷发生变化时，锅炉不能适应外界负荷变化的需要，降低了机组参加一次调频的能力。当汽轮机功率变化较大时，锅炉出口压力剧烈变化，可能引起汽水共腾，影响汽轮机的安全运行。

（2）机炉的相互配合问题突出。汽轮机和锅炉的特性不同，使某些工况下机、炉之间保持协调存在一定困难。突出表现在：

1）锅炉的最低稳定燃烧负荷通常为 50%～60%，而汽轮机的空载流量却很小，一般只为额定值的 5%～8%，甚至更小。这样，在汽轮机空载和低负荷运行时，锅炉将向空排汽，造成热能和工质的损失。

2）在低负荷下，中间再热器需要保护，但汽轮机空载时的流量只有 5%～8%，甩负荷的瞬间甚至为零。因此，在启动、空载和低负荷运行时，存在中间再热器的保护问题。

（3）机组的功率滞延。在汽轮机调节汽阀开大时，凝汽式汽轮机的流量和功率几乎是同时发生变化的，而中间再热汽轮机高压缸功率在最初瞬间几乎无迟延地变化着。中、低压缸的功率由于再热器庞大的中间容积，其压力的变化滞后于高压缸流量的变化，中、低缸的功率随之缓慢变化，直到中间再热器压力稳定下来。因此，中、低压缸的功率滞后大大降低了机组参加电网一次调频的能力。

（4）增加了甩负荷时的动态超速。影响中间再热机组动态超速的一个重要原因是再热器及其管道在高、中压缸之间组成一个庞大的中间蒸汽容积。当汽轮机甩负荷后，即使高压缸调节汽阀和主汽阀都完全关闭，这个中间再热蒸汽容积内所蓄存的蒸汽进入中、低压缸继续膨胀做功，将使汽轮机严重超速 40%～50%，显然，这已远远超出了汽轮机零件的强度极限。

5-68 再热式汽轮机调节系统有何特点？

答：再热式汽轮机调节系统有以下特点：

（1）采用过调节。过调节即高压缸调节汽阀的动态过开或动态过关。当负荷变化时，动态校正器使高压缸调节汽阀的开度变化超过静态所要求的数

值，以后再逐渐减小至静态值，即利用高压缸的超发来补偿中、低压缸的功率滞后。但是，用高压缸动态过调节要求锅炉提供更多的蒸汽量，在负荷变化较大时，锅炉无法满足要求，因而动态过调节受到限制。

（2）设置中压主汽阀和中压调节汽阀。设置中压主汽阀和中压调节汽阀后，中间再热蒸汽经过中压主汽阀和中压调节汽阀后才进入中压缸。中压调节汽阀和高压缸调节汽阀同时受调速器控制。当机组甩负荷时，调速器同时控制高压调节汽阀和中压调节汽阀切断进入高压缸的主蒸汽和进入中压缸的再热蒸汽，并维持机组在低于危急保安器动作转速下运行。当转速超过危急保安器动作转速时，危急遮断滑阀将同时关闭高、中压主汽阀，切断汽轮机的全部进汽，使机组停止下来。

（3）设置旁路系统。为了解决汽轮机空、低负荷时流量和锅炉低负荷流量的不平衡以保护中间再热器，再热机组都设置有旁路系统。

5-69 DEH系统在汽轮机超速保护方面有哪些功能？

答：DEH系统在汽轮机超速保护方面具有以下功能：

（1）甩全负荷超速保护。机组运行时，如发生油开关跳闸，系统检测到这种情况后，将迅速关闭调节汽阀，以免大量蒸汽进入汽轮机而引起超速事故。延迟一段时间后，如不出现升速，再开调节汽阀使机组维持额定转速空负荷运行，这样做的目的是为了减少机组再次启动的损失，使机组能迅速重新并网。

（2）甩负荷保护。当电网发生瞬间短路故障，引起发电机功率突降这一情况时，为维持电网的稳定性，保护系统迅速将中压调节汽阀关闭一下，然后再行开启，以维持机组的正常运行。

（3）超速保护。超速保护有103%和110%两种。103%超速保护是指汽轮机转速为3090r/min时，迅速将高压缸和中压缸调节汽阀同时关闭；110%超速保护是指汽轮机转速超过3300r/min时，将所有的主汽阀、调节汽阀同时关闭，进行紧急停机避免事故的发生。与此同时，旁路阀也协同动作，以保证再热器的冷却和减少机组的工质损失。

5-70 旁路系统是如何保护再热器的？

答：在汽轮机启动和甩负荷时，经旁路系统把主蒸汽减温减压后送入再热器，以防止再热器干烧，保护再热器。机组甩负荷或锅炉超压时，旁路阀迅速打开，排出锅炉内蒸汽，防止再热器超压。

第六章　汽轮机辅助设备

6-1　什么是泵?

答: 泵是用以输送流体（液体和气体）的机械设备。泵的作用是把原动机的机械能或其他能源的能量传递给流体，以实现流体的输送，即流体获得由原动机机械能转换成流体的压力能和动能后，除用以克服输送过程中的通道流动阻力外，还可实现从低压区输送到高压区或从低位区输送到高位区。通常输送液体的机械设备称为泵（个别抽送气体的机械设备也称为泵，如液环泵等）。

6-2　泵有哪些类型?

答:（1）叶片泵。离心泵、轴流泵、混流泵、旋涡泵、自吸泵。

（2）容积泵。齿轮泵、螺杆泵、活塞泵。

（3）其他形式泵。喷射泵、真空泵。

6-3　火力发电厂主要有哪三种水泵？它们的作用是什么?

答: 给水泵、凝结水泵、循环水泵是火力发电厂中最主要的三种水泵。

给水泵的作用是把除氧器储水箱内具有一定温度、除过氧的给水，提高压力后输送给锅炉，以满足锅炉用水的需要。

凝结水泵的作用是将凝汽器热井内的凝结水升压后送至回热系统。

循环水泵的作用是向汽轮机凝汽器提供冷却水，用以冷凝汽轮机的排汽。在火力发电厂中，循环水泵还要向冷油器、冷水器、发电机的空气冷却器等提供冷却水。

6-4　水泵的型号一般如何表示?

答: 水泵的型号相当繁杂且不统一，常用的水泵型号由三个部分组成，每部分的含义如下：

（1）第一部分为数字，它表示缩小为1/25的吸水管直径（mm）。

（2）第二部分取汉语拼音第一个字母，它表示水泵的结构类型。

（3）第三部分为数字，它表示缩小为1/10并化为整数的比转速。

例如：3B9 表示吸入管直径为 75mm、单级单吸悬臂式离心水泵，比转速 $n=90$；48sh22 表示吸入管直径为 1200mm、单级双吸，泵壳为中开式离心水泵，比转速 $n=220$。此外，电厂锅炉给水泵的型号为另一种形式，如 DG45-59，字母表示电动给水泵，两组数字分别表示流量为 $45m^3/h$，给水压力为 $59kgf/cm^2$（5.78MPa）。

6-5 离心泵的工作原理是什么?

答: 离心泵由叶轮、压出室、吸入室、扩压管等部件组成。当原动机通过轴驱动叶轮高速旋转时，叶轮上的叶片将迫使流体转动，即叶片将沿其圆周切线方向对流体做功，使流体的压力能和动能增加。在叶轮出口的外缘附近，由于具有最高的圆周切线速度，因此该处的流体也将具有最高的压力能和动能。在惯性离心力和压差力的作用下，流体将从叶轮出口外缘排出，经压出室（蜗壳）、出口扩压管、出口管道输送至目的地。同时，由于惯性离心力的作用，流体由叶轮出口排出，在叶轮中心形成流体空缺的趋势，即在叶轮中心形成低压区，在吸入端压力的作用下，流体由吸入管经吸入室流向叶轮中心。当叶轮连续旋转时，流体也连续地从叶轮中心吸入，经叶轮外缘出口排出，形成离心泵的连续输送流体的工作过程。离心泵应用最为广泛，在火力发电厂中大多数的水泵都采用离心式水泵。

6-6 轴流泵的工作原理是什么?

答: 轴流泵的工作原理就是在泵内充满液体的情况下，叶轮旋转时对液体产生提升力，把能量传递给液体，使水沿着轴向前进，同时随着叶轮旋转。轴流泵常用作循环水泵。

6-7 旋涡泵的工作原理是什么?

答: 由显形叶轮在带有不连贯槽道的盖板之间旋转来输送液体的泵称为旋涡泵。

旋涡泵的工作原理就是泵的显形叶轮在旋转时产生离心力，使液体由泵壳侧面孔流入叶轮根部并抛向外围，进入两侧盖板的槽道中，液体随显形叶轮旋转时，在槽道中做旋涡运动，将速度能转变为压力能，到了出口处槽道突然被堵塞，液体就从出口孔流出。

6-8 混流泵的工作原理是什么?

答: 混流泵叶轮形状介于离心泵与轴流泵之间。流体在混流泵叶轮内的流动方向介于离心泵的径向和轴流泵的轴向之间，近似于沿锥面流动。混流泵的工作原理是离心泵和轴流泵工作原理的综合，因此其工作特性也介于离心泵和轴流泵之间。

混流泵也属于大流量、低扬程水泵的范畴，在近代大容量机组中，主要应用于汽轮机循环水泵。

6-9 自吸泵的工作原理是什么？

答：不需在吸入管道中充满水就能自动地把水抽上来的离心泵称为自吸泵。

自吸泵的工作原理是，在泵内存满水的情况下，叶轮旋转产生离心力，液体沿槽道流向蜗壳。在泵的入口形成真空，使进水止回阀打开，吸入进水管内的空气进入泵内。在叶轮槽道中，空气与径向回水孔（或回水管）里的水混合，一起沿槽道沿蜗壳流动，进入分离室。在分离室中，空气从液体中分离出来，液体重新回到叶轮。这样反复循环，直至将吸入管道中的空气排尽，使液体进入泵内，完成自吸过程。

6-10 往复式泵的工作原理是什么？

答：往复式泵又分为活塞泵、柱塞泵、隔膜泵三种。它们分别由活塞、柱塞、隔膜在泵缸内做周期性的往复运动，改变液体所占据的容积，实现对液体做功，同时周期性地吸入和压出液体。下面以活塞泵为例说明往复式泵的工作过程。当活塞在泵缸内自最左位置向右移动时，工作室的容积逐渐增大，工作室内的压力降低，吸水池中液体在压力差的作用下顶开吸水阀，液体进入工作室填补活塞右移让出的空间，直至活塞移到最右位置为止，完成往复式泵的吸入过程。然后活塞开始向左方移动，工作室中液体在活塞挤压下，获得能量，压力升高，并压紧吸入阀，顶开压水阀，液体由压出管路输出，这个过程为压出过程。当活塞不断地做上述往复运动时，往复式泵的吸入、压出过程就连续不断地交替进行。由于往复式泵在每个工作周期（活塞往复一次）内排出的液体量是不变的，因此又称为定排量泵。

由于往复式泵容量较小，只适用于小流量、高扬程的场合，因此在火力发电厂用得也较少。

6-11 齿轮泵的工作原理是什么？它有何特点？

答：由两个齿轮相互啮合在一起组成的泵称为齿轮泵。齿轮泵的工作原理：齿轮转动时，齿轮间相互啮合，啮合后封闭空间逐渐增大，产生真空区，将外界的液体吸入齿轮泵的入口处，同时齿轮啮合时，使充满于齿轮坑中的液体被挤压，排向压力管。

齿轮泵的特点是具有良好的自吸性能，且构造简单、工作可靠。

6-12 螺杆泵的工作原理是什么？它有何特点？

答：由两个或三个螺杆啮合在一起组成的泵称为螺杆泵。螺杆泵的工作原理是螺杆旋转时，被吸入螺栓空隙中的液体由于螺杆间螺纹的相互啮合受挤压，沿着螺纹方向向出口侧流动。螺纹相互啮合后，封闭空间逐渐增加形成真空，将吸入室中的液体吸入，然后被挤出完成工作过程。

螺杆泵的特点是自吸性能好、工作无噪声、寿命长、效率比齿轮泵稍高。

6-13 喷射泵的工作原理是什么？它有何特点？

答：利用较高能量的液体，通过喷嘴产生高速液体后形成负压来吸取液体的装置称为喷射泵。

喷射泵的工作原理是利用较高能量的液体，通过喷嘴产生高速度而裹挟周围的流体一起向扩散管运动，使接受室中产生负压，将被输送液体吸入接受室，与高速流体一起在扩散管中升压后向外流出。

喷射泵的特点是构造简单，工作连续，没有转动部件，寿命长，但其喷嘴易被杂物堵塞且效率较低。

6-14 液环式真空泵的工作原理是什么？

答：液环式真空泵的工作原理：泵的叶轮与泵体存在偏心，两端由侧盖封住，侧盖端面上开有吸气窗口和排气窗口，分别与泵的入口与出口相通。当泵内有适量工作液体时，由于叶轮旋转，液体向四周甩出，在泵体内部与叶轮之间形成一个旋转液环。液环内表面与轮毂表面及侧盖端面之间形成了月牙形的工作空腔，叶轮上的叶片又把空腔分成若干不相通、容积不等的封闭小室。在叶轮前半转，月牙形空腔逐渐增大，气体被“吸入”；在后半转，月牙形空腔逐渐减小，气体被压缩，然后经排气窗口排出。液环式真空泵工作时，工作液体除传递能量外，还起密封工作腔和冷却气体的作用，因此，要求被抽吸的气体既不溶解于工作液体，又不与工作液体起化学反应。

6-15 离心泵有哪几种结构形式？

答：离心泵通常按照以下三种结构特点分类：按工作叶轮的数量分为单级泵和多级泵；按叶轮吸进液体的方式分为单吸泵和双吸泵；按泵轴的方向分为卧式泵和立式泵。

离心泵的结构形式，主要是上述三种结构特点的组合，共有五种结构形式：单级单吸卧式、单级双吸卧式、单级单吸立式、多级卧式、多级立式。

（1）单级单吸卧式离心泵。泵只有一个叶轮，从叶轮的单侧吸水，泵轴沿水平方向安装。该泵的轴承在叶轮的一侧，用滚动轴承支撑，属于悬臂式结构。

单级单吸卧式离心泵是一种中小型离心泵，适用于中、低扬程及中、小流量的场合，在各部门的使用最广泛，在火力发电厂常用作工业水泵、生水泵、中间水泵、低位水泵、灰浆泵、凝结水泵、油泵等。我国用于输送常温清水的单级单吸卧式离心泵的型号有IS型、B型、BL型、XA型等。

（2）单级双吸卧式离心泵。泵只有一个叶轮，从叶轮的两侧吸水。双吸叶轮可看成是由两个单级叶轮背靠背组合而成，所以它输送的流量比单级叶轮泵大。单级双吸卧式离心泵是一种中、大型的离心泵，适用于中、大流量和中、低扬程的场合，在各部门使用很广泛，在火力发电厂常用作循环水泵、冲灰泵、锅炉给水泵的前置泵等。我国用于输送常温清水的单级双吸卧式离心泵的型号有SH型、S型、SA型、湘江型等。

（3）单级单吸立式离心泵。泵的泵轴沿垂直方向安装，和卧式离心泵相比较，具有占地面积小、结构紧凑的优点。此外，由于该泵的叶轮安装在水面以下，因此一般不会发生汽蚀。这种泵通常是大容量离心泵，适用于大流量和中、低扬程的场合，在火力发电厂常用作冷水循环泵。我国用于输送常温清水的单级单吸立式离心泵的型号有沅江型及SLA型等。

（4）多级卧式离心泵。该泵的特点是在泵轴上装有2～15个叶轮，液体将顺序通过这些叶轮，每经一个叶轮便提高部分扬程，其总扬程等于各个叶轮产生的扬程之和。该泵具有较高扬程，适用于中、高扬程及中、小流量的场合，在各部门应用很广泛，火力发电厂常将其用作锅炉给水泵、凝结水泵、疏水泵以及其他需要较高扬程的场合。为了提高其抗汽蚀性能，有的多级卧式离心泵的第一级叶轮采用双吸式，其余仍是单吸式。我国用于输送常温清水的多级卧式离心泵的型号有D型、DA型、TSW型、DS型及DK型等，用作特殊用途的锅炉给水泵（输送高温水）为DG型。

（5）多级立式离心泵。它的特点是泵组的占地面积小，第一级叶轮可位于吸水池内，可把深井中的液体抽吸上来。在火力发电厂常将此类泵用作凝结水泵、深井泵等。

6-16 离心泵的构造是怎样的?

答：离心泵主要由转子、泵壳、密封防漏装置、排汽装置、轴向推力平衡装置，轴承与支架等构成，转子又包括叶轮、轴、轴套、联轴器、键等部件。

6-17 离心泵叶轮主要由哪几部分构成?

答：离心泵叶轮是由叶片、轮毂和盖板三部分构成的。

6-18 简述轴流泵的结构形式。

答：轴流泵只能是单吸入的，通常都是单级，泵轴方向有立式和卧式两种。大型轴流泵的叶轮叶片有固定式和可调式两种，其中可调式又分为半可调式和全可调式两种。叶片全可调式在泵运行中可随时按工作要求调节叶轮叶片的出口安装角，以实现经济运行。叶片半可调式只能在停泵时对叶片安装角进行调整。轴流泵适用于大流量、低扬程的场合，火力发电厂常采用立式轴流泵作为冷水循环泵。国产大型轴流泵的型号有CJ型（叶片可调式）、ZLB型（叶片半可调式）、ZLQ型（叶片全可调式）等。

6-19 轴流泵主要有哪些部件?

答：轴流泵主要有叶轮、泵轴、动叶调节装置、导叶、进水喇叭管、出水弯管及轴承等部件。

6-20 简述混流泵的结构形式。

答：混流泵在结构形式上可分为导叶式和蜗壳式两种。大型导叶式混流泵的叶轮叶片有固定式和可调式两种。蜗壳式混流泵的叶轮叶片均为固定式，混流泵的工作性能介于单级离心泵与轴流泵之间，适用于流量较大而扬程较低的场合。火力发电厂常采用导叶式混流泵作为冷水循环泵。国产混流泵的型号有HB型、HL型、HW型、FB型、HB型、HK型、LḂ型、LT型等。

6-21 什么是诱导轮? 为什么有的泵设有前置诱导轮?

答：诱导轮是一种轴流叶片式叶轮，与轴流泵叶轮相比，叶轮外径与轮壳的比值较小，叶片数目少，叶片安装角小，叶栅稠密度大。

诱导轮的抗汽蚀性能比离心叶轮高得多，这是因为液体在进入诱导轮时不经过转弯，动压降较小，因而不易发生汽蚀。发生汽蚀后（主要发生在相对速度最大的入口外缘），汽泡受到两方面夹攻，一方面是因外缘汽泡沿轴向流到高压区域时受压立即凝结；另一方面在离心力作用下，轮壳处的液体冲向诱导轮外缘，同样使汽泡受压凝结。离心泵没有这些特点，所以一些汽蚀性能要求较高的泵设有前置诱导轮。

6-22 水泵所采用的密封装置形式一般有哪几种?

答：水泵所采用的密封装置形式一般有填料密封、机械密封和浮动环密封三种。

6-23　什么是填料密封？其密封效果的好坏如何调整？

答：填料密封是最常见的一种密封形式，由填料套、水封环、填料及填料压盖、紧固螺栓等组成，是用压盖使填料和轴（或轴套）之间保持很小间隙来达到密封作用的。填料密封密封效果的好坏是通过填料压盖进行调整的。

6-24　填料密封压盖的松、紧对泵有何影响？

答：填料密封压盖太松，泄漏量增加，在真空吸入端空气容易漏入泵内，破坏正常工作；压盖太紧，泄漏量减少，但摩擦增加，机械功率损耗增大，从而使填料结构发热，严重时会使填料冒烟，甚至烧毁填料或轴套。因此，填料压盖压紧程度以漏出量每秒钟 1 滴左右为宜。

6-25　简述机械密封的工作原理。

答：机械密封是一种不用填料的密封形式，主要由静环、动环、动环座、弹簧座、弹簧、密封圈、防转销及固定螺钉组成。这种密封结构依靠工作液体及弹簧的压力作用在动环上，使之与静环互相紧密配合，达到密封的效果。为了保证动、静环的正常工作，接触面必须通入冷却液体进行冷却和润滑，在泵运行中不得中断。

6-26　机械密封有哪些优缺点？

答：机械密封的优点：密封性能好，几乎可以完全不泄漏。此外，它还具有使用寿命长、功率消耗少、轴和轴套都不易受到磨损的特点。

机械密封的缺点：制造复杂，价格贵，安装及加工精度要求高，需要使用一些特殊材料。

6-27　浮动环密封是由什么组成的？它是如何实现密封的？

答：浮动环密封是由浮动环、支撑环（或称浮动套）、支撑弹簧等组成的。

浮动环密封实现密封的方式：以浮动环端面和支撑环端面的接触来实现径向密封；同时又以浮动环的内圆表面与轴套的外圆表面所形成狭窄缝隙的节流作用来实现轴向密封。

6-28　离心泵流量有哪几种调节方法？各有什么优缺点？

答：离心泵流量的调节方法及优缺点如下：

（1）节流调节法。用泵出口阀门的开度大小来改变泵的管路特性，从而

改变流量。这种调节的优点是十分简单，缺点是节流损失大。

(2) 变速调节。改变水泵转速，使泵的特性曲线升高或降低，从而改变泵的流量。这种调节方法，没有节流损失，是较为理想的调节方法。

(3) 改变泵的运行台数。用改变泵的运行台数来改变管道的总流量。这种调节方法简单，但工况点在管路特性曲线上的变化很大，所以进行流量的微调是很困难的。

(4) 汽蚀调节法。如凝结水泵采用低水位运行方式，通过凝汽器的水位高低，改变水泵特性曲线，从而改变流量。该方法简单易行、省电，但叶轮易损，并伴有振动，有噪声。

(5) 轴流泵和混流泵常采用改变叶轮、叶片角度的办法，此法调节流量十分经济。

6-29　径向导叶起什么作用？

答：一般在分段式多级泵上均装有径向导叶。径向导叶的作用是收集由叶轮流出的高速液流，使其均匀地引入次级或压水室，并能在导叶中使液体的动能转换为压力能。

6-30　泵吸入室的作用是什么？常见的有哪几种形式？

答：泵吸入室的作用是将进入管中的液体在最小的流动损失情况下均匀地引向叶轮。

吸入室常见的有以下三种形式：

(1) 锥形管吸入室。采用收缩式锥形管，使液体流速增加，达到叶轮进口必要的流速，并使流速分布均匀，能径向进入叶轮。锥形管吸入室多用于单级悬臂结构的泵及立式离心泵，吸入室的锥度一般为7°～18°。

(2) 圆环式吸入室。在这种吸入室中，由于泵轴穿过吸入室，在泵轴后形成旋涡区，引起叶轮前流速分布不均匀，使液体进入叶轮时发生撞击和涡流损失。圆环式吸入室多用于多级泵上，由于多级泵扬程较高，因此吸入室水力损失所占比例较小。

(3) 半螺旋形吸入室。这种吸入室的截面是逐渐减小的，一方面可使进入导管中的液流加速；另一方面却使液体在进入叶轮前产生预旋，降低了扬程，但可以消除泵轴后的旋涡区，从而使液流较均匀地进入叶轮。半螺旋形吸入室被广泛地应用于双吸式离心泵和多级蜗壳泵上。

6-31　泵的压水室的作用是什么？

答：泵的压水室的作用是把液体在最小的流动损失情况下导入下一级叶

轮或引向出水管，同时将部分动能转化为压力能。

压水室种类很多，常用的有以下几种：

（1）螺旋形压水室（蜗室）。蜗室只起收集液体的作用，这时液体从叶轮均匀地流入蜗壳中，液体是做等速运动的，动能转变成压力能是在蜗壳后的扩散管中进行的。

（2）径向导叶。径向导叶固定于叶轮出口的外面，导叶的作用和蜗壳的作用相同，前段只起收集液体的作用，液体在此段做等速运动，只是到了扩散部分才将一部分动能转变成压力能。

（3）环式压出室。用于分段式多级泵出水段上。这种压水室各断面面积相等，各处流速不相同，叶轮流出的液体与压水室内的液体发生冲击，所以其效率降低。

6-32 离心泵为什么会产生轴向推力？

答：因为离心泵工作时，叶轮两侧承受的压力不对称，所以会产生叶轮出口侧往进口侧方向的轴向推力。

除此以外，该泵还有因反冲力引起的轴向推力，不过这个力较小，在正常情况下不考虑。在水泵启动瞬间，没有因叶轮两侧压力不对称引起的轴向推力，这个反冲力会使轴承转子向出口侧窜动。

对于立式泵，转子的重量也是轴向力的一部分。

6-33 平衡水泵轴向推力常用的方法有哪几种？

答：单级泵轴向推力平衡方法如下：

（1）在叶轮前、后盖板处设有密封环，叶轮后盖板上设有平衡孔（平衡孔一般为4～6个，总面积是密封面间隙面积的5倍）或装平衡管。

（2）叶轮双面进水。

（3）叶轮出口盖板上装背叶片，除此以外，多余的轴向推力由推力轴承承受。

多级泵轴向推力平衡方法如下：

（1）叶轮对称布置。

（2）采用平衡盘装置的方法。

（3）采用平衡鼓和双向止推轴承的方法。

（4）采用平衡鼓带平衡盘的方法。

6-34 采用平衡鼓平衡水泵轴向推力有什么优缺点？

答：平衡鼓是装在泵轴上末级叶轮后的一个圆柱体。

平衡鼓无需极小的轴向间隙，同时又采用了较大的平衡鼓与固定衬套之间的径向间隙，从而保证泵在任何运转条件下，不会发生平衡装置的磨损和卡死事故，大大提高了运转可靠性。它的缺点有以下两个：

（1）平衡鼓不能用来平衡全部轴向力，是因为它不能自动地调整平衡力以适应轴向力的改变，它只能平衡掉 90%～95%的定量轴向力，而其余 5%～10%的变量轴向力必须由一个能承受这个部分推力的止推轴承来承担。

（2）泄漏量大，影响水泵效率。

6-35　离心泵平衡盘装置的构造和工作原理如何？

答：离心泵平衡盘装置的构造由平衡盘、平衡座和调整套（有的平衡盘和调整套为一体）组成。

平衡盘装置的工作原理：从末级叶轮出来的带有压力的液体，经平衡座与调整套间的径向间隙流入平衡盘与平衡座间的水室中，使水室处于高压状态。平衡盘后有平衡管与泵的入口相连，其压力近似为泵的入口压力。这样在平衡盘两侧压力不相等，就产生了向后的轴向平衡力。轴向平衡力的大小随轴向位移、调整平衡盘与平衡座间的轴向间隙（改变平衡盘与平衡座间水室压力）的变化而变化，从而达到平衡的目的。这种平衡经常是动态平衡。

6-36　采用平衡盘装置有什么缺点？

答：平衡盘装置在多级泵上广泛使用，用来平衡轴向推力，但它有以下三个缺点：

（1）在启动、停泵或发生汽蚀时，平衡盘不能有效地工作，容易造成平衡盘与平衡座之间的摩擦和磨损。

（2）转轴位移的惯性，易造成平衡力大于或小于轴向力的现象，致使泵轴往返窜动，造成低频窜振。

（3）高压水往往通过叶轮轴套与转轴之间的间隙窜水反流，干扰了泵内水的流动，又冲刷了部件，从而影响水泵的效率、寿命和可靠性。

6-37　平衡鼓带平衡盘的平衡装置有何优缺点？

答：该装置先由平衡鼓卸掉 80%～85%的轴向力，再由弹簧式双向止推轴承承担 10%，其余 5%～10%的变量轴向力由平衡盘来承担。

该装置的优点如下：

（1）平衡盘的轴向间隙较大，承担的平衡力较少。

（2）启动、停泵和在低速时，止推轴承弹簧把转轴向高压端顶开，防止平衡盘磨损或卡死。

该装置的缺点是流经平衡盘间隙的泄漏量较大。

6-38 用什么方法可使轴流泵有较大的工作范围及较高的工作效率?

答: 为轴流泵有较大的工作范围及较高的工作效率，可以采用变转速的原动机或液力联轴器等变速调节，也可采用调节叶片角度的叶轮、改变叶片的安装角等方法来实现。

6-39 离心泵出口管上为什么要装止回阀?

答: 离心泵出口管上装设止回阀的作用是在泵停止运行时，防止压力水管路中的液体向泵内倒流，使转子倒转，损坏设备或使压力水管路压力急剧下降。

6-40 为什么有的泵入口管上装设阀门，有的则没有装设阀门?

答: 一般情况下吸入管道上不装设阀门，但如果该泵与其他泵的吸水管相连接或者水泵处于自流充水的位置（如水源有压力或吸水面高于入水管），都应安装入口阀门，以便设备检修时的隔离。

6-41 轴承按转动方式可分几类? 各有什么特点?

答: 轴承按转动方式一般可分为滚动轴承和滑动轴承两类。滚动轴承采用铬轴承钢制成，耐磨又耐温，轴承的滚动部分与接触面的摩擦阻力小，但一般不能承受冲击负荷。滑动轴承主要部位为轴瓦，发电厂大型转动设备使用的滑动轴承，一般轴瓦采用巴氏合金制成，其软化点、熔化点都较低，与轴的接触面积大，可承重荷载、减振性好，能承受冲击负荷。若润滑油储在其下部时需有油环带动，以保证瓦面油膜的形成。一般规定滚动轴承温度不超过80℃，滑动轴承则不应超过70℃，钢球磨煤机大瓦的温度限制应根据制造厂家的要求确定，一般不超过50℃。

6-42 凝结水泵有什么工作特点?

答: 凝结水泵所输送的是相应于凝汽器压力下的饱和水，在凝结水泵入口易发生汽化，故水泵性能中规定了进口侧的灌注高度，借助水柱产生的压力，使凝结水离开饱和状态，避免汽化。凝结水泵安装在热井最低水位以下，使水泵入口与最低水位维持0.9～2.2m的高度差。

凝结水泵进口处在高度真空状态下，容易从不严密的地方漏入空气积聚在叶轮进口，使凝结水泵打不出水。所以，一方面要求进口处严密不漏气；另一方面，在泵入口处接一抽空气管道至凝汽器汽侧（也称平衡管），以保证凝结水泵的正常运行。

6-43 凝结水泵空气管有什么作用?

答：凝结水泵空气管的作用是将泵内聚集的空气排出。因为凝结水泵开始抽水时，泵内空气难以从排气阀排出，所以在其上部设有与凝汽器连通的抽气平衡管，即空气管，以便将空气排至凝汽器由抽气器抽出，并维持泵入口腔室与凝汽器处于相同的真空度。这样，即使在运行中凝结水泵吸入新的空气，也不会影响泵入口的真空度。

6-44 凝结水泵盘根为什么要用凝结水密封?

答：凝结水泵在备用时处于高度真空下，因此凝结水泵必须有可靠的密封。凝结水泵除本身有密封填料外，还必须使用凝结水作为密封冷却水。若凝结水泵盘根漏气，将影响运行泵的正常工作和凝结水溶氧量的增加。

凝结水泵盘根使用其他水源来冷却密封会使凝结水污染，所以必须使用凝结水来冷却密封盘根。

6-45 国产300MW机组为什么设凝结水升压泵?

答：国产300MW机组对凝结水质要求比较高，送入除氧器前要进行除盐处理，设置凝结水升压泵后，主凝结水泵抽吸凝汽器内的凝结水，然后送入除盐设备，经过除盐后的凝结水通过凝结水升压泵，然后打入除氧器内。

使凝结水泵与凝结水升压泵串联工作，除盐设备可以避免承受较高的压力，同时通过除盐设备后凝结水压力损失较大，需要凝结水升压泵提高压力送入除氧器内。

6-46 300MW机组配置的凝结水泵与凝结水升压泵主要有什么区别?

答：300MW机组凝结水泵打的是高度真空的饱和液体，为此装有防止汽蚀的诱导轮，首级叶轮尺寸比次级叶轮大，属于大流量设计、小流量应用，以提高抗汽蚀性能。而凝结水升压泵打的是接近大气压力下的非饱和液体，没有上述结构，但是泵的出口压力高，将叶轮增加两级（共四级叶轮）。凝结水泵扬程为100mH_2O，而凝结水升压泵的扬程为190mH_2O。

6-47 300MW机组配置的凝结水泵和凝结水升压泵在结构上有哪些主要特点?

答：两泵的主要特点如下：

（1）在水泵叶轮外缘装有静止的导向叶轮，导向叶轮的形式为双蜗壳。当叶轮旋转后，将水打入双蜗壳的两个进水口，然后通过6片反向导叶，将水通过6个流道，均匀地诱导入次一级叶轮的进口。采用双蜗壳的特点是不产生径向力，高效率区域宽广一些。

(2) 各级叶轮同方向布置，轴向推力较大，凝结水泵的轴向推力约为95N。采用平衡鼓结构，平衡80%左右的轴向推力，余下的推力由推力轴承承受。推力轴承为瓦块式，推力盘两侧设有工作瓦块和非工作瓦块，外部夹层通有冷却水进行冷却。

(3) 上导轴承的润滑油推力盘上开有6个油孔，当推力盘高速旋转时，6个油孔起着离心油泵的作用，将润滑油由油箱里吸入轴承内润滑。上导轴承轴衬开有6个油槽，使润滑油均匀地进入轴承内。

6-48 300MW机组配置的凝结水泵的平衡鼓装置是如何平衡轴向推力的？

答：末级叶轮的水除大部分由双蜗壳汇集送入导叶接管外，还有少部分水从平衡鼓与平衡圈之间的间隙中渗漏。为了增加阻力，减少泄漏，在平衡鼓上车了方形螺纹槽，这样可以使渗漏量减少25%。经过节流后的水到达平衡鼓后面，压力已经下降了，因而平衡鼓前、后两面形成了压力差，压力差的方向由下而上，平衡了部分轴向推力。

平衡鼓后面的水在轴与导叶接管的环形通道间通过，并经过吸水管壁上的内圆孔流入吸水管进口。

6-49 200MW机组配置的14NL-14型凝结水泵有什么特点？

答：200MW机组配置的14NL-14型凝结水泵有以下特点：

(1) 虽然两级叶轮对称布置，但是轴向推力不能完全平衡，首级叶轮上有4个平衡孔。

(2) 泵外壳采用螺旋形双层涡室结构，其优点是制造比较方便，泵性能曲线中高效率区域比较宽广，车削叶轮后泵效率变化比较小，与单涡室比较，可避免在叶轮上形成径向力。

所谓双涡室就是将涡室截面较大的一半做成双层，虽然在每个涡室里压力分布仍是不均匀的，但由于双层涡室的内层与另一半涡室相互对称，作用在叶轮上的径向力便能互相平衡。

6-50 凝结水泵为什么要装再循环管？

答：凝结水泵装再循环管主要是为了解决水泵汽蚀问题。

为了避免凝结水泵发生汽蚀，必须保持一定的出水量。在空负荷和低负荷工况下，凝结水量少，凝结水泵采用低水位运行，汽蚀现象逐渐严重，凝结水泵工作极不稳定。这时通过再循环管，凝结水泵的一部分出水流回凝汽器，能保证凝结水泵的正常工作。

此外，轴封冷却器、射汽抽气器的冷却器在空负荷和低负荷工况时也必须流过足够的凝结水，所以一般凝结水再循环管都从它们的后面接出。

6-51　给水泵的作用是什么？它有什么工作特点？

答：给水泵的作用是向锅炉连续供给具有足够压力、流量和相当温度的给水。给水泵的安全可靠运行，直接关系到锅炉设备的安全运行。

给水温度高（为除氧器压力对应的饱和温度），在给水泵进口处水容易发生汽化，会形成汽蚀而引起出水中断。因此，一般都把给水泵布置在除氧器水箱以下，以增加给水泵进口的静压力，避免汽化现象的发生，保证给水泵的正常工作。

6-52　给水泵的拖动方式有哪几种？

答：给水泵的拖动方式常见的有电动机拖动和专用给水泵汽轮机拖动。此外，还有燃气轮机拖动及汽轮机主轴直接拖动等。

6-53　用小型汽轮机拖动给水泵有什么优点？

答：用小型汽轮机拖动给水泵有如下优点：

(1) 小型汽轮机可根据给水泵的需要采用高转速（转速可从 2900r/min 提高到 5000～7000r/min）变速调节。高转速可使给水泵的级数减少，质量减轻，转动部分刚度增大，效率提高，可靠性增加。改变给水泵转速来调节给水流量比节流调节经济性高，消除了阀门因长期节流而造成的磨损，同时简化了给水调节系统，调节方便。

(2) 大型机组电动给水泵耗电量约占全部厂用电量的 50%，采用汽动给水泵后，可以减少厂用电，使整个机组向外多供 3%～4%的电量。

(3) 大型机组采用给水泵汽轮机带动给水泵后，可使机组的热效率提高 0.2%～0.6%。

(4) 从投资和运行角度看，大型电动机加上升速齿轮液力联轴器及电气控制设备比小型汽轮机还贵，且大型电动机启动电流大，对厂用电系统运行不利。

6-54　大型给水泵为什么要设有自动再循环阀及再循环管？

答：高压给水泵不允许在低于要求的最小流量下运行，允许的最小流量为额定流量的 25%～30%。如果在小于这个允许的最小流量下运行，一方面会因泵内给水摩擦生成的热量不能全部带走，导致给水汽化；另一方面，会因离心泵性能曲线在小流量范围内较为平坦，有的还有“驼峰”形曲线，会出现压力脉动引起所谓的“喘振”现象。因此，为了避免这种现象的发生，给水泵都设置了自动再循环阀及再循环管。

6-55　给水泵出口止回阀的作用是什么？

答：给水泵出口止回阀的作用是，当给水泵停止运行时，防止压力水倒流，引起给水泵倒转。高压给水倒流会冲击低压给水管道及除氧器给水箱；还会因给水母管压力下降，影响锅炉进水。如给水泵在倒转时再次启动，启动力矩增大，容易烧毁电动机或损坏泵轴。

6-56　为什么有的给水泵能去掉再循环管？

答：一般给水泵都设再循环管，当给水泵小流量时，通过再循环管将水泵的一部分出水送回除氧器水箱。但据试验，有的给水泵去掉了再循环管，而将平衡轴向推力的平衡管出水从水泵进口改接至除氧器，也能保证低负荷时给水不汽化。根据给水汽化原理，必须保证一定的流量（一般取30%）流过水泵，带走泵内摩擦产生的热量，不使水温升高过多。当平衡装置的回水接至水泵进口时，由于这部分水的温度容易使给水泵汽化（小流量时），故将这部分水回流到除氧器，既避免了水泵进口水温的升高，又能保持一定的流量（通过平衡间隙的流量），因此能代替再循环管。

6-57　大机组配套的给水泵供油系统由哪些组成部分？

答：大机组配套的给水泵一般都有独立的强迫供油系统，主要由主油泵、辅助油泵、滤网、冷油器、油箱及其管道、阀门组成。给水泵正常运行时由主油泵供油，启动和停泵时由辅助油泵供油。主油泵一般由泵轴带动，辅助油泵由电动机带动。油流回路如下：

$$\text{油箱}\rightarrow\left\{\begin{array}{l}\text{主油泵}\\\text{辅助油泵}\end{array}\right.\rightarrow\text{过滤器}\rightarrow\text{冷油器}\rightarrow\text{压力油管}\rightarrow\text{各轴承}\rightarrow\text{回油管}\rightarrow\text{油箱。}$$

6-58　给水泵中间抽头的作用是什么？

答：在现代大功率机组中，为了提高经济效果，减少辅助水泵，往往从给水泵的中间级抽取一部分水量作为锅炉的减温水（主要是再热器的减温水），这就是给水泵中间抽头的作用。

6-59　给水泵为什么设有滑销系统？其作用有哪些？

答：由于给水泵的工作温度较高，需考虑热胀冷缩的问题，因此设有滑销系统。滑销系统的作用是使泵组在膨胀和收缩过程中保持中心不变。

6-60　液力耦合器的主要构造是怎样的？

答：液力耦合器主要由泵轮、涡轮和转动外壳（又称旋转内套）组成。

它们形成了两个腔室：在泵轮与涡轮间的腔室（工作腔）中有工作油所形成的循环流动圆；另有由泵轮和涡轮的径向间隙流入涡轮与转动外壳腔室（副油腔）中的工作油。一般泵轮和涡轮内装有20～40片径向辐射形叶片，副油腔壁上也装有叶片或开有油孔、凹槽。

6-61 液力耦合器的泵轮和涡轮的作用是什么？

答：液力耦合器的泵轮是和电动机轴连接的主动轴上的工作轮，其作用是将输入的机械功转换为工作液体的动能，即相当于离心泵叶轮，故称为泵轮。涡轮的作用相当于水轮机的工作轮，它将工作液体的动能还原为机械功，并通过被动轴驱动负载。泵轮与涡轮具有相同的形状、相同的有效直径（循环圆的最大直径），只是轮内径向辐射形叶片数不相同，一般泵轮与涡轮的径向叶片数差1～4片，以避免引起共振。

6-62 液力耦合器中的工作油是如何传递动力的？

答：液力耦合器的泵轮与涡轮间的腔室中充有工作油，形成一个循环流道；在泵轮带动的转动外壳与涡轮间又形成一个油室。若主轴以一定转速旋转，循环圆（泵轮与涡轮在轴面上构成的两个碗状结构组成的腔室）中的工作液体由于泵轮叶片在旋转离心力的作用下，将工作油从靠近轴心处沿着径向流道向泵轮外周处外甩升压；在出口处，以径向相对速度与泵轮出口圆周速度组成合速，冲入涡轮外圆处的进口径向流道并沿着涡轮径向叶片组成的径向流道流向涡轮；在靠近从动轴心处，由于工作油动量矩的改变去推动涡轮旋转；在涡轮出口处，又以径向相对速度与涡轮出口圆周速度组成合速，冲入泵轮的进口径向流道，重新在泵轮中获取能量，泵轮转向与涡轮相同。如此周而复始，构成了工作油在泵轮和涡轮两者间的自然环流，从而传递了动力。

6-63 试述液力耦合器的调速原理。其调速的基本方法有哪几种？

答：在泵轮转速固定的情况下，工作油量越多，传递的动转矩也越大。反过来说，如果动转矩不变，那么工作油量越多，涡轮的转速也越大（因泵轮的转速是固定的），从而可以通过改变工作油油量的多少来调节涡轮的转速去适应泵的转速、流量、扬程及功率。通过充油量的调节，液力耦合器的调速范围可达0.200～0.975。

通过改变循环圆内充油量来达到液力耦合器调速的方法基本上有以下几种：

（1）调节循环圆的进油量。

（2）调节循环圆的出油量。

（3）调节循环圆的进出油量。

调节工作油的进油量是通过工作油泵和调节阀来进行的。调节工作油的出油量是通过旋转外壳里的勺管位移来实现的。但是采用前两种调节方法，在发电机组要求迅速增加负荷或迅速减负荷时，均不能满足要求。只有采用第三种方法，在改变工作油进油量的同时，移动勺管位置，调节工作油的出油量，才能使涡轮的转速迅速变化。

6-64　液力耦合器中产生轴向推力的原因有哪些？为什么要设置双向推力轴承？

答：液力耦合器中产生轴向推力的原因如下：

（1）由于工作轮受力面积不均衡，因此在此压力作用下必然会引起轴向作用力。

（2）液体在工作腔中流动时，要产生动压力，动压力的大小与旋转速度有关。

（3）由于泵轮和涡轮间存在滑差，因此在循环圆和转动外壳的腔内液体动压力值是有差异的，也会引起轴向作用力。

（4）工作腔内充液量的改变也会引起推力的变化，而液力耦合器在额定工作下工作时轴向力很小。

在液力耦合器稳定运行时，两个工作轮承受的推力大小相等、方向相反。工作过程中随负荷的变化，推力的大小和方向都可能发生变化，因此要设置双向推力轴承。

6-65　勺管是如何调节液力耦合器涡轮转速的？

答：用改变工作腔内充液量的方法来改变液力耦合器特性，获得不同的涡轮转速，调节工作机械的转速，常用的方法是在转动外壳与泵轮间的副油腔中，安置一个导流管，即勺管。勺管的管口迎着工作液的旋转方向。勺管由操纵机构控制，在副油腔中做径向移动。当勺管移到最大半径位置时，将不断地把工作腔中供入的油全部排出，液力耦合器处于脱离状态。当勺管处在最小半径位置时，液力耦合器则处于全充油工作状态，这样当勺管径向移动每一个位置，即可得到一个相应的不同充液度，从而达到调节液力耦合器涡轮转速的目的。

6-66　液力耦合器的涡轮转速为什么一定低于泵轮转速？

答：若液力耦合器涡轮的转速等于泵轮的转速，则泵轮出口处的工作油

的压力与涡轮进口处的油压相等，且它们的压力方向相反，相互顶住，工作油在循环圆内将不产生流动，涡轮就得不到力矩，当然就转不起来。因此，涡轮的转速永远只能低于泵轮的转速。只有当泵轮转速大于涡轮转速时，泵轮出口处的油压才大于涡轮进口处的油压，工作油在压力差作用下产生循环运动，于是涡轮被冲动旋转起来，就像交流异步电动机转子的转速，永远低于定子旋转磁场旋转速度。液力耦合器工作时，工作油在循环圆中循环流动。

6-67 液力耦合器装设易熔塞的作用是什么？

答：易熔塞是液力耦合器的一种保护装置。正常情况下，汽轮机油的工作温度不允许超过100℃，油温过高极易引起油质恶化。同时，液力耦合器工作条件恶化，联轴器工作极不稳定，从而造成液力耦合器损坏及轴承损坏事故。为防止工作油温过高而发生事故，在液力耦合器转动外壳上装有四只易熔塞，内装低熔点金属。当液力耦合器工作腔内油温升至一定温度时，易熔塞金属被软化后吹损，工作油从四只孔中排出，工作油泵输出的油通过控制阀进入工作腔，不断带走热量，使液力耦合器中油温不再继续上升，起到了保护作用。

6-68 液力耦合器的特点是什么？

答：液力耦合器的工作特点主要有以下几点：

（1）可实现无级变速。通过改变勺管位置来改变涡轮的转速，使泵的流量、扬程都得到改变，并使泵组在较高效率下运行。

（2）可满足锅炉点火工况要求。锅炉点火时要求给水流量很小，定速泵用节流降压来满足，调节阀前、后压差可达12MPa以上。利用液力耦合器，只需降低输出转速即可满足要求，既经济又安全。

（3）可空载启动且离合方便。使电动机不需要有较大的富余量，也使厂用母线减少启动时的受冲击时间。

（4）隔离振动。耦合器泵轮与涡轮间扭矩是通过液体传递的，是柔性连接。所以主动轴与从动轴产生的振动不可能相互传递。

（5）过载保护。耦合器是柔性传动，工作时有滑差，当从动轴上的阻力扭矩突然增加时，滑差增大，甚至制动，但此时原动机仍继续运转而不致受损。因此，液力耦合器可保护系统免受动力过载的冲击。

（6）无磨损，坚固耐用，安全可靠，寿命长。

液力耦合器的缺点：运转时有一定的功率损失；除本体外，还增加一套辅助设备，价格较贵。

6-69　液力耦合器调速给水泵主要从哪些方面获得经济性?

答: 液力耦合器调速给水泵可从如下方面获得经济性:

(1) 使用液力耦合器后，给水泵可在较小的转速比下启动，启动转矩较小，电动机的装置容量就不必过于富余，避免大马拉小车的现象。

(2) 正常运行中使用耦合器调节给水，与传统的节流调节相比，无节流损失。

(3) 虽然在低转速比时，液力耦合器有一定的功率损耗，但其最大损耗在转速比为 2/3 工况时，且功率损耗值不超过其传递功率的 15%。因此，在低负荷运行时，该泵组经济性更为明显。

(4) 减小给水对管路、阀门的冲刷作用，延长使用寿命。

6-70　为什么低负荷阶段液力耦合器传动效率下降仍可获得一定的经济性?

答: 液力耦合器的传动效率等于转速比，随着负荷的降低，转速比下降，液力耦合器的传动效率也下降。但是，传动效率下降并不意味着驱动功率损失增大。

根据液力耦合器的工作原理，驱动功率损失最大是在转速比为 2/3 时，其数值不超过额定功率的 25%。当转速比继续下降时，虽然液力耦合器的传动效率继续下降，但由于驱动功率同样在下降，驱动功率损失的数值却减小了。而对泵组来说，功率损失小意味着经济性就好。所以尽管该泵组在转速比很小的情况下，传动效率下降仍可获得一定的经济性。

另外，低转速下水泵内效率也会下降，但相对于节流调节时的损失，内效率下降数值同样是很小的。

6-71　采用调速给水泵有哪些优点?

答: 采用调速给水泵有如下优点:

(1) 锅炉给水泵系统简单。

(2) 操作方便，调节可靠，便于实现锅炉给水全程调节自动化。

(3) 效率高，减少节流损失。

(4) 降低给水管道阻力，提高机组给水管道、附件及高压加热器运行的可靠性。

(5) 适应于变动负荷，节省厂用电。

(6) 通过调速改变给水流量和压力，适应机组启停和负荷变化，便于滑压运行。

(7) 给水调节质量高，降低了给水调节阀前后压差，阀门使用寿命长。

6-72 循环水泵的作用是什么？

答：循环水泵的作用主要是向汽轮机的凝汽器提供冷却水，冷凝进入凝汽器内的汽轮机排汽。此外，它还向部分冷油器和发电机冷却器等提供冷却水。

6-73 目前在火力发电厂凝汽设备的供水系统中所用的循环水泵有哪几类？

答：目前在火力发电厂凝汽设备的供水系统中所用的循环水泵有以下几类：

（1）按工作原理的不同，有离心泵、混流泵和轴流泵三种类型。

（2）按布置方式的不同，有卧式泵和立式泵两种类型。

6-74 阀门总体上有哪几类？

答：阀门总体上有以下两大类：

（1）自动阀门。依靠介质本身状态而动作的阀门，如止回阀、减压阀、疏水阀等。

（2）驱动阀门。依靠人力、电力、液力和气力来驱动的阀门，如手动截止阀、电动闸阀等。

6-75 阀门的作用是什么？如何分类？

答：阀门是管道中一种部件的通称，这种部件用以控制流体的流量，降低流体压力或改变流体的流动方向。

阀门按用途分类如下：

（1）关断用阀门。这类阀门只用来截断或接通流体，如截止阀（球形阀）、闸阀及旋塞阀等。

（2）调节用阀门。这类阀门用来调节流体的流量或压力，如调节阀、减压阀和节流阀等。

（3）保护用阀门。这类阀门用来起某种保护作用，如安全阀、止回阀及快速关闭阀等。

阀门按流体压力分类如下：

（1）真空阀。工作压力低于大气压力。

（2）低压阀。公称压力小于或等于1.57MPa。

（3）中压阀。公称压力为2.45～6.27MPa。

（4）高压阀。公称压力大于9.8MPa。

6-76 阀门的型号如何表示？如何合理选用阀门？

答：阀门的型号一般由七个单元组成，其排列的顺序和表明的意义为：第一单元用汉语拼音表示阀门类别；第二单元用一位数字表示驱动方式；第三单元用一位数字表示连接形式；第四单元用数字表示结构形式；第五单元用汉语拼音字母表示密封面或衬里材料；第六单元用公称压力的数字直接表示并用短线与前五个单元分开；第七个单元用汉语拼音字母表示阀体材料。

选择管道上的阀门时，应按其用途、所在管道系统中的公称压力 PN 和公称直径 DN、流体种类、流体的工作参数（压力、温度）、流量等因素，并考虑安装、运行、维护和检修的方便及经济上的合理性。中低压管道上的阀门一般采用法兰连接，高压管道上的阀门应采用焊接方式连接；对于开启力很大的大直径阀门应装有一较小尺寸的旁路阀，开启时先开旁路阀，使大阀门两侧的压差减小之后，再开启大阀门。

6-77　简述闸阀的结构及各部件的作用。

答：闸阀由阀体、阀杆、闸板和传动部分等主要部件组成。

闸阀各部件的作用如下：

（1）阀体。闸阀的主体，是安装阀盖、安放阀座、连接管道的重要零件。

（2）阀盖。它与阀体形成耐压空腔，上面有填料函（箱），它还与支架和压盖相连接。

（3）支架。支撑阀杆和传动装置的零件。有的支架与阀盖成一整体，有的无支架。

（4）阀杆。它与阀杆螺母或传动装置直接相接，其中间与填料形成密封副，能传递扭力，起着开闭闸板的作用。阀杆分明杆和暗杆两类。

（5）阀杆螺母。它与阀杆成螺纹副，也是传递扭力的零件。

（6）手轮。它是传动装置中的一种形式。传动装置是直接把电力、气力、液力和人力传给阀杆的一种构件。

（7）填料。在填料函内通过压盖能够在阀盖和阀杆间起密封作用的材料。

（8）填料压盖。通过压盖螺栓或压套螺母，能够压紧填料的一种零件。

（9）垫片。在静密封面上能起密封作用的材料。

（10）阀座。用镶嵌等工艺将密封圈固定在阀体上，与闸板形成密封副的零件。有的密封圈是用堆焊或用阀体本体直接加工出来的。

（11）闸板。它的两侧具有两个密封面，能开启和关闭闸阀通道的零件，也称为关闭件。它可分为楔式和平行式、单闸板和双闸板。

6-78 阀体和阀盖的连接方式有哪几种?

答: 阀体和阀盖的连接方式有四种:螺纹连接、法兰连接、夹箍连接和内压自紧密封连接。

6-79 阀杆与阀杆螺母的作用是什么?它们之间有几种连接方式?

答: 阀杆与阀杆螺母是用来开启或者关闭阀门的。

它们之间的连接方式可按阀杆的运动方式分为以下三类:

(1) 阀杆运动时既有旋转运动又有往复动作。

(2) 阀杆运动时只有往复运动而无旋转。

(3) 阀杆运动时只旋转而无往复运动。

6-80 阀门的密封面有几种形式?

答: 阀门的密封面有平面密封、锥面密封、球面密封和刀形密封等形式。

6-81 阀门填料密封结构有何作用?由哪几种部件组成?有几种形式?

答: 阀门填料密封是用以防止介质通过阀杆与阀盖之间的间隙渗漏出来的结构,填料密封结构又称填料函,一般是由填料压盖、填料和填料垫等零件组成的。填料密封常有压紧螺母式、压盖式和波纹管式等形式。

6-82 阀门关闭件与密封面的关系如何?

答: 阀门关闭件包括阀瓣(截止阀的)与闸板(闸阀)两种。关闭件的一端与阀杆相连且随阀杆运动,另一端与阀座组成密封面。密封面的结构是阀门工作可靠性的关键。阀门的严密性是依靠关闭件与阀座上经过精密加工研磨的两个密封面的紧密接触来保证的。

6-83 截止阀有何优缺点?

答: 截止阀的密封面较小,研磨较容易,运行、检修都较方便,但水阻力较大,因此只用在管道直径小于100mm的高压管道上。对截止阀的要求是,具有高度的严密性,工作可靠,对阻力大小的要求不高。

6-84 闸阀有什么用途和特点?

答: 闸阀一般应用于口径为DN15~1800mm的管道和设备上,它的用量在各类阀门中首屈一指。闸阀主要作切断用,不允许作节流用。

闸阀具有很多优点:密封性能好,流体阻力小,开闭较省力,全开时密封面受介质冲蚀的作用小,不受介质流向的限制,适用范围广。

闸阀的缺点:外形尺寸高,开启需要一定的空间,开、闭时间长,开、闭时密封面容易冲蚀和擦伤，两个密封面给加工和维修带来了困难。

6-85 为什么闸阀不宜节流运行？

答：在主蒸汽和主给水管道上，要求流动阻力尽量减小，因此往往采用闸阀。闸阀结构简单，流动阻力小，开启、关闭灵活。因其密封面易于磨损，一般应处于全开或全闭位置。若闸阀节流运行，被节流流体将加剧对其密封接合面的冲刷磨损，致使阀门泄漏、关闭不严。

6-86 止回阀的作用是什么？简述液压止回阀的结构。

答：止回阀的作用是防止管道中的流体倒流，又称单向阀。在运行中它能自动启闭，即流体顺流时开启，倒流时关闭。止回阀有升降式（又分为立式和水平式）和旋启式（又分单芯和多芯）两种，主要由阀体、阀盖、阀芯和衬套等组成。

6-87 安全阀有什么用途？重锤式安全阀的动作原理是怎样的？

答：安全阀是一种保证设备安全的阀门，用在锅炉、容器及管道上。当流体压力超过规定的数值时，安全阀自动开启，排掉过剩流体；当流体压力降到规定数值时，安全阀又自动关闭。常用的安全阀有重锤式、弹簧式。

重锤式安全阀的动作原理：当管道或容器内的压力在最大允许压力以下时，流体压力作用在阀芯上的力小于重锤通过杠杆施加在阀芯上的作用力，安全阀关闭；一旦流体超过规定压力时，流体作用在阀芯上的向上作用力增加，阀芯被顶开，流体溢出；待流体压力下降后，弹簧又压住阀芯迫使它关闭。

6-88 弹簧式安全阀有何优缺点？

答：这种安全阀的结构复杂，其缺点是易泄漏，优点是结构尺寸较小。

6-89 简述弹簧式安全阀的工作原理。

答：弹簧式安全阀常用于大型锅炉的吹灰系统、压缩空气系统等低压系统中。安全阀的阀瓣上面受到弹簧的作用力，下面受到工质的作用力。正常状态下，由于弹簧力大于蒸汽压力，阀瓣紧压阀座保持严密关闭状态。当蒸汽压力达到安全阀开启压力时，工质压力超过弹簧作用力，使阀瓣打开。通过调整螺栓来调节弹簧紧力，可以整定启动压力值。

6-90 简述脉冲式安全阀的工作原理。

答：这种安全阀由主阀和副阀组成，其工作原理是用副阀控制主阀。在正常情况下，主阀被高压蒸汽压紧，严密关闭。当压力达到安全阀起座规定

值时，副阀先打开，蒸汽引入主阀活塞上面，由于活塞受压面积大于阀瓣受压面积，可以同时克服蒸汽和弹簧的作用力，将主阀打开。压力降到一定数值时，副阀关闭，活塞上的汽源中断，因此在蒸汽压力和弹簧力的作用下主阀自动关闭。副阀可以用小直径的重锤式或弹簧式安全阀，也可以用压力继电器和电磁线圈组成电气自动起座、回座系统。

6-91 液控式安全阀有何特点和作用？

答：它是一种液压系统控制的安全阀，其特点是动作可靠、排汽量大。该阀正常运行时既可以作为安全阀用，启动过程中又可控制升温升压用，投入自动状态还能控制再热器出口蒸汽压力增长速度。

6-92 液控式安全阀的工作原理是什么？

答：阀杆下部为阀瓣，中部带有位置指示器并通过一联轴器与上部液压缸的活塞杠连接。安全阀在关闭状态时，活塞上部的油路关闭，由于液体的不可压缩性，不管阀瓣上承受多大压力，阀门始终是关闭的。如果汽压（再热器出口）升高达到安全阀动作压力，则控制回路开启液压缸的安全旁路阀，使液压缸上下油室连通，这时安全阀在蒸汽压力的作用下开到最大位置，压力恢复正常时自动关闭。

6-93 液控式安全阀的控制系统是由什么组成的？各自的功能如何？

答：液控式安全阀的控制系统是由执行器（或称液压缸）、供油系统、分级控制系统和安全旁路系统组成。各自的功能如下：

（1）执行器是一个往复式液压缸，活塞杆与安全阀阀杆连在一起，活塞杆动作带动阀杆动作实现安全阀的开启与关闭。

（2）供油系统包括柱塞油泵、滤油器、蓄能器、泵出口溢流阀及油压控制装置。柱塞油泵的作用是向液压系统提供压力油，蓄能器的作用有两个：一个是储存压力能，即将油泵提供的能量储备起来；另一个是缓冲油泵出口压力急剧变化，增加系统弹性。柱塞油泵的启停受蓄能器中压力控制：当蓄能器中压力低于某一定值时，泵启动，向蓄能器充油升压；当蓄能器中压力高达某一定值时，泵停止运行，这个过程由油压继电器来控制。泵出口溢流阀用于防止泵出口超压。滤油器用于防止杂质进入系统。

（3）分级控制系统由三位四通阀、可控止回阀和双节流止回阀组成，主要接受主控制室的开启与关闭安全阀的信号而通过压力油使安全阀动作。

（4）安全旁路系统主要是来保证安全阀能够可靠地动作。

6-94 什么是调节阀？

答：调节阀是用来调节流体流量的阀门。调节阀的阀门开度与流量有一定的关系，开度越大，流通量就越大。性能好的阀门开度与流量成正比关系。

6-95 常用的调节阀分为几种？

答：常用的调节阀有一般调节阀和窗形调节阀两种。

6-96 什么是窗形调节阀？

答：窗形调节阀常用作给水调节阀。这种调节阀的阀瓣和阀座都是圆筒形，在圆筒上各开一个小窗。当小窗重合时，调节阀的开度为最大，两个小窗错开得越多，开度越小，完全错开时开度为零。调节是由调节柄带动阀杆旋转来实现的，而调节柄又由执行器带动。

6-97 什么是一般调节阀？

答：这种调节阀的阀瓣与阀座的结构类似于截止阀，阀门开度的大小取决于阀杆的垂直位移量。

6-98 减压阀的作用是什么？

答：减压阀的作用是降低介质的压力。

6-99 电动阀门一般有哪些保护？

答：电动阀门一般具备行程中断、力矩中断两种保护。

对于预先调节好的电动阀门，电动开启或关闭时，行程达到整定值，行程中断保护动作电动头失电。若行程中断保护未动作或动作不符合要求，阀门启闭力矩达到额定值，力矩中断保护动作，强行使电动阀门断电。

6-100 发电厂热力系统管道设计应符合哪些基本要求？

答：发电厂热力系统管道设计应符合如下基本要求：

（1）管道系统应简单、清楚、操作方便。

（2）管道附件应尽量少，管道走向合理，以减少流动阻力。

（3）选用的管道材料应合理，投资少，成本低。

6-101 管道附件有哪些？如何确定管道的连接方式？

答：管道附件包括阀门和管件。管件是指管道连接时所配用的部件及管道支吊架和补偿器等，包括法兰、法兰盘、螺栓、螺母、垫圈、垫片，以及弯头、三通和大小头等。按材料的可焊性能不同和设备结构特点，对于焊接后能保证质量的管子，应尽量采用焊接方式连接。

高压及超高压管道及其附件，应当采用焊接方式连接，以避免连接处泄漏，增加运行的可靠性。对于有法兰设备及需拆卸的管道连接，可用法兰盘连接的方式。

6-102 为什么管道布置时要考虑温度补偿?

答: 发电厂中的热力管道在受热时，要膨胀伸长。如果钢管的平均线膨胀系数为 12×10^{-6} mm/℃，那么每米管子温升为 100℃，热膨胀后将伸长 1.2mm；若温升为 500℃，每米管子的伸长就有 6mm 之多。由此可见，在常温下安装的管道，必须考虑管道工作时受热膨胀的问题，否则管道内部将发生过大的热应力，致使管道变形甚至破裂、损坏。为此，在布置管道时均采取一定的方法给以温度补偿。

6-103 管道支吊架的作用是什么?

答: 管道支吊架的作用是固定管子，并承受管道本身及管道内流体的重量和保温材料的重量。此外，支吊架还应满足管道热补偿和位移的要求以及减小管道的振动。

6-104 管道支吊架的形式有哪几种?

答: 管道支吊架的形式有如下几种：

(1) 固定支架。整个支架固定在建筑物的托架上，因而它能使管道支撑点不发生任何位移和转动。

(2) 活动支架。这种支架除承受管道重量外，还限制管道的位移方向，即当管道温度变化时，使其按规定方向移动。

(3) 管道吊架。吊架有普通吊架和弹簧吊架两种形式。普通吊架可保证管道在悬吊点所在平面内自由移动；弹簧吊架可保证悬吊点在空间任意方向移动。

6-105 管道为什么要进行保温? 对保温材料有哪些要求?

答: 当热的流体流过管道时，管道表面将向周围空间散热形成热损失，这不仅使经济性降低，而且使工作环境恶化，容易烫伤人体，因此温度高的管道必须保温。

对保温材料的要求有以下几点：

(1) 热导率及密度小，且具有一定的强度。

(2) 耐高温，即高温下不容易变质和燃烧。

(3) 高温下性能稳定，对被保温的金属没有腐蚀作用。

(4) 价格低，施工方便。

6-106　常用的管道保温材料有哪些？

答：常用的管道保温材料有如下几种：

（1）珍珠岩制品。珍珠岩制品主要有水玻璃珍珠岩、水泥珍珠岩及磷酸盐珍珠岩等。

（2）水泥蛭石制品。

（3）超细玻璃棉制品。

（4）硅藻土制品。

（5）石棉制品。

（6）保护层材料。

6-107　汽缸保温应满足哪些要求？

答：汽缸保温应满足以下两点要求：

（1）当周围空气温度为25℃时，保温层表面的最高温度不得超过50℃。

（2）在任何工况下，汽轮机调节级上下缸之间的温差不应超过50℃。

6-108　常用填料的种类有哪些？

答：常用填料的种类如下：

（1）油浸石棉盘根。用于水、蒸汽、空气、石油产品。

（2）橡胶石棉盘根。用于蒸汽、石油产品。

（3）石墨石棉绳。用于高压蒸汽。

（4）聚四氟乙烯。用于防腐填料。

6-109　设备和管道法兰常用的垫料种类有哪些？

答：设备和管道法兰常用的垫料种类如下：

（1）橡胶石棉板。用于水蒸气、空气。

（2）耐油橡胶石棉板。用于油品。

（3）硬纸板。用于油类。

（4）铜。用于水蒸气、空气。

（5）铅。用于水蒸气、空气。

（6）钢。用于水蒸气、油品。

（7）Cr18Nig。用于水蒸气。

6-110　除氧器的作用是什么？

答：除氧器的主要作用就是除去锅炉给水中的氧气及其他气体，保证给水的品质。同时，除氧器本身又是给水回热加热系统中的一个混合式加热器，起了加热给水、提高给水温度的作用。

6-111 除氧器按压力等级和结构分为哪些种类?

答：根据除氧器中的压力不同，除氧器可分为真空除氧器、大气式除氧器、高压除氧器三种。根据水在除氧器中散布的形式不同，除氧器又分为淋水盘式、喷雾式和喷雾填料式三种结构形式。

6-112 除氧器的工作原理是什么?

答：水中溶解气体量的多少与气体的种类、水的温度及各种气体在水面上的分压力有关。除氧器的工作原理：把压力稳定的蒸汽通入除氧器加热给水，在加热过程中，水面上水蒸气的分压力逐渐增加，而其他气体的分压力逐渐降低，水中的气体就不断地分离析出。当水被加热到除氧器压力下饱和温度时，水面上的空间全部被水蒸气充满，各种气体的分压力趋于零，此时水中的氧气及其他气体即被除去。

6-113 除氧器加热除氧有哪些必要的条件?

答：除氧器加热除氧的必要条件如下：

（1）必须把给水加热到除氧器压力对应的饱和温度。

（2）必须及时排走水中分离逸出的气体。

第一个条件不具备时，气体不能全部从水中分离出来；第二个条件不具备时，已分离出来的气体又会重新回到水中。

还需指出的是：气体从水中分离逸出的过程，并不是瞬间能够完成的，需要一定的持续时间气体才能分离出来。

6-114 大机组采用高压除氧器有什么优缺点?

答：国产100、125、200、300MW等大机组都采用高压除氧器，高压除氧器与大气式除氧器相比具有下述优点：

（1）当高压加热器故障停运时，进入锅炉的给水温度仍可保持150～160℃，有利于锅炉的正常运行。

（2）可以减少一级价格昂贵而运行不十分可靠的高压加热器。

（3）有利于回收利用加热器疏水的热量。同时在凝结水量很少时，仍能保持有加热蒸汽进入除氧器，使除氧器工作稳定。

大机组采用高压除氧器的缺点：配套的给水泵处于高温高压条件下运行，设备投资费用高，运行时给水泵耗用厂用电较多。同时，这种除氧器必须设置在水泵上方较高的标高层（17～18m），以避免运行中给水泵发生汽蚀和给水管道内发生水冲击。

6-115 淋水盘式除氧器的结构和工作过程是什么?

答：淋水盘式除氧器主要由除氧塔和下部的储水箱组成。在除氧塔中装有筛状多孔的淋水盘，从凝结水泵来的凝结水及其他疏水或化学补充水，分别由上部管道进入除氧塔，经筛状多孔圆形淋水盘分散成细小的水滴落下。加热蒸汽经过压力调整器进入除氧塔下部并由下向上流动，与下落的细小水滴接触换热，把水加热到饱和温度，水中的气体不断分离逸出并由塔顶的排气管排走，凝结水则流至下部的储水箱中。除氧器排出的气、汽混合物经过余汽冷却器，回收余汽中工质和一部分热量后排入大气。

淋水盘式除氧器外形尺寸大，检修困难，制造加工工作量大，而且除氧效果差，出力往往达不到铭牌规定，老机组多采用淋水盘式除氧器，现在已很少采用。

6-116 喷雾式除氧器有哪些特点？

答：喷雾式除氧器依靠凝结水泵的压力，用喷嘴将凝结水雾化，使凝结水同加热蒸汽接触面大大增加。这种除氧器对进水温度无特殊要求，温度很低的水在其中可以立即加热至除氧器压力下的饱和温度，因此，当低负荷或低压加热器事故停运时，除氧效果几乎不受影响。

在除氧过程中，大部分溶解于水中的氧气以小气泡形式逸出，残留氧要靠扩散来消除。在喷雾过程中，水滴被击成雾状，对除去大量的小气泡是极为有利的。但雾化时水滴直径变小，表面张力增大，这对残留氧气的扩散是不利的。因此，单用喷雾式结构，往往还不能获得满意的除氧效果，这种除氧器出水的含氧量为0.05～0.10mg/L。

6-117 喷雾填料式除氧器的工作原理和特点是什么？

答：目前，大机组采用的喷雾填料式除氧器既保持了喷雾式除氧器的优点，又增设了填料层弥补其不足，因而是一种除氧效果比较理想的除氧器。

喷雾填料式除氧器的凝结水经喷嘴雾状喷出，加热蒸汽对雾状水珠进行第一次加热，使80%～90%的溶解氧逸出，经第一次加热的凝结水流入填料层，在填料层形成水膜，减小了水的表面张力；第二次加热的蒸汽进入除氧器下部向上流动，对填料层上的水膜再次加热，除去残留水中的气体，分离出的气体和少量蒸汽由塔顶的排气管排出。

实际上，喷雾填料式除氧器是对水进行了两次加热除氧，因而除氧效果好，出水含氧量可小于0.007mg/L。此外，该除氧器还有低负荷适应性较好、出力大的优点。

6-118 大气式除氧器为什么设置水封筒？

答：大气式除氧器设置水封筒的目的如下：

(1) 除氧器水箱满水时，可经水封筒溢流掉多余的水，保证除氧器不发生满水倒流入其他设备的事故。

(2) 当除氧器超过正常工作压力时，水封筒动作，先将存水压走，然后把蒸汽排出，这样就起到了防止除氧器超压的作用。

6-119 什么是双塔式除氧器？

答：一般的除氧器只有一个除氧塔装在水箱上，而国产 300MW 汽轮机有两台 535t/h 的喷雾填料式除氧器装在容积为 200m^3 的水箱上，因有两个除氧塔，所以也称双塔式除氧器。

6-120 除氧器的标高对给水泵运行有何影响？

答：因除氧器水箱的水温相当于除氧器压力下的饱和温度，如果除氧器安装高度和给水泵相同，给水泵进口处压力稍有降低，水就会汽化，在给水泵进口处产生汽蚀，造成给水泵损坏的严重事故。为了防止汽蚀产生，不使给水泵进口压力降低至除氧器压力，因此就将除氧器安装在一定高度处，利用水柱的高度来克服进口管的阻力和给水泵进口可产生的负压，使给水泵进口压力大于除氧器的工作压力，防止给水的汽化。一般还要考虑除氧器压力突然下降时给水泵运行的可靠性，所以，除氧器安装标高还要留有安全余量。

6-121 除氧器水箱的作用是什么？

答：除氧器水箱的作用是储存给水，平衡给水泵向锅炉的供水量与凝结水泵送进除氧器水量的差额。也就是说，当凝结水量与给水量不一致时，可以通过除氧器水箱的水位高低变化调节，满足锅炉给水量的需要。

6-122 对除氧器水箱的容积有什么要求？

答：除氧器水箱的容积一般考虑满足锅炉额定负荷下 20min 用水量的要求。当汽轮机甩全负荷时，除氧器停止进水，锅炉打开向空排汽阀，除氧器水箱尚可维持一段时间，给水泵可继续向锅炉供水。除氧器水箱有效容积：100MW 机组为 100m^3，125MW 机组为 150m^3，200MW 机组为 180m^3，300MW 机组为 200m^3。

为充分发挥除氧器水箱有效容积的作用，运行中，在正常范围内水位应尽量维持在较高位。

6-123 除氧器上各汽水管道应如何合理排列？

答：一般除氧器汽水管道排列的原则：进水应在除氧器上部，因其温度低，蒸汽管道放在除氧器的下部，这样使汽水形成良好的对流加热条件。

喷雾填料式除氧器为了防止二次蒸汽对雾状水滴加热不足，另设一路蒸汽通过旁路蒸汽管道进入除氧塔头部喷水热交换区，使水滴能够获得更大的热量，以加速水中气体的逸出。

6-124　除氧器再沸腾管的作用是什么？

答：除氧器加热蒸汽有一路引入水箱的底部或下部（正常水面以下），作为给水再沸腾用。除氧器装设再沸腾管有以下两点作用：

（1）有利于机组启动前对水箱中给水的加温及备用水箱维持水温。因为这时水并未循环流动，如加热蒸汽只在水面上加热，压力升高较快，但水不易得到加热。

（2）正常运行中使用再沸腾管对提高除氧效果有益处。开启再沸腾阀，使水箱内的水经常处于沸腾状态，同时水箱液面上的汽化蒸汽还可以把除氧水与水中分离出来的气体隔绝，从而保证了除氧效果。

使用再沸腾管的缺点：汽水加热沸腾时噪声较大，且该路蒸汽一般不经过自动加汽调节阀，操作调整不方便。

6-125　除氧器发生“自沸腾”现象有什么危害？

答：除氧器发生“自沸腾”现象有如下危害：

（1）除氧器发生“自沸腾”现象，使除氧器内压力超过正常工作压力，严重时发生除氧器超压事故。

（2）原设计的除氧器内部汽水逆向流动受到破坏，除氧塔底部形成蒸汽层，使分离出来的气体难以逸出，因而除氧效果恶化。

6-126　除氧器加热蒸汽的汽源是如何确定的？

答：大气式除氧器的加热蒸汽汽源可选择汽轮机 0.049～0.147MPa 的抽汽。高压除氧器用汽应选择相应压力的抽汽。为保证除氧器压力在汽轮机低负荷时不致降低，设置了能切换至较高抽汽压力的切换阀。当几台机组并列运行时，可设置用汽母管作为备用汽源。

6-127　除氧器为什么要装溢流装置？

答：除氧器安装溢流装置的目的是防止在运行中大量水突然进入除氧器或监视调整不及时造成除氧器满水事故。安装溢流装置后，如果满水，水会从溢流装置排走，避免了除氧器运行失常而危及设备安全。

大气式除氧器的溢流装置一般为水封筒，高压除氧器装设高水位自动放水阀。

6-128 并列运行的除氧器设置汽、水平衡管的目的是什么？

答：并列运行的除氧器必须设置汽、水平衡管，目的是使并列运行的除氧器的压力、水位一致，除氧器能稳定地运行。

6-129 除氧器滑压运行有哪些优点？

答：除氧器滑压运行最主要的优点是提高了运行的经济性。这是因为避免了抽汽的节流损失；低负荷时不必切换压力高一级的抽汽，节省投资；同时可使汽轮机抽汽点得到合理分配，使除氧器真正作为一级加热器用，起到加热和除氧两个作用，提高机组的热经济性。另外，还可避免出现除氧器超压。

6-130 加热器有哪些种类？

答：加热器按换热方式不同可分为表面式加热器和混合式加热器两种；按装置方式可分为立式加热器和卧式加热器两种；按水压可分为低压加热器和高压加热器两种。位于凝汽器和除氧器之间的主凝结水管道上的回热加热器，由于水侧主凝结水压力较低，因此称为低压加热器。加热给水泵出口后给水的加热器称为高压加热器。

6-131 什么是表面式加热器？表面式加热器有什么优缺点？

答：加热蒸汽和被加热的给水不直接接触，其换热通过壁面进行的加热器称为表面式加热器。在这种加热器中，由于金属的传热阻力，被加热的给水不可能达到蒸汽压力下的饱和温度，因此其热经济性比混合式加热器的低。表面式加热器的优点是由它组成的回热系统简单，运行方便，监视工作量小。因此，表面式加热器被电厂普遍采用。

6-132 什么是混合式加热器？混合式加热器有什么优缺点？

答：加热蒸汽和被加热的水直接混合的加热器称为混合式加热器，其优点是传热效果好，水的温度可达到加热蒸汽压力下的饱和温度（端差为零），且结构简单、造价低廉；缺点是每台加热器后均需设置给水泵，使厂用电消耗大、系统复杂。因此，混合式加热器主要作除氧器使用。

6-133 管板—U 形管式加热器的结构是什么？

答：表面式加热器常见的是管板—U 形管式，其结构如下：

由黄铜管或钢管组成的 U 形管束放在圆筒形的加热器外壳内，并以专门的骨架固定。管子胀（或焊）接在管板上，管板上部为水室端盖。端盖、管板与加热器外壳用法兰连接。被加热的水经连接短管进入水室一侧，经U形管束之后，从水室另一侧的管口流出。加热蒸汽从外壳上部管口进入加热器的汽侧。借导流板的作用，汽流曲折流动，与管子的外壁接触凝结放热加热管内的给水。为防止蒸汽进入加热器时冲刷损坏管束，在其进口处设置有护板。加热蒸汽的凝结水（疏水）汇集于加热器的底部，采用疏水器及时排出这些凝结水。外壳上还装有水位计来监视疏水水位。管板与管束连为一体，便于检修和清洗。此外，在外壳和水室盖上安装必要的法兰短管用来安装压力表、温度计、排气阀、疏水自动装置等。

6-134 联箱—螺旋管式表面加热器的结构原理是什么？

答：联箱—螺旋管（也称盘香管）式表面加热器，受热面由四组对称布置的螺旋管组组成，每组螺旋管又被联箱（集水管）内隔板隔为三层。给水流程为：进水总管→进水下联箱→下层螺旋管→出水下联箱→中层螺旋管→进水上联箱→上层螺旋管→出水上联箱→出水总管。

加热蒸汽由加热器中部的连接管送入，先在外壳内上升，而后顺着一系列水平的导流板曲折向下流动，冲刷螺旋管的外表面，加热管内的给水。

6-135 管板—U形管式高压加热器与联箱—螺旋管式高压加热器各有什么优缺点？

答：管板—U形管式高压加热器的优点：结构简单，焊口少，金属消耗量少；缺点：加工技术要求高，制造难度大，运行中容易损坏。

联箱—螺旋管式高压加热器的优点：螺旋管容易更换，不存在管板与薄壁管子连接严密性差的问题，运行可靠；缺点：体积大，金属消耗量多，管壁厚，水流阻力大，因而传热效率较低，且管子损坏后堵管困难，检修劳动强度大。因此，联箱—螺旋管式高压加热器现在采用较少。

6-136 加热器疏水装置的作用是什么？加热器疏水装置有哪几种形式？

答：加热器加热蒸汽放出热量后凝结成的水称为加热器的疏水。加热器疏水装置的作用：可靠地将加热器内的疏水排出，同时防止蒸汽随之漏出。加热器疏水装置的形式通常有疏水器和多级水封两种。常用的疏水器有浮子式疏水器和疏水调节阀两种。

6-137 简述浮子式疏水器的结构和工作原理。

答：浮子式疏水器多用于低压加热器，其结构由浮子、浮子滑阀及它们之间的连杆组成。

浮子式疏水器的工作原理：当加热器内的水位升高时，浮子随之升高，经杠杆、连杆和滑阀杆的传动使滑阀上移，开启疏水阀排出疏水；当水位降低时，浮子随之降低，滑阀重又下移关闭疏水阀，疏水不再继续流出。

6-138 低压加热器外置浮子式疏水器是如何连接的?

答：低压加热器外置浮子式疏水器通常的连接方式为：浮子室接有与加热器相连的汽、水平衡管，使浮子根据加热器的水位变化而动作；滑阀控制部位与疏水进、出口相连。此外，为防止疏水器浮子及滑阀卡涩失灵，还接有旁路管，打开旁路阀后可不经过疏水器直接进行疏水。

6-139 疏水调节阀的调节原理是什么?

答：疏水调节阀常用于高压加热器的疏水。疏水调节阀内部机械部分为一滑阀，外部为电动执行机构。疏水调节阀的调节原理：当高压加热器内水位变化时，装在加热器上的控制水位计发出水位变化信号，经过电子控制系统的动作，最后由电动执行机构操纵疏水调节阀的摇杆动作。摇杆动作时，心轴、杠杆转动，带动阀杆、滑阀移动，改变疏水流量，使高压加热器保持一定水位。

6-140 多级水封的疏水原理是什么?

答：多级水封的疏水原理：疏水采用逐级溢流，而加热器内的蒸汽被多级水封内的水柱封住不能外泄。

水封的水柱高度取决于加热器内的压力与外界压力之差（p_1-p_2）。如果水封管数目为 n，则水封的压力为 $nh\rho g$，因此，当每级水封管高度 h 确定后，则多级水封的级数 n 可按式（6-1）确定，即

$$n=\frac{p_1-p_2}{h\rho g} \tag{6-1}$$

式中 p_1——加热器内的压力，kPa；

p_2——外界压力，kPa；

h——每级水封管高度，m；

ρ——水的密度，kg/m^3。

6-141 使用多级水封管作为加热器疏水装置有什么优缺点?

答：使用多级水封管作为加热器疏水装置的优点：没有机械传动，因而无磨损、卡涩；没有电气元件，因而不需调试，不耗电；结构简单，维护方便。

它的缺点：停机后水封管内有残留积水，易造成金属锈蚀，因而影响再次启动时凝结水质量；占地面积大，需挖深坑放置水封以及仅能在加热器间

压力差不大的情况下使用。

6-142 轴封加热器的作用是什么？

答： 轴封加热器（也称轴封冷却器）的作用：用以加热凝结水，回收轴封漏汽，从而减少轴封漏汽及热量损失，并改善车间的环境条件。随轴封漏汽进入的空气，常用连通管引到射水抽气器扩压管处，靠后者的负压来抽除，或设置专门的轴抽风机，从而确保轴封加热器的微真空状态。这样，各轴封的第一腔室也保持微真空，轴封汽不会外泄。

6-143 什么是表面式加热器的蒸汽冷却段？

答： 表面式加热器的蒸汽冷却器可单独设置（外置式）或直接装在加热器内部（内置式），内置式的蒸汽冷却器称为蒸汽冷却段。究竟是外置还是内置，这要根据抽汽参数、蒸汽过热度的大小及给水加热温度等情况，经技术经济比较后确定。

6-144 什么是疏水冷却器？采用疏水冷却器有什么好处？

答： 疏水自流入下一级加热器之前，先经过换热器，用主凝结水将疏水适当冷却后再进入下一级加热器，这个换热器就是疏水冷却器。

一般来说，疏水是对应抽汽压力下的饱和水，疏水自流入邻近较低压力的加热器中，会造成对低压抽汽的排挤，降低热经济性。而采用疏水冷却器后，减少了排挤低压抽汽所产生的损失，能提高热经济性。

疏水冷却器也分外部单独设置和设在加热器内部两种，设在加热器内部的疏水冷却器称疏水冷却段。

300MW 汽轮机的三台高压加热器均设有疏水冷却段。

6-145 大机组加热器设置蒸汽冷却器的目的是什么？

答： 大机组加热器设置蒸汽冷却器的目的：为了在结构上弥补表面式加热器由于端差的存在而影响热经济性。将加热器出水的全部或一部分引入蒸汽冷却器，让该加热器的抽汽先经过这一设备再进入加热器本身，这样就可以充分利用抽汽的过热度使出水温度接近或等于，甚至超过该级抽汽压力下的饱和温度，提高热经济性。在这个换热器中蒸汽并不凝结，只是以降低其过热度来放出一定的热量，用以加热给水。

由于抽汽的过热度不会很大，并且过热蒸汽的传热效果较差，因此一般只应用于过热度较大、对经济性要求较高、经技术经济比较认为是合理的地方。

300MW 机组经技术比较后，确定 3 号高压加热器设外置式蒸汽冷却器，

1、2 号高压加热器和 4 号低压加热器内部设蒸汽冷却段。

6-146　低压加热器凝结水旁路阀的作用是什么?

答：低压加热器应设置主凝结水的旁路阀，其作用是当加热器发生故障或某一台加热器停用时，不致中断主凝结水。

6-147　高、低压加热器汽侧为什么安装排空气阀?

答：因为高、低压加热器蒸汽侧在停运期间或运行过程中都容易积聚大量的空气，这些空气在铜管或钢管的表面形成空气膜，使热阻增大，严重地影响加热器的传热效果，从而降低了换热效率，因此，必须装空气管连续或定时排走这部分空气，由高压加热器引到除氧器，可以回收部分热量。低压加热器空气管接到凝汽器，利用真空将低压加热器内积存的空气吸入凝汽器，最后经抽气器抽出。

6-148　高压加热器水侧为什么装有放空气阀?

答：高压加热器水侧如果不装空气阀，水侧隔离时将无法泄压，投用时高压加热器内部的空气排不出去，这样会引起给水管道剧烈振动，严重时会造成锅炉断水。所以，高压加热器水侧一定要装放空气阀。

6-149　高压加热器为什么要装设注水阀?

答：高压加热器装设注水阀的原因如下：

(1) 便于检查水侧是否泄漏。

(2) 便于打开进水阀。

(3) 为了预热钢管减少热冲击。

6-150　高压加热器水室人孔门自密封装置的结构是什么？有什么优点?

答：125MW 和 300MW 机组的高压加热器水室人孔门均采用自密封装置代替了法兰连接装置。自密封装置由密封座、密封环、均压四合圈等组成。

水室顶部有压板，通过双头螺栓与密封座相接。当装在双头螺栓压板一端的转动球面螺母时，就使密封座移动，密封座又通过密封环、垫圈压住嵌在水室槽内的均压四合圈上，这就起了初步的密封作用。当加热器投入运行，水室中充高压水后，密封座就自内向外紧紧压在均压四合圈上，完全达到了自密封的效果。压力越高，密封性能越好。

均压四合圈是由四块组成的一圆环装置。安装时先将均压四合圈分四块放入水室槽内，然后中间再装止脱箍，以防止四合圈的脱落。

自密封装置的优点：不仅可靠地解决了法兰连接容易引起的泄漏问题，而且使水室拆装简化，免去了紧松法兰螺栓的繁重劳动。

6-151 高压加热器为什么要设置水侧保护装置？

答：当高压加热器发生故障时，为了不中断锅炉给水或防止高压水由抽汽管倒流入汽轮机，造成严重的水击事故，应在高压加热器上设置自动旁路保护装置。当高压加热器发生内部故障或管子破裂时，该保护装置能迅速切断进入加热器管束的给水，同时又能保证向锅炉供水。

6-152 高压加热器一般有哪些保护装置？

答：高压加热器的保护装置一般有水位高报警信号，危急疏水阀，给水自动旁路，进汽阀、抽汽止回阀联动关闭，汽侧安全阀等。

6-153 什么是高压加热器给水自动旁路？

答：在高压加热器内部钢管破裂，水位迅速升高到某一数值时，高压加热器进、出水阀迅速关闭，切断高压加热器进水，同时让给水经旁路直接送往锅炉。这就是高压加热器给水自动旁路。对于大机组，这是一个十分重要的保护。

6-154 对凝汽器有什么要求？

答：对凝汽器的要求如下：

(1) 有较高的传热系数和合理的管束布置。

(2) 凝汽器本体及真空管系统要有高度的严密性。

(3) 汽阻及凝结水过冷度要小。

(4) 水阻要小。

(5) 凝结水的含氧量要小。

(6) 便于清洗冷却水管。

(7) 便于运输和安装。

6-155 凝汽器的分类方式有哪些？

答：按换热形式，凝汽器可分为混合式和表面式两大类。

表面式凝汽器又可进行以下分类：

(1) 按冷却水的流程，可分为单道制、双道制、三道制。

(2) 按水侧有无垂直隔板，可分为单一制和对分制。

(3) 按进入凝汽器的汽流方向，可分为汽流向下式、汽流向上式、汽流向心式、汽流向侧式。

6-156 什么是混合式凝汽器？什么是表面式凝汽器？

答：汽轮机的排汽与冷却水直接混合换热的凝汽器称为混合式凝汽器。这种凝汽器的缺点是凝结水不能回收（间接空冷系统所用的混合式凝汽器除外），一般应用于地热电站。

汽轮机排汽与冷却水通过铜管表面进行间接换热的凝汽器称为表面式凝汽器。目前一般电厂都使用表面式凝汽器。

6-157 混合式凝汽器按冷却水流分布形式可分为哪几种？

答：混合式凝汽器按冷却水流分布形式可分为液柱式、液膜式和喷射式三种。

6-158 表面式凝汽器的构造由哪些部件组成？

答：表面式凝汽器主要由外壳、水室、管板、铜管、与汽轮机连接处的补偿装置和支架等部件组成。表面式凝汽器有一个圆形（或方形）的外壳，两端为冷却水水室，冷却水管固定在管板上，冷却水从进口流入凝汽器，流经管束后，从出水口流出。汽轮机的排汽从进汽口进入凝汽器与温度较低的冷却水管外壁接触而放热凝结。排汽所凝结的水最后聚集在热水井中，由凝结水泵抽出。不凝结的气体流经空气冷却区后，从空气抽出口抽出。以上是凝汽器的工作过程。

6-159 凝汽器冷却水管在管板上的排列方法有哪几种？

答：凝汽器冷却水管在管板上的排列方法有顺列、错列和辐向排列三种。

6-160 什么是凝汽器的空气冷却区？

答：为降低抽出空气的温度、减少随空气一起被抽出的蒸汽量、降低抽气器的负荷，在凝汽器内的抽气口附近专门布置有一簇管束并用带孔的挡板将它和其他管束分开，这一区域称为凝汽器的空气冷却区。

6-161 大机组的凝汽器外壳由圆形改为方形有什么优缺点？

答：大机组的凝汽器外壳由圆形改为方形（矩形），使制造工艺简化并能充分利用汽轮机下部空间，在同样的冷却面积下，凝汽器的高度可降低，宽度可缩小，安装也比较方便。但方形外壳受压性能差，需用较多的槽钢和撑杆进行加固。

6-162 汽流向侧式凝汽器有什么特点？

答：汽轮机的排汽进入凝汽器后，因抽气口处压力最低，所以汽流向抽气口处流动。汽流向侧式凝汽器有上下直通的蒸汽通道，保证了凝结水与蒸汽的直接接触。一部分蒸汽由此通道进入下部，其余部分从上面进入左右两侧管束，空气从两侧抽出。在这类凝汽器中，当通道面积足够大时，凝结水过冷度很小，汽阻也不大。国产机组多数采用这种形式的凝汽器。

6-163 汽流向心式凝汽器有什么特点?

答: 汽流向心式凝汽器中心蒸汽被引向管束的全部外表面并沿半径方向流向中心的抽气口，在管束的下部有足够的蒸汽通道，使向下流动的凝结水及热水井中的凝结水与蒸汽相接触，从而凝结水得到很好的回热。这种凝汽器还由于管束在蒸汽进口侧具有较大的通道，同时蒸汽在管束中的行程较短，所以汽阻比较小。此外，由于凝结水与被抽出的蒸汽空气混合物不接触，保证了凝结水的良好除氧作用。该凝汽器的缺点是体积较大。国产200MW 机组就采用这种凝汽器。

6-164 回热式凝汽器有何优点?

答: 回热式凝汽器的铜管在排列时中间留有通路，这样部分蒸汽可以直接流向底部加热凝结水，使凝结水的温度接近或等于凝汽器内排汽压力下的饱和温度，从而提高了运行的经济性及安全性。

6-165 国产125MW 汽轮机的凝汽器结构有哪些主要特点?

答: 国产125MW 汽轮机的凝汽器结构有如下特点:

(1) 凝汽器冷却水管采用带状布置，按三角形排列。管子两端用胀管法固定时，铜管造成一定的拱度，中间紧固在六块中间隔板上，以增加管子的刚性，改善管子的振动特性，避免共振，同时可以补偿壳体和铜管的热膨胀差。

(2) 外壳钢板焊接，弹簧支座支撑，上面通过排汽管与低压缸排汽口焊接。运行中凝汽器与冷却水的质量基本上都由弹簧支座支撑。采用弹簧支座便于汽轮机和凝汽器受热膨胀或冷却时收缩。

(3) 集水箱中设有淋水盘式的真空除氧装置。

6-166 国产100MW 汽轮机的 N-6815-1 型凝汽器有哪些主要特点?

答: 该凝汽器冷却面积为 6815m^2，由两个结构相同的矩形壳体组合而成，中间用带伸缩节的通流面积为 4.44m^2 的蒸汽连通管道连接起来，以适应带负荷清洗的需要并保证左右两部分的工况一致。

该凝汽器为全焊接结构，主管束为向心辐射状排列，空气冷却区为三角形排列；凝汽器的空气管布置在管板中心，由前水室引出；热井有淋水盘式除氧装置。

6-167 国产300MW汽轮机的N-15000-1型凝汽器有哪些主要特点?

答：国产300MW汽轮机的N-15000-1型凝汽器的主要特点如下：

（1）外壳采用方形。这种形式的主要优点是制造工艺简单并能充分利用汽轮机的下部空间。在同样的冷却面积下，凝汽器高度可降低10%，宽度可缩小12.5%。

（2）单流程、双路表面式。凝汽器纵向布置（铜管长度方向和汽轮机轴系平行），两路冷却水以相反流向流过凝汽器，以减少乏汽沿管长方向的流动，提高凝汽器运行的经济性。

（3）冷却水管束分为两个独立的部分，每个管束的中间分别设有空气冷却区以冷却不凝结气体。不凝结气体和蒸汽的混合物在靠近进水端的地方抽出，以便充分冷却蒸汽空气混合物。

（4）热力系统的最末一级低压加热器设计成两只小加热器，布置在凝汽器接颈内，以减少汽轮机厂房占地面积。末二级抽汽管从接颈部分引出。

（5）冷却水水室设计成倾斜式结构，以使每根管子流过相同的冷却水量。

（6）热井设计成带有水封淋水盘的除氧式热井，在真空除氧装置的上方有12根无缝钢管引入到空气冷却区的低压区，最后由抽气器将不凝结气体抽出。

（7）冷却水管束的排列为辐向式，汽轮机排汽能沿管束四周较均匀地进入管束，可减少流动阻力，使热负荷分布较均匀。

6-168 国产200MW汽轮机的N-11220-1型凝汽器有哪些主要特点?

答：国产200MW的N-11220-1型凝汽器的主要特点如下：

（1）由三台矩形壳体凝汽器，通过四个带伸缩节、面积为265m^2的蒸汽连通管连接而成。

（2）主管束为向心辐射式排列，空气冷却区为三角形排列。凝汽器的空气管布置在管板中心，由前水室转向侧壁抽出。

（3）热水井装有淋水盘、溅水杆，以达到凝结水回热除氧的目的。

（4）循环水由前水室下部进入，经过双流程后再由前水室上部侧面排出，冷却水为两道制系统。

6-169 国产300MW汽轮机的N-17660-1型凝汽器有哪些主要特点?

答：国产300MW汽轮机的N-17660-1型凝汽器的主要特点如下：

（1）喉部由16mm的钢板焊成，内部由钢管支撑，支撑分为水平支撑、斜支撑和桁架支撑。

（2）管束布置为卵形排列，其内根据需要设置了挡汽板和挡水板，空气管由前水室的顶部接出。

(3) 循环水由前水室下部进入，经过双流程后再由前水室上部侧面排出，冷却水为双流程系统。

(4) 蒸汽由汽轮机排汽口进入凝汽器，均匀分布到管子全长上，通过管束中央通道及两侧通道全面地进入主管束，部分蒸汽由中间通道和两侧通道进入热井对凝结水进行回热，消除过冷度并除氧。

6-170 凝汽器铜管在管板上如何固定?

答: 凝汽器铜管在管板上的固定方法主要有垫装法、胀管法、焊接法(钛管)。

垫装法是将管子两端置于管板上，再用填料加以密封，优点是当温度变化时，铜管能自由胀缩，但运行时间长了，填料会腐烂而造成漏水。

胀管法是将铜管置于管板上后，用专用的胀管器将铜管扩胀，扩管后的铜管管端外径比原来大1～1.5mm，与管板间保持严密接触，不易漏水。这种方法工艺简单、严密性好，现在广泛在凝汽器上采用。

6-171 凝汽器与汽轮机排汽口是怎样连接的? 排汽缸受热膨胀时如何补偿?

答: 凝汽器与排汽口的连接方式有焊接、法兰连接、伸缩节连接三种。

大机组为保证连接处的严密性，一般用焊接连接。当用焊接方法或法兰盘连接时，凝汽器下部用弹簧支撑。排汽缸受热膨胀时，靠支撑弹簧的压缩变形来补偿。

小机组用伸缩节连接时，凝汽器放置在固定基础上，排汽缸的温度变化时，膨胀靠伸缩节补偿。

有的凝汽器上部用波形伸缩节与排汽缸连接，下部仍用弹簧支撑。

6-172 阴极保护法的原理是什么?

答: 阴极保护法的原理如下:

不同的金属在溶液中具有不同的电位，同一种金属浸在溶液中，由于表面材质的不均匀性，表面的各部位的电位也不同。所以，不同的金属(较靠近的)或同一种金属浸泡在溶液中，便会在金属之间(或各部位之间)产生电位差，这种电位差就是产生电化学腐蚀的动力。腐蚀发生时只有金属的阳极遭受腐蚀，而阴极不受腐蚀，要防止这种腐蚀的产生，就得消除它们的电位差。

6-173 制造凝汽器的铜管材料有哪几种?

答：用淡水作冷却水时，原来都采用H68A黄铜管，因其抗腐蚀能力较差，目前国内已不采用，代之以含锡1%的锡黄铜HSn70-1A（又名海军黄铜），其抗腐蚀性能比H68A强。黄铜管中加砷（As）0.08%～0.5%，能防止脱锌和减少腐蚀，因此近年来已开始使用含砷的黄铜管。

用海水作冷却水时，由于海水腐蚀性能强，必须用抗腐蚀性能强的材料，采用较多的有铝黄铜HAl77-2A和镍白铜BFe10-1-1、BFe30-1-1。

钛管对海水、淡水都有较高的耐腐蚀性能，高温下强度大，但传热系数比铝黄铜低，且成本高。

6-174　凝汽器为什么要设置热井？

答：凝汽器设置热井的作用是集聚凝结水，有利于凝结水泵的正常运行。

热井储存一定数量的水，保证甩负荷时不使凝结水泵马上断水。热井的容积一般要求相当于满负荷时0.5～1min内所聚集的凝结水流量。

6-175　凝汽器汽侧中间隔板的作用是什么？

答：为了减少铜管的弯曲和防止铜管在运行过程中振动，在凝汽器壳体中设有若干块中间隔板。中间隔板中心一般比管板中心高2～5mm，大型机组隔板中心抬高5～10mm。管子中心抬高后，能确保管子与隔板紧密接触，改善管子的振动特性；管子的预先弯曲能减少其热应力，还能使凝结水沿弯曲的管子中央向两端流下，减少下一排管子上积聚的水膜，提高传热效果，放水时便于把水放净。

6-176　凝汽器底部弹簧支架的作用什么？为什么灌水时需要用千斤顶装置顶住凝汽器？

答：凝汽器底部弹簧支架除了承受凝汽器的重量外，当排汽缸和凝汽器受热膨胀时，还可补偿其热膨胀量。如果凝汽器的支撑点没有弹簧，而是硬性支撑，凝汽器受热膨胀时向上，就会使低压缸的中心破坏而对机组造成振动。

停机时，为了查漏，需要对凝汽器汽侧灌水。由于灌水后增加了凝汽器支撑弹簧的负荷，会使凝汽器弹簧严重过载，使弹簧产生不允许的残余变形，因此应预先用千斤顶装置将凝汽器顶住，防止弹簧负荷过大，造成永久变形。在灌水试验完毕放水后，应拿掉千斤顶装置，否则凝汽器受热向下膨胀时，由于受阻只能向上膨胀，会引起低压缸中心线改变而出现机组振动。

6-177　抽气器的作用是什么？

答：抽气器的作用是不断地将凝汽器内的空气及其他不凝结的气体抽走，以维持凝汽器的真空。

6-178 抽气器有哪些种类和形式？

答：电厂用的抽气器大致可分为以下两大类：

（1）容积式真空泵。主要有滑阀式真空泵、机械增压泵和液环泵等。

（2）射流式真空泵。主要是射汽抽气器和射水抽气器等，射汽抽气器按其用途又分为主抽气器和辅助抽气器。国产中、小型机组用射汽抽气器较多，大型机组一般采用射水抽气器。

6-179 射水抽气器的工作原理是什么？

答：射水抽气器的工作原理是从射水泵来的具有一定压力的工作水经水室进入喷嘴，喷嘴将压力水的压力能转变为速度能，水流高速从喷嘴射出，使空气吸入室内产生高度真空，抽出凝汽器内的汽、气混合物，一起进入扩散管，水流速度减慢，压力逐渐升高，最后以略高于大气压力排出扩散管。在空气吸入室进口装有止回阀，可防止抽气器发生故障时，工作水被吸入凝汽器中。

6-180 射水抽气器主要有哪些优缺点？

答：射水抽气器具有结构紧凑、工作可靠、制造成本低等优点，因而广泛用于汽轮机凝汽设备中；缺点则是要消耗一部分电力和水，占地面积大。

6-181 射汽抽气器的工作原理是什么？

答：射汽抽气器由工作喷嘴、混合室和扩压管三部分组成，其工作原理是工作蒸汽经过喷嘴时热降很大，流速增高，喷嘴出口的高速蒸汽流使混合室的压力低于凝汽器的压力，因此凝汽器里的空气就被吸进混合室里。吸入的空气和蒸汽混合在一起进入扩压管，在扩压管中流速逐渐降低，而压力逐渐升高。对于一个二级的主抽气器，蒸汽经过一级冷却室冷凝成水，空气再由第二级射汽抽气器抽出，其工作过程与第一级完全一样，只是在第二级射汽抽气器的扩压管里，蒸汽和空气的混合气体压力升高到比大气压力略高一点，经过冷却器把蒸汽凝结成水，空气排到大气里。

6-182 射汽抽气器有什么优缺点？

答：射汽抽气器的优点是效率比较高，可以回收蒸汽的热量；缺点是制造较复杂、造价大，喷嘴容易堵塞。该抽气器使用主蒸汽节流减压时损失比较大。

随着汽轮机蒸汽参数的提高，使得依靠新蒸汽节流来获得汽源的射汽抽气器的系统显得复杂且不合理；大功率单元机组多采用滑参数启动，在机组启动之前也不可能有足够汽源供给射汽抽气器。因此，射汽抽气器目前在大机组上应用较少。

6-183 启动抽气器主要有什么特点？

答：启动抽气器一般为单级射汽抽气器。它的作用是在汽轮机启动之前建立启动真空，以缩短汽轮机启动时间，有时还用来抽出循环水泵内的空气以利其充水启动。

启动抽气器具有结构简单（无冷却器）、启动快、容量大等特点。但启动抽气器耗汽量大，形成真空较低，并且是排大气运行，蒸汽的热量全部损失，也无法回收洁净的凝结水。因此，启动抽气器只是在汽轮机启动时，用来抽出凝汽器中的空气。

6-184 离心真空泵有哪些优缺点？

答：近年来引进的大型机组，其抽气器一般都采用离心真空泵。与射水抽气器比较，离心真空泵具有功耗低、耗水量少的优点，并且噪声也小。国产射水抽气器比耗功（抽 1kg 空气在 1h 内所耗的功）高达 3.2kWh/kg，而较先进的离心真空泵比耗功一般为 1.5～1.7kWh/kg。

离心真空泵的缺点是过载能力很差，当抽吸空气量太大时，真空泵的工作恶化，真空破坏。这对真空严密性较差的大机组来说是一个威胁。因此，可考虑采用离心真空泵与射水抽气器共用的办法，当机组启动时用射水抽气器，正常运行时用真空泵来维持凝汽器的真空。

6-185 简述离心真空泵的结构。

答：离心真空泵主要由泵轴、叶轮、叶轮盘、分配器、轴承、支撑架、进水壳体、端盖、泵体、泵盖、止回阀、喷嘴、喷射管、扩散管等零部件组成。泵轴是由装在支撑架轴承室内的两个球面滚珠轴承支撑，其一端装有叶轮盘，在叶轮盘上固定着叶轮；在叶轮内侧的泵体上装有分配器，改变分配器中心线与叶轮中心线的夹角 α（一般最佳角度为 8°），就能改变工作水离开叶轮时的流动方向。如果把分配器的角度调整到使工作水流沿着混合室轴心线方向流动，这时流动损失最小，而泵的引射蒸汽与空气混合物的能力最高。

6-186 离心真空泵的工作原理是什么？

答：当泵轴转动时，工作水从下部入口被吸入并经过分配器从叶轮的流道中喷出，水流以极高的速度进入混合室，由于强烈的抽吸作用，在混合室内产生绝对压力为3.54kPa的高度真空，这时凝汽器中的汽气混合物由于压差作用冲开止回阀，被不断地抽到混合室内并同工作水一道通过喷射管、喷嘴和扩散管被排出。

6-187　多喷嘴长喉部射水抽气器的结构有什么特点？

答：多喷嘴长喉部射水抽气器与传统的射水抽气器相比，结构上有以下特点：

(1) 将单喷嘴改成7只（也有6只）喷嘴。

(2) 扩散管改为7根ϕ108的长喉部管子。

(3) 抽气器除空气入口止回阀外，均系焊接制作，制作比较方便。

6-188　多喷嘴射水抽气器有哪些优点？

答：多喷嘴射水抽气器的优点如下：

(1) 采用多个喷嘴和长喉部结构，抽气器的效率比较高。

(2) 同样的抽空气能力需用的工作水量少，可配用较小的射水泵，消耗功率减少。

(3) 根据试验，比耗功减小到1.65kWh/kg，接近进口机组的水平。

(4) 消除了壳体的振动，减小了射水抽气器运行中的噪声。

6-189　射水抽气器的工作水供水有哪几种方式？

答：射水抽气器的工作供水有如下两种方式：

(1) 开式供水方式。工作水是用专用的射水泵从循环水入口管引出，经抽气器后排出的气、水混合物引入凝汽器循环水出口管中。

(2) 闭式循环供水方式。设有专门的工作水箱（射水箱）；射水泵从进水箱吸入工作水，至抽气器工作后排到回水箱，回水箱与进水箱由连通管连接，因而水又回到进水箱。

6-190　射水抽气器容易损坏的部位有哪些？

答：射水抽气器在运行中进水管口处由于受工作水的冲刷，容易发生冲蚀损伤，工作水如含有泥沙，这种损伤将会加剧。在抽气器内部，因水已混入大量空气，常常引起腐蚀，尤其是在扩散管部分腐蚀比较严重，检修时要注意检查。

6-191　汽轮机的辅助设备主要有哪些？

答：汽轮机设备除了本体、保护调节及供油设备外，还有许多重要的辅

助设备，主要有凝汽设备、回热加热设备、除氧器等。

6-192 汽轮机凝汽设备主要由哪些设备组成？

答：汽轮机凝汽设备主要由凝汽器、循环水泵、抽气器、凝结水泵等组成。

6-193 汽轮机凝汽设备的任务是什么？

答：汽轮机凝汽设备的任务如下：

(1) 在汽轮机的排汽口建立并保持高度真空。

(2) 把汽轮机的排汽凝结成水，再由凝结水泵送至除氧器，成为供给锅炉的给水。

此外，汽轮机凝汽设备还有一定的真空除氧作用。

6-194 汽轮机凝汽设备应满足哪些要求？

答：汽轮机凝汽设备应满足下列要求：

(1) 凝汽器应具有较高的传热系数。从结构上讲，应有合理的管束布置，以保证良好的传热效果，使汽轮机在给定的工作条件下具有尽可能低的运行背压。

(2) 凝结水的过冷度要小。

(3) 凝汽器的汽阻、水阻要小。

(4) 凝汽器的真空系统及凝汽器本体要具有高度的严密性，以防止空气漏入影响传热效果及凝汽器真空。

(5) 与空气一起被抽出来的未凝结蒸汽量尽可能小，以降低抽气器耗功，通常要求被抽出的蒸汽、空气混合物中，蒸汽含量的质量比不大于2/3。

(6) 凝结水的含氧量要小。凝结水含氧量过大将会引起管道腐蚀并恶化传热，一般高压机组要求凝结水含氧量小于0.03mg/L。

(7) 凝汽器的总体结构及布置方式应便于制造、运输、安装及维修。

6-195 凝结水再循环管为什么要接在凝汽器上部？它是从哪儿接出的？为什么？

答：凝结水再循环管接在凝汽器上部的目的就是使这部分凝结水经过轴封加热器、1号低压加热器，已被加热的凝结水再与凝汽器铜管接触，由循环水冷却后再由凝结水泵打出，不至于使热井内的凝结水温度升高过多。

再循环管从轴封加热器后接出，主要考虑当汽轮机启动、停用或低负荷时，让轴封加热器有足够的冷却水量。否则，由于冷却水量不定，将使轴封回汽不能全部凝结而引起轴封汽回汽不畅、轴端冒汽。因此，再循环管从轴封加热器后接出，部分凝结水打至凝汽器冷却后，再由凝结水泵打出。这样不断循环，保证了轴封加热器的正常工作。

6-196 低压加热器凝结水旁路阀的作用是什么？

答：低压加热器应设置主凝结水的旁路阀，其作用是当加热器发生故障或某一台加热器停用时，不致中断主凝结水的输送。每台加热器均设一个旁路阀的，称小旁路；两台以上加热器设一个旁路阀的，称大旁路。大旁路的优点是系统简单，阀门少，节省投资；缺点是一台加热器故障时，该旁路系统中其余加热器也随之解列停用，使进入除氧器的凝结水温度过低，对除氧器的运行影响较大。小旁路恰与其相反。因此，在主凝结水系统中，常采用大、小旁路联合应用的方式，在加热器发生故障时既便于切除，又可保证进入除氧器的凝结水温度不致过低，系统也较简单。

6-197 凝汽器铜管的清洗方法有哪几种？

答：凝汽器铜管的清洗方法通常有以下几种：

（1）机械清洗。机械清洗即用钢丝刷、毛刷等机械，用人工清洗水垢；缺点是该法清洗时间长，劳动强度大，已很少采用。

（2）酸洗。当凝汽器铜管结有硬垢，真空无法维持时应停机进行酸洗。用酸液溶解去除硬质水垢。去除水垢的同时还要采取适当措施防止铜管被腐蚀。

（3）通风干燥法。凝汽器有软垢污泥时，可采用通风干燥法处理，其原理是使管内微生物和软泥龟裂，再通水冲走。

（4）反冲洗法。凝汽器中的软垢还可以采用冷却水定期在铜管中反向流动的反冲洗法来清除。这种方法的缺点是要增加管道阀门的投资，系统较复杂。

（5）胶球连续清洗法。将密度接近水的胶球投入循环水中，利用胶球通过冷却水管，清洗铜管内松软的沉积物。这是一种较好的清洗方法，目前我国各电厂普遍采用此法。

（6）高速水流击振冲洗法。采用高压水泵（15～20MPa）进行清洗。

6-198 简述凝汽器胶球清洗系统的组成和清洗过程。

答：胶球连续清洗装置所用胶球有硬胶球和软胶球两种，清洗原理也有区别。硬胶球的直径比铜管内径小 1～2mm，胶球随冷却水进入铜管后不规则地跳动并与铜管内壁碰撞，加之水流的冲刷作用，将附着在管壁上的沉积物清除掉，达到清洗的目的。软胶球的直径比铜管大 1～2mm，质地柔软的

海绵胶球随水进入铜管后，即被压缩变形与铜管壁全周接触，从而将管壁的污垢清除掉。

胶球自动清洗系统由胶球泵、装球室、收球网等组成。清洗时把海绵球加入装球室，启动胶球泵，胶球便在比循环水压力略高的压力水流带动下，经凝汽器的进水室进入铜管进行清洗。由于胶球输送管的出口朝下，所以胶球在循环水中分散均匀，使各铜管的进球率相差不大。胶球把铜管内壁抹擦一遍，流出铜管的管口时，自身的弹力作用使它恢复原状，并随水流到达收球网，被胶球泵入口负压吸入泵内，重复上述过程，反复清洗。

6-199 凝汽器冷却水的作用是什么？

答：凝汽器冷却水的作用是将排汽冷凝成水，吸收排汽凝结所释放的热量。

6-200 凝汽器进口二次滤网的作用是什么？二次滤网有哪几种形式？

答：虽然在循环水泵进口装设有拦污栅、回转式滤网等设备，但仍有许多杂物进入凝汽器，这些杂物容易堵塞管板、铜管，也会堵塞收球网。这样不仅降低了凝汽器的传热效果，而且会使胶球清洗装置不能正常工作。为了使进入凝汽器的冷却水进一步得到过滤，在凝汽器循环水进口管上装设二次滤网。

对二次滤网的要求，既要过滤效果好，又要水流的阻力损失小。

二次滤网可分为内旋式滤网和外旋式滤网两种。

外旋式滤网带蝶阀的旋涡式，改变水流方向产生扰动，使杂物随水排出。

内旋式滤网的网芯由液压设备转动，上面的杂物被固定安置的刮板刮下，并随水流排入凝汽器循环水出水管。

通过对以上两种形式的比较，内旋式二次滤网清洗排污效果较好。

6-201 直接空冷系统的原理是什么？

答：直接空冷系统的原理是汽轮机的排汽直接进入空冷凝汽器的冷却部件，冷却空气在管外流动，蒸汽冷凝成水并把热量传给外界空气，而凝结水则用泵送回锅炉的给水系统中。

6-202 直接空冷系统的优缺点是什么？

答：直接空冷系统的优点是设备少，系统简单，基建投资较少，占地少，空气量调节灵活，防冻性能好。

这种系统的缺点是运行时粗大的排汽管道密封困难，维持排汽管内的真空困难，风机噪声大，启动时形成真空需要的时间较长。

6-203 间接空冷系统可分为哪两种系统？

答： 间接空冷系统可分为带表面式凝汽器的间接空冷系统和带喷射式混合凝汽器（又称海勒式）的间接空冷系统。

6-204 带喷射式凝汽器的间接空冷系统的原理是什么？

答： 带喷射式凝汽器的间接空冷系统的原理是汽轮机的排汽进入混合式冷凝器内直接与喷射出的冷却水接触，排汽冷凝成凝结水并与冷却水混合，混合后的水除用凝结水泵将约2%送回给水系统外，其余的水用冷却循环泵送至冷却塔下部的冷却部件，由空气进行冷却，然后又回到混合式冷凝器形成循环。

6-205 带表面式凝汽器的间接空冷系统的原理是什么？

答： 带表面式凝汽器的间接空冷系统的原理是汽轮机的排汽进入表面式凝汽器内，在凝汽器内的冷却过程与水冷系统相同，所不同的是冷却水在凝汽器与空冷塔之间进行闭式循环，循环中将排汽的热量从凝汽器中带出，在空冷塔中又传给空气。

6-206 采用冷却水池、喷水池或冷却塔的循环水系统是如何工作的？

答：（1）冷却水池循环水系统。利用湖泊、水库或在河道上筑坝构成冷却水池，循环水排入冷却水池，依靠与周围空气的换热自然冷却。

（2）喷水池循环水系统。这种系统由喷嘴、喷水池和管道等组成。循环水由循环水泵打入凝汽器，吸热后排入压力配水总管，然后进入置于喷水池上的若干喷水管内，由喷嘴喷出，喷出的循环水呈伞形细雨状，被空气冷却后落入池中，经水沟流入循环水泵的吸水井，由循环水泵重又送入凝汽器。

（3）冷却塔循环水系统。这种系统为大容量发电厂所采用，按冷却塔的通风方式可分为自然通风塔和机械通风塔。

6-207 具备什么条件可以采用直流供水系统？

答： 直流供水系统是冷却水直接自水源引入，经过凝汽器冷却排汽后直接排入水源。当发电厂附近有流量相当大（一般超过发电厂用水量的2～3倍）的河流、湖泊、水库、互相连通的湖群或海洋作为供水水源时，可采用直流供水系统。

6-208 直流供水系统可分为哪几种供水系统？

答：直流供水系统可分为岸边水泵房直流供水系统、中继泵直流供水系统、水泵置于机房内的直流供水系统。

6-209 具有岸边水泵房的直流供水系统是如何布置的？

答：具有岸边水泵房的直流供水系统是常见的一种方式，它是将取水和净水设备以及水泵布置在岸边的机房内。

在取水设备的进口处应设置拦污栅，以防大块杂物进入。拦污栅可根据污脏情况定期起吊清理，从而进一步清除水中的机械杂物，一般需用网孔为2mm×2mm～4mm×4mm的滤网进行（该滤网称为一次滤网）。火力发电厂多采用旋转式滤网，这种滤网具有清理方便的优点。取水设备的进水口与自流管沟应布置在水源的最低水位以下，以保证枯水季节也能供水。

采用岸边水泵房直流供水系统时，水经压力管进入生产车间，为增加可靠性程度，可敷设两条母管。从凝汽器排出的热水经管道进入排水井（虹吸井）内，再经自流排水沟流回水源下游。在冬季为了防止入口结冰及凝结水过冷，可将一部分热水送到取水处入口，以调节循环水温。

当水源的水位变化不大时，可用明渠或压力管将水引入汽轮机房，再用循环水泵向凝汽器供水，这种供水系统能节约投资及运行费用。

当水源水位与电厂标高相差太大或水源距离电厂较远时，可以采用两级升压泵串联系统，一组水泵靠近水源，另一组水泵靠近电厂。

6-210 什么是冷却塔？冷却塔的类型有哪些？

答：冷却塔是通过空气与水接触，进行热质传递，把水冷却的设备。

冷却塔可以按下列各种方式分类：

(1) 按空气与水接触的方式可分为湿式、干式和干湿式。

(2) 按通风方式可分为自然通风式和机械通风式。

(3) 按淋水填料方式可分为点滴式、薄膜式、点滴薄膜式和喷水式。

(4) 按水和空气的流动方向可分为逆流式和横流式。

6-211 自然通风冷却塔是如何工作的？

答：冷却水进入凝汽器吸热后，沿压力管道送至距地面8～12m的配水槽中，水沿水槽由塔中心流向四周，再由配水槽下边的滴水孔眼呈线状落到与孔眼同心的溅水碟上，溅成细小的水滴，再落入淋水装置散热后流入储水池，池中的冷却水再沿着供水管由循环水泵送入凝汽器中重复使用。水流在飞溅下落时，冷空气依靠塔身所形成的自拔力由塔的下部吸入并与水流交换热量后向上流动。吸热后的空气由顶部排入大气。

6-212 自然通风冷却塔可分为哪两种形式？开放式冷却塔有哪些缺点？

答：自然通风冷却塔可分为开放式和风筒式两种。开放式冷却塔的缺点是冷却效果差、淋水密度小、占地面积大。

6-213 简述风筒式冷却塔的优点。

答：风筒式冷却塔是依靠自然通风来达到冷却目的的，所以其优点是运行费用低、故障少、易于维护，且因风筒较高，在运行中飘滴和雾气团对周围环境的影响小。

6-214 什么是机械通风冷却塔？

答：机械通风冷却塔没有高大的风筒，塔内空气流动不是靠塔内外空气密度差产生的抽力，而是靠通风机形成的。机械通风冷却塔具有冷却效果好，运行稳定的特点。

6-215 机械通风冷却塔有什么优缺点？

答：机械通风冷却塔的主要特点是采用强制通风的方式进行冷却。它具有冷却效果好，塔的体积小及占地面积小，造价较低等优点，但也存在着耗电量大，运行维护工作复杂的缺点。

机械通风塔分鼓风式和引风式两种，发电厂内大都采用引风式。机械通风塔常应用在大气温度高、湿度大的地区，或者在场地受到限制的情况下采用。

6-216 冷却塔由哪些设备组成？

答：冷却塔是由淋水填料、配水系统、通风设备、通风筒、空气分配装置、除水器、塔体、集水池等设备组成的。以上各部件的不同组合就可组成不同类型的冷却塔。

6-217 冷却塔配水系统有几种形式？

答：冷却塔配水系统的形式有旋转式配水系统、槽式配水系统、管式配水系统和池式配水系统。

6-218 什么是冷却水塔的热水旁路调节法？

答：在通常运行期间，冷却塔内的全部循环水都分布在淋水填料上，然而在某些运行工况下，需将部分（或全部）热水经旁路直接送进冷却塔的集水池内，以提高集水池内池水的平均温度。这种方法称为热水旁路调节法。

6-219 什么是冷却水塔的防冰环？

答：所谓防冰环就是在冷却塔配水系统的外围加了一个环形钢管，钢管下部开了圆孔喷洒热水，它安装在冷却塔的进风口位置，作为防止结冰的措施。

6-220 冷却水塔防冰环的防冰原理是什么？

答：冷却水塔防冰环的防冰原理是防冰环喷洒的热水预热了进入冷却塔的空气，相当于改变了淋水填料运行的大气环境；在冷却塔进风口处形成水帘，增加了空气的流动阻力，实际上限制了冷却塔的进风量。

6-221 什么是旁路系统？

答：所谓旁路系统是指锅炉产生的蒸汽部分或全部绕过汽轮机或再热器，通过减温减压设备（旁路阀）直接排入凝汽器的系统。

6-222 旁路系统的作用是什么？

答：旁路系统的作用如下：

（1）保证锅炉最小负荷的蒸发量。机组启停和甩负荷时，由于汽轮机耗汽量只是额定耗汽量的5%～8%，而锅炉满足水动力循环可靠性及燃烧稳定性要求的最低负荷一般为额定蒸发量的30%左右，旁路系统可使锅炉和汽轮机独立运行。

（2）保护再热器。在汽轮机启动和甩负荷时，经旁路系统把新蒸汽减温减压后送入再热器，防止再热器干烧，保护再热器。

（3）加快启动速度，改善启动条件。通过旁路系统可在汽轮机冲转前使主蒸汽和再热蒸汽参数达到一个预定的水平，以满足各种启动方式的需要。在汽轮机不同状态的启动过程中，旁路系统可调节汽轮机进汽参数，以适应汽轮机的需要。

（4）起到锅炉安全阀的作用。机组甩负荷或锅炉超压时，旁路迅速打开，排出锅炉内蒸汽，防止再热器超压。

（5）回收工质和部分热量，减小排汽噪声。

（6）保证蒸汽品质。在汽轮机冲转前建立一个汽水循环清洗系统，待蒸汽品质合格后，方可进入汽轮机，以免汽轮机受到损害。

6-223 再热机组的旁路系统有哪几种形式？

答：再热机组的旁路系统归纳起来有以下几种形式：

（1）两级串联旁路系统。由锅炉来的新蒸汽经Ⅰ级旁路减温减压后进入锅炉再热器，被加热的再热蒸汽经Ⅱ级旁路（低压旁路）减温减压后排入凝汽器。

（2）一级大旁路系统。由锅炉来的新蒸汽经过大旁路减温减压后直接排入凝汽器。

（3）两级并联旁路系统。Ⅰ级旁路将新蒸汽减温减压后排入再热器冷段，大旁路将锅炉的新蒸汽经减温减压后直接排入凝汽器。

（4）三级旁路系统。由两级串联旁路和一级大旁路系统或者两级并联旁路系统和Ⅱ级旁路系统合并组成。

6-224 什么是三用阀旁路系统？

答：三用阀旁路系统是由两级串联旁路系统发展起来的。三用阀是将旁路系统中的调节、截止和溢流排放结合在一个整体阀门上。三用阀旁路系统具有启动、溢流、安全三大功能。

三用阀旁路系统将高压旁路阀的控制、低压旁路阀的控制和再热安全阀的控制结合在一起，实现了优化控制。

6-225 三用阀旁路具有哪几种功能？

答：三用阀旁路具有如下三种功能：

（1）具有启动阀功能。由于阀门流通能力大，锅炉启动时可以采用较大的燃烧率，将多余的蒸汽通过旁路排入凝汽器，使过热器和再热器内保持适当的压力，以适应各种启动工况，并可缩短机组的启动时间。

（2）具有溢流阀的功能。机组快速降负荷时，三用阀旁路可溢流多余的蒸汽量，锅炉仍可在较高的负荷下运行，使机组能很快地并入电网。这就是装有三用阀旁路机组所具备的无迟延的备用能力。

（3）具有安全阀的功能。当汽轮发电机组突然停止进汽时，锅炉蒸汽压力会随之迅速升高，高压旁路能在1～3s内打开，加之通流能力为100%，所以用它可以取代锅炉安全阀的作用。

6-226 三用阀旁路系统由哪些部分组成？

答：三用阀旁路系统由两个高压旁路阀、两个低压旁路阀及其喷水阀组成。另外，为保护凝汽器的安全运行，再热器出口装有两只再热器安全阀。

6-227 什么是旁路系统的容量？旁路系统的容量一般为多少？

答：旁路系统的容量是指额定参数时旁路系统的通流量与锅炉额定蒸发量的比值。目前，国产机组旁路系统的容量一般设计为30%左右。根据试验和运行经验，大机组在电网担任调频任务时，旁路系统的主要功能应能满足机组快速热态启动的要求。旁路容量的设计，根据燃煤品种、锅炉水循环特性、再热器选用的材料和布置的位置，以及机组的运行方式等综合考虑，

一般在30%～50%之间选定。

6-228 旁路系统应具备哪些控制和调节功能？

答：旁路系统一般具有如下控制和调节功能：

（1）在下列情况下旁路能自动投入。

1）汽轮机突然大幅度甩负荷，锅炉压力突然升高到某一定值。

2）发电机主油开关跳闸。

3）汽轮机自动主汽阀关闭。

（2）在下列情况下，旁路能自动关闭。

1）凝汽器真空低，一般规定凝汽器真空低于0.06MPa（450mmHg）时，关闭系统的减压阀和低压旁路减温水阀。

2）减温水压力低。

3）凝汽器喉部喷水压力低。

4）减压阀后压力高。

5）为了防止减温水倒流入高压缸，对高压旁路减温水的开启还应接受再热器温度信号的控制。当再热器进口汽温小于某一定值时，自动关闭减温水阀。

（3）减温装置的自动调节。

（4）减压装置的自动调节。

1）压力调节。

2）流量调节。

6-229 高压旁路系统由哪些控制系统组成？

答：高压旁路系统由以下控制系统组成：

（1）安全系统。此安全控制装置接受三条线路来的信号，三条信号通道"释放—脱扣"是安全控制装置的基本原理，阀门的开启不需要辅助能源，即阀门中蒸汽压力的作用使阀门开启，三条信号通道互不干扰，每条通道的信号作用都可使高压旁路阀开启。

（2）调节系统。调整溢流作用靠伺服操作阀实现，可接受手动操作信号、自动调节信号和压力变送器模拟量信号，控制高压旁路阀的开启和关闭，使高压旁路阀保持在一适当位置，以满足机组启动和正常运行要求。

6-230 低压旁路系统由哪些控制系统组成？

答：低压旁路系统由安全控制系统和调节控制系统组成。

（1）安全控制用作在凝汽器故障不允许排汽进入时，快速关闭低压旁路阀。

（2）调节控制用作调整低压旁路阀开度，它通过感受手动和自动调节信号进行阀位调节。自动调节是为匹配主蒸汽和再热蒸汽压力设置的。再热蒸汽压力设定值 $p=kp_c$，k 为系数，p_c 为调节级压力。再热蒸汽压力高于设定值时低压旁路阀自动打开，根据其压差大小确定开度，再热蒸汽压力恢复后，低压旁路阀自动关闭。若再热蒸汽压力升压率大于规定值，低压旁路阀也自动打开，升压率恢复后低压旁路阀自动关闭。

6-231　三用阀旁路系统执行机构由哪几部分组成？

答：三用阀旁路系统执行机构由供油站、执行器、伺服阀、闭锁装置、安全控制系统、安全旁路系统等组成。

（1）供油站。由油泵、油箱、蓄能器、压力开关等组成。压力开关用来监测蓄能器中压力并发出信号，使油泵启动或停止。

（2）执行器。执行器是执行机构，为双向作用液压缸。

（3）伺服阀。由上部的电磁操作部分和下部的滑阀部分组成。电磁阀带电后使控制拨叉动作，拨叉使滑阀产生位移，使阀门执行机构活塞上下油压变化，从而使阀门动作。伺服阀提供了执行器的高精度定位。

（4）闭锁装置。闭锁装置是一电液控制导向阀。在系统失去油压或电磁阀失电情况下，滑阀受弹簧力作用，切断连接伺服阀与阀门驱动装置间的油路。

（5）安全控制系统。它的作用是在系统失去油压的情况下，蓄能器向系统补充供油，可靠地操作执行机构至预定位置。通过一个二位三通电磁阀控制连接蓄能器和阀门执行机构的供油止回阀及控制连接阀门执行机构和控制油箱的回油止回阀来实现。

（6）安全旁路系统。该系统的作用是使高压旁路系统执行机构不需任何外力作用使执行机构操作阀门到预定位置，由三个安全旁路装置组成。

6-232　旁路系统减温装置的作用是什么？

答：高压旁路系统减温装置与高压旁路阀置于同一壳体中，水源来自主给水，运行中它感受高压旁路出口汽温来调节喷水量，保证旁路排汽温度在正常范围；低压旁路系统减温装置设置在低压旁路阀后，减温水来自主凝结水，它使排入凝汽器的蒸汽温度不超过 70℃。

6-233　高压旁路阀在投入自动状态时具有哪些调节保护功能？

答：高压旁路阀在投入自动状态时具有如下调节保护功能：

（1）主蒸汽压力超过极限值时，快速开启防止锅炉超压。

（2）当主蒸汽压力增长速率超过第一值时，高压旁路阀调节开启，超过第二值时快速开启保证主蒸汽压力变化平稳。

（3）在锅炉启动过程中能实现阀位控制、定压控制、压力控制、滑压控制四种控制方式，以满足机组各种启动工况的要求。

（4）高压旁路阀出口蒸汽温度大于 320℃时，高压旁路喷水阀自动打开，投入自动调节。

（5）接到汽轮机甩负荷信号后，高压旁路迅速开启。

6-234 低压旁路阀自动投入有哪些功能？

答：低压旁路阀最终是将蒸汽排入凝汽器，但当凝汽器发生故障时，必须立即切断向凝汽器的排汽，因而低压旁路阀需有以下功能：

（1）根据汽轮机调节级压力，来维持再热蒸汽压力与机组负荷匹配。

（2）再热蒸汽压力升压率超过规定值时，调节开启低压旁路阀，维持再热蒸汽压力平稳上升。

（3）凝汽器故障（真空低、水位高）时，快速关闭低压旁路阀，保护凝汽器。

（4）低压旁路阀出口压力和温度超过规定值，快速关闭低压旁路阀。

6-235 发电机冷却设备的作用是什么？

答：汽轮发电机运行时和其他发电机一样要产生能量损耗，主要为涡流损失。这部分损耗功率在发电机内部转变为热量，因而使发电机转子和定子绕组发热。为了不使发电机绕组的绝缘材料因温度过高而降低其绝缘程度，引起绝缘损坏，就必须不断地排出这些由于损耗而产生的热量。

发电机冷却设备的作用，正是在于排出发电机电磁损耗而产生的热量，以保证发电机在允许的温度下正常运转。

6-236 目前大型汽轮发电机组多采用什么冷却方式？

答：目前大型汽轮发电机组多采用水、水、空冷却系统（双水内冷）和水、氢、氢冷却系统。其中水、氢、氢冷却发电机的冷却设备包括三个支系统：氢气控制系统、密封供油系统和氢冷发电机冷却水系统。而水、水、空冷却水系统仅需闭式循环冷却水系统。

（1）按冷却方式分。外冷式（表面冷却式）发电机和内冷式（直接冷却式）发电机。

（2）按冷却介质分。空气冷却发电机、氢气冷却发电机、水冷却发电机。

（3）按冷却介质和冷却方式不同组合分：

1）水氢氢发电机（定子绕组水内冷，转子绕组氢内冷，铁芯氢冷）。

2）水水空发电机（定子、转子绕组水内冷，铁芯空冷）。

3）水水氢发电机（定子、转子绕组水内冷，铁芯氢冷）。

6-237　气体置换时采用二氧化碳作为中间介质有什么好处？

答：气体置换时采用二氧化碳作为中间介质的好处在于二氧化碳气体制取方便，成本低，它与空气或氢气混合时，不会产生爆炸。二氧化碳气体的传热系数是空气的 1.321 倍，在置换过程中，冷却效果并不比空气差。另外，用二氧化碳气体作为中间介质还利于防火。

6-238　用空气作发电机的冷却介质有什么优缺点？

答：用空气作发电机的冷却介质的主要优点：空气可从大气中获得，制取方便、价廉；对轴的密封要求不高，运行简单，安全可靠。

用空气作发电机的冷却介质的主要缺点：空气密度较大，通风损耗大，导热性低，散热能力差。由于氧助燃，当机内发生电弧时，易烧毁绝缘。另外，电晕放电时产生臭氧，对绝缘有破坏作用。

6-239　用氢气作发电机的冷却介质有什么优缺点？

答：用氢气作发电机的冷却介质的主要优点如下：

（1）氢气密度小，通风损耗小，可提高发电机效率。

（2）氢气流动性强，可大大提高传热能力和散热能力。

（3）氢气比较纯净，不易氧化，发生电晕时不产生臭氧，对发电机绝缘起保护作用。

（4）氢气不助燃。发电机内充入的氢气含氧量若小于 2%，则当发电机内部发生绝缘击穿故障时，不会引起火灾而扩大事故。

（5）采用密封循环，减少了进入发电机内部的灰尘和水分，减少了发电机的维护工作量。

用氢气作发电机的冷却介质的主要缺点如下：

（1）需要一套复杂的制氢设备和气体置换系统。

（2）由于氢气渗透力强，对密封要求高，并且要求有一套密封油系统，所以增加了运行操作和维护的工作量。

（3）氢气是易燃的，有着火的危险，遇到电弧或明火就会燃烧。氢气与

空气（氧化）混合到一定比例时，遇火将发生爆炸，威胁发电机的安全运行等。

6-240 用水作发电机的冷却介质有什么优缺点？

答：用水作发电机的冷却介质的主要优点：水热容量大，有很高的导热性能和冷却能力。水的化学性能稳定，不会燃烧。高纯度的水具有良好的绝缘性能。另外，水获取方便、价廉，调节方法简单，冷却均匀。

用水作发电机的冷却介质的主要缺点：需要一套较复杂的水路系统，对水质要求高，运行中易腐蚀铜导线和发生漏水，降低发电机的运行可靠性等。

6-241 氢气控制系统一般由哪些设备组成？

答：氢气控制系统主要由气体控制站、氢气干燥器、液位信号器、仪表盘、抽真空管路及定子水系统连接管路组成。

6-242 氢气干燥器的作用是什么？

答：氢气干燥器是用来干燥发电机内氢气的，它利用发电机风扇的压头，使部分氢气通过干燥器进行干燥。

6-243 氢冷发电机的工作原理是什么？

答：氢冷发电机的工作原理：用一定数量的氢气在发电机密封冷却系统中循环，吸收发电机转子和定子的热量，然后用冷却水冷却氢气，冷却后的氢气又重新回到发电机中，如此不断循环。

6-244 氢冷发电机密封油系统的作用是什么？通常由哪些设备组成？

答：氢冷发电机的轴密封装置需要连续不断地供给密封油以维持其正常运行。密封油系统的作用就是连续不断地供给密封装置所需的密封油。密封油系统主要由密封油泵、密封油箱、隔氢装置冷油器等组成。一般密封油系统除装有交流密封油泵和能自动投入的直流备用密封油泵外，还在润滑油的冷油器前、后处，向密封油系统接入备用油源。氢侧回油至密封油箱或至主油箱的管路上都接有油封筒或U形管，用以密封氢气使其不能进入油箱。

6-245 什么是氢冷发电机的轴密封装置？

答：为防止氢冷发电机内部氢气外漏，在发电机两端轴的伸出处，用比氢压高的压力油进行密封，这个油称为密封油，形成这种密封油流的装置称为轴密封装置，一般称为密封瓦。按照结构的不同，轴密封装置可分为盘式和环式两大类。盘式轴密封装置又分为正压、反压、液压和稳压四种形式；

环式轴密封装置又分为单流环式、中间回油单流环式和双流环式三种形式。

6-246 氢冷发电机盘式轴密封装置的简单工作原理是什么？

答：氢冷发电机盘式轴密封装置是依靠内圆端面上的一圈环状密封面起密封作用的。外侧方块状的瓦面与固定式推力瓦块相类似，面上刮成油楔，所以又有径向式轴密封、端面式轴密封或推力式轴密封之称。它的工作原理是，发电机转子高速旋转时，密封盘上各个方块上均形成油膜，使方块的瓦面与旋转轴之间维持一层隔离油，起着密封内外两种气体（氢气和空气）的作用。

6-247 氢冷发电机环式轴密封装置是怎样工作的？

答：氢冷发电机环式轴密封装置的密封间隙在轴的外表面与密封环的内表面之间，密封油在密封间隙中形成密封油环来防止漏氢，空气侧和氢气侧油流分别流动。氢气侧回油一般进入专门的密封油箱中，使油中含有的氢气及其他气体与油分离，空气侧回油则与支撑瓦回油混合在一起，流回汽轮机的主油箱。运行中的密封环可随轴的振动而在油膜中径向浮动。

6-248 氢冷发电机密封油系统的工作要求是什么？有哪两种供油形式？

答：为了防止发电机氢气向外泄漏或漏入空气，发电机氢冷系统应保持密封，特别是发电机两端大轴穿出机壳处必须采用可靠的轴密封装置。目前，氢冷发电机多采用油密封装置，即密封瓦，瓦内通有一定压力的密封油，密封油除起密封作用外，还对密封装置起润滑和冷却作用。因此，密封油系统的运行，必须使密封、润滑和冷却三个作用同时实现。

由于密封瓦的结构不同，因此密封油系统的供油方式也有多种形式，但归纳起来可分为两种形式：单回路供油系统和双回路供油系统。

6-249 什么是单回路供油系统？

答：单回路供油系统即向密封瓦单路供油，系统一般设置交流密封油泵、直流密封油泵、射油器，有些系统还有高位阻尼油箱共四个油源。为了保证油质和油温，密封油系统中还有滤网和冷油器等设备。另外，为保证密封油系统供油的可靠性，有些机组还从润滑油冷油器前后向密封油系统提供备用油源。当密封油系统供油发生故障，密封油压降到仅比氢压高0.025MPa左右时，备用油源管路上的止回阀在备用油与密封油压力差的作用下自动打开，备用油源向密封油系统供油。

6-250 什么是双回路供油系统？

答：双回路供油系统即向密封瓦双路供油，在密封瓦内形成双环流供油形式，即有空气侧和氢气侧分别独立的两路油。该油路系统是在单回路供油的基础上，增加一路氢侧供油，即增加一台氢侧油泵、氢侧密封油箱、滤网、冷油器等设备。

6-251 采用双回路供油系统比采用单回路供油系统有何优缺点?

答：单回路供油系统由于只有一路油源，使得密封油被发电机内氢气污染的油量较大，因而需要与汽轮机油系统分开，并配置专门的油除气净化设备。同时油也将气体带入发电机使氢气污染而增加发电机的氢气排污，因而增加发电机的氢气损耗。为了减轻净化设备的负荷并减少氢气的损耗，可以采用双回路供油系统。

双回路供油系统具有两路油源：一路为供向密封瓦空气侧的空侧油；另一路为供向密封瓦氢气侧的氢侧油。其中，空侧油中混有空气，氢侧油中混有氢气。两个油流在密封瓦中各自成为一个独立的油循环系统，空、氢侧油压通过油系统中的平衡阀作用而保持一致，从而使得在密封瓦中区（两个循环油路的接触处）没有油的交换。因此，可以认为双回路供油系统被油吸收而损耗的氢气几乎为零（氢侧油吸收氢气至饱和后将不再吸收氢气）。空侧油因不与氢气接触则不会对氢气造成污染。

双回路供油系统的缺点：系统较为复杂，对平衡阀、压差阀等关键部件的动作精度及可靠性要求较高。

6-252 双回路供油系统中平衡阀、压差阀是如何动作的?

答：运行中油压对氢压的跟踪主要依靠平衡阀、压差阀来实现，下面以氢压下降为例叙述其跟踪过程。当氢压下降时，作用在油氢压差阀上部的氢压随之下降，油氢压差阀在下部油压作用下带动阀体上移，关小去空侧油回路的供油阀，使空侧供油量减小，空侧油压下降，起到油压跟踪氢压的作用。由于压差阀活塞上加有配重块，因此油氢压力在维持到规定的差压时，就不再变化，趋于稳定。空侧油压下降，使得作用于平衡阀上部的空侧油压下降，平衡阀在下部氢侧油压的作用下，带动阀体上移，使氢侧密封油压力在平衡阀的作用下下降，由于平衡阀活塞上未装配重块，因此氢侧油压能基本保持和空侧油压一致。氢压升高时动作过程与上述步骤相反。

6-253 为什么要求空气、氢气侧油压差在规定范围内?

答：理论上最好空气、氢气侧油压完全相等，这样两侧油流不至交换，在实际运行中不可能达到这个要求。为了不使氢气侧油流向空气侧窜引起漏氢，所以规定空气侧密封油压稍大于氢气侧密封油压 1kPa，如空气侧密封油压高得过多，则空气侧密封油就向氢气侧窜，一方面引起氢气纯度下降，另一方面易使氢气侧密封油箱满油。反之，若氢气侧密封油压大于空气侧密封油压，则氢气侧密封油即向空气侧窜，使氢气泄漏量大，还要引起密封油箱缺油，不利于安全运行。

6-254 密封油箱的作用是什么？它上部为什么装有 2 根与发电机内相通的 ϕ16 的管子？

答：密封油系统为双流环式密封瓦结构的，其空气侧与氢气侧密封油相互不干扰，空气侧密封油循环是由主油箱的油完成的，而氢气侧密封油循环是由氢气侧密封油箱内的油来完成的。因此，密封油箱的作用是用来提供完成氢气侧密封油循环的一个中间储油箱。

氢气侧密封油是直接与氢气接触的，当中溶解有很多氢气，油回到氢气侧密封油箱后，氢气将分离出来，分离出的氢气如不及时排掉，将引起回油不畅。所以在氢气侧密封油箱上部装有 2 根 ϕ16 的管子与发电机内系统接通，使分离出的氢气及时排出，运行中应将这两个阀门开启。

6-255 什么是定子冷却水系统？

答：氢冷发电机的冷却水系统主要是用来向发电机的定子绕组和引出线不间断地供水。此系统常简称为定子冷却水系统。

6-256 定子冷却水系统的工作要求及组成是什么？

答：定子冷却水系统必须具有很高的工作可靠性，能确保长期稳定运行。冷却水不仅不能含有机械杂质，而且对其电导率及硬度等都有严格要求，一般要求电导率不大于 1.5μS/cm；pH 值为 7～8，硬度不大于 2μg/L，水中含氧量尽可能少。否则将会影响发电机的安全运行。发电机定子冷却水系统由水箱、水泵、冷却器、滤网、离子交换器、电导率计等组成。

6-257 发电机空气冷却器的结构是怎样的？

答：发电机的空气冷却器俗称冷风器，由管束排列组成，管内通以冷却水，需要冷却的空气在管束之间循环而得到冷却。为了增加水管和空气的接触面积加强传热，冷却水管的外表面装有铝质合金鳞片状薄片或螺旋形散热丝。

为检查、检修和安装方便，常将一个空气冷却器分成多组。空气冷却器内的冷却水通常由供汽轮机凝汽器的冷却水供给，冷却水的流程一般是双流程或单流程的形式。

6-258 什么是“双水内冷”发电机？

答：水、水、空冷却的汽轮发电机是指发电机的定子绕组和转子绕组都是用水冷却，定子铁芯用空气冷却，这种类型的汽轮发电机在我国也常简称为“双水内冷”发电机。实际上“双水内冷”汽轮发电机除了水、水、空冷却方式外，还应有水、水、氢冷却方式。

6-259 双水内冷发电机的定子和转子是怎样冷却的？

答：目前双水内冷发电机的铁芯大多数仍采用气体介质冷却。因此，这种发电机除了有水系统外还保留了通风冷却系统。由于绕组产生的热量由水直接带走，所以冷风器的容量可以减少。

定子绕组的冷却水从外部水系统由管道流入装在定子机座上的进水环中，水从进水环分别经过绝缘导管流入各个线棒。水在导线中流动的过程吸收导线中的热量，使冷却水温度逐渐升高。各绕组的出水流入绝缘导管后汇集到装在机座上的出水环中，最后排入发电机的外部水系统。

转子绕组的冷却水由励磁机的轴端引入，沿轴向流入发电机转子的中心孔内。在转子的进水端，水流改变方向沿径向孔流入集流环，再分别流经装在集水环上的绝缘导流管，沿轴向流过各个绕组，然后经过绝缘导管汇总到出水环，再由出水环外圆上的径向孔甩出。

冷却水在发电机的转子与定子中流通量是不相同的。在定子里其入水量的大小与进水压力大小有关，流过转子绕组的冷却水量的大小及其流通情况取决于转子本身的旋转速度，而外加的水压只起辅助作用。

6-260 水、水、空冷却的汽轮发电机有哪些特点？

答：水、水、空冷却的汽轮发电机具有以下特点：

(1) 定子绕组和转子绕组温度低，绝缘寿命长，发电机的超负荷能力大。

(2) 绕组温度低，导线与绝缘层间相对位移极少，转子平衡稳定。水冷转子绕组温度低，导线无局部过热点，绕组区间以及绕组与转子铁芯之间的温差小，这样就避免了铜导线匝间因启动、停机时热胀冷缩不一致而引起相对位移并影响转子平衡。我国制造的水冷转子，运行中极少发生匝间短路。水内冷转子平衡可以长期保持稳定。

(3) 尺寸小、用料少、质量轻。

(4) 水、水、空冷却的发电机的冷却介质单一，配套设备较少，运行、维护、检修较简便。

(5) 水、水、空冷却的汽轮发电机内部充满空气，无爆炸及燃爆的危险，无需净化及氢气检漏等工序。因而投运及检修和启动、停机方便，节约时间。

(6) 水冷定子槽形较浅，瞬变电抗较小，有利于系统的稳定。

(7) 水、水、空冷却的汽轮发电机的风磨损耗较大，但采取适当措施后效率可接近氢冷发电机水平。

(8) 端部压圈等结构件局部温升较高，双水内冷发电机定子铁芯的温度不高，但由于定子绕组负荷高，端部漏磁严重，所产生的损耗较大，再加以空气冷却的效果较差，所以端部压圈、压指的局部温升较高，需要采取电磁屏蔽及加强端部结构件的冷却等措施。

(9) 制造工艺与空冷发电机近似，比较简单。

6-261　水、水、空冷却的汽轮发电机的工作过程是怎样的？

答：水、水、空冷却的汽轮发电机的工作过程：冷却水经安装在轴末端的同轴水泵升压后，供给定子绕组、引出线和转子绕组进行冷却。其中，定子绕组、引线冷却后的水回到储水器中，转子冷却后的水经进、出水结构回到储水器，然后循环使用。安装在该系统中的离子交换器用来对循环水进行再生净化。静止时水泵是用来在启动过程中对系统进行通水以润滑或冷却转子进出水部件的。

6-262　水、水、空冷却系统具有什么特点？

答：水、水、空冷却系统具有以下特点：

(1) 采用与转子同轴的水泵，动力自给，安全可靠。

(2) 采用非接触密封，无接触磨损，维护工作量小。

(3) 由于漏水回收而无冷却水消耗或者消耗极少。

6-263　什么是一次元件？其作用是什么？

答：一次元件又称为传感器或发送器。它的作用是感受被测参数的变化，并将被测参数变化转换成为一个相应的信号输出。

6-264　变送器的作用是什么？

答：变送器的作用是将一次元件输出的信号按一定的关系转换成电量后传送给二次仪表。

6-265　二次仪表的作用是什么？

答：二次仪表的作用是直接显示或记录测量结果。

6-266　简述弹簧压力表的工作原理。

答：被测压力导入圆弧形或螺旋形的弹簧内，使其密封自由端产生位移。当被测压力大于大气压力作用时，向外扩张（当小于大气压力的真空作用时，向内收缩），然后再经传动放大机构，经扇形齿轮，小齿轮带动指针偏转，指示出压力的大小。

6-267 简述U形管压力计的工作原理。

答：U形管压力计是由直径相同的弯成U形的玻璃管构成，固定在底板上后，垂直安装，两管之间有刻度标尺，标尺零点在中间位置，连通管内零刻度线以下注入工作液体。进行压力测量时U形管的一端引入被测压力，另一端通大气。在被测压力的作用下，管内液柱高度发生变化，根据管内液面上升的高度，便可得出被测压力值，设工作液体密度为ρ，液柱高度变化为h，则表压力$p_g = h\rho g$。如被测压力较小，工作液体用密度较小的液体（如水、酒精等）；如被测压力较大，则用密度较大的液体（如水银）。

6-268 膜盒式压力计的工作原理是什么？

答：膜盒式压力计主要是用来测量空气和烟气的压力的，它主要由膜盒和传动机构组成。被测压力引入膜盒后，在被测压力的作用下，膜盒变形使其自由端发生位移，经传动机构使指针发生偏转，在刻度盘上指示出被测压力的大小。

6-269 常用温度测量仪表有哪几种？

答：常用温度测量仪表有三种：膨胀式温度计、热电偶温度计、热电阻温度计。

6-270 膨胀式温度计的工作原理是什么？用在何处？

答：膨胀式温度计是利用物体受热后体积膨胀的性质制成的。根据结构不同，它可分为玻璃管液体温度计、压力式温度计和双金属温度计三种形式。玻璃管液体温度计适用于就地测量，如引风机、送风机、磨煤机等的轴瓦温度测量；压力式温度计用于温度为－60～550℃的水、蒸汽等工质温度的测量；双金属温度计用于风、烟温度的测量。

6-271 简述热电偶温度计的工作原理。热电偶温度计通常用在何处？

答：热电偶温度计是将两种不同的金属焊接构成的，热电偶工作端插入被测量的设备或介质中，使其工作端感受被测介质的温度，其冷端置于设备或介质外面，并通过补偿导线和导线与测量微电动势的测量仪表连接起来构成闭合回路。由于热电偶两端所处的温度不同，就会有电动势产生，这种现象称为热电现象，所产生的电动势称为热电动势。材料确定后，热电动势的大小取决于热电偶热端的温度，被测温度越高，热电动势就越大。根据热电动势的大小，便可测出相应的温度值。热电偶温度计广泛用于测量蒸汽温度、烟气温度和管壁温度。

6-272 简述热电阻温度计的工作原理。热电阻温度计通常用在何处?

答: 热电阻温度计是基于金属导体电阻的大小随温度变化的特性制成的，它由不同金属丝烧制而成，金属丝之间用导线连接起来组成一个完整的电阻测温系统。如将热电阻置于被测介质中，其电阻值随被测介质温度变化而变化并通过测量仪表反映出来，从而达到测温的目的。热电阻温度计常被用来测量给水、排烟、热风等温度较低的介质。

6-273 常用的流量测量方法有哪几种类型？其原理如何?

答: 常用的流量测量方法可归纳为容积法和流速法两大类。

(1) 容积法。如果流体以固定的体积从流量计中逐次排出，则对排放次数进行计数即可求得通过仪器的流体总量，如刮板流量计、椭圆齿轮流量计、罗茨流量计等。

(2) 流速法。根据一元流动的连续方程，当流通截面面积恒定时，通过该截面的流体体积流量与平均流速成正比。直接或间接地测得流体的平均流速，就可求得流量，如涡轮流量计、叶轮流量计、动压测量管、靶式流量计、节流变压降式流量计等。

6-274 差压式流量计的工作原理是怎样的?

答: 差压式流量计的工作原理是：当流体在管内流动通过特制的节流装置时，在节流装置的前后就产生了差压，这样的差压和流量有一定的对应关系。测量出这个差压就可计算出它所对应的流量。

6-275 电接点水位计的工作原理是怎样的?

答: 电接点水位计是根据汽和水的电导率不同测量水位的，高压锅炉的炉水电导率一般要比饱和蒸汽的电导率大数万到数十万倍。电接点水位计是由水位测量容器、电极、电极芯、水位显示灯以及电源组成的。电极装在水位容器上组成电极水位发送器。电极芯与水位测量容器外壳之间绝缘。由于水的电导率大，电阻较小，当接点被水淹没时，电极芯与容器外壳之间短路，则对应的水位显示灯亮，反映出汽包内的水位。而处于蒸汽中的电极由于蒸汽的电导率小，电阻大，所以电路不通，即水位显示灯不亮。因此，可用亮的显示灯多少来反映水位的高低。

6-276 氧化锆氧量计的工作原理是什么?

答:以氧化锆作固体电解质，根据电解质两面氧的浓差不同组成浓差电池。这种电池一面是空气，另一面是被测烟气，在一定温度条件下，如果两侧面电极处在不同氧含量的气体中（氧的分压力不同），在高温下氧分子发生电离并通过氧化锆，由浓度高的一侧向浓度低的一侧扩散，从而在氧化锆两侧电极间产生氧浓差电动势，其大小与两侧气体中氧气的分压力有一定关系。如一侧氧浓度固定，即可通过测量输出电动势来测量另一侧的氧含量。

6-277 简述电气式转速表的工作原理。

答:电气式转速表采用测速发电机为转换器，测速发电机通过软轴与汽轮机大轴相连接。汽轮机转动时，带动测速发电机转子转动，从而发电，其输出电压和转速成正比。测速发电机输出的交流电压经各组整流器整流成直流电压，加到各分压器上，由分压器取出的电压信号，送入显示表，即指示出转速。

6-278 如何评价一个自动调节系统的质量?

答:评价一个自动调节系统的质量主要应从以下几点进行:

(1) 稳定性。若调节系统受到扰动后，经过自动调节达到新的稳定的数值，则称这种调节系统是稳定的调节系统，否则称为不稳定的调节系统。

(2) 准确性。调节系统稳定以后，被调量的实际值与给定值之间的偏差程度。

(3) 快速性。调节过程经历的时间越短越好。

稳定性、准确性、快速性三个指标是相互制约的，稳定性过高，调节过程时间要加长，从而影响快速性；反之，若片面要求快速性，则稳定性下降。因此，在实际生产中要根据实际情况综合考虑。一般是首先满足稳定性要求，再兼顾到准确性和快速性。

6-279 自动控制装置有哪些基本部件?其作用是什么?

答:自动控制装置有测量部件（变送器）、运算部件（调节器）和执行机构（执行器）。

(1) 测量部件。用来测量被调量的大小，能把被调量的大小转变成与其成比例的电流或电压信号传送出去。

(2) 运算部件。能接收测量部件送来的被测量信号并把它与定值器送来的信号进行比较，当被调量与给定值有偏差时，产生一个反映偏差方向和大小的信号，同时又按调节器所具有的某种运算规律进行运算，根据运算结果发出调节信号。

（3）执行机构。按照调节器送来的调节信号去控制调节机构，即将阀门开大或关小。

6-280 自动调节设备按结构形式是如何分类的？

答：自动调节设备按结构形式可分为基地式和单元组装式两类。

基地式仪表是以指示、记录仪表为主体，附加调节机构而组成的，现代大型机组自动化水平高，控制设备多。一般次要的调节系统中采用基地式调节设备。

单元组装式仪表的各种功能部件自成一个独立的单元，使用时可根据需要组合成各种复杂的自动调节系统。各单元之间采用统一的标准信号，为使用提供方便。

6-281 自动调节设备按使用的能源是如何分类的？

答：自动调节设备按使用能源可分为电动式、气动式、液动式、电液式等形式。

电动调节设备以电能为能源，其特点是动作快、可远距离传送。

气动调节设备以压缩空气为能源，适用于简单调节系统，多用于防火防爆场所。

液动调节设备是以具有一定压力的液体为能源的，其结构简单，推动力大，但设备笨重。

电液式调节系统则用于大型机组的调节。大型机组中目前采用电动调节设备较多，其次是气动调节设备，旁路系统及汽轮机的调节一般采用液动调节。

6-282 热工信号有哪几种？

答：热工信号有热工报警信号、热工事故信号两种。

（1）热工报警信号。在热力设备运行过程中，某些运行参数偏离允许范围（第一越限值）时，它能发出灯光和音响信号。

（2）热工事故信号。当因任何原因，热工参数偏离规定值，且超越第一限值而达到第二限值时，热工信号系统发出的报警信号称为事故信号。

6-283 热工信号是如何实现的？

答：大型机组热工信号的实现是由热工中央信号系统来完成的。热工信号系统一般由热工信号、光字牌、音响、试验回路、确认回路及中央信号装置等环节组成。当热工信号出现时，通过中央信号装置发出光字牌闪光信号

并辅助以音响报警，确认按钮的作用是消除音响和闪光，使光字牌变为平光。运行人员可通过试验按钮来定期检查中央信号系统工作是否正常。

6-284 热工保护的作用是什么？

答：热工保护的作用是当设备运行工况发生异常或某些参数超越允许值时，根据故障异常的性质和程度，对相应的设备或系统按一定的规律进行自动操作，避免设备损坏和保证人身安全。

6-285 单元机组保护的任务是什么？

答：单元机组热工保护的特点是将锅炉、汽轮机及发电机等设备视为一个整体来考虑的。单元机组保护的任务主要是当单元机组某一部分发生事故时，根据事故情况对单元机组进行紧急单元停机保护、改变机组运行方式的保护和进行局部操作的保护。

（1）当发电机内部故障时，保护动作紧急停机。

（2）当发生事故停炉时，单元机组保护自动停机解列。

（3）当单元机组锅炉辅机出力不足时，单元机组保护则自动减负荷。

6-286 汽轮机主机保护在目前常用的有哪些？

答：汽轮机主机保护在目前常用的有以下几种：

（1）凝汽器真空低保护。凝汽器真空保护装置由弹簧管电接点真空表或真空压力开关、继电器和保护开关组成。

（2）汽轮机润滑油压低保护。低油压信号一般采用压力开关，低油压保护装置由压力开关、继电器和保护开关组成。

（3）汽轮机超速保护。大型机组一般都有三套保护装置，即危急保安器超速保护装置、附加超速保护装置和电超速保护装置，有的机组还装有汽轮机危急保安器指示装置，用以指示危急保安器是否动作。在DEH系统中还有超速限制保护（OPC）。

（4）汽轮机轴向位移保护。汽轮机轴向位移测量是指推力盘相对于推力瓦轴向位移的测量。在汽轮机的推力瓦处、汽轮机轴上设有凸缘或利用联轴器的凸缘，把位移传感器放在凸缘的正前方3mm处，传感器固定在轴承座上，当凸缘和传感器的间隙变化时，经过前置器将位移量转换为一个相应的信号送到监视和保护装置。当其信号达Ⅰ值时报警，超过Ⅱ值时保护动作停机。

（5）汽轮机胀差保护。大型机组高、中和低压缸都分别装有胀差测量传感器，一旦胀差达到允许极限Ⅰ值，发出声光报警信号；当胀差过大，超过其最大允许Ⅱ值时，保护动作停机。

（6）汽轮机轴振动和轴承振动保护。大型机组每个轴瓦都分别装有轴振动和轴承振动传感器，传感器出来的信号经过前置器将信号送到监视和保护装置上，分别显示汽轮机各瓦的轴振动和轴承振动情况。当其振动值超过其最大允许Ⅱ值时，保护动作紧急停机。

（7）轴瓦温度高保护。

6-287 给水泵保护有哪些？

答：大型机组的给水泵有电动给水泵和汽动给水泵两种，它们的容量较大，为了保证安全，一般都设置如下保护：支撑轴承温度高、推力轴承温度高、轴承润滑油压低、冷却器油温高、汽动给水泵超速、轴向位移大、给水泵出口滤网压差大、给水泵出口流量太小等。

6-288 汽轮机旁路系统有哪些保护？

答：汽轮机的旁路系统是单元机组热力系统的一个重要组成部分，它在机组启动、停机和事故中起着调节和保护作用。但为了保证安全，对旁路系统的投入设计了必要的保护连锁条件：

（1）对于一级旁路装置（也称高压旁路装置），当减温水的压力低于规定值或再热器进口蒸汽温度高于规定值时，禁投或切除一级旁路系统。

（2）对于二级旁路装置（也称低压旁路装置），当减温水压力低于规定值或凝汽器真空过低或旁路出口温度过高时，禁投或切除二级旁路系统。

第七章 热力网设备

7-1 热电厂的热网系统根据载热质的不同可分为哪几种？

答：热电厂的热网系统根据载热质的不同可分为汽网和水网。

7-2 水网由哪几部分组成？

答：水网由蒸汽系统、循环水供热系统和疏水系统三部分组成。

7-3 什么是外网系统及厂内热网系统？

答：在水供暖热网系统中，把到用户的供、回水总阀以外的系统称为外网系统。总阀以内的系统称为厂内热网系统。

7-4 水网适用于哪些负荷？

答：水网一般适用于采暖、通风负荷，以及100℃以下的低温工艺热负荷。

7-5 什么是高温水供热系统？

答：水温为180～250℃的供热系统称为高温水供热系统。

7-6 高温水供热系统的特点是什么？

答：高温水供热系统的特点如下：

（1）用于生产工艺热负荷，温度稳定，调节方便，有时还有利于提高产品质量。

（2）高温水供热是大温差小流量的输热，工质的载热能力提高，管径和输送电耗小，管网投资和运行费用降低，使热价成本降低。

（3）扩大供热半径，发展了更多工业用户，提高了电厂的经济性。

（4）高温水供热可回收全部抽汽凝结水，降低了水处理设备投资和制水成本。同时采用多级抽汽加热，有利于提高电厂的经济性。

（5）因回水温度高，热网的定压方式较为困难。

（6）系统承受压力增大，增加了投资。

（7）高温供热系统的维护比一般系统要求严格。

7-7 汽网有哪两种供汽方式？

答：汽网有直接供汽和间接供汽两种方式。

7-8 热网站内汽水系统包括哪些？

答：热网站内汽水系统包括蒸汽系统、疏水系统、补水系统、热网循环水系统及疏排水系统。

7-9 什么是减温减压器？其作用是什么？

答：减温减压器（RAP）是将具有较高参数的蒸汽的压力和温度降至所需数值的设备，在发电厂中主要作为厂用蒸汽的汽源。在热电厂中，它不仅可以用来作为调节抽汽机组向外界供热的备用汽源，而且也能对外界热用户供热。一般情况下，它是用来向热网尖峰加热器提供加热蒸汽。

7-10 减温减压装置的工作原理是什么？

答：如图 7-1 所示，减温减压装置的工作原理是压力、温度较高的蒸汽首先经节流阀节流降压，然后喷入减温水，使蒸汽的压力、温度降至规定值。减温水来自高压给水泵的出口或将凝结水泵出口的凝结水经专门减温水泵升压后作为减温水。

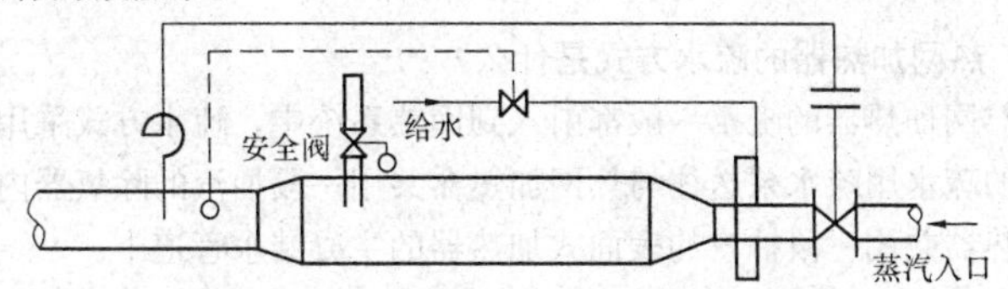

图 7-1 减温减压装置的工作原理

7-11 减温减压装置的作用是什么？

答：在火力发电厂中，减温减压装置有以下几方面的作用：

（1）在对外供热系统中，装设减温减压装置用以补充汽轮机抽汽的不足。此外，还可作备用汽源，当汽轮机检修或事故停运时，它将锅炉的蒸汽减温、减压，以保证热用户的用汽。

（2）在大容量中间再热式汽轮机组的旁路系统中，当机组启动、停机或发生故障时，它可起调节和保护的作用。

（3）电厂内所装的厂用减温减压器可作厂用低压用汽的汽源。

（4）电厂中装设点火减温减压器则是用于回收锅炉点火的排汽。

7-12 减温减压器一般是用什么方法进行减温、降压的？

答：减温减压器一般是用喷水法减温，节流法降压。

7-13　什么是热网加热器？其特点是什么？

答：热网加热器是用来加热热网水的加热器，其特点是容量和换热面积较大，端差可达10℃，为了便于清洗，热网加热器多采用直管管束。

7-14　热网加热器系统装设哪几种加热器？

答：热网加热器系统一般装设基本和尖峰两种加热器。

7-15　简述基本加热器的原理。

答：基本加热器在整个采暖期间均运行，它是利用汽轮机的0.12～0.25MPa的调整抽汽作为加热蒸汽的，可将热网水加热到95～115℃，能满足绝大部分供暖期间对水温的要求。

7-16　简述尖峰加热器的原理。

答：尖峰加热器在冬季最冷月份，要求供暖水温达到120℃以上时使用。尖峰加热器在水侧与基本加热器串联，利用压力较高的汽轮机抽汽或经减温减压后的锅炉蒸汽作汽源。

7-17　热网加热器的疏水方式是什么？

答：热网加热器的疏水一般都引入到回热系统中，疏水方式采用逐级自流，最后的疏水用疏水泵送往与热网加热器共用一段抽汽的除氧器内或引到与热网加热器共用一段抽汽的表面式加热器的主凝结水管道中。

7-18　热电厂内尖峰热水锅炉的主要任务是什么？

答：热电厂内尖峰热水锅炉的主要任务是高峰热负荷期把基本加热器的出口水温进一步加热到热网设计温度（130～150℃），热网中部或末端的尖峰热水锅炉的供热参数一般采用与热电厂相同的供热参数。对现有的热电厂，也可以增加一定数量的尖峰热水锅炉或使热电厂与区域性锅炉房配合，这样可以扩大热电厂的供热能力，提高经济效益。

7-19　热水锅炉分为哪几种？

答：热水锅炉有直流炉和自然循环炉两种，其工作原理与蒸汽锅炉相似，只不过水在锅炉内是单相（液态）流动的。

7-20　什么是直流式热水锅炉？

答：直流式热水锅炉是一种无汽包的强制循环锅炉，锅炉水在水泵压力作用下，通过联箱实现垂直上下单一方向流动。

7-21 自然循环水锅炉中的水是如何实现循环的?

答：自然循环热水锅炉中的水是靠锅炉受热面中水温的不同而形成密度差来建立自然循环的。

7-22 对热水锅炉有何要求?

答：为保证安全、经济运行，热电厂承担高峰负荷的热水锅炉和向供热区域供给大量热水的热水锅炉，应有下列要求：

(1) 在大于100℃的高温热水锅炉和系统中，无论系统是处于运行状态还是静止状态，都要求防止热水汽化，因此需有定压装置对系统的某一点进行定压，使锅炉及系统中各处的压力都高于供水温度的饱和压力。

(2) 热水锅炉一般只在采暖期使用，设备利用率低，因此在保证安全经济的前提下，力求锅炉的结构简单，造价低。

(3) 由于热负荷随室外气温变化而增减，引起水温和循环水量的改变，因此要求热水锅炉的负荷有较大的变化范围，并能在低负荷下安全运行。

(4) 对热网的不正常工况有一定适应能力。

(5) 为避免水侧产生水垢和气体腐蚀，系统中应有水处理和除氧设备。

7-23 简述热电厂内的尖峰热水锅炉启、停原则。

答：热网水经过基本加热器被加热到110℃左右，如果室外气温继续降低，进入高峰热负荷期，把热网水送入尖峰热水锅炉继续加热到150℃左右，再送给供热系统。当室外气温回升到尖峰热水锅炉停运的室外温度时，则停运尖峰热水锅炉，使热网从基本加热器出来的水通过旁路系统直接进入供热系统。

7-24 简述保证热水锅炉安全运行的方法。

答：热网水在热水锅炉中加热到供热所需温度后（150℃）把其中一部分加热后的水用循环水泵打回锅炉入口回水管与回水混合，其目的是把锅炉入口水温提高到烟气的露点以上，同时也使流经锅炉的水温保持恒定。当室外气温较高时，可通过旁路管掺混回水来降低供水管内水温，避免锅炉在较低负荷下运行所带来的问题。

7-25 供热网加热器的汽源有哪些?

答：供热网加热器的汽源来自汽轮机的中压缸的末级排汽，调整抽汽压力为0.245～0.686MPa，来自辅助汽源（来自锅炉或相邻机组）的蒸汽经减温减压器后，作为热网加热器的备用汽源。

7-26 热网加热器的循环水设置旁路有什么作用?

答:热网加热器的循环水设置旁路有以下两个作用:

(1)任一台热网加热器停运时,循环水量的一部分可通过旁路继续运行。

(2)在热网加热器正常运行工况下,可以根据外界热负荷短时间的变化,主动地利用旁路上的阀门,改变旁路部分的水量,进行供热调节。

7-27 为什么热网加热器的疏水不能直接送入高压除氧器?

答:热网加热器的疏水系统较为复杂,主要原因是亚临界压力直流锅炉对给水品质的要求较高,凝结水通常需要进行精处理,而热网加热器疏水含铁量较大,又难免泄漏,因此不能将疏水直接送入高压除氧器。

7-28 热网的调节方式是什么?

答:热网的调节方式是采用热电厂的热网站内部集中质调节手段。

7-29 为什么抽汽供热式热网的调节采用内部集中质调节手段?

答:采用集中质调节,有以下几个原因:

(1)苏联及东欧各国在热电厂供热方面,大都采用此方式,具有相对成熟的经验。

(2)此方式具有简单易行、便于管理、误操作可能性小等优点。

(3)因为供热机组的中压缸排汽不论是用于发电,还是用于供热,都会被充分利用。

(4)采用此方式,对城市热网二级热力站的水量分配没有影响。

7-30 热网加热器安全阀的作用是什么?

答:为确保热网加热器水侧、汽侧不超压,在加热器汽侧、水侧均设置了安全阀保护,安全阀是在试验台上调试好以后再装在系统上的,动作值为正常工作压力的1.25倍。

第三部分

运行岗位技能知识

第八章 汽轮机的启动、停止

8-1 什么是缸胀？机组启动停机时缸胀如何变化？

答：汽缸的绝对膨胀称为缸胀。

汽轮机的启动过程是对汽缸、转子及每个零部件的加热过程。在启动过程中，缸胀逐渐增大；停机时，汽轮机各部金属温度下降，汽缸逐渐收缩，缸胀减小。

8-2 什么是汽轮机的胀差？胀差正负值说明什么问题？

答：汽轮机在启、停或工况变化时，转子和汽缸分别以自己的死点膨胀或收缩，两者热膨胀的差值称为胀差。胀差为正值时，说明转子的轴向膨胀量大于汽缸的膨胀量；胀差为负值时，说明转子的轴向膨胀量小于汽缸的膨胀量。

当汽轮机启动时，转子受热较快，一般都为正值；汽轮机停机或甩负荷时，胀差较容易出现负值。

8-3 胀差大小与哪些因素有关？

答：汽轮机在启动、停机及运行过程中，胀差的大小与下列因素有关：

(1) 启动机组时，汽缸与法兰加热装置投用不当，加热汽量过大或过小。

(2) 暖机过程中，升速率太快或暖机时间过短。

(3) 正常停机或滑参数停机时，汽温下降太快。

(4) 增负荷速度太快。

(5) 甩负荷后，空负荷或低负荷运行时间过长。

(6) 汽轮机发生水冲击。

(7) 正常运行过程中，蒸汽参数变化速度过快。

8-4 什么是汽轮机的惰走？

答：汽轮发电机组在解列打闸停止进汽后，转子依靠自己的惯性继续转动的现象称为惰走。

8-5 什么是汽轮机的惰走曲线?

答：转子在旋转时受到摩擦、鼓风损失的阻力和带动主油泵等的机械阻力作用，转速将逐渐降低到零。从打闸停机到转子完全静止的这段时间称为惰走时间。在惰走时间内，转速与时间的关系曲线称为惰走曲线。

8-6 汽轮机转子惰走曲线有什么作用?

答：新机组投运一段时间，各部位工作正常后，即可在停机期间测绘转子的惰走曲线，以此作为该机组的标准惰走曲线。绘制这条曲线时要控制凝汽器的真空，使其以一定速度下降，以后每次停机均按相同工况记录，绘制惰走曲线，以便于比较分析问题。如果惰走时间急剧减少，可能是轴承磨损或汽轮机动、静部分发生摩擦；如果惰走时间显著增加，则说明主蒸汽或再热蒸汽管道阀门或抽汽止回阀不严，致使有压力蒸汽漏入了汽缸。

当顶轴油泵启动过早，凝汽器真空较高时，惰走时间也会增加。

8-7 什么情况下禁止启动汽轮机?

答：在下列情况下禁止启动汽轮机：

(1) 汽轮机转子挠度超过原始值的0.02mm。

(2) 调节系统不能维持汽轮机空负荷运行，或机组甩负荷后不能维持转速在危急保安器动作转速内。

(3) 危急保安器动作不正常，高压主汽阀、中压主汽阀、调节汽阀、抽汽止回阀及高排止回阀卡涩不能严密关闭。

(4) 高压或中压外缸上、下温差大于50℃，内缸上、下温差大于35℃。

(5) 主机保护试验不合格，主机保护或主要辅机保护不能正确投入。

(6) 任何一台油泵故障或盘车装置不能投入。

(7) 主油箱油位在低限或油质不合格。

(8) 盘车状态下，机组内有明显的金属摩擦声。

(9) 主要自动装置不能投入，主要仪表（包括转速表、汽温表、汽压表、胀差表、轴承和转子振动表、轴向位移表、油压表、真空表及轴承温度表）失灵。

(10) 汽水管道有泄漏。

(11) DEH控制系统故障。

8-8 为什么说启动是汽轮机设备运行中最重要的阶段?

答：汽轮机启动过程中，各部件间的温差、热应力、热变形大。汽轮机多数事故是发生在启动时刻。由于不正确的暖机工况，值班人员的误操作以及设备本身某些结构存在缺陷都可能造成事故，即使在当时没有形成直接事故，但由此产生的后果还将在以后的生产中造成不良影响。现代汽轮机的运行实践表明，汽缸、阀门外壳和管道出现裂纹、汽轮机转子和汽缸的弯曲、汽缸法兰水平接合面的翘曲、紧力装配元件的松弛、金属结构状态的变化、轴承磨损的增大，以及在投入运行初始阶段所暴露出来的其他异常情况，都是启动质量不高的直接后果。

8-9 什么是汽轮机合理的启动方式？

答：汽轮机的启动过程是对其各金属部件的加热过程。在启动过程中，如果温升率控制不好，使金属部件急剧加热，就会使各部件产生较大热应力、热变形，使动、静部分膨胀不均而产生胀差，造成部件寿命降低，甚至损坏部件。所谓合理的启动方式，就是寻求合理的加热方式，使机组各部件的热应力、热变形、汽缸和转子的胀差及转动部分的振动均控制在允许范围内，尽快地把机组的金属温度均匀地升高到工作温度。

8-10 汽轮机升速、带负荷阶段与汽轮机机械状态有关的主要变化是哪些？

答：汽轮机升速、带负荷阶段与汽轮机机械状态有关的主要变化如下：

(1) 由于内部压力的作用应力，在管道、汽缸和阀门壳体产生应力。

(2) 在叶轮、轮毂、动叶、轴套和其他转动部件上产生离心应力。

(3) 在隔板、叶轮、静叶和动叶产生弯曲应力。

(4) 由于传递力矩给发电机转子、汽轮机轴上产生切向应力。

(5) 由于振动使汽轮机的动叶、转子和其他部件产生交变应力。

(6) 出现作用在推力轴承上的轴向推力。

(7) 各部件的温升引起的热膨胀、热变形及热应力。

8-11 汽轮机启动过程可分为哪几个阶段？

答：汽轮机启动过程可分为下列三个阶段：

(1) 启动准备阶段。

(2) 冲转、升速至额定转速阶段。

(3) 发电机并网和汽轮机带负荷阶段。

8-12 准备启动汽轮机前应先对主、辅设备检查哪些项目？

答：准备启动汽轮机前应先对主、辅设备检查如下项目：

(1) 检查并确认所有的检修工作全部结束。

(2) 工具、围栏、备用零部件都已收拾干净。

(3) 所有的安全设施均已就位（接地装置、保护罩、保护盖）。

(4) 拆掉的管道保温层均已安装恢复，工作场所整齐清洁。

(5) 检查运行日志，所有检修工作票已经终结。

8-13 汽轮机启动有哪些不同的方式？

答： 汽轮机的启动过程就是将转子由静止或盘车状态加速至额定转速并带负荷至正常运行的过程，根据不同的机组和不同的情况，汽轮机的启动有不同的方式。

按启动过程的主蒸汽参数可分为额定参数启动和滑参数启动。

按启动前汽缸温度水平可分为冷态启动和热态启动。

按冲动控制转速所用阀门可分为调节汽阀启动、自动主汽阀和电动主阀门启动及总汽阀旁路门启动。

按冲转时的进汽方式可分为高、中压缸联合启动和中压缸启动。

8-14 按主蒸汽参数怎样划分汽轮机启动方式？

答： 按主蒸汽参数分，汽轮机的启动方式有额定参数启动和滑参数启动两种。额定参数启动是指在整个启动过程中，汽轮机从冲车至带额定负荷，汽轮机自动主汽阀前的蒸汽参数始终保持额定值。滑参数启动是指在整个启动过程中，汽轮机自动主汽阀前的蒸汽参数随机组的转速和负荷的增加而逐渐升高。滑参数启动有真空法和压力法两种方式。

8-15 按汽缸温度状态怎样划分汽轮机启动方式？

答： 各厂家机组划分方法并不相同，一般汽轮机启动前，以上汽缸调节级内壁温度150℃为界，小于150℃为冷态启动，大于150℃为热态启动。有些机组把热态启动又分为温态、热态和极热态启动。这样做只是为了对启动温度提出不同要求和升速时间及带负荷速度作出规定。

规定150～300℃为温态，300～400℃为热态，400℃以上为极热态。

8-16 按高压缸内上缸内壁温度150℃来划分冷热态启动的依据是什么？

答： 汽轮机停机时，高压汽缸转子及其他金属部件的温度比较高，随着时间的延续才逐渐冷却下来。若未达到全冷状态要求启动汽轮机，就必须注意此时与全冷态下启动的不同特点，一般把汽轮机金属温度高于冷态启动额定转速时的金属温度状态称为热态，大型机组冷态启动至额定转速时，下汽缸外壁金属温度为120～200℃。这时，高压缸各部的温度、膨胀都已达到或稍为超过空负荷运行的水平，高、中压转子中心孔的温度已超过材料的脆性转变温度，所以机组不必暖机而直接在短时间内升到全速并带一定负荷，因此，以高压缸内上缸内壁 150℃为冷、热态启动的依据。

8-17 汽轮机滑参数启动应具备哪些必要条件?

答：汽轮机滑参数启动应具备如下必要条件：

(1) 对于非再热机组要有凝汽器疏水系统，凝汽器疏水管必须有足够大的直径，以便锅炉从点火到冲转前所产生的蒸汽能直接排入凝汽器。

(2) 汽缸和法兰螺栓加热系统有关的管道系统的直径应予以适当加大，以满足法兰和螺栓及汽缸加热的需要。

(3) 采用滑参数启动的机组，其轴封供汽、射汽抽气器工作用汽和除氧器加热蒸汽需装设辅助汽源。

8-18 滑参数启动有哪些优缺点?

答：滑参数启动有如下优缺点：

(1) 使汽轮机与锅炉同步启动。锅炉点火后就可以用低参数蒸汽预热汽轮机和锅炉间的管道，锅炉压力、温度升至一定值后，汽轮机就可冲转、升速、带负荷。随着锅炉参数的不断提高，机组负荷不断增加直至额定负荷，因而大大缩短了启动时间，提高了机组的机动性。

(2) 在滑参数启动过程中，各部件的金属加热过程是在低参数下进行的，加热温差小，热应力小，并且冲转、升速都是全周进汽，因此加热均匀，金属温升率比较好控制。另外，由于低参数蒸汽在启动时容积流量大、流速高，放热系数也就大，即滑参数启动可在较小的热冲击下得到较大的金属加热速度，从而改善了机组的加热条件。

(3) 容积流量大，可较方便地控制和调整汽轮机的转速和负荷，且不致造成金属温差超限。

(4) 锅炉不对空排汽，几乎所有的蒸汽及其热能都用于暖管和暖机，减少汽水损失和热能损失。

(5) 通过汽轮机的蒸汽流量大，可有效地冷却低压段，使排汽缸温度不致升高，有利于排汽缸的正常工作。

滑参数启动的缺点是用主蒸汽参数的变化来控制汽轮机金属部件的加热，调整控制比较困难。

综合比较，滑参数启动利大于弊，所以目前单元制大容量机组广泛采用滑参数启动方式。

8-19 什么是冷态滑参数压力法启动和真空法启动?

答：(1) 冷态滑参数压力法启动。锅炉点火前，汽轮机的主汽阀和调节

汽阀处于关闭状态，只对汽轮机抽真空。锅炉点火后，首先进行主蒸汽和再热蒸汽管道的暖管，待蒸汽参数升到一定值后，开启主汽阀，用调节汽阀控制进汽量来冲动转子。在整个冲转过程中，蒸汽参数基本保持不变。

（2）冷态滑参数真空法启动。锅炉点火前，从锅炉汽包至汽轮机之间所有阀门全部开启，汽轮机盘车状态下开始抽真空。让汽轮机主蒸汽管道、锅炉的汽包、过热器全部处于真空状态，然后通知锅炉点火，锅炉压力温度缓慢上升。当蒸汽参数还很低时，汽轮机转子即被冲动，此后汽轮机的升速及加负荷全部依靠锅炉汽压汽温的滑升。

真空法启动的缺点：如果锅炉控制不当，有可能使锅炉过热器积水和主蒸汽管道的疏水进入汽轮机，从而损坏设备。另外，抽真空困难，汽轮机转速不易控制，所以较少采用真空法滑参数启动。

8-20 滑参数启动主要应注意什么问题？

答：滑参数启动应注意如下问题：

（1）滑参数启动中，金属加热比较剧烈的时间一般在低负荷时的加热过程中，此时要严格控制主蒸汽升压和升温速度。

（2）滑参数启动时，金属温差可按额定参数启动时的指标加以控制。启动中有可能出现胀差过大的情况，这时应通知锅炉停止主蒸汽升温、升压，使机组在稳定转速下或稳定负荷下停留暖机，还可以调整凝汽器的真空或用增大汽缸法兰加热进汽量的方法加以调整金属温差。

8-21 汽轮机冷态启动时金属部件的热应力如何变化？

答：对于汽轮机转子和汽缸金属部件，汽轮机冷态启动过程是一个加热过程，随着汽轮机冲转、并网及带负荷，金属部件的温度不断升高。对于汽缸，随着蒸汽温度的升高，汽缸内壁温度首先升高，内壁温度要高于外壁温度，内壁的热膨胀由于受到外壁的制约而产生压应力，而外壁由于受到内壁热膨胀的影响而产生拉应力。同样，对于转子，当蒸汽温度升高时，外表面首先被加热，使得外表面和中心孔面形成温差，外表面产生压应力，中心孔表面产生拉应力。

8-22 为什么汽轮机在启动中要进行暖管、疏水？

答：汽轮机在启动中进行暖管、疏水的目的是均匀地加热低温管道，使金属管道温度升高到接近汽轮机冲转时的蒸汽温度，以免产生较大的热应力。但在暖管的过程中，要及时排出管道中的凝结水，这样才能使管道的温度不断升高。如果管道中的凝结水不及时疏出，则使得蒸汽温度提升较慢，甚至汽轮机冲转时将水带入汽缸内而造成水冲击。

8-23 汽轮机额定参数启动时为什么必须对主蒸汽管道进行暖管?

答：通常说的暖管是指自动主汽阀前主蒸汽管道暖管。

汽轮机额定参数启动时，如果不预先暖管并充分排放疏水，由于较长的管道要吸热，这就保证不了汽轮机冲转参数达到额定值，同时管道中的凝结水进入汽轮机将造成水冲击。暖管时应避免主蒸汽管道突然受热造成过大的热应力和水冲击，使管道产生变形与裂纹。主蒸汽管道的暖管一般分为低压暖管和升压暖管。

8-24 汽轮机启动前进行主蒸汽暖管时应注意哪些事项?

答：汽轮机启动前进行主蒸汽暖管时应注意如下事项：

(1) 低压暖管的压力必须严格控制。

(2) 升压暖管时，升压速度应严格控制。

(3) 主汽阀应关闭严密，防止蒸汽漏入汽缸。电动主汽阀后的防腐门及调节汽阀和自动主汽阀前的疏水应打开。

(4) 为了确保安全，暖管时应投入连续盘车。

(5) 在整个暖管过程中，应不断检查管道、阀门有无漏水、漏汽现象，管道膨胀补偿，支吊架及其他附件有无不正常现象。

8-25 为什么汽轮机低压暖管的压力必须严格控制?

答：汽轮机低压暖管时，由于管道的初温（接近室温）比蒸汽的饱和温度低得多，蒸汽对管壁进行急剧凝结放热。凝结放热的放热系数相当大，如果不严格控制蒸汽压力，管内蒸汽压力升得过高，则蒸汽的饱和温度与管道内壁温差过大，蒸汽剧烈冷却，从而使管道内壁温度急剧增加，造成管道内、外壁，特别是阀门、三通等部件产生相当大的热应力，使管道及其附件产生裂纹或变形。因此，汽轮机低压暖管时，必须根据金属管壁的温升速度，逐渐提高蒸汽压力。

此外，管壁的温升速度还与通入管道的蒸汽流量有关，如果蒸汽流量过大，也会使管道部件受到过分剧烈的加热，故汽轮机低压暖管时，还应十分注意调节总汽阀或疏水阀的开度，以控制蒸汽流量不致过大。

8-26 采用额定蒸汽参数启动汽轮机有什么缺点?

答：采用额定参数启动汽轮机，使用的主蒸汽压力和温度都很高，主蒸汽与汽轮机的汽缸和转子等金属部件的温差很大，而高温高压机组启动中又不允许有过大温升速度，为了设备的安全，在这种条件下只能将蒸汽的进汽

量控制很小。但即使如此，主蒸汽管道、阀门和机体的金属部件仍然产生很大的热应力、热变形和热冲击，使转子和汽缸的胀差增加，对金属部件的寿命影响较大。因此，对于采用额定参数下启动的汽轮机，必须延长升速和暖机的时间，启动所需的时间长，所耗的经济费用高。额定参数下启动汽轮机时，锅炉需将参数提高到额定值才能冲动转子。在提高参数的过程中，将损失大量燃料，降低电厂的经济效益。由于上述缺点，大容量汽轮机几乎不采用额定参数启动汽轮机。

8-27 汽轮机高、中压缸联合启动有什么优缺点？

答：汽轮机高、中压缸联合启动的优点是蒸汽同时进入高、中压缸冲动转子，这种方法可使高、中压合缸的机组分缸处加热均匀，减少热应力并能缩短启动时间；缺点是汽缸转子膨胀情况较复杂，胀差较难控制。

8-28 什么是汽轮机的中压缸启动方式？它有什么优点？

答：汽轮机启动中，由中压缸进汽冲动转子，而高压缸只有在机组带10%～13%负荷时才进汽，这种启动方式即为中压缸启动方式。

中压缸启动方式有以下优点：

（1）缩短启动时间。由于冲转前进行高压缸倒暖，热应力、胀差可控制在允许范围内，因此启动初期的启动速度不受高压缸热应力和胀差的控制。另外，由于高压缸不进汽做功，在同样工况下，中压缸进汽量大，暖机更充分、迅速，从而缩短了整个启动过程的时间。

（2）汽缸加热均匀。中压缸启动时，高中压缸加热均匀，温升合理，汽缸易于胀出，胀差小。与常规的高、中压缸联合启动方式相比，虽然中压缸启动方式多一切换操作，但从整体上可提高启动的安全性和灵活性。

（3）提前越过脆性转变温度。中压缸启动时，高压缸进汽倒暖。启动初期中压缸进汽量大，可使高、中压转子尽早越过脆性转变温度，提高机组运转的安全可靠性。

（4）对特殊工况具有良好的适应性。主要体现在空负荷和极低负荷运行方面。机组在启动并网过程中，有时遇到故障等待处理或并网前要进行电气试验或其他试验，就常常遇到要在额定转速下长时间空负荷运行的情况。在采用高、中压缸联合启动方式时，即使是冷态启动，也会带来很多问题，如高压缸超温。然而，采用中压缸启动方式，只要关闭高压排汽止回阀，维持高压缸真空，汽轮机即可以安全地长时间空负荷运行。同样，采用中压缸启动方式，只要打开旁路，隔离高压缸，汽轮机就能在很低的负荷下长时间运行。

（5）抑制低压缸尾部受热。由于启动初期流经低压缸的蒸汽量较大，有效地带走低压缸尾部因鼓风摩擦而产生的热量，保持低压缸尾部温度在较低的水平。

8-29　什么是汽缸的预热？

答：汽轮机在冷态启动时，由于进汽量少，调节级处于真空状态，汽缸和转子金属温度很低，此时蒸汽接触金属就要发生凝结放热，引起热冲击，减少转子寿命。为了使蒸汽温度与转子温度、汽缸温度相匹配，汽轮机采用盘车预热的方式，即在盘车状态下，通入蒸汽或热空气，预暖汽缸、转子金属部件，使其温度尽可能升高到其冷脆转变温度以上。

8-30　在盘车状态下对汽缸预热有什么好处？

答：在盘车状态下对汽缸预热有以下好处：

（1）盘车状态下控制汽量加热，可以控制金属温升率，减小热冲击。另外，高压缸金属温度加热到一定水平后再冲转，减小了蒸汽与金属壁的温差，使得启动热应力减小。

（2）盘车状态下将转子加热到脆性转变温度以上，有利于避免转子脆性断裂现象的发生。

（3）经过盘车预热后，转子和汽缸的温度都比较高，所以根据情况可缩短或取消中速暖机。

（4）盘车预热可以在锅炉点火以前，用辅助汽源蒸汽进行预热，缩短了启动时间。

8-31　为防止热应力过大和产生热变形，汽轮机启动中应控制哪些指标？

答：在汽轮机启动过程中，为了保证启动顺利进行，防止由于加热不均使金属产生过大的热应力、热变形及由此而引起的动静摩擦，应按规定控制以下指标：

（1）蒸汽温升率不大于1～1.5℃/min，金属温升率不大于1.5～2℃/min。

（2）上、下汽缸温差不大于50℃。

（3）汽缸内、外壁温差不大于35℃。

（4）法兰内、外壁温差不大于80℃。

（5）汽缸与转子的胀差在制造厂规定范围内。

8-32 为什么要规定汽轮机冲转前上、下汽缸温差不高于50℃？

答：当汽轮机启动与停机时，汽缸的上半部温度比下半部温度高，温差会造成汽轮机汽缸的变形。它可以使汽缸向上弯曲从而使叶片和围带损坏。曾对汽轮机进行汽缸挠度的计算，当上、下汽缸温差达100℃时，挠度大约为1mm，通过实测，数值也是很近似。经验表明，假定上、下汽缸温差为10℃，汽缸挠度大约为0.1mm，一般汽轮机的径向间隙为0.5～0.6mm。因此，上、下汽缸温差超过50℃时，径向间隙基本上已消失。如果这时启动汽轮机，径向汽封可能会发生摩擦，使径向间隙增大，影响机组效率，严重时还能使围带的铆钉磨损，引起更大的事故。

8-33 汽轮机冷态滑参数启动时蒸汽参数选择的原则是什么？

答：大容量机组冷态启动参数的选择，原则上应满足汽轮机顺利达到额定转速和进行超速试验的要求，并应有一定的富余量（考虑汽缸加热装置用汽等），即汽压稍高一些；另一方面则又希望汽轮机启动时部分进汽量和容积流量多一些，以利于机组金属部件的加热，即希望汽压尽可能低一些。另外，冷态启动参数还要求蒸汽温度有50℃的过热度。

8-34 什么是负温差启动？

答：凡冲转时蒸汽温度低于汽轮机最热部位金属温度的启动称为负温差启动。

8-35 汽轮机负温差启动有什么危害？

答：因为汽轮机负温差启动时，转子与汽缸先被冷却，而后又被加热，经历一次热交变循环，从而增加了机组疲劳寿命损耗。如果蒸汽温度过低，则将在转子表面和汽缸内壁产生过大的拉应力，而拉应力比压应力更容易引起金属裂纹，并会引起汽缸变形，使动静间隙改变，严重时会发生动静摩擦事故。此外，热态汽轮机负温差启动，使汽轮机金属温度下降，加负荷时间必须相应延长，因此一般不采用负温差启动。

8-36 汽轮机启动前为什么要保持一定的油温？

答：汽轮机启动前应先投入油系统，油温控制在35～45℃之间。若温度低，可采用提前启动高压电动油泵，用加强油循环的办法或使用暖油装置来提高油温。

保持适当的油温，主要是为了在轴瓦中建立正常的油膜。如果油温过低，油的黏度增大会使油膜过厚，使油膜不但承载能力下降，而且工作不稳定。油温也不能过高，否则油的黏度过低，以致难以建立油膜，失去润滑作用。

8-37　汽轮机启动或过临界转速时对油温有什么要求？

答：汽轮机油的黏度受温度影响很大，温度过低，油膜厚且不稳定，对轴有黏拉作用，容易引起振动甚至油膜振荡。但油温过高，其黏度降低过多，使油膜过薄，过薄的油膜也不稳定且易被破坏，所以对油温的上、下限都有一定要求。汽轮机启动初期轴颈表面线速度低，比压过大，汽轮机油的黏度小了就不能建立稳定的油膜，所以要求油温较低。过临界转速时，转速很快提高，汽轮机油的黏度应该比低速时小些，即要求的油温要高些，汽轮机启动及过临界转速时，主机的油温要求如下：

主机：汽轮机启动时油温在30℃以上，过临界转速时油温为38～45℃。

8-38　启动前向轴封送汽应注意什么问题？

答：启动前向轴封送汽应注意以下问题：

（1）轴封供汽前应对送汽管道进行暖管，使疏水排尽。

（2）必须在连续盘车状态下向轴封送汽。热态启动应先送轴封供汽，后抽真空。

（3）向轴封供汽时间必须恰当，冲转前过早地向轴封供汽，会使上、下汽缸温差增大，或使胀差正值增大。

（4）要注意轴封送汽的温度与金属温度的匹配。热态启动最好用适当温度的备用汽源，有利于胀差的控制。如果系统有条件将轴封供汽的温度进行调节，使之高于轴封体温度则更好，而冷态启动轴封供汽最好选用低温汽源。

（5）在高、低温轴封汽源切换时必须谨慎，切换太快不仅引起胀差的显著变化，而且可能产生轴封处不均匀的热变形，从而导致摩擦、振动等。

8-39　为什么转子静止时严禁向轴封送汽？

答：因为在转子静止状态下向轴封送汽，不仅会使转子轴封段局部不均匀受热，产生弯曲变形，而且蒸汽从轴封段处漏入汽缸也会造成汽缸不均匀膨胀，产生较大的热应力与热变形，从而使转子产生弯曲变形。因此，转子静止时严禁向轴封送汽。

8-40　汽轮机启动时给水泵汽轮机和主机抽真空应注意哪些事项？为什么？

答：汽轮机启动时，给水泵汽轮机和主机抽真空应注意以下事项：

（1）给水泵汽轮机。在投用盘车装置后，打开抽汽总阀或备用汽总阀前

进行抽真空。

原因有两点：①自动主汽阀前疏水至凝汽器，抽真空可提高总汽阀到自动主汽阀管段的暖管效果；②防止自动主汽阀及调节汽阀阀芯泄漏，蒸汽漏入凝汽器造成汽轮机内部温度、压力升高，排汽缸安全阀动作。

（2）主机。在除氧器开始加热时即投用抽气器抽真空，使凝汽器保持微真空，在锅炉点火后及时向轴封送汽，在汽轮机冲转前将真空逐渐提高到冲转要求真空。这主要是考虑此时已有热量进入凝汽器，紧接着就是点火向轴封送汽，开锅炉分离器出口阀等操作。此时需防止汽轮机温度过高或凝汽器中压力升高，引起排汽缸安全阀动作（凝汽器通循环水也是措施之一）。

8-41 启动高压启动油泵前为什么必须先用润滑油泵向调节系统供油？

答：目的在于向调节系统缓慢充油赶走系统内的空气，以防管路振动或调节系统发生跳动现象。当然，调节系统赶空气，既可以用润滑油泵，也可以用高压启动油泵，但由于高压启动油泵出油压力高，油流速度快，而调速元件的出气孔尺寸很小，一般直径仅为1mm左右，因此用高压启动油泵充油赶空气效果不理想，容易把空气赶进死角而残留在系统内。

8-42 机组在冬季启动前使用润滑油泵进行油循环时油泵出口阀为什么要适当节流？

答：冬季气温低，循环水温也较低，机组启动前润滑油油温低，油的黏度和重力密度都相当大，而油泵的轴功率与输送油的重力密度成正比，结果电动机消耗的功率大，容易过负荷烧毁，所以润滑油泵出口阀要适当节流。

8-43 机组启动时高压启动油泵启动后应注意检查什么？

答：机组启动时高压启动油泵启动后应检查下列项目：

（1）油泵运转是否正常。检查油泵出口油压、法兰漏油、冷却水情况；轴承温度、振动、声响；电动机的电流和温升等符合要求。

（2）油系统各部油压正常。

（3）机组各轴承温度、各轴承油流、回油量与回油温度（轴承油流不正常或看不清楚应及时排除，不能恢复正常，严禁启动汽轮机，轴封供汽后还应注意每道轴承回油窗应无水珠）。

（4）整个油系统无泄漏（管道、阀门、法兰、压力表考克接头、冷油器等）。

（5）油箱油位变化情况，启动排烟风机和防爆风机。

（6）油系统滤网前后压差。

(7) 调整油温。

8-44 顶轴油泵启动后母管压力控制在多少为宜?

答:由于顶轴油母管为普通碳钢管,所以顶轴油泵启动后,母管压力不宜过高。与防爆管相比较,汽轮机转子较轻,发电机转子较重,现场一般控制汽轮机顶轴油压(母管压力)为5.89~7.85MPa,发电机顶轴油母管压力不超过15.7MPa,各轴相应顶起20~30 μm。

8-45 汽轮机启动时对盘车有何要求?

答:在汽轮机冲转前,盘车必须连续运行4h以上,对汽轮机转子进行预热,并且在盘车运行时,汽轮机转速、盘车电流要正常、稳定。在汽轮机冲车时,盘车要正常脱开。

8-46 轴向位移保护为什么要在汽轮机冲转前投入?

答:汽轮机冲转时,蒸汽流量瞬间较大,蒸汽必先经过高压缸,而中、低压缸几乎不进汽,轴向推力较大,完全由推力盘来平衡。若此时的轴向位移超限,也同样会引起动、静部分摩擦。因此,汽轮机冲转前就应将轴向位移保护投入。

8-47 高压汽轮机启动有哪些特点?

答:高压汽轮机结构上比较复杂,动、静部分间隙较小,主要有如下特点:

(1) 高压汽轮机轴向间隙相当小,如启动加热不均匀,将会出现胀差值超过规定,可能造成轴向动、静部分摩擦,因此胀差控制很重要。

(2) 高压汽轮机径向间隙也很小,因此控制上、下汽缸温差及转子弯曲值极为重要,上、下汽缸温差及转子弯曲超过规定值不得启动,应采取措施使之恢复正常。

(3) 高压汽轮机汽缸壁、法兰都很厚重,一般采用汽缸法兰加热装置,要注意加热蒸汽温度必须比汽缸法兰温度高。加热时,法兰温度应低于汽缸温度。法兰螺栓比较粗大,受热膨胀较慢,要注意法兰和螺栓的温度差。为了减小上、下汽缸温度差,启动时应尽量把下汽缸的疏水放尽,合理使用加热装置,并要对下汽缸加强保温。为消除转子热弯曲,停机后、启动前都必须投连续盘车。

(4) 高压汽轮机启动时,应特别注意机组的振动情况。如振动超过规定,应立即果断停机投盘车,不得使用降速暖机的办法消除振动。

8-48 汽轮机启动过程中应注意哪些事项?

答：汽轮机启动是运行人员的重大操作之一，在启动时应充分准备，认真检查，做好启动前的试验，并在启动中注意以下事项：

(1) 严格执行规程制度，机组不符合启动条件时，不允许强行启动。

(2) 在启动过程中要根据制造厂规定，控制好蒸汽、金属温升速度，上下汽缸、汽缸内外壁、法兰内外壁、法兰与螺栓等温差，胀差等指标。尤其是蒸汽温升速度必须严格控制，不允许温升率超过规定值，更不允许有大幅度的突增突降。

(3) 启动时，进入汽轮机的蒸汽不得带水，参数与汽缸金属温度应相匹配，要充分疏水暖管。

(4) 严格控制启动过程的振动值。

(5) 高压汽轮机滑参数启动中，金属加热比较剧烈的阶段是冲转后和并列后的低负荷阶段，这些阶段容易出现较大的胀差和金属温差。可采用调整真空，投汽缸，法兰、螺栓加热装置和调整轴封用汽温度的办法加以调整。

(6) 在启动过程中，按规定的曲线控制蒸汽参数的变化，保持足够的蒸汽过热度。

(7) 调节系统赶空气要反复进行，直至空气赶完为止。赶空气后保持高压油泵连续运行到机组全速后方可停下，以免空气再次进入调节系统。

(8) 任何情况下，汽温在 10min 内突降或突升 50℃，应打闸停机。

(9) 汽轮机刚冲转时，一定要控制转速，不能突升过快，并网后调节汽阀应分段开启，严禁并网后突然开大。

(10) 并网后应注意各风、油、水、氢气的温度，调整正常，保持发电机氢气温度不低于 35℃。

8-49 汽轮机冲转前应具备哪些条件?

答：汽轮机冲转前，蒸汽参数应符合启动要求；盘车状态下检查大轴晃动值在规定范围内；上、下汽缸温差在 30～50℃范围内；润滑油温不低于 35℃；凝汽器真空达 60～70kPa；该投的保护在投入位置，发电机和励磁机同时具备启动条件。

8-50 在汽轮机冲转条件中为什么规定要有一定数值的真空?

答：汽轮机冲转前必须有一定的真空，一般为 60kPa 左右。若真空过低，转子转动就需要较多的主蒸汽，而过多的乏汽突然排至凝汽器，凝汽器汽侧压力瞬间升高较多，可能使凝汽器汽侧形成正压，造成排大气安全薄膜损坏，同时也会给汽缸和转子造成较大的热冲击。

冲动转子时，真空也不能过高，真空过高不仅要延长建立真空的时间，也因为通过汽轮机的蒸汽量较少，放热系数也小，使得汽轮机加热缓慢，转速不易稳定，从而会延长启动时间。

8-51　汽轮机冲转时转子冲不动的原因有哪些？冲转时应注意什么？

答：汽轮机冲转时转子冲不动的原因如下：

(1) 汽轮机动、静部分有卡住现象。

(2) 冲动转子时真空太低或主蒸汽参数太低。

(3) 盘车装置未投。

(4) 操作不当，应开的阀门未开，如危急安全器未复位，主汽阀、调节汽阀未开等。

汽轮机启动时除应注意启动阀位置，主汽阀、调节汽阀开度，油动机行程与正常启动时比较外，还应注意调节级后压力升高情况。一般汽轮机冲转时，调节级后压力规定为该机额定压力的10%～15%。如果转子不能在此状态下转动，则应停止汽轮机启动并查明原因。

8-52　汽轮机冲转时为什么凝汽器真空会下降？

答：汽轮机冲转时，一般真空还比较低，有部分空气在汽缸及管道内未完全抽出，在冲转时随着汽流冲向凝汽器。冲转时蒸汽瞬间还未立即与凝汽器铜管发生热交换而凝结，因此冲转时凝汽器真空总是要下降的。当汽轮机冲转后进入凝汽器的蒸汽开始凝结，同时抽气器仍在不断地抽空气，真空即可较快地恢复到原来的数值。

8-53　汽轮机冲转后为什么要投用汽缸、法兰加热装置？

答：对于高参数大容量的机组，其汽缸壁和法兰厚度达300～400mm。汽轮机冲转后，最初接触到蒸汽的金属温升较快，而整个金属温度的升高则主要靠传热。因此，汽缸、法兰内外受热不均匀，容易在上下汽缸间、汽缸法兰内外壁、法兰与螺栓间产生较大的热应力，同时汽缸、法兰变形，易导致动、静部分之间摩擦，机组振动，严重时造成设备损坏。因此，汽轮机冲转后应根据汽缸、法兰温度的具体情况投用汽缸、法兰加热装置。

8-54　汽轮机冲转后如何投用汽缸、法兰加热装置？

答：冷态启动时，汽轮机冲转后，应立即投用汽缸、法兰加热装置。投用初阶段，加热蒸汽压力不要太高，一般控制汽缸夹层加热联箱压力为0.196～0.294MPa，法兰加热混温联箱压力为0.05～0.1MPa，这是因为机组冲转后，转速还不太高，进入汽轮机的蒸汽流量较少，因此加热汽量也相应较小。汽轮机冲转和加热装置投用时，汽缸及法兰金属凝结放热，混温联

箱的压力太高，内壁温度升高较快，而外壁温度仍较低，此时易造成内外壁温差大，所以投用加热时，汽量不宜过大。

投用方法：先投汽缸，后投法兰，开启高压缸下汽缸加热进汽阀，再开上汽缸进汽阀，关闭螺旋管疏水阀及联箱疏水阀。开启高压汽缸法兰加热左右进汽阀和回汽阀，关闭联箱疏水阀，压力分别控制在0.196～0.294MPa和0.05～0.1MPa。

低速暖机结束后，可适当提高加热混温联箱压力，根据法兰内外左右温差情况调整加热进汽阀。

并网带负荷后，混温联箱的压力应视主蒸汽压力、温度及负荷大小进行调整。一般法兰螺栓加热混温联箱压力不超过0.98MPa，汽缸夹层加热联箱压力应始终高于一级抽汽压力0.49MPa。当一级抽汽压力达2.45MPa时，停用加热装置。

8-55 为什么投用加热装置时必须保证其夹层加热联箱压力高于一级抽汽压力？

答：高压缸夹层的加热蒸汽最后排入一级抽汽处，如联箱内压力低于一级抽汽压力，则加热蒸汽就不能进入夹层，对于高、中压汽缸合用一只加热联箱的机组，为了保证高、中压缸同时均匀地加热，高压缸夹层进汽开度应大一些，中压缸夹层进汽开度应小一些。

8-56 加热装置投用前为什么要对加热联箱预先加热？

答：加热装置投用前要对加热联箱预先加热，其目的是提高进入加热处的蒸汽温度，使其具有一定的过热度。这样投用时，蒸汽不会因放热而大量凝结成水，在流速增大时引起水冲击或影响加热速度。反之不预先对加热联箱加热，在投用后就要进入低温蒸汽，低温蒸汽因放热而大量凝结成水，造成加热效果差，甚至冷却汽缸而产生水冲击。另外，还会因热应力过大，引起汽缸变形、裂纹以及管道法兰、汽阀盖等漏汽，从而影响启动和机组使用寿命。

8-57 法兰加热过度有什么危害？

答：法兰加热过度，即法兰外壁温度高于内壁温度或法兰温度高于汽缸温度的数值超限。此时，汽缸和法兰将产生热变形，使汽缸前后两端截面成为立椭圆，中间段截面成为横椭圆。这种变形将使汽缸前、后及隔板轴封的左右或上下径向间隙减小，同时汽缸上下温差增大而产生猫拱背现象，汽缸下部发生动、静部分之间摩擦的危险性就更大。此外，法兰加热过度，还将使靠法兰加热装置后部各段动叶片进汽侧的轴向间隙缩小甚至消失而发生摩擦。另外，还使螺栓紧力松弛，汽缸接合面松开而漏汽，甚至可能造成法兰外胀口的塑性变形。

综上所述，法兰加热过度是不好的，而且其危险性比加热不足还要大。

8-58　什么是汽轮机启动的暖机过程？

答：汽轮机启动的暖机过程就是在蒸汽参数不变的条件下，对汽缸、转子等金属部件进行加热。此时，蒸汽传给金属内壁的热量等于金属内部的导热量，使金属内外壁温差逐渐减小。暖机结束时，金属部件内温差很小或接近于零，金属部件的温度接近暖机开始时的蒸汽温度。

8-59　汽轮机暖机的目的是什么？

答：汽轮机暖机的目的是使汽轮机各部金属温度得到充分的预热，减少汽缸法兰内外壁、法兰与螺栓之间的温差和转子表面和中心的温差，从而减少金属内部应力，使汽缸、法兰及转子均匀膨胀，高压胀差值在安全范围内变化，保证汽轮机内部的动、静部分间隙不致消失而发生摩擦，同时使带负荷的速度相应加快，缩短带至满负荷所需要的时间，达到节约能源的目的。

8-60　汽轮机暖机分为哪几个主要阶段？各阶段暖机的目的和效果如何？

答：汽轮机暖机有低速暖机、中速暖机、初始负荷暖机、低负荷暖机等几个主要阶段。

(1) 低速暖机（600r/min）主要用于对机组全面检查，低速暖机因汽量小，蒸汽参数低，换热系数不大，暖机效果不明显，一般停留 10min。

(2) 中速暖机（1500～1800r/min）是机组启动的重要暖机阶段，这是因为中速暖机后，机组要通过临界转速，届时升速较快，蒸汽流量变化较大，金属温升率也会增大，如果中速暖机不充分，会使金属各部件产生较大的温差、汽轮机变形，振动增大，胀差超限，中速暖机一般停留 40～50min，待高压外下缸外壁温度高于 200℃，中压外下缸外壁温度高于 150℃，中压缸胀出后才可升速。

(3) 初始负荷暖机（10～20MW）是弥补机组为避开临界转速而不能高速暖机的缺陷，进一步提高金属温度，防止材料脆性损坏，避免过大的热应力。初始负荷暖机一般为 20min。

(4) 低负荷暖机（40～50MW）进一步提高金属温度，为汽轮机适应锅炉切分以后，汽温、汽压、负荷大幅度增加，准备必要的缸温和缸胀条件，

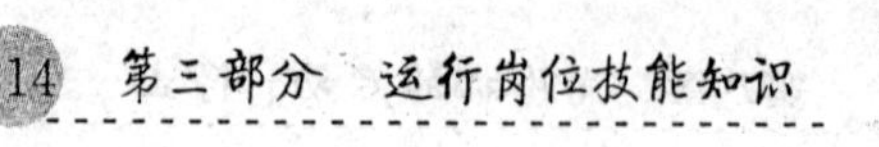

避免金属热冲击、胀差超限、机组振动。低负荷暖机一般为30min，待汽缸总膨胀大于20mm，中压缸膨胀高于6mm，高、中压外下缸外壁温度高于350℃，胀差不过大时，锅炉才可切分。

低负荷暖机后，若要解列进行超速试验，则暖机时间应维持4～5h，待转子中心孔内壁温度超过其低温脆性转变温度约121℃后，才可解列进行超速试验。

8-61 暖机时间依据什么来确定？

答： 暖机时间是由汽轮机的金属温度水平、温升率及汽缸膨胀值、胀差值确定。

暖机的目的是为了使汽轮机各部件温度均匀上升，温度差减小，避免产生过大的热应力。理想的办法是直接测出各关键部位的热应力，根据应力控制启动速度。我国一般通过试验，测定各部件温度，控制有关数据。国产300MW机组各控制数据如下：

（1）汽轮机汽缸与转子相对膨胀正常。

（2）各部件温升速度及温差正常。

（3）中速（1200r/min）暖机结束标志。

1）高压外缸外壁温度达200℃以上，中压外缸外壁温度达180℃以上，高、中压内缸内壁温度在250℃以上。

2）金属温升、各部温差、胀差、机组振动正常。

3）高压缸总膨胀达10mm以上，中压缸膨胀已达3mm以上（热态启动要求已开始胀出）。

（4）锅炉启动分离器切除的条件。

1）胀差稳定，胀差值不过大，机组振动正常。

2）高、中压外缸外壁温度大于350℃，高压内缸壁温大于380℃。

3）总缸胀大于20mm，中压缸胀大于6mm。

8-62 低速暖机时为什么真空不能过高？

答： 低速暖机时，若真空太高，暖机的蒸汽流量太小，机组预热不充分，暖机时间反而加长。另外，过临界转速时，要求尽快地冲过去，其方法有：①加大蒸汽流量；②提高真空。若一冲转就将真空提得太高，冲越临界转速的时间就加长了，机组较长时间在接近临界转速的区域内运行是不安全的，也是不允许的。

8-63 汽轮机启动时暖机稳定转速为什么应避开临界转速150～

200r/min?

答：这是因为在汽轮机启动过程中，主蒸汽参数、真空都会波动，且厂家提供的临界转速值在实际运转中会有一定出入，如不避开一定转速，工况变动时机组转速可能会落入共振区而发生更大的振动。所以，规定暖机稳定转速应避开临界转速 150～200r/min。

8-64 汽轮机升速过程中出现过临界转速时应注意什么？

答：汽轮机升速过程中出现过临界转速时应注意如下几点：

（1）过临界转速时，一般应快速平稳地越过临界转速，但也不能采取飞速冲过临界转速的做法，以防造成不良后果，规程规定过临界转速时的升速率为 500r/min 左右。

（2）在过临界转速过程中，应注意对照振动与转速情况，确定振动类别，防止误判断。

（3）振动声音应无异常，如振动超限或有碰击摩擦异声等，应立即打闸停机，查明原因并确证无异常后方可重新启动。

（4）过临界转速后应控制转速上升速度。

8-65 300MW 机组冷态启动时怎样使转子平稳迅速地通过临界转速？

答：300MW 汽轮机冷态启动过程中，为了避免产生过大的振动和轴承油膜振荡，提升转速时应使转子平稳迅速地通过临界转速，一般有以下三个措施：

（1）操作启动阀以较大升程开大调节汽阀。

（2）关小真空破坏阀，提高真空。

（3）调节关小有关疏水阀。

由于 300MW 汽轮机轴系临界转速较多，所以在采用上述措施时，应结合机组升速前的蒸汽参数、背压和胀差情况具体选择。但是不管采用单一措施，还是采用综合措施，转子过临界转速时，从液晶转速表上可以看到转速数字是连续上升的，不应出现怠速、回降和忽上忽下的情况。根据操作经验：

（1）低速暖机结束超过发电机一阶临界转速（800～950r/min）时，若冲转参数不太高，应以开大调节汽阀增加进汽量为主；若冲转参数偏高，应以关小电动主阀门前、后疏水阀为第一措施，然后开大调节汽阀增加汽量。

（2）中速暖机结束超过 2100～2700r/min 轴系临界转速区域时，应联系锅炉提高汽压至 2.45MPa 左右，而汽轮机以全关真空破坏阀，调节电动主阀门前、后疏水阀，关闭中压联合汽阀直管疏水阀，调节弯管疏水阀，开大调节汽阀等顺序操作为好。

8-66 为什么机组转速达 600r/min 时要投入自动主汽阀连锁，关闭抽汽止回阀电磁阀开关？

答：因为低压加热器随机启动，使抽汽管道内压力随机组进汽流量增加而增加，机组启动转速达 600r/min 时，蒸汽流量已有一定数量。当机组发生故障时，主汽阀关闭，防止抽汽管道中的蒸汽返回汽轮机而扩大事态，甚至造成超速事故。因此，机组转速达 600r/min 时就投入自动主汽阀连锁，关闭抽汽止回阀电磁阀开关。

8-67 汽轮机启动升速时排汽温度升高的原因有哪些？

答：汽轮机启动升速时排汽温度升高的原因如下：

(1) 凝汽器内真空降低，空气未完全抽出，汽气混合在一起。而空气的导热性能较差，使排汽压力升高，饱和温度也较高。

(2) 主蒸汽管道、再热蒸汽管道、汽缸本体等大量的疏水疏至疏水扩容器，其中疏水扩容器出来的蒸汽排向凝汽器喉部，疏水及疏汽的温度要比凝汽器内饱和温度高 4～5 倍。

(3) 暖机过程中，蒸汽流量较少，流速较慢，叶片产生的摩擦鼓风热量不能及时带走。

8-68 汽轮机启动升速和空负荷时为什么排汽温度反而比正常运行时高？如何降低排汽温度？

答：在汽轮机升速过程和空负荷状态下，汽缸进汽量少，所以蒸汽进入汽缸后主要在高压段膨胀做功，至低压段时已经降至接近排汽压力数值，低压级叶片几乎不做功，形成较大的鼓风摩擦损失，加热排汽，使排汽缸温度升高。此外，此时调节汽阀开度很小，主蒸汽受到节流，节流后蒸汽熵值增加，焓降减小，以致做功后排汽温度升高，真空与排汽温度不对应，即排汽温度高于真空对应下的饱和温度。如果排汽缸温度过高，应投入低压缸喷水降温装置，控制排汽温度不超过 80℃。

8-69 为什么汽轮机正常运行中排汽温度应低于 65℃，而启动冲转至空负荷阶段排汽温度最高允许不超过 120℃？

答：汽轮机正常运行中蒸汽流量大，排汽处于饱和状态，若排汽温度升高，排汽压力也升高，凝汽器单位面积热负荷增加，真空将下降。凝汽器铜管胀口也可能松弛漏水，所以排汽温度应控制在 65℃以下。

汽轮机由冲转至空负荷阶段，由于蒸汽流量小，加上调节汽阀的节流和中低压转子长叶片的鼓风摩擦作用，排汽处于过热状态，但此时排汽压力并不高，凝汽器单位面积热负荷不大，真空仍可调节，凝汽器铜管胀口也不会受到太大的热冲击而损坏，所以排汽温度可允许高一些。一般升速和空负荷时，排汽温度不允许高于120℃，在排汽温度高于80℃时应开启排汽缸喷水降温装置。

8-70 汽轮机冲转后为什么要适当关小主蒸汽管道的疏水阀？

答：主蒸汽管道从暖管到冲转这一段时间内，暖管已经基本结束，主蒸汽管与主蒸汽温度基本接近，不会形成多少疏水。另外，汽轮机冲转后汽缸内要形成疏水，如果这时主蒸汽管道疏水阀还全开，可能排挤汽缸的疏水，这是很危险的。因为疏水扩容器下部水管与凝汽器连接，此时主蒸汽疏水量大，所以使扩容器管内汽、水共流，造成水冲击和管道振动，热损失也大。

8-71 汽轮机启动过程中主蒸汽温度达到多少摄氏度时可以关闭本体疏水阀？

答：汽轮机启动过程中，主蒸汽温度达400℃时可以关闭本体疏水阀。因为汽温为400℃时，200MW负荷已经暖机结束，这时金属部件已有较长时间的稳定加热过程，金属与主蒸汽温差较小，凝结放热过程已经结束。另外，滑参数启动时，主蒸汽温度达400℃时，其过热度较高，不会形成疏水。

8-72 机组启动升速至调节系统动作时运行人员应注意些什么？

答：机组启动升速至2800r/min左右时，调节系统应动作，调节汽阀将有关小现象，此时运行人员应注意：

（1）记录调节系统实际动作转速。

（2）启动阀实际行程。

（3）母管二次油压。

（4）一次油压。

（5）各调节汽阀汽室压力数值。

（6）各调节汽阀油动机动作情况。

8-73 汽轮机定速后不及时停运高压启动油泵有什么危害？

答：机组在启动冲转过程中，主油泵不能正常供油时，高压启动油泵代替主油泵工作。随着汽轮机转速的不断升高，主油泵逐步进入正常的工作状态，汽轮机转速达3000r/min时，主油泵也达到工作转速，此时主油泵与高压启动油泵成了并列运行。若设计的高压油泵出口油压比主油泵出口油压低，则高压启动油泵不上油而打闷泵，严重时将高压启动油泵烧坏，引起火灾事故。若设计的高压启动油泵出口油压比主油泵出口油压高，则主油泵出油受阻，转子窜动，轴向推力增加，推力轴承和叶轮口环均会发生摩擦，并

且泄漏油量大，会造成前轴承箱满油。因此，机组达到全速后，应检查主油泵出口油压正常后，及时停运高压启动油泵。

8-74 为什么阀杆漏汽压力高于除氧器内部压力时才允许打开阀杆漏汽至除氧器的阀门?

答：如果过早地打开阀杆漏汽至除氧器的阀门，若遇管道上止回阀不严，使阀杆漏汽管道中的汽水倒流，造成主汽阀和调节汽阀阀杆急剧冷却，产生很大的热应力，并且易将管道中的铁锈、杂物带入阀杆处，引起汽阀卡涩。

8-75 为什么机组启动刚并网后要带规定的基本负荷?

答：机组刚并网时，如果带负荷太低，蒸汽流量小，对暖机的效果不好，还会使排汽缸温度升高，且工况不好稳定。但是，若刚并网就带高负荷或加负荷太快，则汽轮机进汽量大，对各金属部件又进行一次剧烈的加热，引起较大的热应力，胀差增大，严重时造成动、静部分摩擦。所以，机组刚并网后要带规定的基本负荷。

8-76 为什么汽轮机在定速后要尽快并网并带一定负荷?

答：汽轮机在定速后要尽快并网并带一定负荷，这样做的原因如下：

(1) 汽轮机定速后，各部件仍处于一个不稳定的热膨胀阶段，转子和汽缸仍有一定的温差，转子表面和转子中心还存在着相当大的温差，主蒸汽与汽缸和转子都存在着温差，所以汽缸和转子还需要增加热量进一步膨胀，以消除由此而引起的热应力。

(2) 汽轮机定速后，各系统处于一个极不稳定的阶段，给运行操作带来困难。

(3) 空负荷运行时间长将会引起排汽缸温度升高，并由此引起排汽缸与汽轮机中心发生位移，尤其是汽缸与转子尚未达到膨胀值时更为明显。

8-77 在汽轮机定速后或刚并网带少量负荷时应注意些什么?

答：在汽轮机定速后或刚并网带少量负荷时，注意机组的油温、油压，各轴承的振动，凝汽器真空，汽缸的绝对膨胀值，汽缸与转子的相对胀差，以及发电机定子和转子的温度；同时严密监视凝汽器水位，以防满水，因为此时最容易发生凝汽器满水现象。

8-78 汽轮机带负荷到什么阶段可以不限制加负荷速度?

答：根据汽轮机制造厂产品说明书和大机组启动经验介绍，当调节级下缸及法兰内壁金属温度达到相当于主蒸汽温度减去主蒸汽与调节级金属正常运行最大温差时，可以认为机组启动加热过程基本结束，机组带负荷速度不再受限制。此后可以将机组负荷加到额定负荷。例如，200MW 机组在带负荷过程中，高压外下缸温度达到 350℃时，汽缸、法兰加热装置可以停用，加负荷速度可以快一些，也可以直接加到额定负荷。因为在此阶段，汽缸温度水平已经很高，主蒸汽压力和温度及主蒸汽流量较大，汽缸、法兰金属壁受热条件比冷态时要好，各部温差不致过大，负荷增加速度虽然较快，但对机组金属热应力影响并不大。

8-79　汽轮机在加负荷过程中应特别注意哪些问题？

答：汽轮机在加负荷过程中，对于 300MW 机组，尤其是 150MW 以前的加负荷过程也是暖机过程，金属的温升率、汽缸膨胀、胀差都有较大变化，因此在加负荷过程中必须注意以下问题：

（1）汽轮机的振动情况。负荷低时，加热装置仍在使用，汽缸尚未胀足，加热装置使用不当或汽缸膨胀受阻以及机组加热不均匀能改变机组的中心，甚至造成动、静部分碰撞摩擦。无论单个或几个轴承某一方向的振动逐渐增大，必须停止加负荷，甚至减负荷，使机组维持原负荷或较低负荷运行一段时间，待振动减小后，再继续加负荷。但停止加负荷后，振动仍然较大或第二次加负荷时重新出现振动增大，需分析研究确定是否可以继续运行。

（2）轴向位移、推力瓦温度及胀差变化。

（3）注意调节凝汽器、除氧器水位、发电机冷却水温度及风温。

（4）注意调节系统动作是否正常，调节汽阀有无卡涩、跳动现象。

（5）随着负荷增加应及时调节轴封供汽，防止油中大量进水。

8-80　汽轮机在升速和加负荷过程中为什么要监视机组的振动情况？

答：大型机组启动时，发生振动多在中速暖机及其前后升速阶段，特别是通过临界转速的过程中，机组振动将大幅度地增加。在此阶段中，如果振动较大，最易导致动、静部分摩擦，汽封磨损，转子弯曲。转子一旦弯曲，振动越来越大，振动越大，摩擦就越厉害。这样恶性循环，易使转子产生永久性变形弯曲，使设备严重损坏。因此要求汽轮机在暖机或升速过程中，如果在临界转速以下发生较大的振动，应该立即打闸停机，进行盘车直轴，消除引起振动的原因后，再重新启动汽轮机。

汽轮机全速并网后，每增加 10MW 负荷，蒸汽流量变化较大，金属内部温升速度较快，主蒸汽温度再配合不好，金属内外壁最易造成较大温差，使机组产生振动。因此，每增加一定负荷时需要暖机一段时间，使机组逐步均匀加热。

综上所述，汽轮机在升速和加负荷过程中必须经常监视机组的振动情况。

8-81 汽轮机在启动和带负荷过程中为什么要监视汽缸的膨胀情况？

答：汽轮机汽缸膨胀的增加是汽轮机金属温度升高的反映。每一台汽轮机启动均有汽缸及法兰温度与汽缸膨胀值的对应关系。对于厚重的汽缸法兰，汽缸温度水平较高。如果法兰温度较低，则限制汽缸的膨胀。一般机组从启动到定速，汽缸膨胀值应在5mm左右，否则应延长汽轮机暖机时间。反过来说，如果汽缸及法兰温度水平较高，而汽缸膨胀值却不与之对应，说明滑销系统卡涩。待汽缸及法兰温度达到一定数值时，缸胀突跳到某一数值，说明机组滑销系统有卡涩现象。因此，汽轮机在启动和带负荷过程中，必须认真监视汽缸膨胀情况。

8-82 如何判断汽轮机中压缸开始胀出？

答：可以从以下几方面判断中压缸已开始胀出：

(1) 直观中压缸膨胀表已有一定的指示或临时安装的千分表有大的指示。

(2) 汽缸膨胀与汽缸温度已相对应或滞后量已不大。

(3) 在蒸汽温度、温升率、蒸汽流量等影响胀差的主导因素不变的情况下，中压缸胀差指示正向减少。

(4) 机组振动数值下降。

8-83 汽轮机在启动过程中汽缸膨胀不出来的原因有哪些？

答：汽轮机在启动过程中汽缸膨胀不出来的原因如下：

(1) 主蒸汽参数、凝汽器真空选择不当。

(2) 汽缸、法兰螺栓加热装置使用不当或操作错误。

(3) 滑销系统有卡涩。

(4) 加负荷速度快，暖机不充分。

(5) 缸体及有关抽汽管道的疏水不畅。

8-84 200MW机组中压缸膨胀不畅的原因有哪些？

答：200MW机组中压缸膨胀不畅的原因如下：

(1) 200MW汽轮机本体尺寸较为庞大，高、中压缸质量大，而其质量有一半是压在中轴承座上，因此中轴承座的负荷很大。阻止位移的主要原因是摩擦力，而摩擦力等于重力乘以摩擦系数，为了减少摩擦力，现D09机组在中台板及前轴承座下的纵销处加润滑剂。

（2）中压缸的刚度不够，中压缸带一个低压部分，尺寸大、缸壁薄，其刚度不足以推动高、中压缸往前膨胀，现设计的200MW汽轮机的中压缸低压部分的缸体上加了许多加强筋，以增加其刚度。

（3）启动过程中由于旁路的问题，中间再热器出口温度较低、汽量较小，使中压缸加热不充分，引起膨胀不畅。

8-85 机组在启动过程中胀差大如何处理？

答： 机组在启动过程中胀差过大，值班员应做好如下工作：

（1）检查主蒸汽温度是否过高，适当降低主蒸汽温度。

（2）使机组在稳定转速和稳定负荷下暖机。

（3）适当提高凝汽器真空，减少蒸汽流量。

（4）增加汽缸和法兰加热进汽量，使汽缸迅速胀出。

8-86 汽轮机在冷态启动中胀差是如何变化的？

答： 汽轮机冷态启动前，汽缸一般要进行预热，轴封要供汽，此时汽轮机胀差总体表现为正胀差。从冲转到定速阶段，汽缸和转子温度要发生变化，由于转子加热快，因此汽轮机的正胀差呈上升趋势。但这一阶段蒸汽流量小，高压缸主要是调节级做功，金属的加热也主要在该级范围内，只要进汽温度无剧烈变化，相对胀差上升就是均匀的；对采用中压缸启动的机组，这阶段胀差变化则主要发生在中压缸。低压缸胀差还要受摩擦鼓风热量、离心力等因素的影响。当机组并网接带负荷后，由于蒸汽温度的进一步提高，以及通过汽轮机的蒸汽流量的增加，使得蒸汽与汽缸转子的热交换加剧，正胀差大幅度增加。对于启动性能较差的机组，在启动过程中要完成多次暖机，以缓解胀差大的矛盾。当汽轮机进入准稳态区或启动过程结束时，正胀差值达到最大。

8-87 汽轮机在冷态启动中如何控制胀差？

答： 汽轮机在冷态启动中主要是控制机组的高、中压正胀差，应采取以下措施：

（1）合理使用汽缸的加热装置，使汽缸的膨胀与转子的膨胀相对应。

（2）缩短冲车前轴封供汽时间，在保证真空的前提下，最好能控制在30min，并采用较低温度的汽源。

（3）控制好温升率和升速率，控制好加负荷速度，使机组均匀加热，延长中速暖机。

（4）采用有利于降低高压胀差的暖机方式。

(5) 带负荷后，若高、中压胀差大，对于双层缸，可中断夹层间的冷却汽流。

(6) 如果是低压胀差大，可适当提高排汽缸温度。

8-88 轴向位移与胀差有何关系?

答：轴向位移与胀差的零点均在推力瓦块处，而且零点定位法相同。轴向位移变化时，其数值虽然较小，但大轴总位移发生变化。轴向位移为正值时，大轴向发电机方向移动，胀差向负值方向变化；当轴向位移向负值方向变化时，汽轮机转子向车头方向移动，胀差值向正值方向增大。

如果机组参数不变，负荷稳定，胀差与轴向位移不发生变化。机组启停过程中及蒸汽参数变化时，胀差将会发生变化，而轴向位移并不发生变化。

运行中轴向位移变化，必然引起胀差的变化。

8-89 机组热态启动时应注意哪些问题?

答：机组热态启动时应注意以下问题：

(1) 严格控制上、下汽缸温差不得超过 50℃，双层汽缸的内缸上、下缸温差不得超过 35℃。

(2) 测量转子挠度不超过允许值，冲车前 4h 加强盘车。

(3) 启动前先向汽封供汽，后抽真空。高压机组还应备有高温汽源，使轴封供汽温度与金属温度尽量相匹配，并有一定的过热度。

(4) 凝汽器保持较高的真空，冷油器出口油温不得低于 38℃。

(5) 启动过程中应特别注意监视上汽缸与下汽缸的温差、胀差及振动。在中速暖机时，若汽轮机任一轴承振动超过 0.03mm，则应立即打闸停机。

8-90 机组进行热态启动时为什么要求主蒸汽温度高于汽缸温度 50～80℃?

答：机组进行热态启动时要求主蒸汽温度高于汽缸温度 50～80℃，可以保证主蒸汽经调节汽阀节流，导汽管散热、调节级喷嘴膨胀后，蒸汽温度仍不低于汽缸的金属温度。因为机组的启动过程是一个加热过程，不允许汽缸金属温度下降。如机组在热态启动中主蒸汽温度太低，会使汽缸、法兰金属产生过大的应力，并使转子由于突然受冷却而产生急剧收缩，高压胀差出现负值，使通流部分轴向动静间隙消失而产生摩擦，造成设备损坏。

8-91 汽轮机热态启动时对再热蒸汽温度有什么要求?

答：汽轮机热态启动时，由于联合汽阀前进汽量不足，暖管不充分，极易使再热蒸汽温度跟不上主蒸汽温度的升高速度，造成主蒸汽温度已达到冲转要求而再热蒸汽温度还低于冲转要求的情况，从而延误冲转时间。等到再热蒸汽温度达到要求，主蒸汽温度又已偏高，不但延长启动时间，而且使操作变得困难。为防止这种现象的发生，应尽快提高再热蒸汽温度并且要注意甲、乙两侧温度要同时提高，两侧温差不要过大：

（1）在保证膨胀水箱压力不超限的前提下，尽量开大联合汽阀前的直管、弯管疏水阀。

（2）当出现再热蒸汽两侧温度差时，应及时调节两侧疏水阀开度，及时纠正再热蒸汽两侧温度差。

（3）及早联系要求锅炉增加大旁路流量，增加暖管进汽量，但此时要注意转子是否自行冲转，盘车有否自行脱扣。

8-92　汽轮机热态启动时先抽真空后送轴封汽有什么危害？

答：汽轮机热态启动时，转子和汽缸金属温度较高，如先抽真空，冷空气将沿轴封进入汽缸，而冷空气是流向下汽缸的，因此下汽缸温度急剧下降，使上、下汽缸温差增大，汽缸变形，动、静部分产生摩擦，严重时使盘车不能正常投入，造成大轴弯曲，同时冷空气对大轴造成热冲击。

8-93　汽轮机热态启动时胀差如何变化？应采取哪些措施？

答：汽轮机热态启动前，胀差往往为负值，启动时转子和汽缸金属温度高。若冲转时蒸汽温度偏低，则蒸汽进入汽轮机后对转子和汽缸起冷却作用，使胀差负值还要增大。所以，在启动的前一阶段，主要是控制负胀差过大；而在后一阶段，则应注意胀差向正的方向变化。汽轮机在启动过程中，应采取以下措施来控制胀差过大：

（1）冲转前，应保持汽温高于汽缸金属温度80～100℃；如果汽压较高时，温度还应适当再提高，以防转子过度收缩。

（2）轴封供汽采用高温汽源，以补偿转子的过度收缩。

（3）真空维持高一些，升速要快一些，避免在低速时多停留而导致机组冷却，从而使负胀差增大。

8-94　怎样理解汽轮机热态启动时尽快并列带负荷，直至与金属温度相对应的负荷中“相对应的负荷”？

答：在进汽参数不变时，汽轮机的金属温度取决于进汽量，也就是负荷，即一定的金属温度对应于一定的负荷。汽轮机在热态启动中汽缸与转子温度本来就较高，在启动的初始阶段往往不是在暖机而是在冷却金属部件。因此，如无特殊情况均应尽快地将负荷加至与金属温度相对应的负荷。但

300MW机组汽缸金属温度表全部在调节级汽室附近的汽缸部位，热态启动前，由于金属的热传导作用，汽缸或转子前后的温度往往差得较少（比运行中）；在热态启动中，即使调节级汽室温度已达内缸内壁温度，只说明调节级处金属已不再受冷却作用，在转子及汽缸的后半段则仍在继续受到冷却。因转子加热或冷却比汽缸快，此时胀差仍将向负方向变化，所以与金属温度相对应的负荷应理解成胀差不向负方向变化的负荷。

8-95 汽轮机热态启动时金属的热应力如何变化？

答：汽轮机热态启动时，如果由于旁路系统容量的限制，主蒸汽温度升不太高，或者由于冲转前暖管、暖阀不充分，那么，冲转时进入调节级处的蒸汽温度可能比该处的金属温度低，使其先受到冷却，在转子表面和汽缸的内表面产生拉应力。随着转速的升高及接带负荷，该处的蒸汽温度将迅速提高，高出金属温度，并在随后的过程中保持该趋势直至启动过程结束。在后一阶段，由于蒸汽温度比金属温度高，转子表面及汽缸内壁将产生压应力。这样在整个热态启动过程中，汽轮机金属部件的热应力要经过一拉一压的循环，对汽轮机寿命影响较大。对于配备了足够容量旁路系统的机组在启动前，蒸汽温度可以提高得足够高，这就避免或减轻了热态启动时的热冲击。

8-96 汽轮机法兰内壁温度高于外壁温度而超出规定值时对法兰、汽缸的热变形有何影响？

答：当汽轮机法兰内壁温度高于外壁温度而超出规定值时，法兰内壁金属伸长较多，法兰在水平面内产生热变形，中间段法兰出现内张口，前后两端出现外张口。由于法兰的变形，使汽缸中间段的横截面变为立椭圆，即垂直方向直径大于水平方向直径，使汽缸前后两端的横截面变为横椭圆，这样造成中间段各级两侧径向间隙变小，前后两端各级的上下径向间隙变小。

8-97 为什么汽轮机转子弯曲超过规定值时禁止启动？

答：大多数汽轮机都是通过监视转子晃动度的变化，间接监视转子弹性弯曲大小的。当转子晃动度超过原始值较多时，说明转子的弹性弯曲已比较大，而此时汽缸的变形也一定较大，汽轮机动、静部分径向间隙可能消失，强行启动汽轮机，转子的弯曲部分会与隔板汽封摩擦，摩擦不仅造成汽封磨损，还会使转子弯曲部分产生高温，局部的高温又加大了转子的弯曲，使摩擦加剧。如此恶性循环，可能使转子产生永久性弯曲，所以转子弯曲超过规定值时禁止启动。

8-98 为什么调节系统不能维持汽轮机空负荷运行的机组应禁止启动?

答：汽轮机不能维持空负荷运行，说明调节系统已有严重的缺陷，如果强行启动，并网和解列都会发生困难，即使可能并入电网，也会出现不能自由减负荷到零的情况，而且机组突然甩负荷后会严重超速。

8-99 汽轮机停机的方式有几种？如何选用各种不同的停机方式？

答：汽轮机停机有正常停机和故障停机两种。所谓正常停机是指有计划地停机。故障停机是指汽轮发电机组发生异常情况下，保护装置动作或手动停机以达到保护机组不致损坏或减少损失的目的。故障停机又分为紧急停机和一般性故障停机。

正常停机中按停机过程中蒸汽参数不同又分为滑参数停机和额定参数停机两种方式。

停机方式可根据停机的目的和设备状况来决定。正常停机，如果是以检修为目的的，希望机组尽快冷却，使检修早日开工，应尽可能采用滑参数停机，并且要尽量使滑参数停机的时间长一些，将参数滑得低一些。

8-100 什么是额定参数停机？它有什么优缺点?

答：停机过程中，蒸汽的压力和温度保持额定值，用汽轮机调节汽阀控制，以较快的速度减负荷停机，这就是额定参数停机。采用额定参数停机，汽轮机的冷却作用仅来自于通流部分蒸汽流量的减少和蒸汽节流降温，使得减负荷时间缩短，停机后汽缸温度能保持在较高的水平。但在大容量再热机组减负荷过程中，锅炉始终维持额定参数，这给运行调整带来很大困难，同时也造成燃料浪费。

8-101 汽轮机额定参数停机时减负荷应注意哪些问题?

答：汽轮机额定参数停机时减负荷应注意如下问题：

(1) 汽轮机正常停机的过程中应逐渐降负荷，降负荷速度不超过2MW/min。

(2) 汽缸、法兰各金属温度及温差应比启动时控制得更加严格，一般要求金属温度下降速度不超过1.5℃/min，为保证这个温降速度，每下降一定负荷就需停留一段时间，使汽缸、法兰、转子温度均匀下降。

(3) 减负荷时，蒸汽流量及参数均匀下降，机组内部逐渐冷却，汽缸及法兰内壁产生较大的热拉应力，因此停机过程中，一定压力下蒸汽必须保持一定的过热度。

(4) 由于汽缸、法兰的金属厚重，减负荷时汽缸、法兰收缩滞后于转子

收缩。为使胀差不超规定，应投用汽缸、法兰加热装置，投入低温蒸汽，使汽缸、法兰冷却，汽缸均匀收缩。

8-102 额定参数停机过程应注意哪些问题？

答：额定参数停机过程应注意如下问题：

(1) 减负荷过程必须严格控制汽缸和法兰金属的温降速度和各部温差的变化。

(2) 停机过程应注意汽轮发电机组胀差指示的变化。

(3) 减负荷时，系统切换和附属设备的停用应根据各机组情况按规定执行。

(4) 减负荷过程中，应注意凝结水系统的调整。

(5) 减负荷过程中，要检查调节汽阀有无卡涩。

(6) 注意轴封供汽的调整和发电机冷却水量的调整。

(7) 负荷减至零即可解列发电机，解列后抽汽止回阀应关闭，同时密切注意此时汽轮机转速应下降，防止超速。

(8) 停止汽轮机进汽时，需先关小自动主汽阀，以减轻打闸时对自动主汽阀的冲击，然后手打危急保安器，检查自动主汽阀、调节汽阀是否关闭。

(9) 汽轮机转速降低后，应及时启动低压油泵。

8-103 什么是滑参数停机？它有什么优缺点？

答：滑参数停机是指在调节汽阀全开的状态下，借助锅炉降低蒸汽参数以逐渐降低负荷，汽轮机金属温度也随着相应降低，直至负荷到零为止。发电机解列后，还可继续降低蒸汽参数以降低汽轮机的转速，直到转子静止。

滑参数停机的优点：由于滑参数停机是采用低参数、大流量的蒸汽使汽轮机各受热部件得到均匀的冷却，而且金属温度可以降低到较低水平，因此大大缩短了汽缸的冷却时间。另外，还可以利用锅炉的余热发电，利用低参数、大流量的蒸汽对汽轮机的通流部分进行清洗。在条件许可的情况下，高、低压加热器及除氧器均可以进行随机滑停，提高热效率，减少汽水损失。

滑参数停机的缺点：在停机过程中比额定参数停机较容易出现大的负胀差，对锅炉运行操作要求很严格，汽温均匀下降很难控制。在汽轮机方面操作和调整频繁，如监视不严格，容易产生水冲击和受热部件过冷却，造成设备损坏。

8-104 滑参数停机有哪些注意事项？

答：滑参数停机应注意的事项如下：

（1）滑参数停机时对主蒸汽的滑降有一定的规定，一般高压机组主蒸汽的平均降压速度为0.02～0.03MPa/min，平均降温速度为1.0～1.5℃/min。较高参数时，降温、降压速度可以较快一些；在较低参数时，降温、降压速度可以慢一些。

（2）滑参数停机过程中，主蒸汽温度应始终保持50℃的过热度，以保证蒸汽不带水。

（3）主蒸汽温度低于法兰内壁温度时，可以投入法兰加热装置，应使混温联箱温度低于法兰温度80～100℃，以冷却法兰。

（4）滑参数停机过程中不得进行汽轮机超速试验。

（5）高、低压加热器在滑参数停机时应随机滑停。

8-105　正常停机前应做好哪些准备工作？

答：正常停机前应做好下列准备工作：

（1）试验辅助油泵。停机过程中，主要通过辅助油泵来确保转子惰走及盘车时轴承润滑和轴颈冷却的用油，因此，停机前要对交、直流润滑油泵进行试验和油压联动回路的试验，发现问题要及时处理，否则不允许停机。

（2）进行盘车装置电动机和顶轴油泵试验。盘车装置电动机应转动正常，顶轴油泵运转正常，以保证停机后能顺利投入盘车。

（3）检查各主汽阀、调节汽阀无卡涩。用活动试验装置对主汽阀和调节汽阀进行活动试验，确保无卡涩现象。

（4）检查旁路系统。滑参数停机过程中，要用旁路系统调整锅炉蒸汽参数及维持锅炉最低稳定燃烧负荷，所以要检查旁路系统动作正常。

（5）切换密封油泵。如果是射油器供给发电机密封油时，应提前切换为密封油泵运行，并检查密封油自动调整装置工作正常。

8-106　为什么滑参数停机时最好先降汽温再降汽压？

答：由于汽轮机正常运行中，主蒸汽的过热度较大，所以滑参数停机时最好先维持汽压不变而适当降低汽温，降低主蒸汽的过热度，这样有利于汽缸的冷却，可以使停机后的汽缸温度低一些，能够缩短盘车时间。

8-107　滑参数停机过程中为什么不允许做汽轮机超速试验？

答：在蒸汽参数很低的情况下做汽轮机超速试验是十分危险的。一般滑参数停机到发电机解列时，主汽阀前蒸汽参数已经很低，要进行汽轮机超速试验就必须关小调节汽阀来提高调节汽阀前压力。当压力升高后，蒸汽的过热度更低，有可能使主蒸汽温度低于对应压力下的饱和温度，致使蒸汽带

水，造成汽轮机水冲击事故。因此，规定滑参数停机过程中不得进行汽轮机超速试验。

8-108 汽轮机在停机过程中热应力是如何变化的?

答：汽轮机停机过程实际上是各零部件冷却的过程。随着蒸汽温度降低和流量的减小，汽缸内壁和转子表面首先被冷却，而汽缸外壁和转子中心孔面冷却滞后些，致使汽缸内壁温度低于外壁，转子表面温度低于中心孔。所以，汽缸内壁和转子外表面产生拉应力，汽缸外壁和转子中心孔则产生压应力。

8-109 为什么负荷没有减到零不能进行发电机解列?

答：停机过程中若负荷不能减到零，一般是由于调节汽阀不严或卡涩，或是抽汽止回阀失灵，关闭不严，从供热系统倒进大量蒸汽等引起的。这时如将发电机解列，将要发生超速事故，因此必须先设法消除故障，采用关闭自动主汽阀、电动主汽阀等办法，将负荷减到零，再进行发电机解列停机。

8-110 机组在负荷减到零、发电机解列时应注意哪些问题?

答：机组在负荷减到零时，应注意检查和调整汽封压力、凝汽器热水井水位，注意汽轮机的绝对膨胀和相对膨胀，注意观察调节系统的动作情况。发电机在解列后，应注意观察机组转速变化，确认调节系统能否维持空转，以防转速剧升而造成超速。

8-111 汽轮机停机打闸后应注意的事项及需要的操作有哪些?

答：汽轮机停机打闸后，首先应注意转速变化情况，检查主油泵出口压力，并根据主油泵出口油压及早启动辅助油泵，以保证停机过程中的润滑油压。在低转速下对汽轮机进行听声检查，特别是轴端轴封区域。对氢冷发电机，随着转速的降低，应调整其轴端密封油压；对双水内冷发电机，则应注意在转速降低时调整转子水压，测绘惰走曲线，记录惰走时间。

8-112 为什么规定打闸停机后要降低真空使转子静止时真空到零?

答：汽轮机停机惰走过程，维持真空的最佳方式应是逐步降低真空，并尽可能做到转子静止，真空至零。这是因为：

(1) 停机惰走时间与真空维持时间有关，每次停机以一定的速度降低真空，便于惰走曲线进行比较。

(2) 如惰走过程中真空降得太慢，机组降速至临界转速时停留的时间就长，对机组的安全不利。

（3）如果惰走阶段真空降得太快，尚有一定转速时真空已经降至零，后几级长叶片的鼓风摩擦损失产生的热量多，易使排汽温度升高，也不利于汽缸内部积水的排出，容易产生停机后汽轮机金属的腐蚀。

（4）如果转子已经停止，还有较高真空，这时轴封供汽又不能停止，也会造成上、下汽缸温差增大和转子变形不均产生热弯曲。

综上所述，停机时最好控制转速到零，真空到零，实际操作时用真空破坏阀控制调节。

8-113　为什么停机时必须等真空到零方可停止轴封供汽？

答：如果真空未到零就停止轴封供汽，则冷空气将自轴端进入汽缸，使转子和汽缸局部冷却，严重时会造成轴封摩擦或汽缸变形，所以规定要真空至零，方可停止轴封供汽。

8-114　停机后应做好哪些维护工作？

答：停机后的维护工作十分重要，停机后除了监视盘车装置的运行外，还需做好如下工作：

（1）严密切断与汽缸连接的汽水来源，防止汽水倒入汽缸，引起上、下汽缸温差增大，甚至设备损坏。

（2）严密监视低压缸排汽温度及凝汽器水位和加热器水位，严禁满水。

（3）注意发电机转子进水密封支架冷却水，防止冷却水中断，烧坏盘根。

（4）锅炉泄压后，应打开机组的所有疏水阀及排大气阀门；冬天应做好防冻工作，所有设备及管道不应有积水。

8-115　停机后为什么要检查高压缸排汽止回阀关闭是否严密？

答：停机后如果高压缸排汽止回阀没有关严或卡死，将发生再热器及再热蒸汽管道中的余汽或再热器事故减温水倒入汽缸，而使汽缸下部急剧冷却，造成汽缸变形、大轴弯曲、汽封及各动、静部分摩擦，从而造成设备损坏。

8-116　盘车过程中应注意什么问题？

答，盘车过程中应注意如下问题：

（1）监视盘车电动机电流是否正常，电流表指示是否晃动。

（2）定期检查转子弯曲指示值是否有变化。

（3）定期倾听汽缸内部及高、低压汽封处有无摩擦声。

（4）定期检查润滑油泵的工作情况。

8-117 盘车启动后盘车电流怎样才能算正常？

答：盘车启动后盘车电流应满足如下条件：

（1）盘车电流应为正常值（该正常值应以机组内部无摩擦、异声、润滑油压、顶轴油压、油温、盘车装置、电气回路均为正常情况时的电流为准）。

（2）盘车电流应无变化。如电流产生变化，应检查转子弯曲、胀差、异声，并测量盘车电源电压。

8-118 盘车启动后胀差超限怎么办？需特别注意什么问题？

答：盘车启动后，胀差超限应根据情况做如下处理：凝汽器通循环水或打开凝汽器汽侧人孔门，向轴封送一定温度的轴封汽（200～250℃），同时检查盘车电流升高或变化情况，倾听汽缸内部有无摩擦异声。若无异声且盘车电流无明显上升或变化，则应加强监视与检查。若盘车电流明显上升或变化较大或汽缸内部有摩擦异声时，应立即停止连续盘车，此时应用行车每隔15min盘车180℃，并打开凝汽器人孔门送轴封汽，行车盘不动时，不准送轴封汽。

8-119 汽轮机盘车过程中为什么要投入油泵连锁开关？

答：汽轮机盘车装置虽然有连锁保护，当润滑油压低到一定数值后，联动盘车跳闸，以保护机组各轴瓦，但盘车保护有时也会失灵，万一润滑油泵不上油或发生故障，会造成汽轮机轴瓦干摩擦而损坏。油泵连锁投入后，若交流油泵发生故障可联动直流油泵开启，避免轴瓦损坏事故。

8-120 在停机盘车状态下，对氢冷发电机的密封油系统运行有何要求？

答：在停机盘车状态下，氢冷发电机的密封油系统应保持正常运行方式。因为密封油与润滑油系统相通，这时含氢的密封油有可能从连接的管路进入主油箱，油中的氢气将在主油箱中被分离出来。氢气如果在主油箱中积聚，就有发生氢气爆炸的危险和主油箱失火的可能，因此油系统和主油箱系统使用的排烟风机和防爆风机也必须保持连续运行。

8-121 汽轮机停机后转子的最大弯曲在什么地方？在哪段时间内启动最危险？

答：汽轮机停运后，如果盘车因故不能投运，由于汽缸上、下部温差或其他某些原因，转子将逐渐发生弯曲，最大弯曲部位一般在调节级附近，最大弯曲值约出现在停机后2～10h之间，因此在这段时间内启动是最危险的。

8-122　为什么停机盘车结束后，润滑油泵必须继续运行一段时间？

答：润滑油泵连续运行的主要目的是冷却轴颈和轴瓦，停机后转子金属温度仍然很高，顺轴颈方向轴承传热。如果没有足够的润滑油冷却转子轴颈，轴瓦的温度会升高，严重时会使轴承乌金熔化，轴承损坏；轴承温度过高还会造成轴承中的剩油急剧氧化，甚至冒烟起火。

低压油泵运行期间，冷油器也需继续运行并且使润滑油温不高于40℃。

高压汽轮机停机以后，润滑油泵至少应运行8h以上。当然，每台机应根据情况具体确定。

8-123　汽轮机启动、停机时为什么要规定蒸汽的过热度？

答：如果蒸汽的过热度低，在启动过程中，由于前几级温度降低过大，后几级温度有可能低到此级压力下的饱和温度，变为湿蒸汽。蒸汽带水对叶片的危害极大，所以在启动、停机过程中蒸汽的过热度要控制在50～100℃较为安全。

8-124　汽轮机启动与停机时为什么要加强汽轮机本体及主、再热蒸汽管道的疏水？

答：汽轮机在启动过程中，汽缸金属温度较低，进入汽轮机的主蒸汽温度及再热蒸汽温度虽然选择得较低，但均超过汽缸内壁温度较多。蒸汽与汽缸温度相差超过200℃。暖机的最初阶段，蒸汽对汽缸进行凝结放热，产生大量的凝结水，直到汽缸和蒸汽管道内壁温度达到该压力下的饱和温度时，凝结放热过程结束，凝结疏水量才大大减少。

在停机过程中，蒸汽参数逐渐降低，特别是滑参数停机，蒸汽在前几级做功后，蒸汽内含有湿蒸汽，在离心力的作用下甩向汽缸四周，负荷越低，蒸汽含水量越大。

另外，汽轮机打闸停机后，汽缸及蒸汽管道内仍有较多的余汽凝结成水。

由于疏水的存在，会造成汽轮机叶片水蚀，机组振动，上、下汽缸产生温差及腐蚀汽缸内部，因此汽轮机启动或停机时，必须加强汽轮机本体及蒸汽管道的疏水。

8-125　启动、停机过程中应怎样控制汽轮机各部温差？

答：高参数大容量机组的启动或停机过程中，因金属各部件传热条件不同，各金属部件产生温差是不可避免的，但温差过大，使金属各部件产生过大热应力和热变形，加速机组寿命损耗及引起动、静部分摩擦事故。这是不

允许的。

因此应按汽轮机制造厂规定，控制好蒸汽的升温或降温速度，金属的温升、温降速度，上、下汽缸温差，汽缸内外壁，法兰内外壁,法兰与螺栓温差及汽缸与转子的胀差。控制好金属温度的变化率和各部分的温差,就是为了保证金属部件不产生过大的热应力、热变形,其中对蒸汽温度变化率的严格监视是关键,不允许蒸汽温度变化率超过规定值,更不允许有大幅度的突增突降。

8-126 为什么汽轮机在启动、停机时要规定温升率和温降率在一定范围内?

答: 汽轮机在启动、停机时，汽轮机的汽缸、转子是一个加热和冷却过程。启动、停机时，势必使内外缸存在一定的温差。启动时由于内缸膨胀较快，受到热压应力，外缸膨胀较慢则受到热拉应力；停机时，应力形式则相反。当汽缸金属应力超过材料的屈服应力极限时，汽缸可能产生塑性变形或裂纹，而应力的大小与内外缸温差成正比，内外缸温差的大小与金属的温度变化率成正比。启动、停机时没有对金属应力的监测指示，取一间接指标，即用金属温升率和温降率作为控制热应力的指标。

8-127 说明汽缸和转子产生最大热应力的部位和时间。

答: 汽缸和转子产生最大热应力的部位有高压缸的调节级处，再热机组中压缸的进汽区，高压转子在调节级前、后的汽封处，以及中压转子的前汽封处。在机组启、停和工况变化时，上述部位的工作温度高，温度变化大引起温差大，故而热应力也就最大。

8-128 汽轮机停机后或热态启动前发现转子挠度增加及盘车电流晃动的原因是什么?怎样处理?

答: 汽轮机停机后或热态启动前发现转子弯曲值增加及盘车电流晃动的原因往往是高、中压汽缸上下温差超过规定值，而引起汽缸变形，汽封摩擦，造成大轴弯曲。

发现转子弯曲值增加，盘车电流晃动，首先应检查原因，如属于上、下汽缸温差过大，则应先检查汽轮机各疏水阀开关是否正确，有无冷水、冷汽倒至汽缸，根据高、中压上、下汽缸温差情况对下汽缸加热或对上汽缸用空气进行冷却，使上、下汽缸温差尽量减少，盘车直轴，并要求大轴弯曲值恢复到原始数值。

8-129 汽轮机转子弯曲测点处的表计指示值是否是转子实际弯曲值?为什么?

答： 机头大轴弯曲指示值不是转子的实际弯曲值。因为转子弹性弯曲较大时，正是汽缸的弯曲比较大的时候，而且弯曲最大的部位一般在调节级前后，离大轴弯曲指示测点还有一定的距离，转子由 1、2 号瓦支撑。因此，根据大轴弯曲指示表晃动的数值，轴的长度，支撑点和测点之间的距离由三角形相似的比例关系，可以计算转子的实际最大弯曲值，计算式为

$$f_{max} = 0.25\frac{L}{e}f_u \tag{8-1}$$

式中 f_{max}——最大弹性弯曲值；

L——转子轴瓦之间的距离；

e——千分表至 1 号瓦之间的距离；

f_u——大轴弯曲指示值。

8-130　汽轮机启动时管道、阀门金属温升速度控制不当有何危害？

答： 汽轮机启动时管道、阀门金属温升速度太大，会造成管道、阀门热应力增大，同时造成强烈的水冲击，使管道阀门振动，以致损坏管道阀门。因此，汽轮机启动中一定要根据要求严格控制管道、阀门的金属温升速度。

8-131　汽轮机上、下汽缸温差过大有何危害？

答： 高压汽轮机启动与停机过程中，很容易使上、下汽缸产生温差。有时，机组停机后，由于汽缸保温层脱落，同样也会造成上、下汽缸温差大，严重时，甚至达到 130℃左右。通常上汽缸温度高于下汽缸温度。上汽缸温度高，热膨胀大，而下汽缸温度低，热膨胀小。温差达到一定数值就会造成上汽缸向上拱起。在上汽缸拱背变形的同时，下汽缸底部动、静部分之间的径向间隙减小，因而造成汽轮机内部动、静部分之间的径向摩擦，磨损下汽缸下部的隔板汽封和复环汽封，同时隔板和叶轮还会偏离正常时所在的平面（垂直平面），使转子转动时轴向间隙减小，结果往往与其他因素一起造成轴向摩擦。摩擦就会引起大轴弯曲，发生振动。如果不及时处理，可能造成永久变形，机组被迫停运。

8-132　造成汽轮机下汽缸温度比上汽缸温度低的原因有哪些？

答： 造成汽轮机下汽缸温度比上汽缸温度低的原因有以下几个方面：

（1）下汽缸比上汽缸金属质量大，约为上汽缸的两倍，而且下汽缸有抽汽口和抽汽管道，散热量面积大，保温条件差。

（2）机组在启动过程中，温度较高的蒸汽上升，而内部疏水由上而下流到下汽缸，从下汽缸疏水管排出，使下汽缸受热条件恶化。如果疏水不及时或疏水不畅，上、下汽缸温差更大。

(3) 停机后，机组虽在盘车中，但由于疏水不畅或下汽缸保温质量不高及汽缸底部挡风板缺损，空气对流量增大，使上、下汽缸冷却条件不同，增大了温差。

(4) 滑参数启动或停机时，加热装置使用不得当。

(5) 机组停运后，由于各级抽汽阀、主汽阀关不严，汽水漏至汽缸内。

8-133 如何减小汽轮机上、下汽缸温差？

答：为减小汽轮机上、下汽缸温差，避免汽缸的拱背变形，应该做好下列工作：

(1) 改善汽缸的疏水条件，选择合适的疏水管径，防止疏水在底部积存。

(2) 机组启动和停机过程中，运行人员应正确及时使用各疏水阀。

(3) 完善高、中压下汽缸挡风板，加强下汽缸的保温工作，保温砖不应脱落，减少冷空气的对流。

(4) 正确使用加热装置，发现上、下汽缸温差超过规定数值时，应用加热装置对上汽缸冷却或对下汽缸加热。

8-134 汽轮机转子发生摩擦后为什么会发生弯曲？

答：由于汽缸、法兰金属温度存在温差，导致汽缸变形，径向动、静部分间隙消失，造成转子旋转时，机组端部轴封和隔板汽封处径向发生摩擦而产生很大的热量，产生的热量使轴的两侧温度差很快增大。温差的增加，使转子发生弯曲。这样周而复始，大轴两侧温差越大，转子越弯曲。

8-135 汽轮机胀差正值、负值过大有哪些原因？

答：汽轮机胀差正值大的原因如下：

(1) 启动暖机时间不足，升速或加负荷过快。

(2) 汽缸夹层、法兰加热装置汽温太低或流量较小，引起加热不足。

(3) 进汽温度升高。

(4) 轴封供汽温度升高或轴封供汽量过大。

(5) 真空降低，引起进入汽轮机的蒸汽流量增大。

(6) 转速变化。

(7) 调节汽阀开度增加，节流作用减小。

(8) 滑销系统或轴承台板滑动卡涩，汽缸胀不出。

(9) 轴承温度太高。

(10) 推力轴承非工作面受力增大并磨损，转子向机头方向移动。

(11) 汽缸保温脱落或有穿膛冷风。

(12) 多缸机组其他相关汽缸胀差变化，引起本缸胀差变化。

(13) 双层缸夹层中流入冷汽或冷水。

(14) 胀差指示零位不准或频率、电压变化影响。

负胀差过大的原因如下：

(1) 负荷下降速度过快或甩负荷。

(2) 汽温急剧下降。

(3) 水冲击。

(4) 轴封汽温降低。

(5) 汽缸夹层、法兰加热装置加热过度。

(6) 进汽温度低于金属温度。

(7) 轴向位移向负值变化。

(8) 轴承油温过低。

(9) 双层缸夹层中流入高温蒸汽（进汽短管漏汽）。

(10) 多缸机组相关汽缸胀差变化。

(11) 胀差表零位不准或频率、电压变化影响。

第九章　汽轮机的正常维护及经济运行

9-1　运行中的汽轮机日常维护工作主要有哪些内容?

答：运行中的汽轮机日常维护工作主要有以下内容：

(1) 通过监盘、定期记表、巡回检查及定期测振测温等方式，监视设备运行参数，进行运行参数分析，检查运行经济、安全性。

(2) 通过经常检查，监视和调整发现设备的缺陷并及时消除，提高设备的健康水平，预防事故的发生和扩大，提高设备的利用率，保证设备长期安全运行。

(3) 通过经常性的检查、监视及经济调度，尽可能使设备在最佳工况下工作，降低汽耗率、热耗率和厂用电率，提高设备运行的经济性。

(4) 定期进行各种保护试验及辅助设备的正常试验和切换工作，保证设备的安全可靠性。

9-2　汽轮机运行中应经常监视的参数有哪些?

答：汽轮机运行中应经常监视的参数有汽轮机负荷、主蒸汽及再热蒸汽温度及压力、凝汽器真空、汽轮机转速（频率）、轴向位移、胀差、油压、振动值、监视段压力、油温以及转动设备的运转声音。

9-3　运行中的汽轮机本体巡回检查的内容有哪些?

答：运行中的汽轮机本体巡回检查的内容如下：

(1) 机头表盘。检查各表计指示正常。

(2) 前箱。检查汽轮机膨胀指示、回油温度、回油量、振动情况、调节汽阀有无卡涩，油动机工作是否正常和清洁。

(3) 轴承。检查所有轴瓦进油压力、回油温度、油量、振动情况，以及油挡是否漏油、回油窗是否有水珠。

(4) 汽缸。检查轴封供汽、机组运转声音、相对膨胀、排汽缸振动情况和温度。

(5) 发电机、励磁机。检查出口风温、入口风温、冷却水压、各冷却器温度、密封瓦油压及温度、回油量，以及外壳有无漏油。

（6）盘车设备。检查手柄是否在退出工作位置，工作电源是否正常。

（7）联合汽阀、中压自动主汽阀及中压调节汽阀。检查阀门位置指示是否正确、有无卡涩，油系统有无渗漏油，油动机工作是否正常和清洁。

9-4　影响汽轮发电机组经济运行的主要技术参数和经济指标有哪些？

答：影响汽轮发电机组经济运行的主要技术参数和经济指标有汽压、汽温、真空度、给水温度、热电比、汽耗率、热耗率、循环水泵耗电率、给水泵耗电率、高压加热器投入率、凝汽器端差、凝结水过冷度、汽轮机热效率等。

9-5　值班人员应从哪几个方面保证机组运行的经济性？

答：在热力设备系统已定的情况下，值班人员通过合理的操作调整，从以下几个方面保证机组运行的经济性：

（1）保持额定的蒸汽参数。

（2）保持良好的真空度，尽量保持最有利真空。

（3）保持设计的给水温度。

（4）保持合理的运行方式，各加热器正常投运。

（5）保证热交换器传热面清洁。

（6）减少汽水漏泄损失，避免不必要的节流损失。

（7）尽量使用耗电少、效率高的辅助设备。

（8）多机组并列运行时，合理分配各机组负荷。

（9）较低负荷时，机组采用变压运行等。

9-6　主蒸汽压力升高对机组运行有何影响？

答：主蒸汽压力升高后，总的有用焓降增加了，蒸汽的做功能力增加了，因此如果保持原负荷不变，蒸汽流量可以减少，对机组经济运行是有利的。但最后几级的蒸汽湿度将增加，特别是对末级叶片的工作不利。对于调节级，最危险工况是在第一调节汽阀刚全开时，此时初压升高，调节级的焓降及流量均增加，对调节级是不利的，但在额定负荷下工作时，调节级焓不是在最大值，一般危险性不大。主蒸汽压力升高而没有超限，机组在额定负荷下运行，只要末级排汽湿度没有超过允许范围，调节级可以认为没有危险，但主蒸汽压力是不可以随意升高的。主蒸汽汽压过高，调节级焓降过大，时间长了会损坏喷嘴和叶片。另外，主蒸汽压力升高超限，最末几级叶片处的蒸汽湿度大大增加，叶片遭受冲蚀。主蒸汽压力升高过多，还会导致

导汽管、汽室、汽阀等承压部件应力的增加，给机组的安全运行带来一定的威胁。

9-7 主蒸汽压力降低对汽轮机运行有何影响？

答：假如主蒸汽温度及其他运行条件不变，主蒸汽压力下降，则负荷下降。如果维持负荷不变，则蒸汽流量增加。主蒸汽压力降低时，调节级焓降减少，反动度增加，而末级的焓降增加，反动度降低，对机组总的轴向推力没有多大的变化，或者变化不明显，机组汽耗增加，经济性降低。当主蒸汽压力降低较多时，要保持额定负荷，使流量超过末级通流能力，使叶片应力及轴向推力增大，故应限制负荷。

9-8 引起汽轮机进汽压力变化的原因有哪些？

答：引起汽轮机进汽压力变化的原因如下：

（1）锅炉出力变化或发生灭火等事故。

（2）锅炉调节不当或自动调节失灵。

（3）主蒸汽系统运行方式变化。

（4）机组负荷突然变化或失去负荷。

（5）锅炉再热蒸汽系统或旁路系统阀门误动作。

（6）电网频率变化。

（7）主汽阀、调节汽阀误操作。

（8）汽动给水泵进汽减压装置调节不当，或用主机抽汽进汽时主机负荷变化。

9-9 汽轮机运行中，主蒸汽温度升高对机组有什么影响？

答：主蒸汽温度升高，汽轮机的焓降和功率有所增加，在其他参数不变的情况下，热耗有所降低。但当主蒸汽温度升高并超过允许范围时，对汽轮机的安全运行会造成以下危害：

（1）使调节处焓降增大，调节级叶片过负荷。

（2）使金属材料的机械强度降低，增加蠕变速度。主蒸汽管道、汽缸、汽阀及轴封等金属部件的工作温度超过允许范围，会使其紧固部件松弛，降低使用寿命或损坏设备。

（3）使受热部件热膨胀、热变形增加。

9-10 蒸汽温度的最高限额是根据什么制定的？

答：蒸汽温度的最高限额取决于主蒸汽管、电动主汽阀、自动主汽阀、调节汽阀、联合汽阀及调节级等金属材料，是根据材料的蠕变极限和持久强度等性能制定的。当蒸汽温度超过最高限额时，会使金属材料的蠕变速度急剧上升，许用应力大大下降。因此，汽轮机在运行过程中不允许在蒸汽温度的上限运行。

9-11 主蒸汽温度降低对汽轮机运行有何影响？

答：当主蒸汽压力及其他条件不变时，主蒸汽温度降低，循环热效率下降，如果保持负荷不变，则蒸汽流量增加，且增大了汽轮机的湿汽损失，降低了机内效率。

主蒸汽温度降低还会使除末级以外各级的焓降都减小，反动度都要增加，转子的轴向推力增加，对汽轮机安全不利。

主蒸汽温度急剧下降，可能引起汽轮机水冲击，对汽轮机安全运行更是严重的威胁。

9-12 引起汽轮机进汽温度变化的原因有哪些？

答：引起汽轮机进汽温度变化的原因如下：

（1）锅炉燃烧调节不当或锅炉热负荷变化。

（2）减温装置自动失灵或锅炉主蒸汽、再热蒸汽旁路减温水阀泄漏。

（3）给水压力变化，减温水量改变。

（4）锅炉启动时，因主蒸汽管疏水未疏尽，或运行时过热器、再热器带水，导致汽温急剧下降或发生水冲击。

（5）给水温度突然变化。

（6）联合汽阀故障。

9-13 再热蒸汽温度变化对中间再热机组的工况有什么影响？

答：当主蒸汽温度不变而再热蒸汽温度变化时，不仅中、低压缸的工况要受到影响，高压缸工况也要受到影响。当再热蒸汽温度升高时，汽轮机总的焓降将增加，若保持汽轮机出力不变，汽轮机总的进汽量将减小。根据机组变工况原理的分析：再热蒸汽温度升高时，高压缸的出力将降低，而中、低缸的功率有所增加；反之，当再热蒸汽温度降低时，再热系统流动阻力减小，再热器中压力降低，此时高压缸的功率增大，特别是末级超载，而中、低压缸各级焓降减小，这又会导致反动度及轴向推力的变化。另外，再热蒸汽温度降低也导致低压缸末级叶片湿度增大，影响整个机组的经济性。

9-14 再热蒸汽的压力和温度变化对机组经济性有什么影响？

答：再热蒸汽的压力总是低于高压缸的排汽压力。这个减少的数值即为再热器压损。产生压损的原因是蒸汽从高压缸排出后，由于经过再热器及其

管道进入中压缸，压力将有不同程度的降低。再热器压损一般是以百分比（蒸汽通过再热器系统的压力损失与高压缸排汽压力之比）表示的。

正常运行中，再热蒸汽压力是随着主蒸汽流量变化而改变的，再热器压损的大小对整个汽轮机的经济效果有着显著的影响。国产 200MW 机组再热器压损变化 1%，热耗变化约 0.1%。

再热蒸汽温度升高时，用喷水减温的方法虽可使汽温降低，但不利经济性。再热蒸汽喷水每增加 1%，国产 200MW 机组，将使热耗增加 0.1%～0.2%。再热蒸汽温度升高 5℃，热耗减少 0.111%，再热蒸汽温度降低 5℃，热耗增加 0.125%。

9-15 排汽压力变化对汽轮机运行有何影响？

答： 排汽压力变化对汽轮机的经济性、安全性影响很大，真空的提高，可以使汽轮机汽耗减少而获得较高的经济性；凝汽器真空越高，即排汽压力越低，蒸汽中的热能转变为机械能越多，被循环水带走的热量越少，凝汽器压力每降低 1kPa，会使汽转机负荷大约增加额定负荷的 2%。真空也不是越高越好，真空越高，循环水泵消耗的能量越多；末级湿度越大，轴向推力增加。如果凝汽器真空恶化，排汽压力升高，蒸汽中的热能被循环水带走的热量就越多，热能损失越多，则同样的蒸汽流量和初参数，负荷就不能带到额定值。如保持额定负荷蒸汽流量增加，叶片将要过负荷，轴向推力增加。因此，机组在运行中应尽量维持经济真空，以获得较好的经济性。

9-16 调节汽阀后汽压变化可以说明什么问题？

答： 调节汽室压力是指调节级与第一压力级之间的蒸汽压力，调节汽阀后汽压一般可作为监视负荷变化或蒸汽流量大小的依据。当该调节汽阀未开时，调节汽阀后汽压和调节级汽压相接近。如果该调节汽阀开启，则调节汽阀后的汽压和汽轮机进汽压力相接近；如果该调节汽阀或联合汽阀阀杆断落、卡涩或其他故障而处于某一状态，则该调节汽阀后压力随调节级的压力变化而变化。

9-17 调节汽室压力异常升高是什么原因？

答： 调节汽室压力与安装或大修后首次启动相比较，若在同一负荷下，调节汽室压力升高则说明调节级后的压力级通流面积减少，多数情况是结了盐垢，有时也由于某些金属元件碎裂和机械杂物堵塞了通流部分或叶片损坏变形所致。

对于中间再热机组，当调节汽室压力和高压排汽压力同时升高时，可能是由中压联合汽阀开度不够或高压缸排汽止回阀卡涩引起的。

9-18　什么是汽轮机的定压运行？它有何优缺点？

答：蒸汽在额定参数下，利用调节汽阀开度的大小调整负荷的方式为汽轮机的定压运行。采用这种方式调整负荷时，汽轮机内部的温度变化较大，且在低负荷时调节汽阀对蒸汽的节流损失较大，所以不经济。但这种方式适应负荷变化的速度快。

9-19　什么是汽轮机的变压运行？汽轮机变压运行有何特点？

答：汽轮机开足调节汽阀，锅炉基本维持主蒸汽温度，并且不超过额定压力、额定负荷，用主蒸汽压力的变化来调整负荷，称为汽轮机的变压运行。

汽轮机变压运行的优点如下：

（1）可以增加负荷的可调节范围。

（2）使汽轮机允许较快速度变更负荷。

（3）由于末级蒸汽湿度的减少，提高了末级叶片的效率，减少了对叶片的冲刷，延长了末级叶片的使用寿命。

（4）由于温度变化较小，所以机组热应力也较小，从而减少了汽缸的变形和法兰接合面的漏汽。

（5）汽轮机变压运行时，由于受热面和主蒸汽管道的压力下降，其使用寿命延长了。

（6）变压运行调节可提高机组的经济性（减少了调节汽阀的节流损失），且负荷越低经济性越高。

（7）同样的负荷采用变压运行，高压缸排汽温度相对提高了。

（8）对于调节系统不稳定的机组，采用变压运行可以把调节汽阀维持在一定位置。

汽轮机变压运行的缺点如下：

（1）变压运行机组，如除氧器定压运行，应备有可靠的汽源。

（2）调节汽阀长期在全开位置，为了保持调节汽阀不致卡涩，需定期活动调节汽阀。

（3）因炉侧汽压变化有一定的滞后，所以负荷适应性差。

9-20　汽轮机的变压运行有哪几种方式？

答：汽轮机的变压运行有以下方式：

（1）纯变压运行。在整个负荷变化的范围内，调节汽阀全开，负荷变化

全由锅炉压力控制的运行方式。

(2) 节流变压运行。为了弥补完全变压运行时负荷调整速度缓慢的缺点，在正常情况下调节汽阀不全开，对主蒸汽压力保持一定的节流。当负荷突然增加时，原未开大的调节汽阀迅速全开，以满足突然增加负荷的需要。此后，随锅炉蒸汽压力的升高，调节汽阀又重新关小，直到原滑压运行的调节汽阀开度。

(3) 复合变压运行。这是一种变压运行和定压运行相结合的运行方式，具体有以下三种方式：

1) 低负荷时变压运行，高负荷时定压运行。在低负荷时，最后一个或两个调节汽阀关闭，而其他调节汽阀全开，随着负荷逐渐增大，汽压到额定压力后，维持主蒸汽压力不变，改用开大最后一个或两个调节汽阀，继续增加负荷。这种方式在低负荷时，机组显示出变压运行的特性，而在高负荷时，机组又有一定的容量参与调频，是一种比较理想的运行方式。

2) 高负荷时变压运行，低负荷时定压运行。大容量机组采用变速给水泵，尽管其转速变化范围较宽，但也有最低转速的限制。另外，锅炉在低压力、高温度时，吸热比例发生较大的变化，给维持主蒸汽温度带来一定的困难，因而锅炉最低运行压力受到限制。这种方式可以满足以上要求，并且在高负荷下具有变压运行的特性。

3) 高负荷和低负荷时定压运行，中间负荷区变压运行。在高负荷区时，用调节汽阀调节负荷，保持定压运行；在中间负荷时，一个或两个调节汽阀关闭，处于滑压运行状态；在低负荷区时，又维持在一个较低压力水平的定压运行。这种运行方式也称为定—滑—定运行方式，它综合了以上两种方式的优点。

9-21 为什么汽轮机采用变压运行方式能够取得经济效益？

答：汽轮机变压运行（滑压运行）能取得经济效益的原因主要有以下几点：

(1) 通常低负荷下定压运行，大型锅炉难以维持主蒸汽及再热蒸汽温度不降低，而变压运行时，锅炉较易保持额定的主蒸汽和再热蒸汽温度。当变压运行主蒸汽压力下降，温度保持一定时，虽然蒸汽的过热焓随压力的降低而降低，但由于饱和蒸汽焓上升较多，总焓明显升高，这一点是变压运行取得经济性的重要因素。

(2) 变压运行汽压降低，汽温不变时，汽轮机各级容积流量、流速近似不变，能在低负荷时保持汽轮机内效率不下降。

（3）汽轮机变压运行时，高压缸各级，包括高压缸排汽温度将有所升高，这就保证了再热蒸汽温度，有助于改善热循环效率。

（4）汽轮机变压运行时，允许给水压力相应降低，在采用变速给水泵时可显著地减少给水泵的用电。此外，给水泵降速运行，对减轻水流对设备侵蚀、延长给水泵使用寿命有利。

9-22　汽轮机在哪些情况下不适宜采用变压运行方式？

答：汽轮机采用变压运行方式经济性的损失，因机组结构、额定参数、对此的运行方式不同而各异，需要具体分析，不能笼统地认为变压运行一定比定压运行经济。

一般来说，额定压力越高变压运行经济性越好。但额定应力在13.0MPa以下及不具备变速给水泵就难以保证变压运行的经济性。因此，在这种情况下，汽轮机不适宜采用变压运行方式。

9-23　如何根据不同负荷确定机组的变压运行方式？

答：国产200MW中间再热机组以低负荷运行方式担负调峰任务时，应该采用如下的混合变压运行方式：当负荷高于80%额定负荷时，采用喷嘴调节定压运行方式；当负荷低于80%额定负荷时，切换为两个调节汽阀全开的变压运行方式。

9-24　凝汽器真空变化有哪些原因？真空变化对机组运行有什么影响？

答：凝汽器真空变化有如下原因：

（1）正常变化。

1）负荷变化。

2）汽轮机排汽量变化。

3）循环水进水温度变化。

4）循环水量变化。

（2）凝汽器运行不正常。

1）凝汽器水位升高。

2）循环水量减少或中断。

3）循环水进水阀开度过小或误关。

4）凝汽器管板垃圾过多，阻塞铜管。

5）凝汽器二次滤网堵塞，使冷却水量减少。

6）凝汽器铜管表面污脏或结垢。

7）真空系统漏空气。

（3）抽气器工作不正常。

1）工作蒸汽或工作水压力下降。

2）喷嘴堵塞或损坏。

3）进汽滤网阻塞。

4）射汽抽气器汽侧隔板短路，冷却器冷却水量不足。

5）抽气器的冷却器疏水失灵或铜管漏水，无水位或满水。

6）射水抽气器水温过高，影响抽气效率。

7）射水泵故障停运或出力下降。

（4）操作不当引起空气漏入。

1）低压加热器或除氧器投用时，内部空气未放尽。

2）抽汽管使用前未排尽空气，经低压加热器漏入凝汽器。

3）轴封供汽中断。

4）真空破坏阀、凝汽器汽侧放水阀或通向凝汽器的其他阀门误开。

当汽轮机运行中真空较高时，虽然排汽压力低，可降低汽轮机汽耗量，提高经济性，但只有在经济真空下运行才是最经济的。如果真空降低，则会造成以下影响：

（1）排汽压力升高，汽轮机可用焓降减小，降低热效率，同时影响负荷。

（2）排汽温度升高，使排汽缸、轴承座受热膨胀，引起中心变化，产生振动，还会引起凝汽器铜管胀口松弛，破坏其严密性。

（3）引起轴向推力正向增大，还将使排汽的容积流量减小，对末几级叶片工作造成不利影响。

9-25 主蒸汽流量变化的原因有哪些?

答：主蒸汽流量变化的原因如下：

（1）负荷变化。

（2）汽压或汽温变化。

（3）抽汽量变化。

（4）真空变化。

（5）通流部分严重损坏或结垢。

（6）频率变化。

（7）流量表管漏水。

9-26 进入汽轮机的蒸汽流量变化时对通流部分各级的参数有哪些影响?

答：对于凝汽式汽轮机，当蒸汽流量变化时，通流部分各级前的温度一般变化不大（喷嘴调节的调节级汽室温度除外）。不论是采用喷嘴调节，还是节流调节，除调节级外，通流部分各级前压力均可看成与流量成正比变化，所以除调节级和最末级外，通流部分各级前、后压力均近似地认为与流量成正比变化。运行人员可通过各监视段压力有效地监视流量变化情况。

9-27 汽轮机流量变化与各级反动度的关系如何？

答：对于凝汽式汽轮机，当流量变化时，除调节级和末级外，各压力级的级前压力与流量成正比变化，故各级焓降基本不变，所以反动度也基本不变。对于调节级，当流量增加时，在第一调节汽阀全开以前焓降随流量增加而增加，反动度随流量增加而减小；第二调节汽阀开启直到达到额定流量，调节级的焓降是随流量增加而减小的，故反动度随流量增加而增加。末级焓降是随流量增加而增加的，故反动度是随流量增加而减小的。反之，当流量减小时，其变化方向相反。当流量变化较大时，越靠近末级，焓降的变化值越大，反动度变化也越大。

级反动度的变化还与级设计工况的反动度有关，设计工况的反动度越大，变工况下反动度的变化越小，反动级的反动度基本不变。

9-28 什么是监视段压力？

答：调节汽室压力及各段抽汽压力统称为监视段压力，凝汽式汽轮机除末一、二级以外，调节汽室压力及各段抽汽压力与蒸汽流量近似成正比关系，运行中监视这些压力的变化可以判断主蒸汽流量的变化、负荷的高低以及通流部分是否结垢、损坏及堵塞等。

9-29 监视段压力升高说明什么问题？

答：每台机组都有额定负荷下对应的各段抽汽压力，且在机组安装或大修后，应在正常工况下通过试验得出负荷、主蒸汽流量及各监视段压力的对应关系，以作为平时运行监督的标准。

在正常运行中及某一负荷下，如果监视段压力升高，则说明该段以后通流部分有可能结垢或其他金属部件脱落堵塞；当然，如果某段抽汽压力对应的高、低压加热器汽阀关闭、停运，也会造成监视段压力升高。如果调节级压力和高压缸抽汽压力同时升高，则可能是中压调汽阀开度受阻或中压缸某级抽汽停运。

监视段压力不但要看其绝对值增高是否超过规定值，还要监视各段之间压差是否超过规定值。若某个级段的压差过大，则可能导致叶片等设备损坏事故。

9-30 汽轮机通流部分结垢的原因有哪些?

答: 汽轮机通流部分结垢都是蒸汽离开锅炉时携带造成的。蒸汽携带杂质主要是汽、水分离不好而携带水分的结果。此外，蒸汽在不同压力下对某些物质具有溶解能力。造成蒸汽带水的原因可能是水工况恶化，也可能是锅炉产生了汽水共腾现象。另外，某些原因会使锅炉给水或汽轮机凝结水及化学补水品质恶化。当携带杂质的蒸汽在汽轮机内膨胀做功时，由于压力、温度的变化会引起溶解于蒸汽中的各种杂质的溶解度发生变化，这样当蒸汽流动方向和速度发生变化时，不同杂质就会在不同部位被分离出来，沉积在通流部分上。

9-31 汽轮机通流部分结垢对其有什么影响? 汽轮机通流部分结垢如何清除?

答: 汽轮机通流部分结垢对其安全、经济运行危害极大。汽轮机喷嘴和叶片槽道结垢，将减小蒸汽通流面积，在初压不变的情况下，汽轮机进汽量减小，使机组出力降低。此外，当通流部分结垢严重时，由于隔板和推力轴承有损坏的危险，而不得不限制负荷。如果配汽机构结垢严重，将破坏配汽机构的正常工作，并且容易造成自动主汽阀、调节汽阀卡涩的事故隐患，有可能导致在事故状态下紧急停机时主汽阀、调节汽阀动作不灵活或拒动的严重后果，以致损坏设备。主蒸汽品质不合格时，有可能在几十小时甚至十几小时的短时间内就会造成通流部分的严重结垢。高压汽轮机的通流面积较小，所以比中低压汽轮机对结垢的影响更为敏感，结垢以后对汽轮机运行的安全性威胁也更大。

汽轮机通流部分结垢有以下清除方法：

(1) 汽轮机停机揭缸，用机械方法清除。

(2) 盘车状态下热水冲洗。

(3) 低转速下热湿蒸汽冲洗。

(4) 带负荷湿蒸汽冲洗。

9-32 调节级压力升高的原因有哪些?

答: 调节级压力升高的原因如下：

(1) 随调节汽阀开大而升高。

1) 负荷增加。

2) 汽压或汽温下降，使蒸汽流量增加。

3) 真空严重下降，使蒸汽流量增加。

4) 通流部分磨损，调节级或第一、二压力级叶片进口打坏。

5）抽汽量增加使总的蒸汽流量增加。

（2）汽轮机通流部分结垢，调节级压力升高。

9-33 影响汽轮机调节级温度变化的原因有哪些？

答：影响汽轮机调节级温度变化的原因如下：

（1）负荷变化。

（2）进汽温度变化。

（3）调节汽阀开度变化。

（4）蒸汽流量改变。

（5）调节级部分叶片损坏。

9-34 抽汽压力变化的原因有哪些？

答：抽汽压力变化的原因如下：

（1）负荷变化。

（2）蒸汽流量变化。

（3）抽汽流量变化。

（4）汽轮机通流部分结垢。

9-35 汽轮机抽汽温度变化的原因有哪些？

答：汽轮机抽汽温度变化的原因如下：

（1）蒸汽流量或负荷变化。

（2）抽汽量改变。

（3）从抽汽管倒入冷汽或水使抽汽温度下降。如加热器管子泄漏、减温水阀未关以及加热器疏水系统倒流、备用汽系统倒流、抽汽管积疏水等。

（4）汽轮机叶片故障。

9-36 汽轮机排汽温度变化的原因有哪些？

答：汽轮机排汽温度变化的原因如下：

（1）凝汽器真空变化。

（2）启动或低负荷运行时间长，排汽缸喷水冷却水量不足或喷孔阻塞，运行中排汽缸冷却喷水阀泄漏。

（3）无蒸汽运行。

9-37 汽轮机为什么会产生轴向推力？

答：汽轮机产生轴向推力的原因有以下三个方面：

（1）蒸汽作用在动叶上的轴向推力。蒸汽流经动叶片时，产生两种作用

于动叶的轴向力，其一是蒸汽轴向分速度变化产生对叶片的冲击力；其二是级内反动度造成动叶片前、后的压力差而产生轴向推力。显然，反动度越大，动叶片前、后的压力差越大，轴向推力也越大。蒸汽作用在动叶上的轴向力等于上述两个轴向力之和。

（2）作用在叶轮面上的轴向推力。当叶轮前后存在压力差时，它将作用于叶轮轮面而产生轴向推力。由于叶轮轮面的面积较大，即使其前后压力差不很大，也会产生很大的轴向推力。

（3）作用在汽封凸肩、转轴凸肩上的轴向推力。对于采用高低齿形式的隔板汽封的机组，其转子汽封也相应做成凸肩结构。由于每个汽封凸肩前后存在压力差，而产生轴向推力；同样，汽轮机转子上各凸肩，也由于各面上压力不等，产生同方向的轴向推力。这些力之和，就是作用在转轴凸肩上的轴向推力。

9-38 汽轮机的轴向推力是如何平衡的？

答：汽轮机的轴向推力是靠推力轴承来承担，同时采取以下方法来平衡轴向推力的。

（1）开设平衡孔。在叶轮上开设平衡孔，以均衡叶轮前、后的压力差，减小轴向推力。对于反动式汽轮机，由于动叶前、后的压力差大，故将叶片直接安装在轮毂上，尽量减小作用面积，以减小轴向推力。

（2）采用平衡活塞。将多级汽轮机的高压端轴封的第一轴封套直径适当地加大，以便在端面上产生与轴向推力相反的轴向力，起到平衡轴向力的作用。

（3）采用相反流动的布置。将多缸机组的汽缸相互对置，使蒸汽在汽轮机内的流动方向相反，从而使各缸轴向推力互相抵消。

9-39 汽轮机运行中轴向推力增大的主要原因有哪些？

答：汽轮机运行中轴向推力的大小基本与蒸汽流量成正比，方向向低压侧。汽轮机运行中使轴向推力增大的原因如下：

（1）蒸汽温度、蒸汽压力的下降。

（2）汽轮机隔板轴封间隙因磨损而增大。

（3）蒸汽品质不好，使通流部分结垢。

（4）汽轮机发生水冲击。

（5）汽轮机负荷变化较大。

9-40 汽轮机运行中轴向位移指示变化的原因有哪些？

答：汽轮机运行中轴向位移指示变化的原因如下：

(1) 负荷变化。
(2) 叶片结垢严重。
(3) 蒸汽温度变化。
(4) 蒸汽流量变化。
(5) 反动式机组平衡盘轴封损坏，真空下降或平衡盘疏汽不畅。
(6) 高压轴封漏汽大，影响轴承座温度升高。
(7) 频率变化。
(8) 叶片断落。
(9) 水冲击。
(10) 推力轴瓦磨损或损坏。
(11) 抽汽停用，轴向推力变化。
(12) 发电机转子窜动。
(13) 高压汽封疏汽压力调节变化。
(14) 真空变化。
(15) 电气式轴向位移表受频率、电压的变化影响。
(16) 液压式轴向位移表受主油泵出口油压、油温变化等影响。

9-41 国产300MW机组的轴向位移为什么是负值?

答：国产300MW机组的低压缸采用分流形式，轴向推力基本上能相互抵消。另外，高压缸产生反向推力，中压缸产生正向推力，因此轴向推力主要由高、中压缸轴向推力的差值决定。如果高压缸推力比中压缸推力大，就会形成负方向的轴向推力，将转子向机头方向推，当中压缸推力大于高压缸推力时，轴向推力为正。300MW机组在额定工况时，制造厂计算机组轴向推力正值为14t，最大轴向推力为20t，但实际运行时，高压缸产生的轴向推力大于中压缸的轴向推力，所以机组的轴向推力为负值。而轴向位移的零位是以推力盘向低压侧（紧靠工作面瓦片）推足时的位置为基准零位的，推力盘在非工作面侧和工作面侧有0.4mm的总间隙，运行中负轴向推力将转子推向非工作瓦块，由非工作瓦块承力，所以轴向位移为负值。

9-42 汽轮机轴封间隙过大或过小对机组运行有何影响?

答：汽轮机轴封间隙过大，使轴封漏汽量增加，轴封蒸汽压力升高，漏汽沿轴向漏入轴承中，使油中进水，严重时造成油质乳化，危及机组安全运行。

汽轮机轴封间隙过小，容易产生动、静部分摩擦，造成转子弯曲和振动。

9-43 汽轮机运行中轴封蒸汽压力变化的原因有哪些?

答：汽轮机运行中轴封蒸汽压力变化的原因如下：

(1) 负荷或蒸汽流量变化。

(2) 凝汽器真空变化。

(3) 抽汽压力变化影响轴封疏汽背压变化。

(4) 均压箱进汽压力变化。

(5) 轴封加热器真空变化。

(6) 轴封压力调整阀自动失灵或调整不当。

(7) 轴抽风机故障。

(8) 轴封齿磨损，漏汽增加使轴封蒸汽压力升高。

9-44 汽轮机轴封蒸汽温度变化的原因有哪些?

答：汽轮机轴封蒸汽温度变化的原因如下：

(1) 均压箱进汽减温水阀开度变化。

(2) 均压箱汽源切换。

(3) 轴封用汽量变化。

9-45 汽轮机轴封系统的完善程度对运行经济性有何影响? 如何进行改进以提高经济性?

答：汽轮机的轴封系统是指阀杆漏汽、轴封漏汽及其回收利用系统。通常汽轮机的轴封漏汽、阀杆漏汽都回收用于回热系统，用以加热主凝结水或给水，达到提高经济性的目的。从热平衡角度分析，如果忽略轴封管道系统的散热损失，各次渗漏的工质和热量全部得到回收利用，没有热量损失。而如果从能量利用角度或能量平衡角度分析，则不仅存在做功损失，而且能反映回收利用系统的完善性。

多数运行机组的轴封利用系统是有改进余地的，主要有以下两点：

(1) 最根本的方面是改进汽封结构和合理调整汽封间隙，使漏汽量减少，相应地做功损失也就减小了。

(2) 将渗漏蒸汽回收利用在较高能级上。回收利用能级越高，能量回收率就越大，做功损失就越小。这是改进轴封利用系统、节约能源的一条原则。但是，漏汽可能利用的能级主要取决于汽封结构和参数。

9-46 给水温度变化对机组经济性有什么影响?

答：给水温度变化对电厂经济性影响较大，因而给水温度是电厂小指标考核的内容之一。给水温度变化，一方面引起回热抽汽量变化，影响做功能力；另一方面将使锅炉排烟温度变化，影响锅炉效率。两方面的综合效应便是给水温度变化对装置经济性的影响。

在实际运行中，应尽量使锅炉给水温度达到设计的要求。

9-47　机组运行中为什么必须经常核对给水最终温度？

答：由于高压加热器旁路阀或联成阀泄漏常使锅炉给水温度降低，使电厂热经济性明显降低。为此，应检查最后一台高压加热器出口温度与进入锅炉的给水温度进行分析比较，及时发现高压加热器联成阀或旁路阀泄漏。

9-48　三油楔轴承在运行中有什么要求？

答：三油楔轴承运行中回油温度升高的程度是衡量轴瓦工作是否正常的主要标志。一般规定机组进油压力在 0.08MPa 以上、不低于 0.08MPa 时可以正常工作，进油温度为 40～45℃。温度升高不超过 10℃，三油楔轴承运行中各轴瓦回油温度不超过最高允许值。如果各轴瓦回油温升偏差过大，则表明轴承的进油量分配不当，需要进行适当调整。调整时，要把温度高的轴承进油节流孔适当扩大，以增进油量。

9-49　如何保持油系统油质良好？

答：为了保持油系统清洁、油中无水、油质正常，应做好以下各方面工作：

(1) 机组大修后，油箱、油管路必须清洁干净，机组启动前需进行油循环冲洗油系统，油质合格后方可进入调节系统。

(2) 油箱排烟风机必须运行正常。

(3) 根据负荷变化及时调整轴封供汽量，避免轴封汽压过高漏至油系统中。

(4) 保证冷油器运行正常，冷却水压必须低于油压。

(5) 加强对汽轮机油的化学监督工作，定期检查汽轮机油质量和放水工作。

9-50　油净化器投入对机组有什么重要性？

答：为了保持油质清洁，延长汽轮机油的使用寿命；同时 200MW 机组调节系统对油质要求较高，油质含水使调节系统锈蚀，导致卡死；油中含杂质，也会使错油门卡住或调节系统某个部件不灵，严重威胁机组安全运行。因此，机组运行时应将油净化器投入。

9-51　汽轮机油中进水的原因有哪些？如何防止油中进水？

答：油中进水是油质劣化的重要因素之一，油中进水后，如果油中含有

有机酸，则会形成油渣，若有溶于水中的低分子有机酸，除形成油渣外还有使油系统发生腐蚀的危险。油中进水多半是汽轮机轴封的状态不良或是发生磨损，轴封的进汽过多所引起的。另外，轴封蒸汽回汽受阻，如轴封加热器或汽封加热器满水或其旁路水阀开度过大、轴封高压漏汽回汽不畅、轴承内负压太高等原因也往往直接构成油中进水。

为防止油中进水，除了在运行中冷油器水侧压力应低于油侧压力外，还应精心调整各轴封的进汽量，防止油中进水。

9-52 影响轴承转子油膜的因素有哪些？

答：影响轴承转子油膜的因素：①转速；②轴承荷载；③油的黏度；④轴颈与轴承的间隙；⑤轴承与轴颈的尺寸；⑥润滑油温度；⑦润滑油压；⑧轴承进油孔直径。

9-53 汽轮机油温度高、低对机组运行有何影响？

答：汽轮机油黏度受温度变化的影响很大，油温高，油的黏度小，油温低，油黏度大。油温过高或过低都会使油膜不好建立，轴承旋转阻力增加，工作不稳定，甚至造成轴承转子油膜振荡或轴颈与轴瓦产生干摩擦，从而使机组发生强烈振动。因此，汽轮机油温度必须控制在规定范围内。

9-54 冷油器为什么要放在机组的零米层？若放在运转层有何影响？

答：冷油器放在机组的零米层，离冷却水源近，节省管道，安装检修方便，布置合理（能充分利用油箱下部位置）。机组停用时，冷油器始终充满油，可以减少充油操作。若冷油器放在机组的运转层，情况正好相反，它离冷却水源较远，管路长，要求冷却水有较高的压力，停机后冷油器的油全部回至油箱。机组启动时，要先向冷油器充油排尽空气，操作复杂，而且冷油器放在机组的运转层，影响机房整体美观和清洁卫生。

9-55 机组运行过程中，当一台主冷油器检修后投入时，为什么要对其进行排空气操作？

答：冷油器检修时，在冷油器内部积聚了很多空气，如果不排尽空气，则油流不畅通，造成油压波动，严重时可能使轴承油压很低或断油而造成事故。另外，水侧不排尽空气会影响冷却效果。所以，即便是对于停机检修后的冷油器，在其投入时也一定要排尽空气。

9-56 汽轮机运行中油压变化的原因有哪些？

答：汽轮机运行中油压变化的原因如下：

(1) 油压升高的原因。

1) 油温太低，油黏度增加。

2) 油流阻塞，如油阀开度关小、油管阻塞等。冷油器油滤网堵塞，滤网前压力升高。

3) 辅助油泵误动作而自启动。

4) 疏油阀故障关小。

5) 频率上升，转速也上升，高压油、润滑油均升高。

(2) 油压降低的原因。

1) 油温升高，油黏度减小。

2) 电网频率低，主油泵转速下降或故障。

3) 油系统大量漏油。

4) 辅助油泵止回阀不严，压力油倒流，或旁路阀误开。

5) 油系统的滤网堵塞。

6) 油系统阀门未全开或阀芯脱落。

7) 射油器故障，喷嘴损坏或堵塞。

8) 事故放油阀或油箱底部放水阀误开，使油位降低。

9) 润滑油油压调整阀开度不当。

10) 旋转阻尼封油环间隙太大，针阀开度变小，放大器波纹筒破裂。

9-57 汽轮机油箱油位变化的原因有哪些?

答: 汽轮机油箱油位变化的原因如下:

(1) 油位升高的原因。

1) 油温升高，使油的体积增加。

2) 油箱内油层表面泡沫增厚，油位指示上升，实际油量未增加。

3) 油中积水严重。

4) 启动时，油温低，滤网阻力大，引起回油仓油位升高，吸油仓油位下降。

(2) 油位降低的原因。

1) 油系统压力油管或冷油器铜管漏油，如漏油严重，影响油压降低。

2) 油箱放油阀或油系统非压力油管等处严重漏油。

3) 油温降低，油体积缩小。

4) 排烟风机停用或大气压升高，油箱内油沫减薄，油位指示降低。

5) 油箱放水量大或滤油机运行等。

6) 密封油箱满油，发电机进油等。

9-58 冷油器出油温度变化有哪些原因？

答：冷油器出油温度变化有如下原因：

(1) 冷却水阀开度变化。

(2) 冷却水量变化，如循环水泵调度等。

(3) 冷却水温变化。

(4) 冷却水滤网堵塞，使冷却水量减小，油温升高。

(5) 冷油器水侧或油侧污脏、结垢，使油温升高。

9-59 汽轮机轴承温度升高的原因有哪些？

答：汽轮机轴承温度升高的原因如下：

(1) 冷油器出油温度升高。

(2) 轴承进入杂物，进油量减小或回油不畅。

(3) 汽轮机负荷升高，轴向传热增加。

(4) 轴封漏汽过大，油中进水。

(5) 轴承乌金脱壳或熔化磨损。

(6) 轴承振动过大，引起油膜破坏，润滑不良。

(7) 油质恶化。

9-60 汽轮机推力瓦温度变化的原因有哪些？

答：汽轮机推力瓦温度变化的原因如下：

(1) 汽轮机负荷变化，轴向推力改变。

(2) 汽轮机负荷改变后，瓦块受力不均匀，个别瓦块温度变化。

(3) 蒸汽温度过低或水冲击。

(4) 真空下降较多。

(5) 叶片严重结垢。

(6) 轴封疏汽压力变化。

(7) 推力轴承进油量变化。

(8) 推力瓦块磨损或损坏。

(9) 冷油器出油温度变化。

(10) 推力轴承本身有缺陷。

9-61 高压加热器不投入运行，机组是否一定限制带负荷？

答：高压加热器不投入运行，一、二、三级抽汽可以在后面继续做功，汽轮机的功率可以提高。如果保持汽轮机的负荷不变，总的蒸汽流量可以减小，此时应按高压加热器之后各级的通流能力确定，机组是否可以带额定负荷（制造厂有明确规定的则除外）。一般来讲，在炎热的夏季，机组凝汽器真空较低，则要限制汽轮机负荷。如果高压加热器后面各级压力不超过制造厂的最大允许值、轴向位移值不超过规定值，机组可以带满负荷。若高压加热器不投入运行，锅炉再热器、过热器壁温超限，则要根据锅炉的情况来决定是否限带负荷。

9-62 轴封加热器疏水U形管失水时为什么凝汽器真空下降？如何处理？

答：轴封加热器疏水有的采用U形管疏至冷凝器，当U形管失水时，不能起到水封作用，轴封加热器里的蒸汽和空气进入凝汽器，使凝汽器真空下降。

处理方法：

(1) 迅速启用备用射水抽气器。

(2) 关闭U形管出水阀。

(3) 待轴封加热器水位升高后，逐渐开大U形管出水阀。

一般U形管出水阀应关小节流，否则管内水在高真空下汽化，会再次失水。

9-63 发电厂生产过程中的汽、水损失有哪些？

答：发电厂生产过程中的汽、水损失如下：

(1) 汽轮机主机和辅机的自用蒸汽损失。锅炉的蒸汽吹灰，射汽抽气器的用汽，汽动给水泵、汽动油泵以及轴封漏汽等。

(2) 热力设备、管道及其附件的漏汽损失。

(3) 热力设备在检修和停运后的放水、放汽损失。

(4) 经常性和暂时性的汽水损失，如锅炉连续排污和定期排污，除氧器的向空排气。

(5) 对热力设备的加热及热力设备的散热损失。

9-64 热力系统节能潜力分析包括哪两个方面的内容？

答：热力系统节能潜力分析包括如下两个方面内容：

(1) 热力系统结构和设备上的节能潜力分析。它通过热力系统优化来完善系统和设备，达到节能的目的。

(2) 热力系统运行管理上的节能潜力分析。它包括运行参数偏离设计值、运行系统倒换不当，以及设备缺陷等引起的各种做功能力亏损。热力系统运行管理上的节能潜力，是通过加强维护、管理、消除设备缺陷，正确倒

换运行系统等手段获得的。

9-65 什么是偏差分析法?

答: 偏差分析法是机组主要运行参数的实际值与基准值相比较的偏差，通过微机计算得出对机组的热耗率、煤耗率的影响程度，从而使运行人员根据这些数量概念，能动地、分主次地去努力减少机组可控热损失，也可用此法来分析运行日报或月报的热经济指标的变化趋势和能耗情况，以提高计划工作的科学性和热经济指标的技术管理水平。任何时候只要有了实际的运行参数，就可以通过编制的微机计算程序计算出偏离基准值的能耗损失量，可随时指导运行操作人员进行科学的调整，从而获得更高的运行经济效益。

9-66 什么是热能品位贬值？它有什么特点?

答: 热力设备和系统在传递、转换热能的过程中，由于操作维护不当，可能出现热能品位贬值，引起做功能力损失。例如，加热器的抽空气管道，是为了将空气由高到低逐级自流排入凝汽器而设置的。但如果节流孔板未装或孔径过大，在排放空气的同时，将不可避免地有高能位蒸汽逐级流向低能位。这就是热能品位的贬值。同样，加热器疏水侧串汽，除氧器汽源切换阀关闭不严，疏水冷却器无水位或低水位运行，即疏水冷却器没有浸没在疏水中，疏水得不到冷却或冷却不够就排往下一级，都是热能品位贬值的现象。

热能品位贬值的特点：热能由一个场所转移到另一个场所，虽然热能的数量没有变化，但是做功能力降低了。

热能品位贬值问题，由于热能数量上没有变化，无明显热量损失，因而，不易为人们所重视，加上很多串汽、串水问题又不易察觉，致使许多严重热能品位贬值问题长期不被重视，得不到解决。加强能量平衡分析，减少热能品位贬值，提高能量的利用程度，是挖掘节能潜力的一个重要方面。

9-67 化学补充水进入热力系统的方式有几种？哪一种经济性较好?

答: 化学补充水进入热力系统的方式通常有两种：一种是将化学补充水补入除氧器；另一种是从凝汽器补入。从凝汽器补入时，化学补充水可以在凝汽器中实现初步除氧。当补充水温度低于凝汽器排汽温度时，如果补充水以喷雾状态进入凝汽器喉部，则可回收利用一部分排汽废热，改善凝汽器的真空。同时，由于补充水流经低压加热器，利用低能位抽汽逐级进行加热，减少了高能位的抽汽（与补入除氧器相比），因而提高了装置的热经济性。所以现代大型凝汽式机组，采用化学水作补充水时，其补充水多数从凝汽器补入。

9-68 如何通过厂用蒸汽系统的改进来提高机组的经济性？

答： 发电厂生产（如加热燃油、蒸汽吹灰）以及采暖和生活用汽，一般由厂用蒸汽系统供给，其汽源通常来自汽轮机的某段抽汽。

厂用蒸汽一方面是生产和生活所必需的；另一方面，它必然带来主蒸汽做功能力下降，热经济性降低。提高机组经济性的办法如下：

（1）减少厂用蒸汽消耗量。

（2）在满足生产和生活用汽要求的前提下，尽量降低厂用蒸汽的参数，即采用较低品位的汽源作为厂用蒸汽。

9-69 除氧器进汽连接系统对机组经济性有什么影响？

答： 定压除氧器的蒸汽连接系统，由于蒸汽经过调节汽阀节流，存在蒸汽的节流损失，造成加热蒸汽的使用能位降低。除氧器出口水温达不到抽汽所能加热的最高温度，加大了高能位抽汽用量，减少了低能位用汽，使热经济性降低。

改进的办法有以下两种：

（1）取消节流调节阀，取消节流，由定压除氧改为滑压除氧。

（2）在除氧器同一级抽汽上增加一个加热器，它与除氧器共同组成一级回热加热。这样的连接系统，尽管除氧器仍有节流阀存在，但从一级加热的整体来看，并不产生给水加热不足，因而避免了节流引起的热经济性降低问题。这时节流阀只起热量分配作用，不会使该级加热蒸汽的品位降低。

9-70 低压加热器疏水泵的出水接入系统什么位置经济性最好？

答： 低压加热器采用疏水泵汇集疏水系统时，疏水泵的出水有直接接入除氧器、接入本级加热器入口、接入本级加热器出口三种方式。

疏水直接接入除氧器，增加了除氧器的较高能级抽汽用量，从而减少了各低压加热器的低品位抽汽，冷源损失增大，热经济性降低。

疏水接入本级加热器出口和入口比较，前者经济性高。因为前者的疏水热量用于较高能级的加热器，使冷源损失减小。

因此，疏水泵出水与主凝结水的汇合地点最佳位置应在本级加热器的出口。

9-71 热力系统运行中工质泄漏与经济性有什么关系？

答： 热力系统运行中工质泄漏与经济性有如下关系：

（1）工质泄漏，无论是蒸汽还是热水，都将引起较大的做功能力损失，使热经济性下降很多。

（2）蒸汽的泄漏，尤其是高品位蒸汽的泄漏，产生的做功能力损失最大。所以应特别重视蒸汽的泄漏，尤其是主蒸汽的泄漏。

（3）排污如果不回收利用，也将导致较大的热经济性下降。

因此，运行中加强维护、管理，尽力减少设备和管道的汽水泄漏及各种技术消耗并给予回收利用，降低做功能力损耗，是火力发电厂提高运行热经济性的一个非常重要的方面。

9-72 蒸汽压力损失对机组经济性有什么影响？应该采取哪些措施降低蒸汽的压力损失？

答：主蒸汽压力损失、抽汽压力损失、再热蒸汽压力损失以及汽轮机排汽压力损失都将降低装置的做功能力及热经济性。

降低蒸汽压力损失的办法，一方面从设备上着手，尽量减少不必要的管件，改进管道不合理的走向及连接；另一方面是加强运行管理，把应该开足的阀门开足，更不要人为地节流运行。尽管各种机组、各个电厂情况各不相同，但是降低蒸汽压力损失，减少做功能力损失的潜力都是存在的，这是一项不容忽视的节能技术。

9-73 高压加热器疏水倒换对机组经济性有什么影响？

答：高压加热器的疏水，一般采用逐级自流并汇集于除氧器中。但当机组负荷降低到一定值时，高压加热器疏水排入定压除氧器将发生困难，高压加热器疏水将倒换系统，转排入低压加热器运行。这时，由于疏水进入低压加热器并逐级回流，产生疏水使用能位差，损失了做功能力，因而降低了机组的运行热经济性。

为此，采取其他措施解决低负荷时高压加热器疏水的排出问题，是调峰机组面临的问题之一。例如，改定压除氧为滑压运行就是一项较好的解决办法。

9-74 火力发电厂有哪些余热可以设法加以利用？

答：火力发电厂生产过程中存在各种余热，锅炉排污热量、除氧器排气余热以及汽封排汽余热等，均属于携带工质的余热。这类余热通常在回收利用热量的同时，还将回收部分工质。发电损失的热量、汽轮机冷油器带走的热量以及锅炉排烟的余热等，则只有热量可以利用，不存在工质的回收，这类余热属于纯热量回收利用。余热利用是提高经济性、节约燃料的一条重要途径。

9-75 锅炉连续排污回收利用有什么样的经济性？

答：锅炉连续排污的热水，具有较高的温度和压力，是一种较高能位的余热资源。排污水含盐量较高，不能直接利用，一般是通过排污扩容器，利用扩容蒸发回收部分工质和热量。排污扩容回收的蒸汽和热量，一般引入加热器给予利用。

据计算，N100-90/535 型机组，连续排污率为 0.025，汽包压力为 10.8MPa，采用一级扩容回收利用，回收蒸汽接入除氧器，煤耗率下降 1.99g/kWh。因此，有排污热量不利用或有扩容设备而废弃不用是个很大的损失。

9-76　汽轮机转速变化的原因有哪些？

答：汽轮机转速变化的原因如下：

（1）并列运行时随系统频率升高或降低。

（2）负荷突降到零，发电机已解列，转速升高。

（3）机械转速表传动齿轮磨损、损坏，转速指示失常。

（4）负荷突降，发电机解列，主汽阀关闭时转速下降。

9-77　机组运行时负荷变化的原因有哪些？

答：机组运行时负荷变化的原因如下：

（1）调节系统调节，使调节汽阀开度变化。

（2）调节汽阀开度不变，但蒸汽温度、蒸汽压力、真空、抽汽量发生了变化。

（3）系统频率变化，调节汽阀开大或关小。

（4）调节系统发生故障，如油管破裂，调速油压下降，调节汽阀阀杆折断、阀座脱落。

（5）保护装置动作，主汽阀、调节汽阀关闭，负荷突降到零等。

9-78　汽轮机汽缸绝对膨胀发生变化的原因有哪些？

答：汽轮机汽缸绝对膨胀发生变化的原因如下：

（1）负荷改变。

（2）蒸汽温度变化。

（3）汽缸加热装置投用或停用，运行中加热装置阀门泄漏。

（4）滑销系统或轴承台板滑动面卡涩，汽缸膨胀发生异常。

（5）汽缸保温脱落不全，总的缸胀变小。

9-79　机组运行时给水流量变化的原因有哪些？

答：机组运行时给水流量变化的原因如下：

（1）给水母管压力变化，给水管道破裂。

（2）频率变化或给水泵汽轮机转速变化。

（3）给水泵内部动、静部分磨损严重，内部泄漏损失增大，效率下降。

（4）给水泵出水阀或止回阀开度不足。

（5）给水泵进口滤网堵塞。

（6）平衡盘的径向间隙增大。

（7）给水泵进口发生汽化。

（8）锅炉大量排污。

9-80 机组运行时给水母管压力变化的原因有哪些？

答：机组运行时给水母管压力变化的原因如下：

（1）锅炉汽压变化。

（2）锅炉调节不当，使给水流量大幅度变化。

（3）给水管道破裂漏水。

（4）频率变化或给水泵汽轮机转速变化。

（5）给水泵脱扣或备用给水泵误启动。

（6）高压加热器进水阀开度及投入台数变化，出口管道阻力变化。

（7）电压变化过大。

（8）给水泵本身故障，扬程下降。

9-81 夏季调度循环水泵运行时应注意什么？

答：夏季循环水温度高，汽轮机真空较低，会影响机组正常出力。为提高真空，增加一台循环水泵来增加循环水量。提高凝汽器真空，降低循环水温度也可以有效地提高真空。根据运行试验，循环水温度每降低1℃，真空约提高0.3%，可以节约燃料0.3%～0.5%。合理地调度循环水泵运行是取得经济真空的有效措施之一。但也要考虑到闭式循环，冷却塔的冷却面积是不变的，由于循环水量的增加，冷却塔内淋水密度也大大增加，使溅水反射线变粗，造成水与空气的热交换减弱。当冷却塔水池内的水循环一周次后，循环水温将比启动一台循环水泵运行时要高，降低了冷却塔的冷却效率。所以夏季调度循环水泵要进行综合分析。

9-82 什么是汽轮机的寿命？

答：汽轮机的寿命是指从初次投入运行至转子出现第一道宏观裂纹期间的总工作时间。

9-83 什么是汽轮机的残余寿命？

答：汽轮机转子产生第一条宏观裂纹，并不意味着转子使用寿命到达终点。事实上如果裂纹是表面或近表面的，经过适当的处理，消除裂纹后，仍可使转子寿命保持相当高的值。即使是内部埋藏裂纹，也不能简单认为转子报废，因为裂纹从初始尺寸扩展到临界尺寸仍有相当长时间的寿命，工程上把这种寿命称为汽轮机的残余寿命。

9-84　影响汽轮机寿命的因素有哪些？

答：影响汽轮机寿命的因素：汽轮机在稳定工况下运行，由于受到高温和工作应力的作用，材料因蠕变而消耗一部分寿命；另外，在机组启停和工况变化时，汽缸、转子等金属部件受到交变热应力的作用，材料因疲劳也要损耗一部分寿命。这两种因素造成了汽轮机寿命损耗。

9-85　机组在什么工况下运行对汽轮机寿命损耗最大？

答：机组在甩负荷工况下运行对汽轮机寿命损耗大。当机组负荷突然变化50%额定负荷以上时，汽轮机转子会发生热冲击影响，尤其在甩全负荷后维持汽轮机空转或带厂用电运行的方式，对汽轮机寿命损耗最大。大型机组更为明显，所以要尽量避免这两种工况的发生。另外，对于单元制机组，在极热态启动时，调节级处的金属温度在450℃以上，要求将蒸汽温度提高到500℃以上是很困难的，所以在极热态启动时蒸汽温度往往只好低于金属温度，即为负温差启动，负温差越大，热应力也越大。因此，在极热态启动时要尽量使蒸汽与金属温度匹配，并注意机组的热膨胀和振动情况。

9-86　什么是汽轮机的寿命管理？

答：根据汽轮机在正常运行、启、停、甩负荷等其他异常工况运行对汽轮机的寿命损伤特性，进行规划和合理分配汽轮机寿命，做到有计划地管理，以达到汽轮机预期的使用寿命。在汽轮机的寿命管理中，不应单纯追求长寿，而要全面考虑节能、效益及电网的紧急需要。

第十章 辅助设备的启停及运行维护

10-1 离心泵启动前需检查哪些内容?

答:离心泵启动前需检查以下内容:

(1)水泵与电动机固定是否良好,螺栓有无松动和脱落。

(2)用手盘动联轴器,水泵转子应转动灵活,内部无摩擦和撞击声。

(3)检查各轴承的润滑是否充分。

(4)有轴承冷却水时,应检查冷却水是否畅通。

(5)检查泵端填料的压紧情况,其压盖不能太紧或太松,四周间隙应相等。

(6)检查水泵吸水池中水位在规定以上,滤网上有无杂物。

(7)检查水泵出入口压力表是否完备,电动机电流表是否在零位。

(8)电气人员检查有关配电设施,对电动机测绝缘合格后,送上电源。

(9)对于新安装或检修后的水泵,必须检查电动机转动的方向是否正确。

10-2 离心泵启动前需准备的主要工作有哪些?

答:离心泵启动前需准备的主要工作如下:

(1)关闭水泵出口阀,以降低启动电流。

(2)打开泵壳上排空气阀,向水泵灌水,同时用手盘动联轴器,使叶轮内残存的空气尽量排出,待排空气阀冒出水后将其关闭。

(3)大型水泵用真空泵充水时,应关闭排空气阀及真空表和压力表的小阀门,以保护表计的准确性。

10-3 离心泵启动前为什么要灌水?

答:离心泵靠叶轮的旋转,使液体产生离心力而甩出叶轮,同时叶轮进口处形成真空,水池内的液体在大气压力的作用下进入水泵的叶轮进口,周而复始,连续工作。根据离心力公式 $F=mD\omega^2$,当叶轮直径 D、角速度 ω 为定值时,离心力的大小取决于流体质量 m 的大小。若水泵内有空气,叶轮旋转时，空气产生的离心力是同样体积水的 $\frac{1}{830}$，这时叶轮出口的压力也只有打水时的 $\frac{1}{830}$，无法将水排出，而泵的进口能产生的真空也极低，因此水泵只能处于空转不出水状态。所以必须在启动前将水泵灌水，排尽空气。水泵内有空气，长时间空转，水泵会发热甚至损坏。

10-4 离心泵启动时的注意事项有哪些？

答：离心泵启动时的注意事项如下：

（1）启动电流是否符合允许范围。若启动电流过大，则必须停止启动，查明原因，以免造成电动机因电流过大而烧毁。

（2）启动后待泵的转速达到正常数值时，应注意泵的进、出口压力表指示是否正常，泵组的振动是否在允许的范围内。如果正常，即可慢慢打开出口阀，并注意其出口压力和电流指示，将泵投入正常运行。

10-5 离心泵空转的时间为什么不允许太长？

答：离心泵的空转时间不能太长，通常以 2～4min 为限，因为时间过长会造成泵内水的温度升高过多甚至汽化，致使泵的部件受到汽蚀或受高温而变形损坏。

10-6 为什么离心泵要空负荷（闭门）启动，而轴流泵要带负荷启动？

答：因为在比转速低时，Q-P 性能曲线随流量的增加而上升。最小功率发生在空转状态，为保护电动机，离心泵应该在出口阀关闭时启动。随着比转速的增加，Q-P 性能曲线随流量的增加而下降。混流泵的 Q-P 性能曲线有可能出现近乎水平形状，但轴流泵的 Q-P 性能曲线必定是下降的，最大功率出现在空转状态，所以轴流泵应打开阀门启动，即带负荷启动。

10-7 辅机启动时如何从电流表上判断启动是否正常？

答：可以根据以下几种情况判断辅机启动是否正常：

（1）辅机启动时电流很大，因此刚合上开关，转子升速时，电流表是满表的；当转子加速至接近全速则电流表读数迅速下降，转子达全速，电流降至正常值，该次启动正常。

（2）如果辅机启动时电流表一晃即返零，则可能是开关未合上即跳闸；若伴有“6kW 辅机故障”信号，则表示电动机可能有故障。

（3）如果辅机启动后电流比正常值小，则可能是泵轮打不出流量。

（4）如果电流满表不下降，则表示机械部分可能有故障或电动机两相运

行，应停用处理；如果启动电流满表时间过长或启动后电流比正常值大，表示机械部分可能有故障，对容积式泵还应检查出路是否畅通，出口压力是否超限。

10-8 水泵启动负荷过大的原因有哪些？

答：检修或安装时推力间隙留得过大，使推力轴承和平衡盘失掉止推作用，造成水泵的动、静部分摩擦或带负荷启动，或填料压得太紧。

10-9 转机及电动机轴承温度的极限值是多少？

答：转机滚动轴承温度的极限值为80℃，滑动轴承温度的极限值为70℃。

电动机滚动轴承温度的极限值为100℃，滑动轴承温度的极限值为80℃。

10-10 转机振动极限值是多少？

答：转机振动极限值按转速不同，分别对待：1500r/min以上时为0.05mm，1500r/min时为0.085mm，1000r/min时为0.12mm，750r/min以下时为0.16mm。

10-11 离心泵的运行维护工作有哪些？

答：离心泵的运行维护工作如下：

(1) 定时观察并记录泵的进出口压力表、电动机电流表及轴承温度的数值。如发现不正常现象，应分析原因，及时处理。

(2) 经常用听针倾听内部声音，注意是否有摩擦或碰撞声，发现其声音有显著变化或有异声时，应立即停泵检查。

(3) 经常检查轴承的润滑情况。查看油环的转动是否灵活，其位置及带油是否正常。

(4) 轴承的温升（轴承温度与环境温度之差）一般不得超过30～40℃，但轴承最高温度不得超过70℃，否则要停运检查。

(5) 检查水泵填料密封处滴水情况是否正常，一般要求泄漏量不要流成线即可。

(6) 如果是循环供油的大型水泵，还应经常检查供油设备（油泵、油箱、冷油器、滤网等）的工作情况是否正常，轴承回油是否畅通。

(7) 当轴承用冷却水冷却时，还应注意冷却水流情况是否正常。

(8) 运行中水泵的轴承振动，也是一个非常重要的运行监测项目。

10-12 离心泵为什么不允许倒转？

答：因为离心泵的叶轮是一套装的轴套，上有丝扣拧在轴上，拧的方向与轴转动方向相反，所以泵顺转时，就越拧越紧。如果反转就容易使轴套退出，使叶轮松动产生摩擦。此外，倒转时扬程很低，甚至打不出水。

10-13 串联泵的启动顺序是什么？

答：串联泵的启动顺序：启动前两台泵的出口阀全关，然后启动第一台泵，待运行正常后，开启第一台泵出口阀，再启动第二台泵。

10-14 并联工作的泵压力为什么升高？而串联工作的泵流量为什么会增加？

答：水泵并联运行时，由于总流量增加，则管道阻力增加，这就需要每台泵都提高它的扬程来克服这个新增加的损失压头，因此并联运行时，压力比一台运行时高一些；而流量同样由于管道阻力的增加而受到制约，所以总是小于各台水泵单独运行下各输出水量的总和，且随着并联台数的增多，管路特性曲线越陡直以及参与并联的水泵容量越小，输出水量减少得就越多。

水泵串联运行时，其扬程成倍增加，但管道的损失并没有成倍地增加，因此富余的扬程可使流量有所增加。但产生的总扬程小于它们单独工作时的扬程之和。

10-15 对离心泵的并联运行有何要求？特性曲线差别较大的泵并联有何不好？

答：并联运行的离心泵应具有相似而且稳定的特性曲线，并且在泵的出口阀关闭的情况下，具有接近的出口压力。

特性曲线差别较大的泵并联，若两台并联泵的关死扬程相同，而特性曲线陡峭程度差别较大时，则两台泵的负荷分配差别较大，易使一台泵过负荷运行。若两台并联泵的特性曲线相似，而关死扬程差别较大，可能出现一台泵带负荷运行，另一台泵空负荷运行，白白消耗电能，并且易使空负荷运行泵汽蚀损坏。

10-16 泵类的停用操作步骤是什么？

答：一般泵类停用操作如下：

(1) 解除连锁开关。

(2) 缓慢关闭出口阀（容积泵无此操作）。

(3) 按停泵按钮。

(4) 泵停运后，全开出口阀，根据需要投用连锁开关备用。

(5) 如需检修，联系电气人员切断电源，关闭进出口阀及空气阀、冷却

水阀，做好隔离措施。

10-17 转机停用后为什么要检查转子转速是否到零？

答：（1）转机停用后，如果出口止回阀关闭不严，引起转机倒转，如不及时发现处理，影响系统正常运行，有的转机严重倒转，甚至可能引起停机事故。

（2）若转机停用时因两相电源未拉开而使辅机两相低速运行，易引起电动机烧坏事故。

（3）不检查转子是否转动，转子在倒转的情况下，有以下危害：①转机转子在静止状态下启动，启动电流就已经很大了，在倒转状态下启动，要使本来倒转的转子变为顺转，启动电流更大，过大的启动电流对电动机不利，可能会造成电动机绕组或线棒松动，甚至损坏绝缘。②有些转机用并帽螺母固定叶轮，转机倒转，容易使并帽螺母松动，造成叶轮松动。

10-18 为什么一台凝结水泵运行、另一台凝结水泵隔离时，有关阀门的操作顺序相反？

答：凝结水泵隔离的顺序是关闭出水阀、进水阀、空气阀、冷却水阀、密封水阀。而恢复操作应顺序开启密封水阀、冷却水阀、空气阀、进水阀、出水阀。规定阀门的开关顺序，主要是为了保证运行泵的安全，防止运行泵吸入空气打不出水，假设对需要隔离的泵先关空气阀，从压兰（机械密封）处漏入的空气或凝结水中析出的气体，由于空气阀已关，就会沿进水母管窜入运行泵中，致使运行泵工作失常，凝汽器水位升高，真空下降。同理，恢复操作时，若空气阀没有在进水阀之前开启，隔离泵中的空气也会窜入运行泵。

10-19 给水泵在备用及启动前为什么要暖泵？

答：给水泵在备用及启动前暖泵的目的就是使泵体上下温差减小，避免泵体及轴发生弯曲，否则启动后会产生动、静部分摩擦使设备损坏，同时由于泵体膨胀不均，启动后会产生振动，因此启动前一定要进行暖泵。而备用泵随时都有可能启动，所以也必须保持暖泵状态。

10-20 如何做好给水泵启动前的准备工作？

答：给水泵启动前应做好如下准备工作：

（1）确认检修工作全部结束。

（2）各表计齐全并指示正常，油箱油位不低于 70mm（大修后第一次启泵，要求油位在 100mm，油质正常）。

（3）勺管调节手柄应灵活，勺管能跟踪凸轮，手动、电动均正常，勺管在零位。

(4) 各电动阀绝缘合格，电源送上。如电动头检修后，应校验上、下限及力矩保护正常。

(5) 检查各阀门位置是否正常。

(6) 给水泵、密封水泵及辅助油泵电动机外壳接地良好，绝缘合格，送上电源。

(7) 循环水泵和凝结水泵已运行，启动密封水泵正常，密封水进水压力正常并调整前置泵轴封冷却水，密封水流量、压力正常。

(8) 启动辅助油泵，投入油泵连锁。

(9) 试验辅助油泵自启动正常，给水泵各项保护正常。

(10) 暖泵时保持泵壳上下温差为20～25℃，前置泵密封水压力大于进口压力0.05MPa，主给水泵密封水压力大于平衡室压力0.01MPa。

(11) 凝汽器抽真空前，水封装置需注水，抽真空后，压力回水至凝汽器，重力回水至地沟。

10-21 如何启动调速给水泵?

答：调速给水泵启动步骤如下：

(1) 润滑油压正常，各轴承回油正常，关闭暖泵一、二次阀，全开再循环阀，有关保护装置投入。

(2) 联系有关值班员，启动给水泵电动机，注意电流复归。电动机转动后，立即调整密封水差压为0.05～0.08MPa，一切正常后，手动开启勺管，维持转速在1000r/min运行5min，低速暖泵全面检查，润滑油压达0.25MPa，辅助油泵连锁自动停止。

(3) 如勺管位置开至10%，给水泵不转，应停止启动，查明原因。

(4) 开启给水泵出口阀，调节给水泵转速，正常后投入给水泵连锁。

(5) 全面检查电动机、水泵、液力耦合器是否正常。

(6) 检查密封水压力是否正常，回水压力为0.03～0.05MPa，轴承不过热，密封水进水温度保持在55～65℃。

(7) 检查主给水泵、前置泵出口压力、平衡室压力、轴向位移、油压、各轴承回油是否正常。

(8) 调整工作冷油器、润滑冷油器和电动机空气冷却器温度正常，不超限。

(9) 确保给水泵入口磁性滤网前后压差不大于0.06MPa。

(10) 根据锅炉需要，开启中间抽头阀，流量大于360t/h，自动关闭再循环阀。

(11) 打开运行泵至化学取样阀，关闭各备用泵取样阀。

10-22 给水泵运行中检查哪些项目?

答：除按一般泵的检查外，由于给水泵有自己的润滑系统、窜轴指示及电动机冷风室，因此调速给水泵具有的密封水装置应检查以下各项：

(1) 窜轴指示是否正常。

(2) 冷风室出、入水阀位置情况，油箱油位、油质、辅助油泵的工作情况，油压是否正常，冷油器出、入口油温及水温情况，密封水压力，液力耦合器，勺管开度，工作冷油器进、出口油温。

10-23 如何停用调速给水泵?

答：调速给水泵停用步骤如下：

(1) 联系有关值班员，逐渐降低给水泵转速。当流量小于 180t/h 时，自动开启给水泵再循环阀。

(2) 解除辅助油泵连锁，启动辅助油泵工作正常。

(3) 勺管至“0”转速降到最低，关闭中间抽头及出口电动阀。

(4) 解除给水泵连锁，停用给水泵，注意给水泵应不倒转。如发现给水泵倒转，关严出口阀。

(5) 根据油温调整或关闭冷油器进水阀及电动机空气冷却器进水阀。

(6) 轴承温度低于 40℃时，停辅助油泵。

(7) 调整前置泵、主给水泵轴端密封水和冷却水进水阀，待前置泵进水阀关闭，泵无压力时，即可停用密封水。

10-24 定速给水泵启动前应如何检查?

答：定速给水泵启动前应做如下检查：

(1) 电动机开关在停用位置，连锁在解除位置。

(2) 油管、油箱、冷油器、油泵均处于良好状态，油箱油位在 2/3 以上，油质良好，油温在 20℃以上。

(3) 联系电气测量电动机（油泵电动机）绝缘良好，送上动力电源，送上热工仪表电源。有关保护投入运行。

(4) 开启给水泵进口阀，盘根冷却水调整适当。

(5) 进水管放水阀，泵壳底部放水阀，出水阀前、后放水阀和放水总阀，止回阀后放水阀，再循环管放水阀均应关闭。开启密封水进水总阀，高、低压侧密封水进水阀应关闭。

(6) 给水箱水温在 40℃以上，给水泵暖泵，开启暖泵阀，使泵体温度逐渐上升，控制温升率为1℃/min，暖泵约为2h，泵体上下温差不大于15℃（机组启动前给水泵采用顺暖，备用泵采用倒暖）。

（7）出口电动阀开关应灵活，试验后关闭，开启再循环阀，关闭中间抽头阀。

（8）电动机空气冷却器进水总阀、冷油器进水阀关闭，出口阀开放。

（9）通知热工人员投入仪表。

（10）启动辅助油泵，全开出油阀，略开至油泵出口油阀，并调整油压为0.1～0.11MPa，赶走管道内空气，检查各轴承回油是否正常。

10-25　定速给水泵的启动步骤是怎样的?

答：定速给水泵的启动步骤如下：

（1）暖泵结束，关闭暖泵阀。

（2）投用密封水（若不投密封水，给水温度必须低于100℃）。①用高、低压密封水进水阀调整密封水回水温度；②用高、低压密封水回水阀调整回水压力在正常范围之内。

（3）报告单元长、值长，合上操作开关，启动给水泵，注意电流表复归情况（不超过6s）。

（4）检查振动、声音、进出水压力、平衡盘压力是否正常。

（5）根据各轴承温度、电动机绕组温度，调整冷油器及空气冷却器进水阀。

（6）一切正常后开启出口电动阀，根据给水泵出口压力，关闭再循环阀。联系锅炉人员开启中间抽头阀。

（7）缓慢关闭辅助油泵出油阀，同时开启主油泵出油阀，确定主油泵已工作正常，投油泵连锁开关，停辅助油泵，开启辅助油泵出油阀。

（8）投给水泵连锁开关。

10-26　定速给水泵的停用步骤是怎样的?

答：定速给水泵的停用步骤如下：

（1）接到停泵通知后，开启再循环阀，关闭出口阀和中间抽头阀。

（2）启动辅助油泵。

（3）解除给水泵连锁开关。

（4）停用给水泵，关闭再循环阀，泵静止后开启出口阀，泵若倒转应关闭出口阀（机组正常运行中，备用泵出口阀应开放，正常切换时，应将出口阀关闭后进行）。

（5）根据风温油温停空气冷却器、冷油器。

(6) 若泵作热备用，辅助油泵应连续运行，进行倒暖泵。

(7) 停用密封水。①停用密封水前要检查除氧器水温已低于100℃；②首先关闭高、低压密封水进水阀，关闭高、低压密封水回水阀；③关闭密封水回水总阀和进水总阀，有一台泵运行时，回水总阀和该泵进水总阀不应关闭；④关闭工业水至轴承冷却水阀。

10-27 给水泵为什么应尽量避免频繁启停？

答：给水泵应尽量避免频繁启停，特别是采用平衡盘平衡轴向推力时，泵每启停一次，平衡盘就可能有一些碰磨。泵从开始转动到定速过程中，即出口压力从零到定压这一短暂过程中，轴向推力不能被平衡，转子会向进水端窜动。

10-28 调速给水泵为什么要用水密封？如何调整密封水在正常状态？

答：调速给水泵用水密封，使轴与密封套之间的摩擦阻力减少，提高经济性；另外，机械密封易坏，维修量大。

首先保证母管压力在2.45MPa以上，调整前置泵密封水压力稍大于前置泵进口压力，适当开启主泵密封水调整阀的旁路阀，用主泵密封水调整阀调整压差为0.098～0.196MPa（集控室压差表），使密封水回水温度在60～70℃之间。

10-29 给水泵密封水哪些可以倒入凝汽器？何时倒入？为什么？

答：给水泵密封水的压力回水可以倒入凝汽器，一般在凝汽器内有一定真空的情况下倒入。因为在凝汽器无真空或真空较低的情况下，将给水泵的密封水倒至凝汽器，由于回水需经过水封袋，这部分阻力将使回水不畅或回不出去。而重力回水由于压力低，流量小，设备管道、阀门易漏空气，使凝汽器真空下降，因此一般不回收。

10-30 给水泵在隔离检修时为什么不能先关闭进水阀？

答：处于热备用状态下的给水泵，隔离检修时，如果先关闭进水阀，若给水泵出口止回阀不严，泵内压力会升高。由于给水泵法兰及进水侧的管通都不是承受高压的设备，将会造成设备损坏，所以在给水泵隔绝检修时，必须先切断高压水源，最后再关闭给水泵进水阀。

10-31 给水泵浮动密封环的密封水压力高低对给水泵运行有何影响？

答：浮动密封环结构简单、运行可靠，能适应高压高温水。由于密封水从轴套与浮动环之间狭小间隙通过，因此密封水有一部分流入泵内，另一部分流至泵外。给水泵在运行过程中，浮动环的密封冷却水进水压力过高或浮动环严重磨损时，都会使泄漏量增加，浪费凝结水。如果浮动环的密封冷却水压过低或中断，将会使浮动环水温升高，可能造成浮动环与轴套卡涩，甚至摩擦损坏。

10-32 给水泵出口压力变化的原因是什么？

答：给水泵出口压力变化的原因如下：

（1）锅炉汽压不稳定。

（2）给水流量大幅调整。

（3）给水管道破裂。

（4）频率及电压变化。

（5）运行给水泵跳闸或备用给水泵误启动。

（6）给水泵再循环阀误操作。

（7）锅炉泄漏或大量排污。

（8）调速给水泵耦合器运行失常。

10-33 循环水泵启动前需做哪些准备工作？

答：循环水泵启动前需做以下准备工作：

（1）检查并清理吸入水池，不得有杂物。

（2）确认吸入水池的水面在允许的水位以上。水位低于此值时，会卷起旋涡吸入空气，引起泵的振动等问题。

（3）空转电动机，确认电动机的旋转方向。

（4）给橡胶轴承注水。不注入润滑水就启动水泵，橡胶轴承瞬间就会被烧坏。

（5）将填料调到不断地漏出少量水的程度。填料过紧时，有损伤轴、烧坏填料的危险。

（6）泵的第一次启动（检修过轴承后）或停泵时间较长再启动时，应先盘动转子。

（7）排气阀处于工作状态（手动阀应打开）。

（8）检查电动机上下轴承的润滑油油质正常并送上冷却水。

（9）检查各有关表计是否齐全、完好。

10-34 循环水泵启动前为什么要排空气？

答：循环水泵进口积聚了大量的空气，这些空气如进入叶轮，将引起水泵汽蚀，在凝汽器内的空气占有一定的空间，使循环水通流面积减小，从而

减小了冷却面积，影响冷却效果。同时空气在管道内也会产生冲击，严重时会使凝汽器水室端盖变形。因此，循环水泵启动前应排空气。

10-35 循环水泵投入后应经常监视和检查的项目有哪些？

答：循环水泵投入后应经常监视和检查的项目有电流、出口压力、振动、声音、轴承油位、油质和温度等。

10-36 循环水泵的停用如何操作？

答：循环水泵的停用操作如下：

（1）联系电气、循环水泵值班员。

（2）解除连锁开关。

（3）手按循环水泵停用按钮（检查循环水泵出口蝶阀应下落或出口阀应联动关闭）。

（4）若因出口阀或止回阀不严，停泵后泵倒转，应采取措施，如关进口阀。

10-37 循环水泵进口真空变化的原因有哪些？

答：循环水泵进口真空变化的原因如下：

（1）循环水泵入口水源水位变化。

（2）循环水泵进口滤网被垃圾阻塞，滤网后水位下降。

（3）循环水泵流量增加。

（4）循环水泵进口管有杂物，吸水管阻力太大。

10-38 循环水泵出口压力变化的原因有哪些？

答：循环水泵出口压力变化的原因如下：

（1）循环水泵运行台数变化，母管压力改变。

（2）机组循环水系统阀门开度变化。

（3）循环水泵进口侧漏空气。

（4）叶轮磨损、气蚀严重。

（5）备用循环水泵止回阀泄漏严重。

（6）频率变化。

（7）凝汽器方面有隔离操作。

10-39 两台凝结水泵运行时，低压加热器水位为什么会升高？

答：两台凝结水泵运行时，凝结水通过各加热器的流量增加，加热器热交换增大，从而各低压加热器疏水量增加。另外，两台凝结水泵运行时，凝结水母管压力升高，低压加热器疏水泵出水受阻，同样会使低压加热器水位升高。

10-40 国产200MW机组密封油泵和顶轴油泵在启动前为什么要将进、出口阀全开?

答: 国产200MW机组密封油泵和顶轴油泵是螺杆泵，这两种泵启动时如不将出口阀打开，油压会越升越高，最终将泵的密封圈打坏，所以启动前应全开进、出口阀。

10-41 电动机启动前为什么要测量绝缘?

答: 因为电动机停用或备用时间较长时，绕组中有大量积灰或受潮，影响电动机的绝缘。长期使用的电动机，绝缘有可能老化，端线松弛，启动前测量绝缘则尽可能暴露这些问题，以便采取措施，不影响运行中的切换使用。

10-42 电动机运行时应注意哪些问题?

答: 电动机运行时除了注意电动机各部位温度不得超过允许温度外，还应注意下列问题:

(1) 因为转矩与电压的平方成正比，所以电压波动时对转矩的影响很大。一般情况下，电压波动不得超过−10%～+5%的范围。

(2) 三相电压不平衡会引起电动机额外发热，一般三相电压不平衡不得超过5%。

(3) 如果三相电流不平衡不是由于电源造成的，则可能是电动机内部有某种程度的故障。当各相电流均未超过额定电流时，最大不平衡电流不得超过额定电流的10%。

(4) 对于新安装的电动机，同步转速为3000r/min时要求振动值不超过0.05mm，1500r/min时不超过0.085mm，1000r/min时不超过0.12mm，750r/min以下时不超过0.15mm。

(5) 绕线式电动机的电刷与滑环之间应接触良好，没有火花产生。

(6) 电动机一相断电后即为缺相运行，此时容易因过热而损坏绝缘等，因此应立即切断电源。

(7) 电动机及所带动的工作机械的各运转部分均不应有卡涩现象。

10-43 转机设备运行中电流变化的原因是什么?

答: 转机设备运行中电流变化的原因如下:

(1) 电流到零原因。①电源中断；②开关跳闸；③电流表电缆开路。

(2) 电流晃动的原因。①水泵流量变化；②频率及电压变化；③水泵内水汽化；④水泵轴封填料过紧，轴承损坏；⑤动、静部分摩擦。

10-44 电动机温度的变化与哪些因素有关？

答：电动机温度的变化与下列因素有关：

(1) 电动机负荷改变。

(2) 环境温度变化。

(3) 电动机风道阻塞或积灰严重。

(4) 空气冷却器冷却水量及水温变化。

(5) 电动机风叶损坏，冷却风量减少。

10-45 操作阀门有哪些注意事项？

答：阀门是热力系统中的一个重要部件，运行人员经常要和阀门打交道，因此必须熟悉和掌握阀门的结构和性能，正确识别阀门的开关方向、开度标志、指示信号；应能熟练准确地调节和操作阀门，及时果断地处理各种应急故障。操作时主要应注意以下几点：

(1) 识别阀门开关方向。一般手动阀，手轮顺时针旋转方向表示阀门关闭方向；逆时针方向表示阀门开启方向。有个别阀门方向与上述启闭相反，操作前应检查启闭标志后再操作。旋塞阀阀杆顶面的沟槽与通道平行，表明阀门在全开位置，当阀杆旋转 90°时，沟槽与通道垂直，表明阀门在全关位置。有的旋塞阀以扳手与通道平行为开启，垂直为关闭。三通、四通的阀门操作应按开启、关闭、换向的标记进行。

(2) 用力要适当。操作阀门时，用力过大、过猛容易损坏手轮、手柄，擦伤阀杆和密封面，甚至压坏密封面。切勿使用大扳手启闭小的阀门，防止用力过大，损坏阀门。

(3) 开启蒸汽阀门前，必须先将管道预热，排除凝结水，开启时要缓慢开启，以免产生水锤现象，损坏阀门和设备。

较大口径的阀门设有旁通阀，开启时，应先打开旁通阀，待阀门两边压差减小后，再开启大阀门。关阀时，首先关闭旁通阀，然后再关闭大阀门。

闸阀、截止阀类阀门开启到头，要回转 1/4～1/2 圈，有利于操作时检查，以免拧得过紧，损坏阀件。

10-46 电动阀的电动切换与手动切换时应注意什么？

答：电动阀电动开启后，不要手摇开至极限，切换把手应放在电动位置上。运行中为了隔绝某一系统需将电动隔绝阀关得更严密些，电动关闭后再手动摇至关严不漏，此时将切换把手放在手动位置，切忌放在电动位置，以免他人拨动开关，造成烧电动机及烧开关箱的事故。需打开此阀时，应先手动摇开数圈，感觉轻松后，再把切换把手放至电动位置，进行电动开启。

10-47 对阀门验收的具体要求有哪些?

答：对阀门验收的具体要求如下：

(1) 阀门开度指示器的刻度和数字应清晰，指针完好。

(2) 阀杆清洁无损坏和变形，阀杆的螺口涂以适当的润滑油。

(3) 手动阀门的手轮上应标明阀门开关方向。

(4) 阀盖、压盖的螺栓齐全、拧紧，手轮完好。

(5) 电动阀的电动机外壳接线盒完好，电源线无破损，手动、电动切换开关动作灵活，执行器固定牢固，传动机构连接应完好。

(6) 液压控制的阀门应检查液压系统油箱油位达到规定刻度，油质良好。启动油泵后，检查油系统不应有渗漏点，系统压力能达到正常规定的数值。

(7) 气动阀门应投入压缩空气系统，检查空气管路和气缸不应有泄漏。

(8) 手动阀门的手动开关试验应灵活，不应有卡涩现象。电动阀门应切换到手动位置试验一次，开关应灵活。液动阀门就地用手动操作开关试验应灵活。

(9) 电动阀门手动试验后应进行远动试验。试验时远方开关同时就地检查，阀门开关方向就地与控制室指示表或者指示灯的指示方向应一致。以同样方法试验检查液动阀门和气动阀门的开关方向。

(10) 电动阀在电动关闭位置后，再手动继续关闭，检查其关闭位置的预留开度应合适，一般预留开度为1/3圈以下。

(11) 高温阀门保温应完好。所有阀门的标示牌字迹应清楚，名称正确无误。

(12) 止回阀的安装方向应正确（检查箭头方向与工质流动方向应一致）。

10-48 阀门投入运行时主要检查哪些内容?

答：阀门投入运行时主要检查以下内容：

(1) 阀盖接合面、阀杆密封填料处无工质向外泄漏。

(2) 阀体保温完好，无泄漏。

(3) 执行器传动部分无松脱现象。

(4) 阀门漏汽或漏水时，应对电动执行器做好防止受潮短路的保护措

施。阀门漏油时应注意防止火灾。

10-49 除氧器投用前应做哪些工作？

答：除氧器投用前应做如下工作：

（1）检查设备管道，应完整良好；安全阀检验良好；各仪表水位计在投入位置；有关保护检验正常后投运。

（2）检查并关闭与厂用汽母管相连的隔离阀，送上各电动阀电源，试验各电动阀开关正常后关闭。

（3）开启疏水泵进水阀，关闭放水阀。开启排气阀（除氧器投用后根据水质情况调整在某一开度），关闭再沸腾阀及锅炉连续排污进汽阀。

（4）联系化学人员化验疏水箱，稳压水箱（200MW 机组）、给水箱水质应符合要求，否则必须换水直至合格。

10-50 除氧器的投用步骤有哪些？

答：除氧器的投用步骤如下：

（1）疏水箱、稳压水箱（200MW 机组）、凝汽器等进除盐水至正常。

（2）启动疏水泵或凝结水泵向除氧器进水至 1/3 处，再联系化验水质，水质不合格应换水直至合格。

（3）开启厂用汽母管与除氧器隔离阀，开启再沸腾电动阀、手动阀，加热至 70～90℃，开启除氧器进汽阀投入运行，关闭再沸腾阀。

（4）随负荷的升高，视抽汽压力的升高及时切换本机汽源。

（5）调整除氧器压力在规定范围内。

10-51 如何加快除氧器的加热速度？

答：加快除氧器加热速度的方法如下：

（1）在不影响给水泵、辅助汽源站正常运行的情况下，尽量提高加热蒸汽压力和温度。

（2）在不影响锅炉启动流量的情况下，尽量减少给水流量。

10-52 除氧器的正常维护项目有哪些？

答：除氧器的正常维护项目如下：

（1）保持除氧器水位在正常值。

（2）除氧器系统无漏水、漏汽、溢流现象，排气阀开度适当，不振动。

（3）确保除氧器压力在规定范围内，滑压除氧器应保证压力、温度相适应。

（4）禁止水位、压力大幅度波动影响除氧效果。

（5）经常检查校对室内压力表，水位计与就地表计相一致。有关保护投运正常。

10-53 除氧器的排空气阀为什么要保持微量冒汽？

答： 除氧器工作原理是用蒸汽将水加热至该压力下的饱和温度，使凝结水中的溶解气体（包括氧气）分离出来，从除氧器的排空气阀排出，如果排空气阀不开，则分离出来的氧气无法跑掉，又会重新溶解在给水中，起不到除氧目的。如果排空气阀开得过大，虽能达到除氧效果，但有大量蒸汽随同氧气一起跑掉，造成热量及汽水损失。所以在保证除氧效果的前提下，尽量关小排空气阀，保持微量冒汽，以减少汽水损失。

10-54 机组运行中除氧器压力变化的原因有哪些？

答： 机组运行中除氧器压力变化的原因如下：

（1）汽轮机负荷变化。

（2）进水量变化。

（3）进水温度变化。

（4）锅炉排污扩容器至除氧器的汽量变化。

（5）高压加热器疏水量及疏水温度或进入除氧器的汽轮机本体阀杆漏汽量变化。

（6）除氧器进汽与高压抽汽连通阀或备用汽阀误开。

（7）除氧器并列运行时相邻机组除氧器压力变化。

（8）进汽调整阀开度变化。

10-55 国产300MW机组的除氧器投运步骤有哪些？

答： 国产300MW机组的除氧器投运步骤如下：

（1）确定除氧器水位正常，水质合格，有关保护投入。

（2）开启再循环系统后，调节除氧器水位及除氧器至凝汽器的再循环阀，维持除氧器水位，提高水质。

（3）水质合格后，逐渐开大除氧器进水阀，逐渐关闭除氧器至凝汽器的再循环阀，调节除氧器水位，维持除氧器水位。

（4）确定备用汽源正常，逐渐开启备用汽至除氧器的阀门。

（5）开启水箱加热蒸汽阀，调整除氧器汽压调整器，加热凝结水至饱和温度，维持除氧器内部压力不超过0.196MPa，关闭有关疏水阀。

（6）调节除氧器顶部排空气阀，保持微冒汽。

（7）注意除氧器水位，压力、温度等均正常，汽水温度达100℃，关闭

水箱加热蒸汽阀。

(8) 严禁锅炉启动分离器向除氧器送水。

(9) 机组带100MW负荷以上时，除氧器由备用汽源切换至本机供汽。

(10) 根据情况投入压力，水位调整自动，随机组负荷上升，维持除氧器压力不超过0.558MPa。

10-56 国产300MW机组的除氧器如何停用?

答: 国产300MW机组的除氧器停用步骤如下:

(1) 机组减负荷时，注意调整除氧器压力、水位正常。

(2) 机组负荷减至100MW左右时，除氧器汽源由本机切换为备用汽源供汽。

(3) 锅炉停用后关闭除氧器进水阀、进汽阀，使除氧器自然泄压冷却。

10-57 机组运行中除氧器降压消除缺陷的步骤有哪些?

答: 机组运行中除氧器降压消除缺陷的步骤如下:

(1) 汽封由汽平衡管倒至四段抽汽母管(切换为备用汽源)供汽。

(2) 停用高压加热器，给水走高压加热器旁路，关闭高压加热器至除氧器疏水阀。

(3) 关闭除氧器所有进汽阀(阀杆漏汽至除氧器，锅炉连排来汽，备用汽源，再沸腾管等)。

(4) 停用部分低压加热器、凝结水温度降至90℃以下。否则将停用全部低压加热器，可靠隔离除氧器，待除氧器无压力后方可办理工作票进行缺陷消除。

10-58 除氧器降压过程中及投用时有哪些注意事项?

答: 除氧器降压过程中及投用时的注意事项如下:

(1) 除氧器降温、降压不得过快，控制除氧器内温度下降不超过1℃/min。

(2) 除氧器降温降压过程中，应根据锅炉壁温带负荷。

(3) 检修结束后，应先投除氧器，再投低压加热器。当除氧器内温度达130℃时，方可将水切换高压加热器内部，再投入高压加热器汽侧。

(4) 全面检查除氧器，恢复正常运行。

10-59 除氧器消除缺陷后应如何恢复?

答: 除氧器消除缺陷后的恢复方法如下:

(1) 开启除氧器进汽阀。

(2) 开启四段抽汽电动阀。

(3) 开启 2、3、4 号低压加热器进汽电动阀，疏水逐级自流。

(4) 开启低压加热器疏水泵，关闭 2 号低压加热器至凝汽器疏水阀。

(5) 投用高压加热器，关闭排地沟疏水阀。

(6) 联系电气及锅炉运行人员，逐渐增至原负荷。

(7) 除氧器压力至 0.39MPa 以上，给水箱温度在 150℃以上时，切换轴封汽源，由汽平衡管供汽。

(8) 联系锅炉运行人员，投用连续排污扩容器，开启连续排污扩容器至除氧器隔离阀。

10-60 造成除氧器水箱水位变化的原因有哪些？

答：造成除氧器水箱水位变化的原因如下：

(1) 除氧器进水量变化。

(2) 单元机组给水泵出口流量变化。

(3) 补给水流量变化。

(4) 对外供汽抽汽量变化，如燃油加热、汽动给水泵用汽等。

(5) 并列运行的除氧器压力的变化及给水泵运行方式的变化。

(6) 放水阀误开。

10-61 为保证除氧器正常工作，必须装设哪些安全设施？

答：为保证除氧器正常工作，必须装设以下安全设施：

(1) 并列运行的除氧器必须装设汽、水平衡管。

(2) 除氧器进汽必须有压力自动调节装置。

(3) 除氧器水箱必须设水位调整装置，以保持正常水位。

(4) 除氧器本体或水箱上应装能通过最大加热蒸汽量的安全阀，当除氧器压力超过设计压力时，安全阀动作向大气排汽。

(5) 除氧水箱应有溢流装置。底部还应有远方及检修放水装置。

10-62 除氧器的压力、温度变化对给水溶解氧量有什么影响？

答：当除氧器的压力突然升高时，水温变化跟不上压力的变化，水温暂时低于升高后压力下的饱和温度，因而水中含氧量随之升高，待水温上升至升高后压力下的饱和温度时，水中的溶解氧才又降至合格范围内；当除氧器的压力突降时，由于同样的原因，水温暂时高于该压力对应下的饱和温度，有助于水中溶解气体的析出，溶解氧随之降低，待水温下降至该压力对应的饱和温度后，溶解氧又缓慢回升。综上所述，将水加热至除氧器对应压力下

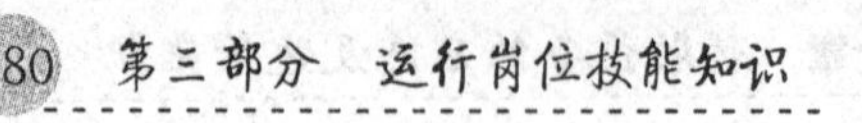

的饱和温度是除氧器正常工作的基本条件，因此在运行中应尽可能保持除氧器内压力和温度的稳定，防止突变，除氧器的压力调节应投自动，且动作灵活可靠。

10-63 除氧器运行中为什么要保持一定的水位？

答：除氧器的水位稳定是保证给水泵安全运行的重要条件。在正常运行中，除氧器水位应保持在水位计指示高度的2/3～3/4范围之内，水位过高将引起溢流水管大量跑水。若溢流水管排水不及时，则会造成除氧头振动，抽汽管发生水击及振动，严重时造成沿汽轮机抽汽管返水事故。因此，除氧器必须装有可靠的溢流水装置和水位报警装置。水位过低，一旦补充水不能及时补充，将造成水箱水位急剧下降，引起给水泵入口压力降低而汽化，严重影响锅炉上水，甚至造成被迫停炉停机事故。

10-64 除氧器滑压运行时应注意哪些问题？

答：除氧器滑压运行时应特别注意除氧效果和给水泵入口汽化的问题。

根据除氧器的工作原理，除氧器滑压运行升负荷时，除氧塔的凝结水和水箱中的存水水温滞后于压力的升高，致使含氧量增大。这种情况要一直持续到除氧器在新的压力下接近平衡时为止，对升负荷过程中除氧效果的恶化可以通过投入加装在给水箱内的再沸腾管解决。

减负荷时，除氧器滑压运行的除氧效果要比定压运行的好。除氧器滑压运行时，机组负荷突降，进入给水泵的水温不能及时降低，此时给水泵入口的压力由于除氧器内压力下降已降低，于是就出现了给水泵入口压力低于泵入口温度所对应的饱和压力，易导致给水泵入口汽化。应采取的措施：将除氧器布置位置加高，预备充分的静压头；另外，在突然甩负荷时为避免压力降低较快，应紧急开启备用汽源。

10-65 如何防止除氧器运行中超压爆破？

答：防止除氧器运行中超压爆破的方法如下：

（1）除氧器及其水箱的设计、制作、安装和检修必须合乎要求，必须定期检测除氧器的壁厚情况和是否有裂纹。

（2）除氧器的安全保护装置，如安全阀、压力报警等动作必须正确可靠，应定期检验安全阀动作时必须能通过最大的加热蒸汽量。

（3）除氧器进汽调节汽阀必须动作正常。

（4）低负荷切换上一级抽汽时，必须特别注意除氧器压力。

（5）正常运行时，应保持经常监视除氧器压力。

10-66 低压加热器投运前应检查哪些项目？

答：低压加热器投运前应检查的项目如下：

(1) 检查各表计是否全部投运，各电动阀送电并试验是否良好，有关保护校验是否正常投入。

(2) 检查开启低压加热器进、出水阀，关闭旁路阀。

(3) 开启低压加热器抽汽管道止回阀前、后疏水阀。

(4) 缓慢开启各低压加热器排空气阀（由高至低逐级开大）。

(5) 开启加热器事故疏水及逐级疏水调整阀前后手动阀。

10-67 如何投运低压加热器？

答：投运低压加热器的步骤如下：

(1) 开启抽汽止回阀，逐渐开启进汽电动阀，控制加热器出口水温温升速度。

(2) 加热器水位至 1/3 以上时，开启疏水阀，疏水逐级自流，经 2 号低压加热器至凝汽器或由疏水泵排入凝结水系统，关闭疏水至凝汽器的阀门。

(3) 关闭抽汽止回阀前、后疏水阀。

(4) 加热器运行正常后，逐渐关小加热器排空气阀。

(5) 投入抽汽止回阀保护连锁。

(6) 全面检查并注意各加热器温升情况。

10-68 如何停运低压加热器？

答：停运低压加热器的步骤如下：

(1) 关闭加热器排空气阀。

(2) 逐渐关闭进汽电动阀，关闭抽汽止回阀，停运低压加热器疏水泵。

(3) 关闭加热器水位调整阀、疏水阀。

(4) 开启低压加热器旁路阀，关闭进、出水阀。

(5) 开启抽汽止回阀前、后疏水阀。

10-69 低压加热器停运或投运时应注意什么？

答：低压加热器停运时，必须注意除氧器运行情况及凝结水温度，严防除氧器失压、断水或水侧过负荷，不可同时停运两台低压加热器。

低压加热器停运时的操作顺序：①空气系统；②汽侧进汽（包括轴封系统相关的阀门调整）；③水侧系统；④汽侧疏水。

低压加热器投运时的操作顺序：①水侧系统；②汽侧系统；③汽侧疏水；④空气系统（注意凝汽器真空）。

10-70 高压加热器水侧的投运步骤是什么？

答：高压加热器水侧的投运步骤如下：

（1）开启出、入口阀强制手轮，全开高压加热器头道注水阀，稍开二道注水阀，向高压加热器内部注水。

（2）高压加热器水侧空气排尽后关闭水侧排空气阀。

（3）高压加热器水侧达全压后关闭高压加热器注水阀，确保高压加热器内部压力不应下降。

（4）检查加热器汽侧有无水位。

（5）开启高压加热器进、出水阀。

（6）关闭给水旁路阀，注意给水压力的变化。

（7）投入高压加热器保护开关。

10-71 高压加热器汽侧的投运步骤是什么？

答：高压加热器汽侧的投运步骤如下：

（1）在机组带40%负荷以上时，投入高压加热器汽侧。

（2）开启进汽阀前疏水阀。

（3）稍开高压加热器进汽阀或进汽旁路阀进行暖管，注意进汽管道应无冲击。

（4）待汽侧空气排尽后，关闭汽侧排空气阀。

（5）暖管结束后，关闭进汽阀前、后疏水阀。

（6）逐渐开大进汽阀，注意给水温升率不大于2℃/min。

（7）调节高压加热器水位，保持高压加热器水位在1/2～2/3之间。

（8）各高压加热器水位正常后投入高压加热器保护开关（抽汽止回阀水控电磁阀投入“自动”）。

（9）待水质合格后关闭高压加热器事故疏水阀，开启高压加热器至除氧器的调整阀。

（10）全开各高压加热器进汽阀，调节各高压加热器水位，维持正常。

（11）全面检查各加热器运行是否正常。

10-72 高压加热器检修后如何投运（机组正常运行中）？

答：机组正常运行中，高压加热器检修后的投运步骤如下：

（1）检修工作结束，工作票终结，水侧放水阀关闭。

（2）缓慢开启高压加热器注水阀向高压加热器内注水，检查钢管是否泄漏，并开启水侧排空气阀，有水流出后关闭。

（3）开启高压加热器进、出水阀强制手轮，高压加热器联成阀缓慢开启，检查开启高压加热器进、出口电动阀，关闭高压加热器旁路阀，关闭注水阀。

(4) 开启高压加热器事故疏水阀。

(5) 开启抽汽止回阀前、后疏水阀，微开高压加热器进汽阀，维持温升速度在1～2℃/min，高压加热器暖体约15min。

(6) 高压加热器暖体结束后，联系值长、值班员控制温升率不大于2℃/min，缓慢由低至高逐渐开启高压加热器进汽阀，关闭事故疏水阀，疏水逐级自流经1号高压加热器进入除氧器，高压加热器正常后投入加热器水位保护。

(7) 其他操作同高压加热器正常启动。

10-73 高压加热器如何停运？

答：高压加热器的停运步骤如下：

(1) 汇报、联系值长降10%的负荷（300MW机组负荷降至80%），切除高压加热器保护。

(2) 关闭高压加热器排空气阀。

(3) 由高到低逐台关闭高压加热器进汽阀。调整水位，控制温降速度小于2℃/min，待高压加热器出水温度稳定后再停下一台高压加热器，关闭高压加热器至除氧器疏水阀。

(4) 关闭各高压加热器抽汽止回阀，稍开抽汽止回阀前、后疏水阀，高压加热器汽侧隔离后，开启高压加热器汽侧排地沟阀门。

(5) 如需停运高压加热器水侧，应先开电动旁路阀，再关高压加热器进、出水阀。

(6) 开启水侧放水阀。

10-74 为防止锅炉断水，高压加热器投、退应注意哪些问题？

答：从结构上讲，高压加热器进水阀与旁路阀位于同一壳体内，且公用一只阀芯，两者合并一起称为联成阀。出水阀实际上是一个止回阀，靠给水压力将阀芯顶开或压下，因此投用高压加热器时，先开出水电动阀，后开进水电动阀，确认进、出水电动阀开启时，再关闭其旁路电动阀。停用高压加热器时，确认旁路电动阀全开后，先关进水阀，后关出水阀。

10-75 高、低压加热器随机启动有什么好处？

答：高、低压加热器随机启动的好处：能使加热器均匀加热，可以防止钢管胀口漏水，防止法兰因热应力过大而造成变形。对于汽轮机，因连接加

热器的抽汽管道是从汽缸下部接出的，加热器随机启动，相当于增加了汽缸的疏水点，能有效减少上下汽缸之间的温差。另外，还能减少机组并列后的操作。

10-76 加热器运行时要注意监视哪些参数？

答：加热器运行时要注意监视以下参数：

（1）进、出加热器的水温。

（2）加热蒸汽的压力、温度及被加热水的流量。

（3）加热器汽侧疏水水位的高度。

（4）加热器的端差。

10-77 高、低压加热器在运行时为什么要保持一定水位？

答：高、低压加热器在运行时都应保持一定水位，但不应太高，因为水位太高会淹没钢管，减少蒸汽和钢管的接触面积，影响热效率，严重时会造成汽轮机进水。如水位太低，则将有部分蒸汽经过疏水管进入下一级加热器，降低了下一级加热器的热效率。同时，汽水冲刷疏水管，降低疏水管的使用寿命，因此对加热器水位应严格监视。

10-78 加热器汽侧压力变化的原因是什么？

答：加热器汽侧压力变化的原因如下：

（1）汽轮机负荷变化。

（2）凝结水或给水流量改变。

（3）进水温度变化。

（4）加热器钢管泄漏，疏水来不及排泄。

（5）加热器进汽阀或抽汽止回阀开度变化。

（6）运行方式变化，如某一台或几台加热器停用。

10-79 引起加热器出口水温度变化的原因是什么？

答：引起加热器出口水温度变化的原因如下：

（1）加热器进汽压力的变化。

（2）汽轮机负荷的变化。

（3）进水流量的变化。

（4）进水温度的变化。

（5）加热器钢管表面的结垢。

（6）加热器内聚积空气。

（7）加热器水位过高。

(8) 加热器汽侧隔板不严，蒸汽短路。

(9) 加热器水侧隔板损坏，给水短路。

(10) 抽汽阀、止回阀、进汽阀失灵或卡涩。

10-80　影响加热器正常运行的因素有哪些?

答：影响加热器正常运行的因素如下：

(1) 受热面结垢，严重时会造成加热器管子堵塞，使传热恶化。

(2) 汽侧漏入空气。

(3) 疏水器或疏水调整阀工作失常。

(4) 内部结构不合理。

(5) 铜管或钢管泄漏。

(6) 加热器汽水分配不平衡。

(7) 抽汽止回阀开度不足或卡涩。

10-81　高压加热器给水流量变化的原因有哪些?

答：高压加热器给水流量变化的原因如下：

(1) 汽轮机、锅炉负荷变化。

(2) 给水并联运行，高压加热器运行台数变化。

(3) 给水流量分配变化，邻机高压加热器进水阀开度变化。

(4) 给水管道破裂，大量跑水。

10-82　低压加热器铜管泄漏怎样检查判断?

答：运行中低压加热器铜管漏水的主要特征是水位升高，疏水泵电流增大。对于疏水逐级自流方式的加热器，在排除疏水器调节失灵的因素后，应对加热器逐个试验，确定是哪一台加热器铜管漏水。检查的方法是将加热器的进汽阀、排空气阀和疏水阀关闭，继续通入凝结水，看水位是否上升，一般如水位上升较快，可确定为这台加热器漏水。

10-83　怎样判断高压加热器内部水侧泄漏?

答：高压加热器内部水侧是否泄漏，可由以下几方面进行分析判断：

(1) 与相同负荷比较，运行工况有下列变化：

1) 水位升高或疏水调整阀开度增加(严重时两者同时出现)。

2) 疏水温度下降。

3) 严重时，给水泵流量增加，机炉两侧给水流量差值增大，相应高压加热器内部压力升高。

(2) 倾听高压加热器内部有泄漏声。

由以上几种现象，可以清楚地确定高压加热器内部水侧泄漏。高压加热器内部水侧泄漏，应停用该列高压加热器，以免冲坏周围的管子等内部设备。

10-84 如何投运凝汽器?

答：投运凝汽器的步骤如下：

(1) 全面检查凝汽器系统，进、出水电动阀送电，开关试验正常，各放水阀关闭，顶部排空气阀开启（开式循环投入虹吸装置)。

(2) 全开出水阀。

(3) 缓慢开启进水阀或开启进水旁路阀充水排空气，待排空气阀有水流出后关闭，全开进水阀（带虹吸装置应全开进水阀，关小出水阀排空气，排空后调整出水阀至所需位置)。

对开式循环系统，无凝汽器出水阀时，应视循环水母管压力，开凝汽器进水阀，投凝汽器出口虹吸装置，保持真空及温升正常。

10-85 机组在运行过程中如何停运半侧凝汽器？应注意什么?

答：机组在运行过程中停运半侧凝汽器的步骤如下：

(1) 降低机组负荷至60%。

(2) 关闭停运一侧汽侧排空气阀。

(3) 开大运行一侧循环水阀（对于单元制的机组)。

(4) 关闭停运一侧凝汽器的进、出水阀并手动关严。

(5) 打开停运侧进水阀后或出水阀前放水阀，开启该侧水室排空气阀。

(6) 凝汽器水侧水放尽，真空稳定正常后，可打开人孔门进行查漏或清洗（若因铜管大面积泄漏，打开人孔门应特别注意真空变化)。

应当注意，随着凝汽器真空值的变化，应根据凝汽器真空值带相应的负荷。

10-86 汽轮机在运行过程中影响凝汽器汽侧压力高低的因素主要有哪些?

答：汽轮机在运行过程中，凝汽器内汽侧压力的高低受很多因素影响。其中主要因素是凝结的蒸汽量、冷却水量和冷却水进口温度。

10-87 清洗半侧凝汽器时为什么要关闭汽侧排空气阀?

答：由于凝汽器半侧的冷却水停止，此时凝汽器内的蒸汽未能被及时冷却，因此使抽气器抽出的不是空气和未凝结蒸汽的混合物，而只是未凝结的蒸汽，从而影响了抽气器的效率，使凝汽器真空下降。因此，清洗半侧凝汽器时，应先将该侧排空气阀关闭。

10-88 真空系统的检漏方法有哪几种？

答：真空系统的检漏方法有如下几种：

（1）蜡烛火焰法。它是传统的查找漏气点的方法。检查时，将点燃的蜡烛置于真空系统的法兰及阀门的连接处及其他可疑的漏气点，如有泄漏，火焰将被吸向漏气点。应当注意，此法不适用于氢冷发电机的系统。

（2）汽侧灌水试验法。它是一种最有效的检漏方法，但是必须在汽轮机停运并已达到冷态后进行。具体方法是把所有与真空系统相连的管道用阀门切断，对凝汽器下部的弹簧支座进行支垫，然后向凝汽器汽侧空间注水。灌水高度应在汽封洼窝以下 100mm 处。灌水后检查，不严密的地方便会有水渗漏出来。

（3）氦气检漏仪法。它是近年来用于运行中的真空系统进行检漏。使用时，将氦气释放在真空系统可能泄漏的地方，然后由检漏仪测出氦气的浓度，从而分析确定泄漏的位置和泄漏的严重程度。

10-89 在对凝汽器进行隔离查漏过程中，人孔门一旦打开，为什么应特别注意凝汽器真空变化？

答：凝结水硬度不合格，往往是由于铜管胀口处泄漏或钢管破裂，循环水漏入凝结水中引起的。凝汽器半侧隔离查漏，从系统上看水侧和抽气侧是可以隔离的，但汽侧是不可隔离的，依然是真空状态，因而人孔门一旦打开，即会有空气经泄漏处进入凝汽器汽侧，引起真空下降，所以运行人员应特别注意真空变化。

10-90 射水抽气器的抽吸能力与工作水温之间有何关系？

答：一般工作水的温度越低，射水抽气器能建立的真空就越高，即抽吸能力就越大；反之工作水温高，抽气器的抽吸能力就小。水的饱和温度同压力是一一对应的，根据水的温度可以查到抽气器能达到的最低抽吸压力。

考虑抽气管沿程的阻力，一般正常工作的抽气器，喷嘴后的压力必须低于汽轮机背压 0.001MPa 左右（如汽轮机背压为 0.005MPa，抽气器空气吸入室的压力应低于 0.0035MPa）。

汽轮机排汽背压随凝汽器冷却水进水温度的变化而变化，抽气器必须达到的压力也跟着变化，所以实际上射水抽气器工作水温度没有一个确定的数值。

根据推算，射水抽气器工作水的温度低于当时汽轮机排汽饱和温度 5～

6℃，就不会因抽气器抽吸能力下降而影响凝汽器真空。

10-91 为什么射水抽气器的射水箱要保持一定的溢流？如何调整溢流量？

答：因为射水抽气器抽来的具有一定温度的汽气混合物排放到射水箱内，使射水箱水温逐渐升高。由于水温的升高，将影响抽气器的工作效率，降低汽轮机真空，因此在运行中应连续不断地向射水箱补充一部分温度较低的冷水，以维持射水箱的水温。调整射水箱溢流量时，应注意水箱的水温高低，一般要求射水箱水温在26℃以下。溢流量不要忽大忽小，要调整到溢流水带走的热量正好是抽气器排入射水箱的热量，做到既要保证凝汽器的真空又要不浪费水。

10-92 射水抽气器的射水箱水温超过26℃时为什么会影响汽轮机真空？

答：因为射水抽气器设计的进水温度为20℃，渐缩喷嘴出口处膨胀的绝对压力为0.00343MPa，其饱和温度为26℃，20℃的水在此真空下不会发生汽化。当射水箱水温高于26℃时，工作水在喷嘴出口将发生汽化，降低了抽气器的效率。射水抽气器不能抽到0.0052MPa真空，要保持凝汽器真空设计值，水温就不能超过26℃。

10-93 间接空冷系统的启动分为哪两步？

答：间接空冷系统的启动分为以下两大步骤：

(1) 启动循环泵、水轮机，将系统压力调整在正常范围内，建立冷却水系统的正常循环。

(2) 根据气候及循环水温度情况逐步投运扇形散热器接带负荷，直至扇形段全部投入。

10-94 间接空冷系统停运步骤是什么？

答：间接空冷系统停运的一般步骤：随着主机负荷的下降，冷却塔出水温度降至25℃以下时，逐渐关闭各扇形段的百叶窗，控制冷却塔出口水温不低于25℃。环境温度低于5℃时，控制冷却塔出口水温不低于35℃。维持上述温度，直至全关百叶窗，然后将停运扇形段的水排尽。

10-95 凝汽设备运行情况的好坏主要表现在哪几个方面？

答：凝汽设备运行情况的好坏主要表现在以下三个方面：

(1) 能否保持或接近最有利真空。

(2) 能否使凝结水的过冷度最小。

(3) 能否保证凝结水的品质合格。

10-96 循环水温升的大小能说明什么问题？影响循环水温升的原因有哪些？

答：循环水温升是凝汽器经济运行的一个重要指标，在一定的蒸汽流量下有一定的温升值，监视温升可供分析凝汽器冷却水量是否满足汽轮机排汽冷却的要求。另外，温升还可以供分析凝汽器铜管是否堵塞、清洁等。

温升大的原因：①蒸汽流量增加；②冷却水量减少；③铜管清洗后较干净。

温升小的原因：①蒸汽流量减少；②冷却水量增加；③凝汽器铜管结垢污脏；④真空系统漏空气严重。

10-97 为什么循环水长时间中断要等到凝汽器温度低于50℃才能重新向凝汽器供水？

答：因为当循环水中断后，排汽温度将很快升高，凝汽器的拉筋、低压缸、铜管均作横向膨胀，此时若通入循环水，铜管首先受到冷却，而低压缸、凝汽器的拉筋却得不到冷却，这样铜管收缩，而拉筋不收缩，铜管会有很大的拉应力，这个拉应力能够将铜管的端部胀口拉松，造成凝汽器铜管泄漏。所以，循环水长时间中断要等到凝汽器温度低于50℃才能重新向凝汽器供水。

10-98 改变凝汽器冷却水量的方法有哪几种？

答：改变凝汽器冷却水量的方法有以下几种：

(1) 采用母管制供水的机组，根据负荷增减循环水泵运行的台数，或根据水泵容量大小进行切换使用。

(2) 对于可调叶片的循环水泵，调整叶片角度。

(3) 调节凝汽器循环水进水阀或出水阀，改变循环水量。

10-99 冷却塔为什么要保持一定的排污量？

答：对于密闭的二次循环供水系统，循环水多次进行循环使用，循环水将被浓缩，循环水中的有机杂质及无机盐的比例将大大增加，继续使用而不加强排污或补充新水，循环水中的盐类物质在凝汽器铜管内结垢后，影响铜管的传热效果，使真空下降，机组汽耗增加。因此，应对冷却塔的运行加强管理，保持一定的排污量。

10-100 为防止冷却塔结冰损坏，冷却水温的调整方法有哪些？

答：为防止冷却塔结冰损坏，冷却水温的调整方法如下：

（1）采用热水旁路的方法。

（2）采用防冰环的方法。

（3）采用淋水填料分区运行的方式。

（4）在冷却塔的进风口悬挂挡风板。

10-101 冷却塔冬季停运的保护措施有哪些？

答：冷却塔冬季停运的保护措施如下：

（1）冷却塔在冬季运行期间，不宜以频繁启、停的方式进行调峰。

（2）冷却塔在冬季停运时，宜选在气温相对较高的时间进行操作，如中午等。

（3）因机组停运而需停塔时，停塔与停机宜同时操作，或先停塔后停机。

（4）冷却塔在冬季停运后，应将室外供水管道内的水放尽或投入循环热水的装置。

（5）冷却塔的集水池和循环水沟在冰冻季节应采取温水循环的保护措施。

10-102 如何做好间接空冷系统运行中的防冻工作？

答：间接空冷系统正常运行中，防冻工作的要点是采取措施防止循环水的断流，合理调配进入冷却塔内的空气量，还可从以下几方面来达到：

（1）从电气、机械、控制系统着手，加强对水轮机及节流阀的维护工作，保证水轮机、节流阀能可靠地运行以及节流阀在需要时可靠地自动投入。

（2）空冷系统的自动调节系统应保证能在各种状态下正确反映系统的运行状况，并做出相应的反应。在事故状态下，应能快速地把散热器内的水放掉。

（3）扇形段散热器系统中各截止阀应灵活、动作可靠，对其设备及控制系统应定期进行检查及试验。

（4）每个扇形段顶部的压力，应能方便地进行监视，以便能及早发现个别段工作的异常情况，便于故障的消除。

（5）百叶窗及其控制系统应保证机构完好，无卡涩，操作灵活，在任何状态下均能保证其达到全关状态。

（6）运行中应对凝汽器水位、空冷系统总压力、各扇形段的出口水温进行认真的监视和调整，保证其在正常范围内；对电源系统应进行认真的检查和维护，保证其供电的可靠。

（7）空冷系统及其机组的保护装置需可靠地投入。

10-103 冬季间接空冷系统停运后，如何保证汽水不再进入散热器内，防止冻坏设备？

答：冬季间接空冷系统停运后，为保证汽水不再进入散热器内，防止冻坏设备的措施如下：

（1）各扇形段百叶窗应全部关闭严密。

（2）在各扇形段停运时间内必须使散热器内的水全部放尽，排空气阀应不见水。

（3）储水箱水位控制在最高水位以内。

（4）凝汽器补水阀应关闭严密。

（5）塔内应设置采暖设备，保证阀门室内不出现结冰现象。

10-104 怎样保证凝汽器胶球清洗的效果？

答：为保证凝汽器胶球清洗的效果，应做好下列工作：

（1）凝汽器水室无死角，连接凝汽器水侧的空气管、放水管等要加装滤网，收球网内壁光滑不卡球，且装在循环水出水管的垂直管段上。

（2）凝汽器进口应装二次滤网，并保持清洁，防止杂物堵塞铜管和收球网。

（3）胶球的直径一般要比铜管内径大1～2mm或相等，这要通过试验确定。发现胶球磨损直径减小或失去弹性，应更换新球。

（4）投入系统循环的胶球数量应达到凝汽器冷却水一个流程铜管根数的20%。

（5）每天定期清洗，并保证1h清洗时间。

（6）保证凝汽器冷却水进出口一定的压差，可采用开大清洗侧凝汽器出水阀以提高出口虹吸作用和提高凝汽器进口压力的办法。

10-105 引起凝结水温度变化的原因有哪些？

答：引起凝结水温度变化的原因如下：

（1）负荷变化，真空变化。

（2）循环水进水温度变化。

（3）循环水量变化。

（4）加热器疏水回到热井或凝汽器补水的影响。

（5）凝汽器水位升高或铜管漏水。

10-106 凝结水流量变化的原因有哪些?

答：凝结水流量变化的原因如下：

(1) 蒸汽流量变化。

(2) 凝汽器补水或补给水调整阀开度变化。

(3) 凝结水系统阀门开度变化。

(4) 加热器疏入凝汽器的水量变化。

(5) 发电机水外冷凝结水进入凝汽器或冷却水箱由凝结水大量补给。

(6) 凝结水再循环阀开度变化。

(7) 凝结水泵进水管滤网阻塞。

(8) 备用凝结水泵止回阀漏水或备用凝结水泵误启动。

(9) 凝结水泵工作失常或频率变化。

(10) 凝汽器或加热器铜管泄漏。

(11) 凝结水流量表管系漏水。

(12) 射汽抽气器冷却器铜管破裂。

10-107 引起凝汽器循环水出水压力变化的原因有哪些?

答：引起凝汽器循环水出水压力变化的原因如下：

(1) 循环水量变化或中断。

(2) 出水管焊口或伸缩节漏空气。

(3) 抽气器排气入进循环水，排气量过大或排气止回阀漏空气。

(4) 排水渠或虹吸井水位变化。

(5) 循环水进、出水阀开度变化。

(6) 循环水出水管排空气阀误开。

(7) 凝汽器循环水管内聚集大量空气，虹吸作用破坏。

(8) 热负荷大，出水温度过高，虹吸作用降低。

(9) 凝汽器胶球清洗收球网投入或退出。

(10) 凝汽器铜管堵塞严重。

10-108 旁路系统投用前应具备什么条件?

答：旁路系统投用前应具备如下条件：

(1) 旁路系统各阀门位置正常，且开关灵活，仪表齐全。

(2) 旁路系统预暖充分。

(3) 减温水压力、流量正常。

(4) 凝汽器有一定的真空。

(5) 投高压旁路时，锅炉再热器入口温度不高于规定值，否则锅炉再热器易被烧坏。

10-109 旁路系统投用的原则是什么?

答:旁路系统投用的原则如下:

(1) 先投低压旁路,再投高压旁路。

(2) 投高压旁路时,先投蒸汽后投减温水。

(3) 投低压旁路时,先投减温水后投蒸汽。

10-110 三用阀旁路系统如何进行投用前检查及投用?

答:采用冷态的投用步骤(锅炉点火前,真空在27kPa以上)如下:

(1) 通知热工、电气送上旁路电源和油泵站电源。

(2) 检查油泵站油位是否正常,油质是否良好。

(3) 将油泵站连锁扳至“自动”位置,油泵应自启动,检查油压是否正常,油泵连锁是否正常。

(4) 将油系统的进油阀打开,回油阀打开。

(5) 手动操作开启旁路至20%。

(6) 开启两只高压旁路电动隔离阀。

(7) 手动操作开启高压旁路阀至15%。

(8) 锅炉开启后,根据旁路后温度,开启二、三级减温水隔离阀,手动操作开启低压旁路阀一级减温水调整阀,手动操作开启三级减温水调整阀。

(9) 随着锅炉压力升高,调整高压旁路阀开度,以满足机炉的要求。

(10) 冲转前调整旁路阀的开度,使中压缸进汽绝对压力为

$$p=\frac{8.7\times \text{主蒸汽压力}}{130}\times 0.098\ (\text{MPa})$$

10-111 西门子公司300MW机组,30%流量的二级串联旁路系统投用操作是怎样的?

答:该系统采用冷态投用的步骤(锅炉点火前,真空在27kPa以上)如下:

(1) 联系热工送上旁路系统电源。

(2) 开启低压旁路减温水调整阀15%,开启低压旁路阀40%。

(3) 开启高压旁路阀至35%(事故情况下需加强疏水)。

(4) 锅炉启压后,根据旁路阀后温度调整减温水开度,投用三级减温水。

(5) 随着锅炉压力的升高,调整旁路阀开度,以满足锅炉的需要。当主蒸汽压力达0.1MPa时,开大高压旁路阀,关小低压旁路阀开度,维持再热

器出口压力为0.03～0.05MPa，检查、开足中压主汽阀前疏水，以便提高再热蒸汽温度。

（6）冲转前调整旁路阀开度，使中压缸进汽绝对压力为

$$p=\frac{8.7\times 主蒸汽压力}{130}\times 0.098\ (\mathrm{MPa})$$

10-112 国产机组二级串联旁路系统怎样投用？

答：该系统采用冷态投用的步骤（锅炉点火前，真空在27MPa以上）如下：

（1）联系电气送上旁路系统电源。

（2）开启低压旁路减温水调阀至5%，使低压旁路阀开至60%，适当开启高压旁路阀（事故情况下应加强疏水）。

（3）根据机炉要求调整旁路阀开度。

（4）锅炉启压后，根据旁路阀后温度，调整减温水量；控制高压旁路阀后的温度低于400℃，适当调整二、三级减温水。

10-113 机组热态启动时，旁路系统投用步骤是怎样的？

答：机组热态启动时，旁路系统投用步骤如下：

（1）凝汽器真空必须保持在53kPa以上。

（2）锅炉熄火后，应立即开启高压旁路前、后疏水阀，低压旁路疏水阀，高压缸排汽止回阀前、后疏水阀。

（3）旁路疏水阀开启10min以上，确认疏水疏尽，高压缸排汽止回阀后无积水，缓慢开启低压旁路阀。

（4）微开高压旁路阀，待高压旁路阀后温度逐渐升高后，再缓慢开启高压旁路阀或高压旁路调整阀，投入减温水控制旁路阀后温度，投三级减温水。

（5）根据需要调整旁路阀开度。

10-114 国产200MW机组低压旁路系统有哪些闭锁条件？

答：国产200MW机组低压旁路系统有如下闭锁条件：

（1）凝结水压力低于0.1MPa（三用阀旁路压力比给水泵中间抽头压力低），低压旁路不能投入。

（2）凝汽器真空低于0.05MPa，低压旁路系统不能投入。

（3）旁路容量为30%的西德产减温减压器低压旁路减温水阀不开，低压旁路系统不能投入。

10-115 旁路系统在机组启动工况下是如何运行的?

答：旁路系统在机组启动工况下的运行情况如下：

(1) 锅炉点火前，将高压旁路阀与再热安全阀开启50%以上。

(2) 高压旁路阀打开的同时联动开启高压旁路喷水总阀，同时自动将喷水阀R_2C53、R_2C54切为自动，自动将高压旁路阀出口温度控制在332℃。

(3) 凝汽器建立真空前，低压旁路阀关闭，再热蒸汽安全阀开启。凝汽器真空高于50kPa后可投入低压旁路。

(4) 投入"凝汽器保护"。

(5) 缓慢开启低压旁路阀，注意凝汽器真空不应大幅下降。低压旁路喷水阀自动开启。

(6) 联系锅炉缓慢关闭再热器安全阀，调节主、再热蒸汽压力相匹配。

(7) 调节高压旁路阀开度使主蒸汽压力满足冲转要求。

(8) 汽轮发电机组并网后，负荷逐步增加，逐步关小高、低压旁路阀。

(9) 机组负荷升至155MW时关闭高、低压旁路阀。注意高压喷水总阀、高压喷水阀、低压旁路喷水阀全部关闭。

10-116 如何投运旁路油系统?

答：旁路油系统投运步骤如下：

(1) 油系统启动前要检查油箱油位在正常范围内，油泵盘动灵活，热工仪表、保护投入。

(2) 就地启动油泵检查工作正常，电动机运行指示灯亮。

(3) 系统压力低时应对油泵进行排空，提高压力。系统及泵运行正常后将开关放"程控"。同时注意当系统压力达16MPa时油泵自停，压力低于9MPa时油泵投入运行。

(4) 正常后开启供油阀向系统供油。

10-117 旁路油系统的正常维护项目有哪些?

答：旁路油系统的正常维护项目如下：

(1) 检查油系统有无泄漏。

(2) 检查油泵运转是否正常，有无发热和异常，油泵联动回路是否正常。

(3) 检查油箱油位是否正常，油质是否良好，抗燃油酸值应小于0.15%KOH/L。

(4) 检查油泵压力及系统压力是否正常。

10-118 旁路系统的停用操作如何进行?

答：旁路系统的停用操作步骤如下：

(1) 关闭高压旁路隔离阀、调整阀或高压旁路阀。

(2) 关闭低压旁路隔离阀、调整阀或低压旁路阀。

(3) 停用旁路减温水。

10-119 机组故障时旁路系统如何动作?

答：机组故障时旁路系统的动作如下：

(1) 汽轮机甩负荷，蒸汽压力升压速率达 0.8MPa/min 以上时，高压旁路阀应调整开启，低压旁路阀自动开启，再热蒸汽压力升压速率超过 0.5MPa/min 时，低压旁路阀应调整开启。

(2) 汽轮机甩负荷，蒸汽压力升压速率达 1.17MPa/min 时，高压旁路阀快速打开。若蒸汽压力高于 18.3MPa，高压旁路阀快速打开。

(3) 汽轮机跳闸、锅炉空载 (K03) 保护动作时，高压旁路阀快速打开。

(4) 蒸汽压力升压过快，高压旁路阀未开，应及时手动打开。

10-120 低压旁路阀在何种情况下实现快关功能?

答：为对凝汽器进行保护，低压旁路阀设置了快关功能，当出现下列情况之一时，低压旁路阀快速关闭，如果低压旁路阀没有投入，也不能打开：

(1) 凝汽器真空过低 (低Ⅱ值)。

(2) 凝汽器水位高Ⅲ值。

(3) 低压旁路阀出口压力高。

(4) 低压旁路阀喷水压力低。

(5) 按下“低压旁路阀快关按钮”。

10-121 发电机运行中对氢气的质量有什么要求?

答：发电机运行中对氢气质量的要求是氢气纯度应大于 96%，含氧量应小于 2%，氢气湿度应小于 $5g/m^3$。

10-122 发电机运行中氢气纯度过高或过低对发电机运行有什么影响?

答：发电机运行中，氢气纯度过高，则氢气消耗量增多，对发电机运行来说是不经济的。若氢气纯度过低，则因为含氢量减少而使混合氢气的安全系数降低。因此，氢气纯度按容积计需保持在 96%以上，气体混合物中含氧量不超过 2%。

10-123 氢气控制系统的正常维护工作有哪些?

答: 氢气控制系统应做好以下主要维护工作:

(1) 发电机检修后要进行风压试验，检查发电机氢气系统的严密性合格后才可以充氢。

(2) 运行人员应经常检查充氢发电机的内部氢压，发现氢压下降应及时补充，以保持正常氢压。若发现氢压过高，应查明原因，采取相应措施并排氢降压。发电机运行中还应定期分析氢压下降速率，若严密性不合格，应查明原因处理。

(3) 运行人员应监视和记录发电机内氢气纯度，当氢气纯度低于96%、含氧量大于2%时，应进行排污。同时应加强对氢气干燥器的检查，保持其正常运行，以除去氢中水分。当氢中含水量大于$25g/m^3$时，应查找原因并进行排污。若发现干燥器失效，应及时联系处理。

(4) 氢气系统的备用CO_2和压缩空气气源要经常保持充足完好，以备事故情况下排氢或倒换冷却方式使用。

(5) 发电机运行中对氢气系统的操作要动作轻缓，避免猛烈碰撞，运行人员不得穿带钉子的鞋和能产生强静电的服装，以免产生火花造成氢气爆炸。充、排氢时，应均匀缓慢地打开设备上的阀门使气体缓慢地充入或放出。禁止剧烈的排送，以防因气流高速摩擦而引起的高热点自燃。

(6) 发电机内氢气压力任何时候都不应低于大气压力，以免空气漏入氢气系统。

(7) 运行中要经常检查发电机油水继电器，若发现水量较大，要查明原因及时排水，同时还应检查氢气系统周围不得有明火作业。若需动用明火，要办理动火工作票，并做好防爆措施。

10-124 为什么不能用二氧化碳气体作为发电机长期的冷却介质使用?

答: 因为二氧化碳容易与机壳内可能含有的水分等物质化合，产生一种绿垢附着在发电机绝缘和结构件上，使发电机的冷却效果剧烈恶化，并使机件脏污。

10-125 提高氢冷发电机氢气压力有什么好处?

答: 提高氢冷发电机氢气压力可以提高发电机的出力，因为氢气的导热能力和传热系数是随着氢气压力的增加而增加的，所以在相同的条件下氢压越高，吸收的热量越多，在保证发电机各部分温升不变的情况下，可以提高发电机出力。

10-126 防爆风机进口管为什么要定期放水？

答：发电机空气侧密封油回油至隔氢装置，由于运行中氢气侧密封油会往空气侧密封油窜，带走一部分氢气，因此空气侧密封油中也带有一部分氢气，这部分氢气随回油进入隔氢装置，在隔氢装置内，氢气分离出来，由防爆风机抽走，排入大气。防爆风机在进口管中有一段U形管状的管路，在这段U形管中，油水越积越多，时间长了会将U形管堵塞，防爆风机的全压为1.18kPa，克服不了这段水柱的阻力，使氢气不能从隔氢装置中排出，而从发电机两侧轴端溢出，严重时会引起爆炸事故。另外，堵塞后密封油回油不畅，密封油会从发电机轴端甩出，发生火灾，污染环境，所以应经常对防爆风机进风管放水一次。

10-127 防爆风机出口带氢说明什么问题？

答：防爆风机出口带氢说明以下问题：

（1）密封瓦的密封圈损坏。

（2）空气侧密封油压太低或断油。

10-128 发电机风温变化的原因有哪些？

答：发电机风温变化的原因如下：

（1）冷却水温度变化。

（2）冷却水量变化或中断。

（3）空气冷却器脏污或阻塞。

（4）发电机功率变化。

（5）发电机无功功率变化。

（6）发电机内部故障。

10-129 发电机风温过高有什么危害？

答：发电机风温过高会使定子绕组温度、铁芯温度、转子温度相应升高，使绝缘发生脆化，机械强度减弱，从而使发电机寿命大大缩短，严重时会引起发电机绝缘损坏、击穿，造成事故。

10-130 进风温度过低对发电机有哪些影响？

答：进风温度过低对发电机的影响如下：

（1）容易结露，使发电机绝缘电阻降低。

（2）导线温升增高，因热膨胀伸长过多而造成绝缘裂损。转子铜、铁温差过大，可能引起转子绕组永久变形。

（3）绝缘变脆，可能经受不了突然短路所产生的机械力的冲击。

10-131 发电机入口风温变化时对发电机有哪些影响?

答: 发电机入口风温的变化将直接影响发电机的出力。因为发电机铁芯和绕组的温度与入口风温及铜、铁中的损耗有关。而铁芯和绕组的最高允许温度是一个限定值，因此入口风温与允许温升之和不能超过这个允许温度。若入口风温高，允许温升就要小，而当电压保持不变时，温升与电流有关；若温升小，电流就要降低。反之，入口风温低，电流就可增大。

由上述可知，入口风温超过额定值时，冷却条件变坏，发电机的出力需减小，否则发电机各部分的温度和温升会超过允许值。反之入口风温低于额定值时，冷却条件变好，发电机的出力允许适当增加。发电机出力的提高或降低多少，应根据温升试验确定。

10-132 发电机的出、入口风温差变化说明什么问题?

答: 发电机的出、入口风温差与空气带走的热量以及空气量有关，还与冷却水的水温、水量有关。在同一负荷下，出、入口风温差应该不变，这可与以往的运行记录相比较。如果发现风温差变大，说明是发电机的内部损耗增加，或者是空气量减少，应引起注意，检查并分析原因。

发电机内部损耗的突然增加，可能是定子绕组某处一个焊头断开，股间绝缘损坏，或铁芯出现局部高温等。空气量减少可能是由于冷却器或风道被脏污、堵塞等。

10-133 发电机气体冷却器结露的原因是什么?

答: 通常将冷却器表面上附着水珠的现象称为冷却器结露。

对于密闭循环通风冷却的同步发电机，气体冷却器结露的主要原因是，发电机检修后充进去的气体和运行中补进去的气体中含有过量的水蒸气，而冷却器的进水温度又偏低，因此水蒸气就在冷却器表面附着的尘埃微粒的作用下凝结成水珠，尤其是冷却器的冷却水温与发电机风温差值较大时更容易出现。

10-134 为什么发电机在充氢后不允许中断密封油?

答: 为保证氢冷发电机内氢气不致大量泄漏，在发电机内开始充氢前就必须向密封瓦不间断地供油，且密封油压要高于发电机内部氢压 0.05MPa 左右，短时间最低也应维持 0.02MPa 的压差。否则，压差过小会使密封瓦间隙的油流出现断续现象，造成油膜破坏，氢气将由油流的中断处漏出，不仅漏氢处易着火，而且氢气漏入空侧回油管路容易发生爆炸。此外，若氢压降至零后，室内空气将可能漏入发电机，威胁发电机安全。

10-135 引起氢气爆炸的条件是什么?

答：引起氢气爆炸的条件：在密闭的容器中，氢气和空气混合而氢气的含量在4%～76%的范围内，且又有火花或温度在700℃以上时，就可能发生爆炸。

10-136 氢冷发电机在什么情况下易引起爆炸?

答：氢气和氧气（或空气）混合，在一定条件下会化合成水且在化合过程中放出大量的热。如果氢冷发电机的机壳内有混合气体，在一定条件下，就会发生化合作用并同时生成大量的热，这样气体突然膨胀，就有可能发生氢冷发电机爆炸事故。

10-137 发电机采用氢气冷却应注意什么问题?

答：发电机采用氢气冷却应注意的问题如下：

（1）发电机外壳应有良好的密封装置。

（2）氢冷发电机周围禁止明火，因为氢气和空气的混合气体是爆炸性气体，一旦泄漏遇火引起爆炸，便造成事故。

（3）保持发电机内氢气的纯度和含氧量，以防止发电机绕组击穿引起明火。

（4）严格遵守排氢、充氢制度和操作规程。

10-138 氢气湿度大对发电机有什么危害?

答：发电机要求在规定的绝缘情况下运行，氢气中的湿度是影响发电机绝缘的主要危害因素。如果发电机的绝缘达不到要求，就有可能造成匝间短路而烧坏发电机。所以，各电厂应对氢气中水分的准确测定和除去引起重视。

10-139 密封油系统的启动工作有哪些?

答：密封油系统启动前应按运行规程的要求做好准备工作，使密封油箱保持适当的油位，且交流密封油泵和直流密封油泵试转正常。做交流油泵事故联动直流油泵的试验，并利用油压继电器做直流备用泵油压低自启动试验，正常后投入交流油泵使密封油系统投入运行，并维持进入密封瓦的油压高于氢压0.05MPa左右，有密封油真空处理设备的机组，这时可将抽气器投入运行，然后开启润滑油到密封油系统管路的截止阀，使之投入备用；对于双路供油系统，空、氢侧分别作联动试验，正常后投入交流油泵运行，投入压差阀和平衡阀，保持油压高于氢压0.05MPa左右。在运行中还应加强对密封油调节系统的检查维护，以确保平衡阀、压差阀等调节部件的正常跟踪。当发现调节阀跟踪不上，油压、氢压偏差过大时，应及时切换为手动调节并及时消除缺陷。在切换过程中应注意保持油压平稳。

10-140 发电机密封油系统如何投用？

答：发电机密封油系统投用的步骤如下：

(1) 各密封油泵送电，联轴器盘动灵活。

(2) 试验密封油箱补排油电磁阀动作正常，灵活可靠。

(3) 启动防爆风机运行。

(4) 开启主油箱至空气侧密封油泵进油总阀及进油阀，检查系统阀门位置正常，开启空气侧交直流密封油泵试泵正常。连锁试验动作良好，停直流油泵。

(5) 对密封油箱补油至1/2处，密封油箱补、排油电磁阀投入自动，用再循环阀调整空气侧交流密封油泵出口压力在0.49MPa。

(6) 开空气侧压差旁路阀，将空气侧密封油压调整在0.02MPa。

(7) 开启密封油箱至氢气侧油泵进油阀，开启氢气侧油泵试转正常，用再循环阀调整出口压力在0.49MPa。

(8) 开启两个平衡阀旁路阀，保持空气侧油压不大于氢气侧油压0.001MPa。

(9) 发电机充氢气后，应及时调整密封油压，使油压大于氢气压力0.04～0.06MPa。

(10) 系统稳定后，投入密封油系统的压差阀和平衡阀，关闭其旁路阀。

(11) 及时调整冷油器出口温度在正常范围。

(12) 投入油泵连锁。

(13) 当氢气压力大于0.15MPa时，开启润滑油至密封油泵进油总阀，关闭主油箱至密封油泵进油总阀。

10-141 密封油系统运行中应注意哪些问题？

答：密封油系统运行中应注意如下问题：

(1) 注意密封油箱油位正常，严禁满油。

(2) 应严格控制空气侧油压与氢压差在0.03～0.05MPa范围内，并定期检查发电机内部不应有积油。

(3) 注意监视压差阀和平衡阀油压跟踪情况，若自动调整失灵，应退出运行，改为手动调整。

(4) 及时调整冷油器油温在规定范围内。

(5) 控制空气侧油压稍大于氢气侧油压（1kPa）。

(6) 防爆风机进风管应定期进行放水。

(7) 密封油箱不能打空，否则氢气侧油泵不再上油，除非将泵内氢气排尽。

(8) 密封油箱补油时，操作人员做好联系工作，防止密封油压降得太多，造成跑氢。

10-142 为什么密封油温不能过高？

答：随着密封油温度的升高，油吸收气体的能力逐渐增加，50℃以上的回油约可吸收 8%容积的氢气和 10%容积的空气。发电机的高速转动也使密封油由于搅拌而增强了吸收气体的能力。为了保持发电机内部的氢气压力和纯度，冷油器出口油温不宜过高。油温升高后向密封油冷油器通冷却水，并保持冷油器出口油温在 40～45℃之间。

10-143 密封油系统运行中直流备用密封油泵联动说明什么？

答：密封油系统运行中直流备用密封油泵联动，说明密封油系统可能出现故障，应迅速检查密封油压力、交流密封油泵运行情况、密封瓦温度，并尽量使油压维持正常，待查明联动原因确信可以停止被联动油泵后，方可将其停止。

10-144 发电机密封油系统的停用条件是什么？如何停用？

答：发电机密封油系统停用的条件如下：

(1) 必须在发电机置换（由氢气置换为空气）结束和盘车停用后，方可停用密封油系统。

(2) 解除空气侧油泵连锁，停止空气侧油泵。

(3) 关闭补排油电磁阀前、后隔离阀，关闭压差阀及平衡阀前、后隔离阀及旁路阀。

(4) 停止防爆风机。

10-145 为什么要防止密封油进入发电机内部？

答：要防止密封油进入发电机内部，因为当漏进油量较大时，漏油会被发电机风扇吹到线包上，如不及时清理，会损坏绝缘，造成发电机短路。此外，大量地向发电机内进油会导致汽轮机主油箱油位下降。因此，应定期检查发电机底部排放管或油水信号发送器处是否有油。

10-146 为什么在定子水箱上部要充有一定压力的氢气（或氮气）？

答：为有效地防止空气漏入水中，在定子水箱上部空间充有一定压力的氢气（或氮气）。定子水箱上部充氢压力（或氮气）值通过一台减压器得以保证。排除定子水箱中水位、温度（包括环境温度）对水箱内气压的影响后，如果这一压力出现持续上升的趋势，则说明有漏氢现象。首先要检查补氢阀门（旁路）泄漏或减压器失调等情况，其次检查定子绕组或引线是否有破损，氢气是否从破损处漏入了水中。切断补氢管路的气源，观察压力变化情况，便可判断氢气泄漏至定子水箱的原因。

10-147 定子冷却水系统启动前应进行哪些工作？

答： 机组在启动通水前，水系统必须进行冲洗，对于检修的机组，首先应打开水箱人孔门进行检查，确定水箱内没有机械杂物及其他脏污时，方可按下述步骤进行冲洗：

（1）水箱冲洗。开启水箱补水旁路阀向水箱补水，然后开启水箱放水阀冲洗水箱。合格后向水箱补水，同时投入水箱自动补水阀，并经试验确定其补水功能正常。

（2）水系统冲洗。水系统冲洗前，必须先将发电机的定子冷却水进水阀关闭严密，然后开启定子冷却水泵进水阀，启动水泵，向系统充水，检查管道有无泄漏，并注意水箱水位。此后开启定子进水阀前放水阀，进行放水冲洗。如发电机引出母线为水冷导线，此时也可进行冲洗。冲洗30min后即可化验水箱及定子和转子进水阀前放水阀处的水质，必要时可拆开水冷却器出口滤网，清除滤网上的脏污。当水质合格后关闭各放水阀，即可向发电机定子通水循环。

10-148 采用水氢氢冷却方式的发电机冷却水系统怎样投用？

答： 采用水氢氢冷却方式的发电机冷却水系统投用步骤如下：

（1）检查冷却水系统设备完整良好，各种监视表计齐全，各阀门处于正常状态，水箱进水至正常水位，水质合格，开启绕组排空气阀。

（2）启动一台定子冷却水泵，向发电机定子绕组充水，当定子绕组内空气排完后关闭排空气阀，调整进水压力为0.2MPa，最高不超过0.25MPa，调整流量在20～30t/h之间。

（3）检查定子冷却水系统有无漏水。

（4）开启水箱补水电磁阀前、后隔离阀，关闭补水电磁阀旁路阀，水箱补水投入自动。

（5）开启备用定子冷却水泵出口阀，投入连锁开关。

（6）随负荷的升高，调整水冷器出水温度在正常范围以内。

10-149 发电机通水循环后应做哪些检查及操作工作？

答： 发电机通水循环后应做下列检查及操作工作：

(1) 检查水系统管道，发电机机壳下部等处有无漏水现象。

(2) 检查转子进水的密封情况，进水密封支座垫料处应有少量滴水，如滴水过大，可适当降低转子进水压力。

(3) 转子出水支座处不应有大量甩水现象。

(4) 投入发电机的油水继电器、发电机定子绕组温度自动巡回检测仪。

10-150　定子冷却水系统的正常维护项目有哪些?

答：定子冷却水系统的正常维护项目如下：

(1) 发电机运行中要严格控制定子水压力，保持水压低于氢压。

(2) 运行中要定期对定子冷却水的水质进行化验，以确定冷却水的电导率、所含杂质的种类和含量，以便分析处理，并进行适当地排污。

(3) 定期对定子水系统和发电机下油水继电器处积水情况进行检查，若有泄漏，要及时处理。

(4) 要加强对定子水流量、压力、水温等参数的检查和调整。

(5) 发电机并网前应将发电机断水保护投入。

(6) 发电机并网后根据回水温度的变化，可投入水冷器，以维持发电机进水温度为 (40±5)℃。

(7) 当在同样的进水压力下冷却水量有所减少时，可判断有堵塞现象，应及时调节、维持流量正常，待有机会停机时，进行发电机内部的反冲洗。

10-151　为什么规定发电机冷却水压应低于氢压?

答：国产200MW机组的发电机为水氢氢冷却方式，其定子铁芯是氢冷，而定子绕组是水内冷，转子绕组是氢内冷，其水冷铜管是嵌在静止线棒之间的。当氢压高于水压时，则铜管受压应力，况且铜管破裂时水也不致外漏。如水压高于氢压则铜管受拉应力，一般金属材料受压应力比拉应力允许数值大得多，因此一般冷却水压应比氢压低。

10-152　对发电机冷却水水质有何要求？水质不合格有何危害?

答：对发电机冷却水水质有以下要求：

(1) 电导率不大于 2μS/cm (20℃)。

(2) 硬度$\left(\frac{1}{2}Ca^{2+}+\frac{1}{2}Mg^{2+}\right)$不大于 5μmol/L。

(3) pH 值在 7~8 之间。

(4) 透明纯净，无机械混合物。

发电机水质不合格有以下危害：

(1) pH 值超限，容易使绕组和冷却水系统结垢腐蚀。

（2）电导率超限，容易造成发电机接地。

10-153　发电机冷却水箱如何换水？

答：冷却水箱水质不合格，应对冷却水箱进行换水。

先开启冷却水箱补水旁路阀，再开启冷却水箱放水阀，保持水箱水位在水位计的2/3，直到冷却水箱水质合格。关闭冷却水箱放水阀及补水旁路阀。

冷却水箱换水方法有多种，最经济的换水操作如下：

（1）开启冷却水箱放水阀，将冷却水箱水位放至1/2处，关闭放水阀。

（2）开启冷却水箱补水旁路阀，补至正常水位。

这样反复几次换水后，直至水质合格。

10-154　发电机水冷器如何投用？

答：发电机水冷器投用方法如下：

（1）检查系统阀门位置是否正常。

（2）缓慢开启水冷器进水阀（1～2圈），逐渐开启水冷器排空气阀门，以后间断进行数次排空气，确认水冷器内无空气，全开水冷器进水阀。

（3）缓慢开启水冷器出水阀，同时检查定子冷却水泵出口压力稳定，发电机进水压力正常，流量表指示正常（一般在25t/h以上）。

（4）全开水冷器冷却水出水阀。

（5）根据定子冷却水出水温度，调整水冷器冷却水进水阀，保证出口温度在正常范围内。

10-155　水冷器泄漏隔离怎样操作？

答：水冷器泄漏隔离操作步骤如下：

（1）确认备用水冷器工作正常。

（2）关闭泄漏水冷器冷却水进、出水阀。

（3）关闭泄漏水冷器进、出水阀。

（4）调整运行水冷器温度符合机组要求。

（5）注意压力的变化。

10-156　如何进行发电机内部的反冲洗？

答：进行发电机内部的反冲洗步骤：在发电机外部进、出水管之间，备有专用临时管，该专用管将发电机进水改成出水、出水变成进水。当专用管接通后，即可启动定子冷却水泵，向发电机定子绕组通水循环，运行12～24h后，冲洗即告结束，然后恢复原来运行系统。冲洗时，对水压与水流的要求与运行相同。

10-157 水、水、空冷却系统在盘车状态下为什么要保持供水？

答：如果汽轮发电机组在连续盘车时，不能保持供水，就将使进水密封支座的垫料磨损，导致机组下次启动时漏水，甚至会有磨碎的垫料进入发电机转子绕组中去，堵塞发电机转子绕组的水管，从而造成断水事故。

10-158 双水内冷发电机冷却水断水为何不能超过20s（125MW机组为30s）？

答：因为双水内冷发电机的冷却水直接通入定子、转子绕组内进行冷却，空气只冷却部分铁芯的发热量，一旦断水，发电机因绕组温度迅速升高易引起烧坏绝缘绕组等事故。尤其是转子通风孔全被绕组填满，全靠发电机冷却水冷却，所以规定发电机冷却水断水不得超过20s（125MW机组为30s）。

10-159 水、水、空冷却发电机在启动过程中应注意哪几点？

答：水、水、空冷却发电机在启动过程中应注意以下几点：

（1）机组在冲转和升速过程中，转子进水压力会随流量增大而逐渐降低，因此升速时需随时予以调整，保持转子水压及通水流量在设计值。

（2）机组升速时，应特别注意转子进水密封支座的工作情况（无过热或大量漏水现象），并随时调整进水密封垫料压盖松紧程度。对于转子低转速时转轴进出水处可能出现的渗漏现象，若不严重可不做处理，因为转速升高后，其渗漏会随离心力加大而减小，但升速时应加强对该部位的监视。

10-160 双水内冷发电机进水温度变化有哪些原因？

答：双水内冷发电机进水温度变化的原因如下：

（1）冷却水温度变化。

（2）水冷器冷却水量变化或中断。

（3）冷却水滤水器阻塞。

（4）冷却器铜管污脏或结垢。

（5）发电机定子或转子出水温度变化。

10-161 双水内冷发电机定子或转子出水温度变化的原因有哪些？

答：双水内冷发电机定子或转子出水温度变化的原因如下：

（1）冷却水进水温度变化。

（2）冷却水压力变化。

（3）冷却水流量变化。

（4）发电机有功、无功功率变化。

（5）发电机进风温度变化。

（6）发电机内部故障。

10-162　双水内冷发电机定子、转子进水压力变化的原因有哪些？

答：双水内冷发电机定子、转子进水压力变化的原因如下：

（1）水冷泵出水压力变化。

（2）水冷泵脱扣或备用泵自启动。

（3）各通路流量变化。

（4）定子、转子进水阀门开度变化。

（5）汽轮发电机转速变化时转子进水压力变化。

（6）检修后的水冷器投用时空气未放尽，引起转子断水。

10-163　发电机定子绕组、铁芯温度变化的原因有哪些？

答：发电机定子绕组、铁芯温度变化的原因如下：

（1）进风温度变化。

（2）双水内冷进水温度变化。

（3）水冷发电机冷却水量变化。

（4）发电机有功、无功功率变化。

（5）发电机内部故障。

（6）发电机通风孔道阻塞。

10-164　发电机定子、转子冷却水流量变化的原因有哪些？

答：发电机定子、转子冷却水流量变化的原因如下：

（1）水冷泵脱扣或备用水冷泵自启动。

（2）水冷泵系统阀门误动作。

（3）冷却水箱水位过低，甚至打空。

（4）水冷系统滤水器垃圾阻塞。

（5）冷却水管破裂。

（6）水冷泵压力变化。

（7）发电机空心绕组（铜管）结垢或阻塞。

（8）转子绕组内部进入空气。

10-165　叙述发电机转子反冲洗的方法。

答：发电机转子反冲洗的方法为先向转子通水，使转子绕组内充满水，然后关闭进水阀，开启转子进水阀后的放水阀，同时开启转子出水支座上

盖，用压缩空气（其压力应高于0.49MPa）在转子出水孔处分别进行反冲洗，观察转子放水阀处的水流情况。按上述方法反复进行2～3次，然后根据放水阀处水质的化验情况，确定冲洗效果。

10-166 使用压力表时应注意哪些问题？

答：使用压力表时应注意以下问题：

（1）应考虑引压管内液柱高度所产生的压力误差，当表计指示不准时，应向热工人员查询。

（2）测量高温介质或蒸汽时，压力表前应装环形管，防止弹性元件与高温介质长期接触而改变弹性。

（3）真空表应保证引压管严密不漏。

10-167 冷油器投用操作步骤是怎样的？

答：冷油器投用操作步骤如下：

（1）关闭冷油器放油阀，缓慢开启进油阀及顶部放空气阀，油侧充满油。放空气阀有油流出时关闭，然后开启出油阀，并注意油压的变化。

（2）全开冷油器出水阀，稍开顶部水侧排空气阀，空气排尽后关闭。

（3）根据冷油器出口油温调整出水阀，保持油温正常。

（4）如在冬季油温较低，不能满足需要时，有加热装置的冷油器可开启加温水阀对冷油器进行加温。必须注意：在对冷油器加热时，冷油器出水阀必须开启，防止冷油器水侧压力过高，铜管破裂或胀口松弛，造成设备损坏、油中进水。

10-168 机组在运行过程中如果冷油器泄漏应如何处理？

答：机组在运行过程中如果冷油器泄漏应做如下处理：

（1）开启冷油器上部水侧放空气阀，将水放入盆内观察，水面有无油花。

（2）确认冷油器铜管漏油，应对冷油器进行隔离。

（3）先关冷油器进水阀，后关出水阀。

（4）在确认其他冷油器投入运行的情况下，关闭泄漏冷油器的进出油阀，联系检修堵漏。

10-169 低速盘车如何投用？

答：自动投用顺序如下：

（1）确认润滑油泵（氢冷机组密封油系统应投入运行）运行，全面检查各轴承油流、油压正常，油系统无漏油现象，投入润滑油压低连锁。

(2) 启动排烟风机和防爆风机。

(3) 启动顶轴油泵，油压正常。

(4) 开启盘车润滑油阀，检查油位计内应有油，否则应加油至正常油位。

(5) 检查盘车电动机手柄应压住断开的行程开关。

(6) 盘车电动机符合启动条件，投入盘车连锁开关。

(7) 将控制箱上切换开关扳至“自动”位置。

(8) 按下启动箱上“启动”按钮，盘车自动挂钩，约30s后盘车自动投入运行。

(9) 检查盘车电流，测量大轴弯曲。

(10) 汽轮机冲转后，盘车应自动脱开，否则应手动推开，盘车电动机失电，停止运行，将控制箱上切换开关扳至“停止”位置，按下控制箱上“停止”按钮。

手动投用步骤如下：

(1) 同自动操作1～6条。

(2) 用手按四位三通阀的小轴（电磁阀芯）使润滑油工作，盘车电动机手柄旋转至压住“合位”的行程开关。手推不能复位时，可以转动电动机小轴使其挂挡，控制箱上齿合指示灯亮。

(3) 当润滑油压低于0.08MPa时，采用第二条不能使其挂挡时，可将操纵滑阀尾部螺栓拧下，用小螺栓刀顶住，手推挂挡，控制箱上齿合指示灯亮。

(4) 将控制箱上切换开关扳至“手动”位置。

(5) 按下启动箱上“启动”按钮、“手动”按钮，盘车投入运行。

(6) 检查盘车电流，测量大轴弯曲。

盘车点动操作如下：

(1) 同手动1～3条。

(2) 将控制箱上切换开关扳至“点动”位置。

(3) 按控制箱上“启动”、“点动”按钮（手松脱即停）使其转子转到所需位置。

(4) 盘车结束后，用手反转电动机小轴可退出盘车。

10-170 低速盘车如何停用？

答：低速盘车停用方法如下：

(1) 将控制箱上切换开关扳至“停止”位置，盘车电动机停止运行，盘

车装置应能自动脱扣，否则用手反转电动机小轴使其脱扣。

（2）按控制箱上“停止”按钮，关闭盘车润滑油阀。

（3）根据需要停用顶轴油泵、润滑油泵、排烟风机（采用氢冷机组，应待氢气调换成空气后即可停密封油泵、防爆风机）。

10-171 盘车运行中的注意事项有哪些？

答：盘车运行中的注意事项如下：

（1）盘车运行或停用时手柄方向应正确。

（2）盘车运行时，应经常检查盘车电流及转子弯曲。

（3）盘车运行时应确保一台顶轴油泵运行（200MW 机组）。

（4）汽缸温度高于 200℃，因检修需停盘车，应定期每 20min 盘动转子 180℃。

（5）定期盘车改为连续盘车时，其投用时间要选择在两次盘车之间。

（6）应经常检查各轴瓦油流正常，油压正常，系统无漏油。

10-172 胶球清洗泵投用前应做好哪些检查？

答：胶球清洗泵投用前应做好如下检查：

（1）胶球清洗泵电动机绝缘合格，泵符合启动条件，联系电气送上电源。

（2）胶球清洗泵进口阀和加球室放水阀开启，胶球清洗泵出口阀和加球室出口阀关闭。

（3）打开胶球室端盖，加入 600 只符合要求的胶球，加完球后盖好加球室大盖，关闭放水阀。

10-173 胶球清洗系统的投用步骤是怎样的？

答：胶球清洗系统的投用步骤如下：

（1）启动胶球清洗泵，开启胶球清洗泵出口阀，打开胶球室排空气阀，空气排尽后关闭，将切换把手扳至清洗位置，开加球室出口阀，胶球进入系统。

（2）检查胶球清洗泵出口压力应正常、胶球清洗泵运行应正常。

10-174 胶球清洗系统回收胶球的操作步骤是怎样的？

答：胶球清洗系统回收胶球的操作步骤如下：

（1）将切换把手扳至收球位置。

（2）2h 后关闭出口阀和加球室出口阀，停胶球清洗泵，开加球室放水阀。

（3）打开胶球室上盖，取球，算出收球率。

第十一章 汽轮机设备的试验

11-1 为什么要进行汽轮机的热力特性试验?

答：汽轮机是火力发电厂的重要动力设备，汽轮机运行的好坏，直接关系到发电厂的安全和经济，而且要影响整个电网，因此保证电厂的安全与经济运行是整个电厂运行人员的重要职责。由于汽轮发电机组技术上精密，系统和结构复杂，要保证安全经济运行，必须要掌握它的热力特性，而热力特性必须通过热力试验取得。因此，在机组大、小修后及新安装机组投运之前，必须对其进行热力试验。

11-2 汽轮机热力特性试验的目的是什么?

答：汽轮机热力特性试验的目的是为了测取机组在完好状态和规定的运行条件下的热力特性，即测取蒸汽流量、汽耗率、热耗率和电功率。根据试验结果，可以进行下述分析：

(1) 机组是否达到了制造厂设计或供货条件中保证的经济指标。

(2) 检查机组是否运行正常，是否更换零件和对设备及热力系统进行必要的改造。

(3) 绘制相应的曲线图表，为电网经济调度及合理启、停机组提供选择依据。

(4) 验证机组结构和热力系统改进效果。

11-3 进行汽轮机热力特性试验时应装设哪些测点?

答：进行汽轮机热力特性试验时一般应装设以下测点：

(1) 主汽阀前蒸汽压力和温度。

(2) 主蒸汽流量、凝结水流量和给水流量。

(3) 各调节汽阀后压力。

(4) 调节级后压力和温度。

(5) 各段抽汽压力和温度。

(6) 各加热器进、出口水温度。

(7) 各加热器的进汽压力和温度。

(8) 排汽压力。

(9) 各加热器的疏水温度。

(10) 各段轴封漏汽压力和温度。

(11) 再热蒸汽热段压力和温度。

(12) 再热蒸汽冷段压力和温度。

(13) 凝汽器循环水进、出口水温度。

(14) 再热器减温水流量、补充水流量及阀杆漏汽流量等。

11-4 汽轮机热力特性试验可采用哪几种方法进行?

答: 汽轮机热力特性试验一般采用以下三种方法进行:

(1) 维持电功率不变。

(2) 维持主蒸汽流量不变。

(3) 维持主汽阀开度不变。

11-5 进行汽轮机热力特性试验时如何选择试验负荷?

答: 进行汽轮机热力特性试验时,试验负荷一般应选择在几个调节汽阀的全阀点时的负荷值。所谓全阀点,是指下一个调节汽阀即将开启的那个点。另外,也可根据试验目的和调节机构形式来选择试验负荷点,具体方法如下:

(1) 如果试验的目的是将试验所得经济指标与制造厂的数据进行比较,可选用制造厂热力计算中提供的负荷点来进行试验。

(2) 如果试验的目的是求取汽轮机热力特性曲线,从原则上讲,应选择足够的且具有代表性的负荷点,通常包括空负荷点、最小负荷点、经济负荷点及额定负荷点。

(3) 如果试验的目的是对比机组大修前、后的情况以检查大修结果,那么大修前、后的试验负荷点要相同,以便比较。

11-6 进行汽轮机热力特性试验时,机组运行方式应注意哪些问题?

答: 进行汽轮机热力特性试验时,机组运行方式应注意如下问题:

(1) 试验的热力系统要力求简单,所有与试验无关的设备或管道应当严密隔离。阀门不严时,可加堵板暂时隔离。

(2) 经过流量测量仪表的流体,不应有重复流动现象。

(3) 因为流经高压加热器的水量直接和加热所用的抽汽量有关,从而影响到试验结果,所以在试验期间应保持给水流量稳定,并使之尽量保持与主蒸汽流量相等。

（4）应尽量减少试验系统中对试验有影响的不利因素。例如，加热器的旁路阀、凝结水再循环阀及汽轮机本体和管道上的疏水阀应关闭严密。

11-7 进行热力试验时，运行值班人员的职责是什么？

答：进行热力试验时，运行值班人员负责对机组运行方式进行必要的切换和调整，保证运行工况尽可能稳定，使试验顺利进行；对运行中设备的异常情况进行及时处理。

11-8 试验记录人员的职责是什么？

答：试验记录人员的职责如下：

（1）试验前检查仪表的运行是否正常，熟悉每个仪表的量程及读数方法，并抄录自己所记录的仪表编号，对某些仪表还要记录仪表的初读数。

（2）试验期间，根据统一信号进行读取仪表指示，并准确记录在观测记录本上。当发现仪表的指示不正常或仪表损坏时，应立即报告试验领导人。

（3）试验期间要集中思想，不得做与试验无关的事，未经试验领导人同意，不得离开工作岗位。

（4）试验结束后，应对观测记录进行检查并签名，将它交给试验领导人。

11-9 试验期间的安全措施有哪些？

答：如在试验过程中发生事故，应由运行人员按照事故处理规程进行处理，这时试验人员要听从统一指挥，并不得妨碍运行人员处理事故。在制订试验计划时，应预先考虑设备可能发生的问题及处理措施，并提醒有关人员注意。

11-10 机组大修后要进行哪些调试项目？

答：机组大修后要进行以下调试项目：

（1）各系统及辅助设备的分部试运行。包括系统的冲洗，所有阀门的开、关调试，转动设备的试转，电气、热工连锁保护及自动调试。

（2）主蒸汽管道、大旁路系统管道、轴封管道、抽汽管道及给水管道的冲洗。

（3）汽轮机调节系统静态与动态的试验、调整及测试，主汽阀、调节汽阀的严密性试验。

（4）电气试验、超速试验、甩负荷试验及热效率试验。

11-11 汽轮机大修总体试运转前，分部验收应做哪些工作？

答：汽轮机大修总体试运转前，分部验收应进行以下工作：

(1) 所有电动阀、调整阀进行就地、远方定位调整试验。

(2) 真空系统灌水查漏，检查系统的严密性。

(3) 汽、水系统充水，并进行系统冲洗。

(4) 转动机械的试运转。

(5) 油系统充油，并进行油循环冲洗。

(6) 调节系统和热工自动、保护调试验收。

(7) 发电机打水压、打风压试验。

11-12 分部试运转的条件是什么?

答：分部试运转前，该转动机械的电动机应经过单独空负荷试运行合格，旋转方向正确，事故按钮试验正常，参与试运转设备的冷却水系统冲洗合格，转动机械的有关试验动作正常，有关的电动、液动、气动阀门动作灵活正确，转动机械部位加装了符合要求的润滑油，且油位正常。手盘转动部分检查时，设备内无摩擦和卡涩现象。

对于给水泵，油系统循环应完毕，油压正常且油质合格；密封水系统的冷却水和冲洗水畅通；冷风室不漏风；冷风器不漏水；系统流量正常。具有暖泵系统的高压给水泵试运前要进行暖泵，暖泵至泵体上、下温差小于20℃，泵体与给水温度差小于20℃，其自动再循环阀动作灵活可靠。对于带液力联轴器的给水泵，试运前要做好液力联轴器的试验工作，凸轮转角和勺管行程的对应关系应符合要求；对于汽动给水泵，还应检查其保护汽阀及调节装置正常，保安器动作正常。

对于循环水泵试运前，进水侧应清理滤网及清污装置正常，启动抽真空装置试验良好，轴流式水泵的出口阀开、闭灵活，连锁动作可靠，真空破坏阀开、关灵活。

11-13 机组大修后的电动阀调试验收应包括哪些内容?

答：机组大修后的电动阀调试验收的内容如下：

(1) 电动阀手动全开、全关的总行程圈数。

(2) 电动阀开关时，全行程圈数和开关的时间。

(3) 电动阀开启方向的空圈数和关闭方向余留的空圈数。

(4) 就地阀的开、关和远方信号符合，并时间对应。

11-14 转动机械试运转前应符合什么条件?

答：转动机械试运转前应符合以下条件：

(1) 转动机械所在系统的电动阀、调整阀已调试合格，开、关灵活；系统已充水。

(2) 转动机械轴承油位正常，轴承冷却水、密封水已正常通入。

(3) 转动机械的热工仪表、自动、保护调试合格，并投入正常。

(4) 带动转动机械的电动机已空试，转向正确，转动正常；就地按事故按钮试验正常。

(5) 给水泵试运转前，油系统已循环正常，油质合格，油压正常；电动机冷却水、冷油器冷却水已投入运行；液力联轴器勺管的开、关调试合格。

11-15 转动机械试运转应符合什么要求？

答：转动机械试运转应符合以下要求：

(1) 设备在转动过程中，盘根不冒烟、滴水不大。

(2) 各轴承温度、振动正常且不超过规定值，声音正常。

(3) 泵的出、入口压力及流量、电流在各工况下都正常。

(4) 电动机温度不高，运转无异声。

(5) 设备的自动调节、保护联动正常。

(6) 就地按事故按钮联动正常。

(7) 带液力联轴器的给水泵试运中，注意尽量避开在2/3的额定转速范围内运行，因为此时泵的传动功率损失最大，勺管回油温度也达最高。

11-16 汽轮机进行油系统循环冲洗要注意哪些问题？

答：汽轮机进行油系统循环冲洗要注意以下几点：

(1) 油系统检修工作全部结束，系统已完善，主油箱补油，油位至高限。

(2) 油系统循环冲洗前，要做好漏油引起的防火措施，靠近油系统的高温设备、管道保温完善；现场靠近油系统没有明火作业；油系统的主要阀门已正确到位，并有明显的禁止操作警告。

(3) 系统循环冲洗前，管道系统上的表管、取样管除必须留有需监视的外，其他应断开，以防堵塞表管。

(4) 油系统循环冲洗前，由检修人员在各轴承进油管上加装不低于40号的临时滤网；在冲洗过程中要定期清理滤网。

(5) 油循环冲洗时，油要经过油滤网，油温要保持稍高（不低于50℃），直到油滤网上无杂质且化验油质合格为止。

11-17 进行真空系统灌水试验前应注意什么？

答：进行真空系统灌水试验前，应确保凝汽器内部检修工作结束，并将处

于灌水水面以下的真空表计全部切除。凝汽器底部支撑弹簧为了防止受力变形需加装临时支撑，然后方可开始灌水。试验完毕放水后，应拆除临时支撑。

11-18 如何对真空系统进行灌水试验？

答：汽轮机大、小修后，必须对凝汽器的汽侧、低压缸的排汽部分，以及空负荷运行处于真空状态的辅助设备及管道进行灌水试验，检查严密性。灌水高度一般应在汽封洼窝处，水质为化学车间来的除盐水，灌水后运行人员应配合检修人员共同检查所有处于真空状态下的管道、阀门、法兰接合面、焊缝、堵头、凝汽器冷却水管胀口等处是否有漏泄。凡有不严之处，应采取措施解决。

11-19 汽轮机大修后空负荷启动时要进行哪些试验？

答：汽轮机大修后空负荷启动时要进行危急保安器充油试验、自动主汽阀及调节汽阀严密性试验、超速试验。

11-20 汽轮机大修后带负荷试验有哪些项目？

答：汽轮机大修后带负荷试验的目的是进一步检查调节系统的工作特性及其稳定性，以及真空系统的严密性。

在带负荷试运行过程中应做真空系统严密性试验、调节系统带负荷试验，必要时还可以进行甩负荷试验。

要进行以上试验必须要在空负荷试运行正常，调节系统、空负荷试验合格，各项保护及连锁装置动作正常，发电机空负荷试验完毕及投氢气工作完成后方可进行。

11-21 调节系统做甩负荷试验前应具备哪些条件？

答：调节系统做甩负荷试验前应具备以下条件：

（1）调节系统静态特性符合要求。

（2）主汽阀、调节汽阀严密性试验合格，且动作灵活迅速。

（3）危急保安器动作转速合格。

（4）排汽、抽汽止回阀动作正确灵活，关闭严密。

（5）手动打闸停机合格。

（6）高压启动油泵、润滑油泵联动试验合格。

（7）旁路处于完好的自动备用状态。

11-22 调节系统做甩负荷试验时一般应符合哪些规定？

答：调节系统做甩负荷试验时一般应符合如下规定：

（1）试验时汽轮机的蒸汽参数、真空值为额定值，频率不高于 50.5Hz，回热系统应正常投入。

（2）根据情况决定甩负荷的次数和等级，一般甩半负荷和额定负荷各一次。

（3）甩负荷后，调节系统动作尚未终止前，不应操作同步器降低转速。如转速升高到危急保安器动作转速，危急保安器尚未动作，应手动危急保安器停机。

（4）将抽汽作为除氧器汽源或汽动给水泵汽源的机组，应注意甩负荷时备用汽动给水泵能自动投入。

（5）甩负荷过程中对有关数据要有专人记录。

11-23 热力试验时对机组运行参数有什么要求？

答：在热力试验过程中，发电厂运行值班人员应尽量保持试验期间各运行参数稳定并且力求接近规定的数值。主要参数的试验平均值与额定数值的偏差要在规定的允许范围内。发电机的功率因数应调整到铭牌规定数值。

11-24 汽轮机启动调试的目的是什么？

答：汽轮机启动调试的目的根据启动方式和要求可以分为两类：第一类是新建机组在安装工作结束之后的启动调试，目的是使发电设备最终投入运行，形成生产能力并对机组的设计、制造及安装质量进行最后鉴定。第二类是运行机组在正常大修之后的启动调试，目的是鉴定检修质量和调整运行工况，以达到机组的正常运行。

11-25 新建机组的启动调试大致可分为几个阶段？各阶段的基本任务是什么？

答：新建机组的启动调试大致可分为三个阶段：分部试运转、整套启动及试运行移交。

（1）分部试运转。分部试运转是指全厂各类辅机及其系统的单项调试和试运转，通过单项分部试运转确认各辅机具备参加系统或整套试运转的条件，并完成主机、辅机设备及其系统的各项调试工作。

（2）整套启动。完成主机启动前的各项检查试验和连锁保护模拟动作试验，机组整套启动调试，并网带负荷，投自动，投高压加热器，然后机组保持额定负荷运行。燃煤锅炉要做到断油、全烧煤连续 72h 满负荷试运行。

（3）试运行移交。72h 试运行完成后，处理试运行中发现的各项设备缺陷，缺陷消除后机组再次启动带负荷连续运行 24h 后，机组移交生产。

11-26 N200-12.75/535/535型汽轮机启动调试有哪些具体项目和内容？

答：N200-12.75/535/535型汽轮机启动调试的项目和内容如下：

(1) 各类辅机及其系统分部试运转的内容有单机试运转，电气、热工连锁保护试验投入，阀门、调整阀操作试验，系统、装置及管道冲洗系统联合试运转。

(2) 调速给水泵试运转，其内容有液力耦合器调试、给水泵空负荷试验、再循环阀保护试验、带负荷变速试验、轴承振动测定、管道系统冲洗。

(3) 蒸汽管道（主蒸汽管道、再热蒸汽管道、导汽管道）、旁路系统管道、轴封供汽管道、高压加热器进汽管道、除氧器进汽管道、给水管道冲洗。

(4) 汽轮机调试内容有调节系统静止状态下的调整试验及静态特性曲线测定、各种油压调整、汽轮机保安系统的保护部套调试测定、连锁保护试验投入、盘车装置试验投运、汽轮机冲转、升速至额定转速时各轴承振动测定、调节系统空负荷试验、测定汽轮机启停特性、主汽阀和调节汽阀严密性试验。

(5) 机组整套启动内容有机组连锁保护试验投入、汽轮机整套启动及其辅助系统投运、稳定在额定转速进行发电机电气试验、并网带负荷试验、超速保护动作试验。

(6) 机组试运行移交生产内容有机组带负荷运行正常，至满负荷稳定后，进行连续72h试运行，72h试运行结束。停机检查并消除缺陷，机组再次启动达满负荷，连续24h试运行，试运行结束，机组移交生产。

11-27 N300-16.17/550/550型汽轮机启动调试的项目有哪些？

答：N300-16.17/550/550型汽轮机启动调试的项目如下：

(1) 汽动给水泵汽轮机调节系统静态特性试验。

(2) 汽动给水泵汽轮机启动试验。

(3) 汽动给水泵启动试验。

(4) 电动给水泵启动试验。

(5) 主机调节系统静态特性试验，保护装置调试。

(6) 主机启动测振动。

(7) 机、炉联合启动。

(8) 高压加热器投运。

(9) 凝升泵动态校平衡。

11-28 N200-12.75/535/535型汽轮机定速后的调试项目主要有哪些？

答：N200-12.75/535/535型汽轮机定速后的调试项目如下：

（1）调速给水泵特性试验。

（2）危急保安器的充油试验及带负荷后的超速试验。

（3）主汽阀和调节汽阀的严密性试验。

（4）发电机电气试验。

（5）汽轮机带负荷试验。

11-29 N200-12.75/535/535型汽轮机整体启动中的几个重要参数限额是多少？

答：N200-12.75/535/535型汽轮机整体启动中的几个重要参数限额如下：

（1）在启动过程中，汽缸的温升速度小于或等于4℃/min，内缸上、下汽缸温差为35℃以内，高压外缸及中压缸上、下汽缸温差为50℃以内。

（2）在减负荷滑参数停机时，汽缸温降速度不大于2℃。

（3）汽缸总膨胀应在转速为300～500r/min时出现。

（4）高压缸胀差不超过－1.0mm或5.0mm。

（5）轴向位移不大于0.8mm或－1.2mm。

（6）轴承振动在1300r/min以下不超过0.03mm，过临界转速时不超过0.10mm，达额定转速时不超过0.05mm。

（7）轴承回油温度不大于65℃。

（8）中压缸胀差不超过－1.0mm或4.5mm，低压缸胀差不超过7.0mm或－3.0mm。

（9）主蒸汽与再热蒸汽温差不大于50℃，两侧蒸汽温差不大于20℃。

（10）汽缸与法兰的温差不大于80℃，法兰上下温差不大于30℃，法兰左右温差不大于10℃。

11-30 汽轮发电机组整体启动中的主要试验项目有哪些？

答：汽轮发电机组整体启动中的主要试验项目如下：

（1）在不同的转速下，测量汽轮发电机组各轴承座的振动，测量发电机转子及主励磁机转子的交流阻抗。

（2）励磁系统试验。

（3）发电机空负荷和短路特性试验。

（4）发电机空负荷灭磁时间常数测定。

（5）核对发电机、主变压器的相序。

（6）并网前，同期装置的检查和试验。

（7）并网后，继电保护带负荷校验。

（8）汽轮机危急保安器超速试验。

(9) 热控自动调节系统的调试和投入。

(10) 停机时，测试惰走曲线。

11-31 什么是水泵的静态联动试验和动态联动试验?

答：水泵静态联动试验是指水泵电动机在试验位置时，通过热工操作回路、保护回路和信号回路进行的模拟试验。水泵动态联动试验是指水泵机械转动时，热工配合，模拟保护进行动态联动试验。

11-32 6kV动力试验为什么要将开关放在试验位置?

答：因为6kV动力负荷较大，两次启动间隔时间要求较长（这是试验所不允许的），而且试验时，要求电动机频繁启动，对动力设备的损坏较厉害，必然缩短其使用寿命，对以后的运行不利。同时由于6kV动力负荷大，启动时对系统的冲击也大，这又是系统所不允许的。为了安全起见，故在6kV动力校验时要将其开关放在试验位置。

11-33 给水泵静态试验前有哪些注意事项?

答：给水泵静态试验前的注意事项有以下几点：

(1) 给水泵组所有检修工作全部结束。

(2) 给水泵静态试验必须在机组启动前进行。

(3) 将给水泵开关放至试验位置，送上操作电源。

(4) 检查开关指示灯，绿灯亮、红灯灭。

(5) 送上辅助油泵电源。

11-34 如何做定速给水泵互为联动试验?

答：定速给水泵互为联动试验如下：

(1) 通知热工人员屏蔽掉低水压联动保护。

(2) 启动辅助油泵，合上给水泵开关。

(3) 启动备用泵辅助油泵。

(4) 投入给水泵连锁开关。

(5) 按“运行泵”事故按钮，“运行泵”开关跳闸，绿灯闪光，备用泵联动投入，红灯闪光，开关复位。

(6) 用同样方法试验另一台给水泵。

(7) 试验完毕后，先断开连锁开关，再断开给水泵开关。

11-35 给水泵的低油压保护试验如何进行?

答：给水泵的低油压保护试验方法如下：

(1) 启动辅助油泵，润滑油压正常后，投入辅助油泵连锁开关，具备启动条件。

(2) 合上给水泵开关。

(3) 解除辅助油泵连锁开关，停用辅助油泵，待压力降至0.04MPa后，(调速泵为0.049MPa) 给水泵开关跳闸。

(4) 用同样方法试验另一台给水泵。

11-36 如何进行调速给水泵互为联动试验?

答: 调速给水泵互为联动试验方法如下:

(1) 启动辅助油泵，投用密封水，使压差正常，然后启动一台给水泵，投入连锁，投另一台给水泵的连锁至“备用”位置。

(2) 按“运行泵”的事故按钮，“运行泵”跳闸，备用泵自启动，开关复位。

(3) 用同样方法试验另一台给水泵。

11-37 怎样做给水泵密封水低水压保护试验?

答: 给水泵密封水低水压保护试验方法如下:

(1) 启动给水泵，投入连锁开关。

(2) 调整密封水进出口压差小于0.05MPa，同时密封水调整阀后压力为1.23MPa以下，给水泵跳闸，开关复位，解除连锁。

(3) 重新启动给水泵，投入连锁开关，调整密封水母管压力至1.27MPa，延时30s，给水泵应跳闸，跳闸泵开关复位，解除连锁。

(4) 用同样方法试验其他给水泵。

11-38 循环水泵试验前应具备什么条件?

答: 循环水泵试验前应具备的条件如下:

(1) 循环水泵的进口阀应开足，蝶阀油泵站各油阀位置正确，油箱油位正常。

(2) 将循环水泵开关放在试验位置，送上出口蝶阀电动机电源（出口为电动阀的循环水泵，该电动阀电源送上，连锁开关正常投入)。

11-39 循环水泵互为联动试验怎么进行?

答: 循环水泵互为联动试验方法如下:

(1) 合上一台循环水泵开关，水泵联动开关放在投入位置。

(2) 备用泵连锁开关和出口阀联动开关放在工作位置。

(3) 按“运行泵”事故按钮，“运行泵”应跳闸，同时出口阀应联动关

闭，备用泵开关自动投入，出口阀联动开启。

(4) 运行泵及跳闸泵开关复位。

(5) 用同样方法试验另一台循环水泵。

11-40 循环水泵出口蝶阀联动试验怎么进行?

答：循环水泵出口蝶阀联动试验方法如下：

(1) 启动某一循环水泵，其出口蝶阀联动开启，投循环水泵连锁，打开出口蝶阀油路旁路阀，使出口蝶阀下落至75°；出口蝶阀电动机启动，继续下降至15°，循环水泵跳闸。

(2) 用同样方法试验另一台循环水泵。

11-41 怎样试验凝结水泵、发电机冷却水泵、射水泵、工业水泵、给水泵的密封水泵连锁保护?

答：试验时应注意：做凝结水泵联动试验时，要求开关放在试验位置。其他水泵电源开关在工作位置。

(1) 互为联动试验。

1) 启动一台泵运行，投入连锁开关，备用泵处于联动备用状态。

2) 按"运行泵"事故按钮，"运行泵"应跳闸，备用泵连锁启动，开关复位。

3) 用同样方法试验另一台水泵。

(2) 低水压联动试验。

1) 启动一台泵运行，投入连锁开关，备用泵处于联动备用状态。

2) 由热工人员短接出口压力低信号，备用泵连锁启动。

3) 开关复位，停原"运行泵"。

4) 用同样方法试验另一台水泵。

11-42 怎样进行高压加热器保护试验?

答：高压加热器保护试验方法如下：

(1) 开启高压加热器水侧进口联成阀和出口阀，开启高压加热器各段进汽电动阀、各段抽汽止回阀，关闭高压加热器事故放水电动阀。

(2) 由热工人员调整高压加热器水位变送器数值，当水位升至高Ⅰ值时，发出声光信号；升至高Ⅱ值时，联开相应高压加热器的事故放水阀，并发出声光信号；升至高Ⅲ值时（任一高压加热器)，发出声光信号，应联关高压加热器进汽电动阀、抽汽止回阀，高压加热器进口联成阀水控电磁阀应动作，高压加热器水侧走旁路。

(3) 试验结束，恢复高压加热器水位正常数值。

11-43 怎样进行低压加热器保护试验?

答：低压加热器保护试验方法如下：

(1) 联系电气、热工人员送上各电动阀、调整阀及低压加热器疏水泵电源。

(2) 打开低压加热器进汽电动阀、抽汽止回阀，关闭3号低压加热器事故放水阀。

(3) 由热工人员就地短接低压加热器电接点水位计（有条件实施充水），当水位升至高Ⅰ值时，应发出声光信号，联开3号低压加热器事故放水阀；当水位升至高Ⅱ值时，发出声光信号，联关相应的进汽电动阀、抽汽止回阀，联开相应低压加热器的水侧旁路阀，关出、入口阀。

(4) 当2号低压加热器有水位时，启动一台低压加热器疏水泵运行投入连锁；当2号低压加热器水位高至Ⅱ值时，自动启动备用低压加热器疏水泵，开关复位；当2号低压加热器水位低于Ⅰ值时，备用低压加热器疏水泵应自停。

(5) 试验结束，恢复各开关。

11-44 怎样进行低油压保护试验?

答：低油压保护试验方法如下：

(1) 联系电气测量各油泵电动机绝缘良好，送上电源，各油泵符合启动条件。

(2) 联系热工及电气继电保护人员共同试验。

(3) 启动抗燃油泵、高压启动油泵。

(4) 交、直流润滑油泵试验良好，停运后投入连锁开关。

(5) 开启高、中压自动主汽阀，稍开调节汽阀。

(6) 启动空侧密封油泵，调整油压正常（油压大于氢压0.03～0.05MPa)。

(7) 启动顶轴油泵，投入盘车运行、投入连锁开关。

(8) 投低油压保护。

(9) 关低油压保护继电器进油阀，缓慢开启泄油阀。

1) 当油压降至0.08MPa时，发出声光报警信号。

2) 当油压降至0.07MPa时，联启交流润滑油泵同时发出声光报警信号。

3) 当油压降至0.06MPa时，双联电磁阀接受遮断信号，AST同时动作，自动主汽阀、调节汽阀关闭并联启直流润滑油泵，同时发出声光报警

信号。

4）当油压降至0.03MPa时，盘车自停，并发出声光报警信号。

（10）运行中做此试验，应先联系热工退出低油压停机保护，做完后及时投入。

（11）试验完毕恢复原来状态。

11-45 如何进行主机保护试验？

答：主机保护试验方法如下：

（1）开启高压启动油泵（及抗燃油泵），开启自动主汽阀及调节汽阀，按远方、就地停机按钮，自动主汽阀及调节汽阀应关闭，正常后恢复。

（2）逐项进行低真空保护、轴向位移保护、低油压保护、电超速保护、EH油压低保护、DEH失电保护、抗燃油压低保护、发电机断水保护、发电机内部故障、机炉大连锁等保护系统试验。

（3）逐项投入保护小开关，由热工人员逐项发出上述保护跳机信号，一项保护做完后，解除该保护小开关，恢复主汽阀、调节汽阀，投入下一个需试验的保护小开关，直到做完为止。

（4）试验结束，关自动主汽阀、调节汽阀，根据情况停高压启动油泵。

11-46 如何进行发电机空侧交、直流密封油泵低油压联动试验？

答：发电机空侧交、直流密封油泵低油压联动试验方法如下：

（1）启动空侧交流密封油泵，投入连锁开关，直流密封油泵处于联动备用状态。

（2）由热工人员接通空侧油压低接点，4s后，另一台空侧交流密封油泵自投；8s后，空侧直流密封油泵自投。

11-47 顶轴油泵及盘车连锁试验方法是怎样的？

答：顶油油泵及盘车连锁试验方法如下：

（1）不开润滑油泵，顶轴油泵开不起来。

1）投入顶轴油泵和盘车连锁。

2）启动顶轴油泵，顶轴油泵应启动不起来，开关复位。

（2）润滑油压、顶轴油泵油压低，盘车装置投不上。

1）启动交流润滑油泵，油压大于或等于0.098MPa（表压）时启动顶轴油泵。

2）由热工人员拨表计设定指针使润滑油压低至0.08MPa，顶轴油泵油压低至9.8MPa，信号接点接通。

3）投盘车不启动。

11-48　大型汽轮机为什么要带低负荷运行一段时间后再做超速试验？

答：汽轮机启动过程中，要通过暖机等措施尽快把转子温度提高到脆性转变温度以上，以增加转子承受较大的离心力和热应力的能力。由于大机组转子直径较大，从启动到定速，转子表面与中心孔的温差较大，转子中心孔的温度还未达到脆性转变温度以上，做超速试验时，转速增加10%，拉应力增加21%，再与热应力叠加。转子中心孔处承受应力的数值是很大的，这时如做超速试验，较容易引起转子的脆性断裂，所以规定超速试验前先带25%额定负荷暖机运行3～4h后，以提高转子中心孔温度，待该处温度达到脆性转变温度以上时，再做超速试验。

11-49　做超速试验时应注意哪些问题？

答：做超速试验时要注意以下事项：

（1）做超速试验前，主汽阀、调节汽阀活动灵活无卡涩，严密性合格。

（2）机组带25%额定负荷运行3～4h，或转子积分温度达到要求值。

（3）油压、油温正常，润滑油泵、高压油泵联动试验正常。

（4）旁路自动投入在完好的备用状态。

（5）锅炉燃烧稳定，蒸汽参数符合要求。

（6）要有专人分别监视转速、机组振动。

（7）提升转速要缓慢平稳。

（8）转速升高到动作后，要记录动作转速并检查动作信号，防止因电超速保护动作而代替超速保安器。

（9）提升转速试验要做两次，两次的动作转速差值不超过0.6%，动作转速不超过额定转速的12%。

（10）在做超速试验时，如果出现机组振动超标，蒸汽参数大幅度变化或转速达3330r/min而危急保安器未动作，应立即打闸停机。

11-50　为什么要求机组运行2000h后必须做超速试验？

答：为了防止机组运行中危急保安器弹簧变形、飞锤卡涩以及危急保安器动作不正常等隐形缺陷引起危急保安器动作失常（不动或误动），故机组运行2000h后应做一次超速试验。如有充油试验的机组，运行2000h后，可用充油试验来代替超速试验。

11-51　为什么调节保安系统要定期进行试验？

答：调节保安系统定期进行试验是检查调节保安系统是否处于良好状

态，保证在异常情况下，保护装置迅速动作，防止机组出现严重超速及设备损坏事故的发生，有关定期试验要按规程要求去做。

11-52 危急保安器试验时对动作转速有什么要求？

答：危急保安器试验时对动作转速有如下要求：

(1) 汽轮机甩去全负荷对其飞升转速为 $n_0(1+2\delta)$，因此危急保安器动作转数应整定在额定转数的 109%～111%（3270～3330r/min）之间。

(2) 前两次危急保安器的动作转数差不应超过 0.6%，第三次动作转数和前两次的平均数相差不超过 1%。

11-53 什么情况下应做超速试验？

答：下列情况下应做超速试验：

(1) 新安装机组或机组大修后第一次启动。

(2) 调速系统解体检修或调整后。

(3) 机组做甩负荷试验前。

(4) 机组停运一个月后再启动。

(5) 机组运行 2000h 后。

11-54 汽轮机油酸价大小对汽轮机超速试验有何影响？

答：当汽轮机油酸价增大时，容易对金属起腐蚀作用，使飞锤、弹簧、连杆等部件生锈而卡涩。同时，油质劣化，油中油泥增多，容易使危急保安器动作不正常或不动作。

11-55 为什么速度变动率大机组甩负荷容易超速？

答：速度变动率 δ 是机组单机运行时由满负荷降至零负荷（此时同步器不参与调节）的速度变化值 Δn 与额定转速 n_0 的比值。速度变动率越大，转速的变化量也就越大。因此零负荷对应的转速也就越高，为 $n_0+n_0\delta$。当机组甩负荷时，由于调节系统的动作有一个过程，因此转速比缓慢降负荷至"零"时的转速高得多，一般为 $n_0+1.5n_0\delta$，这就是汽轮机甩负荷时的飞升转速，与 δ 有直接的正比关系。假如 $\delta=6\%$，那么飞升转速为 3270r/min，因此速度变动率大，机组甩负荷时容易超速，引起危急保安器动作。

11-56 做超速试验时为什么要求蒸汽的过热度要大于 100℃？

答：做超速试验时，调节汽阀开关频繁，调节汽阀前压力会突升突降，如果过热度低，会产生下列问题：①压力突增，会引起蒸汽过热度突降，造成汽中带水；②如压力突降，会引起锅炉汽包汽水共腾，蒸汽带水产生水冲击，为使超速试验正常进行，规定蒸汽的过热度应大于100℃。

11-57 做超速试验时，调节汽阀大幅度晃动会造成什么影响？如何处理？

答：超速试验一般在并网带一定负荷暖机一定时间结束，解列后进行。由于做超速试验时，蒸汽流量较小，锅炉燃烧不稳定，且主蒸汽过热度也不高，而调节汽阀大幅度晃动影响主蒸汽过热度及温度。当关小调节汽阀时，阀前压力升高，蒸汽的过热度下降；当调节汽阀开大时，蒸汽流量瞬间增大，汽温下降。由于主蒸汽管道蓄热量小，会使汽包发生汽水共腾，蒸汽的过热度太低或蒸汽带水，汽轮机可能产生水冲击。因此，在做超速试验时，调节汽阀若大幅度晃动，应打闸停机。

11-58 运行人员为什么要掌握危急保安器的复位转速？

答：所谓危急保安器的复位转速是指危急保安器飞锤因机组超速而动作后，恢复原位置的转速。运行人员掌握挂闸时机，可以避免在危急保安器飞锤尚未回缩之前，过早进行挂闸操作，致使飞锤与危急遮断油阀的移动连杆碰撞损坏设备，或因挂闸过迟，使机组转速下降过多，增加不必要的操作。

11-59 N200-12.75/535/535型汽轮机超速试验怎么做？

答：N200-12.75/535/535型汽轮机超速试验方法如下：

（1）启动高压启动油泵，检查有关保护投入情况。

（2）手打停机按钮，关闭高、中压自动主汽阀及调节汽阀，监视汽轮机转速下降至3000r/min以下。

（3）摇同步器至零位，用启动阀挂闸，并开启高、中压主汽阀及调节汽阀，用同步器维持3000r/min。

（4）做1号危急保安器试验，将喷油试验滑阀指向2号位置（2号危急保安器动作不停机）。

（5）顺时针手摇同步器（调节汽阀均匀升起）转速均匀上升，直至1号危急遮断滑阀动作停机（转速为3240～3300r/min）。当汽轮机转速升至3360r/min，不动作时，应立即打闸停机。

（6）摇同步器到零位。

（7）转速降至3000r/min以下时，摇启动阀至零位，使危急保安器阀挂闸。

（8）用启动阀及同步器恢复至3000r/min。

（9）做2号危急保安器试验。将喷油试验滑阀旋至1号位置（1号危急

遮断器动作不停机）。

（10）用同步器升速至 2 号危急遮断滑阀动作转速，汽轮机转速到 3360r/min，不动作时，立即打闸停机。

（11）摇同步器至“0”位。

（12）转速降至 3000r/min 以下时，用启动阀及同步器升速至 3000r/min。

（13）将喷油试验滑阀放至中间位置，并将销子插入定位孔。

（14）试验结束，停高压启动油泵。

11-60 超速试验有哪些技术要求？

答：超速试验技术要求如下：

（1）选择合适的参数，且主、再热蒸汽温度要相近，温差不得大于 50℃，锅炉要始终保持参数稳定。

（2）旁路系统要投入运行，锅炉要有一定的热负荷热容量，对汽包锅炉要保持汽包水位在－50～＋30mm 之间。

（3）冷油器出口油温控制在 45℃左右，本体疏水及主、再热蒸汽管道和旁路疏水阀应开启。

（4）超速试验前机组应带 25％负荷暖机 3～4h 或高压内缸下外壁温度及中压缸下外壁温度超过 250℃。

（5）对于 N200-12.75/535/535 型汽轮机，由于超速滑阀特性不可靠，该机一般不用超速滑阀做试验。若同步器有上限，则应用同步器升到 3150r/min，然后再用超速滑阀提升转速，但操作时一定要缓慢，应使转速平稳上升。

（6）试验前应手动停机一次。

（7）超速试验时应有一人监视轴瓦振动，振动超过 0.1mm 时，应打闸停机，根据情况由总工程师在现场决定是否恢复。

（8）做危急保安器试验时，高压启动油泵运行，试验结束后，维持转速 3000r/min，再停用高压启动油泵。

（9）在超速试验时，出现调节汽阀开度突然增至最大或大幅度晃动，应打闸停机，查找原因后再做试验。当转速升至 3360r/min，危急保安器不动作时，应手打停机按钮停机。

（10）试验时，汽轮机监盘人员或值长，应随时通知锅炉运行人员掌握试验要求，以便控制各项参数。

（11）汽轮机大修后做超速试验，每只保安器应做两次，两次动作转速差不应超过 0.6%（18r/min）。

11-61　怎样做 N300-16.17/550/550 型汽轮机超速试验？

答： N300-16.17/550/550 型汽轮机超速试验步骤如下：

（1）手动打闸一次，确证高、中压自动主汽阀及调节汽阀关闭严密后，恢复转速至 3000r/min。

（2）拔下销钉，将试验切换手轮旋转 90°，至“No.1”位置。

（3）将辅助同步器并帽拧松，逐渐开大主同步器，再顺时针方向转动辅助同步器缓慢升速（也可直接用辅助同步器升速）。

（4）注意遮断器指示器应出现“遮断”指示，表示“No.1”已动作，记录动作转速及一次油压值。

（5）继续用同步器升速，密切注意“No.2”动作转速及一次油压，检查自动主汽阀及调节汽阀关闭情况。

（6）如转速达 3360r/min 不动作，立即手动打闸停机。

（7）恢复辅助同步器至原来位置并将并帽拧紧，同步器旋至下限。

（8）转速在 3000r/min 以下，旋转试验切换手轮至“正常”位置，复置启动阀，检查遮断指示器出现正常指示。

（9）如遮断指示器未出现“遮断”，危急保安器已脱扣，说明 2 号危急保安器已动作，则将试验手轮放在“No.2”位置，按上述方法进行试验。

11-62　DEH 控制系统的机组超速试验如何做？

答： DEH 控制系统的机组超速试验方法如下：

（1）机组带负荷暖机结束后，解列发电机。

（2）按下远方手动停机按钮，确证高、中压主汽阀、调节汽阀全部关闭，转速明显下降，立即重新电调挂闸，恢复机组 3000r/min。

（3）将 DEH 手操盘的超速保护开关置向试验位置，确证转速通道正常，103%试验按钮未投，解除 ETS 保护。

（4）做联合超速试验。点击 DEH 画面中的“超速试验”，进入超速试验画面，按下 110%键，指示灯亮，设定转速 3300r/min、升速率 500r/min，提升转速至危急保安器动作并发出灯光信号。注意自动主汽阀、调节汽阀的关闭情况，记录动作飞锤转速和回座转速。

（5）转速低于额定转速时，重新电调挂闸维持 3000r/min 运行。

（6）做 1 号飞锤试验。将操作滑阀旋到“No.2”位置，点击 DEH 画面中的“超速试验”，进入超速试验画面，按下 110%键，指示灯亮，设定转速 3300r/min、升速率 500r/min，提升转速至危急遮断器动作并发出灯光信

号。注意自动主汽阀、调节汽阀的关闭情况，记录1号飞锤动作转速和回座转速。

（7）依上述方法做2号飞锤超速试验。

（8）试验结束后，投入电超速保护。

11-63 什么是危急保安器的充油试验？充油试验与超速试验转速如何进行换算？

答：超速试验时转速高，转子特别是叶片的离心应力大大高于正常运行时的应力，由于机组的金属强度关系，超速试验不宜多做，所以设置了危急保安器的充油试验装置，而充油试验是在不超过额定转速的情况下试验危急保安器充油时的动作转速。试验时，先降低转速至2800r/min，向待试验危急保安器油室内充油，转动时离心力引起的油压给危急保安器飞锤一个与离心力同向的附加力，逐渐提升转速，测出该危急保安器充油时的动作转速，该转速在3000r/min以下时，记录充油试验转速及油温。

通过试验得出换算常数为

$$换算常数 = \frac{超速试验动作值}{充油试验动作值}$$

充油试验后，把动作值乘以换算常数，即可得出超速试验动作值（进行充油试验时，冷油器进、出口油温与超速试验时相同）。

11-64 N200-12.75/535/535型汽轮机充油试验怎么做？

答：N200-12.75/535/535型汽轮机充油试验方法如下：

（1）试验必须在机组未并列前维持3000r/min。

（2）旋转操作滑阀，箭头对准“No.1”位置时，1号喷油滑阀应自动顶起。

（3）手按1号喷油滑阀芯杆，操作箱上1号危急保安器指示灯亮，证明1号撞击子被击出。

（4）松开喷油滑阀芯杆，红灯熄灭，1min后用同样的方法试验另一撞击子，试验完毕后，操作滑阀应恢复中间位置，放入插销。

11-65 怎么做N300-16.1/550/550型汽轮机充油试验？

答：（1）试验规定。

1）机组运行2000h后，未做超速试验时应进行充油试验。

2）试验在启动过程的定速阶段进行。

3）高压启动油泵投入运行。

（2）试验方法。

1）维持机组转速达 2900～3000r/min。

2）拔下销钉，将试验切换手轮转 90°至“No.1”试验位置。

3）拉出 1 号充油活塞，注意遮断指示器出现“遮断”指示。

4）按下 1 号充油活塞的复置杆，检查遮断指示器出现正常指示。

5）降低转速至 2800r/min 以下。

6）拉出 1 号充油活塞，用同步器升速，注意遮断指示器出现“遮断”指示，动作转速为 2900～3000r/min。

7）按下 1 号充油活塞杠杆（复置杆），检查遮断指示器出现正常指示。将试验切换手轮转至正常位置。

8）按同样方法试验另一只危急保安器。

11-66 对危急保安器充油试验有何要求？

答：充油试验大部分是在，汽轮机转速不超过额定转速的条件下，检验危急保安器的活动情况，因此，要求充油试验时危急保安器的动作转速为 2900～2950r/min，相当于超速试验时的 3300～3360r/min。

11-67 为什么要做真空严密性试验？

答：对于汽轮机，真空的高低对汽轮机运行的经济性有着直接的关系，真空高，排汽压力低，有用焓降较大，被循环水带走的热量减少，机组的热效率提高。凝汽器内漏入空气后，降低了真空，有用焓降减少，循环水带走的热量增多。通过凝汽器的真空严密性试验结果，可以鉴定凝汽器的工作好坏，以便采取对策消除泄漏点。

11-68 为什么要规定机组负荷在 80%额定负荷时做真空严密性试验？为什么要以第 3～5min 真空下降的平均值为准？

答：因真空系统的漏空气量与负荷有关，负荷不同，处于真空状态的设备、系统范围不同，凝汽器内真空也不同，漏空气量也不同，而且相同的漏空气量，在负荷不同时真空下降的速度也不一样。为此法规规定，做真空严密性试验时，真空应稳定在 80%额定负荷。

抽气器空气阀关闭后，真空下降有一个滞后阶段，第 1～2min 时真空下降的速度往往不准，所以真空下降速度从第 3min 算起，因规定共做 5min，所以也同时规定以后面 3min 的真空平均下降速度作为试验结果。

11-69 如何做真空严密性试验？应注意哪些问题？

答：真空严密性试验步骤及注意事项如下：

（1）汽轮机带 80%额定负荷，运行工况稳定，保持射水泵的正常工作。

记录试验前的负荷、真空、排汽缸温度、凝结水温度、循环水出入口温度。

(2) 关闭射水抽气器的空气阀。

(3) 空气阀关闭后，每半分钟记录一次凝汽器真空及排汽温度，5min后开启空气阀。

(4) 真空下降速度小于400Pa/min为合格，超过时应查找原因，设法消除。

在试验时，当真空低于报警值时，应立即停止试验，恢复原运行工况。

11-70 运行中为什么要每周至少做一次主汽阀、调节汽阀活动试验?

答：由于运行中主蒸汽品质不合格，油中带水或主汽阀结垢等方面的原因，使主汽阀、调节汽阀易发生卡涩现象，使甩负荷后主汽阀、调节汽阀不能迅速关闭，致使机组严重超速，所以运行中每周至少要做一次主汽阀、调节汽阀活动试验。

11-71 汽阀严密性试验的目的是什么?

答：汽阀严密性试验的目的是用来检查自动主汽阀及调节汽阀的严密性程度。

11-72 做汽阀严密性试验应具备哪些条件?

答：做汽阀严密性试验应具备如下条件：

(1) 汽轮机空负荷运行。

(2) 高压启动油泵运行。

(3) 自动主汽阀前蒸汽参数为额定值（或自动主汽阀前压力不小于1/2额定压力），此时合格转速修正为

$$允许转速 = 1000 \times \frac{试验时的主蒸汽压力}{额定的主蒸汽压力}$$

(4) 真空正常，电动主汽阀全开。

(5) 中压主汽阀前压力不超过规定值。

(6) 准确记录转速、蒸汽参数、所用时间。

11-73 如何做汽轮机自动主汽阀、调节汽阀严密性试验?

答：汽轮机主汽阀、调节汽阀严密性试验步骤如下：

(1) 稳定蒸汽参数，汽轮机转速在3000r/min时运转正常。

(2) 手动将主汽阀关闭，并维持关闭状态；检查盘上关闭信号、就地位置是否都在关闭状态。

(3) 监视转速下降到合格转速时，方可开启主汽阀。

(4) 将转速重新升到3000r/min，用同样方法做调节汽阀严密性试验。

汽轮机主汽阀、调节汽阀严密性试验要求如下：

如果试验在额定参数下进行，试验时最后稳定转速低于1000r/min为合格；若试验时参数低于额定值，则最高稳定转速应低于以下转速为合格，即

最高稳定转速＝1000×(试验时的蒸汽压力/额定的蒸汽压力)　(r/min)

11-74　DEH控制系统机组的自动主汽阀、调节汽阀严密性试验如何做?

答：DEH控制系统机组的自动主汽阀、调节汽阀严密性试验方法如下：

(1) 自动主汽阀严密性试验。点击DEH画面中的“超速试验”，进入超速试验画面，按下“主汽阀严密性”，高、中压主汽阀全关，高、中压调节汽阀全开，观察并记录转速下降至下限的时间，按下“主汽阀严密性”退出试验，重新设转速目标值3000r/min，升速率为100r/min，升至定速运行。

(2) 调节汽阀严密性试验。在超速试验画面中按下“调节汽阀严密性”，高、中压调节汽阀全关，高、中压主汽阀全开，观察并记录转速下降至下限的时间，按下“调节汽阀严密性”退出试验，重新设转速目标值3000r/min，升速率为100r/min，升至定速运行。

试验时，若蒸压力达不到额定值，则下限转速应按下式修正，即

转速＝1000×(试验时的蒸压力/额定的蒸压力)　(r/min)

11-75　汽轮发电机组在盘车状态下如何做自动主汽阀、调节汽阀严密性试验?

答：汽轮机处于连续盘车状态，并做好冲转前的一切准备工作，自动主汽阀前主蒸汽为额定参数，全关自动主汽阀，全开调节汽阀。若汽轮机此刻未退出盘车状态，即为主汽阀严密性合格。在全关调节汽阀、全开自动主汽阀的情况下，若汽轮机虽退出盘车状态但转速在400～600r/min以下，则调节汽阀严密性合格。

11-76　国产200MW机组有哪些主要保护装置？其整定值是多少?

答：国产200MW机组有如下保护装置及其整定值：

(1) 超速保护。一次油压为0.823MPa（相当于3330r/min）。

(2) 润滑油压低保护：0.06MPa。

(3) 低真空保护：－67kPa。

(4) 发电机主保护。

(5) 主蒸汽温度高保护：550℃。

（6）主蒸汽温度低保护：480℃。

（7）再热汽温高保护：550℃。

（8）再热汽温低保护：480℃。

（9）轴向位移保护：1.2～1.65mm。

（10）轴承回油温度高保护：75℃。

（11）菲利浦 RMS700 超速监控保护：3200r/min。

（12）胀差保护。高压差胀：5、－1mm；中压差胀：3、－1mm；低压差胀：6、－3mm。

（13）发电机油开关跳关主汽阀保护。

11-77 制定振动标准的依据是什么？我国现行的汽轮发电机组的振动标准是什么？

答：一台机组的振动状况是制造、安装、运行水平的综合表现，而且主要取决于制造工艺水平，所以制定振动标准时，不但要考虑到实际情况的需要，还要考虑到技术上的可能性，振动标准也是长期制造和运行的经验总结。

我国现行的振动标准：3000r/min 时，振动值在 0.05mm 以下为合格，振动值在 0.03mm 以下为良好；1500r/min 时，振动值在 0.085mm 以下为合格，振动值在 0.05mm 以下为良好。

11-78 评价汽轮发电机组振动大小的依据是什么？汽轮发电机组的振动类型有几种？如何测量与监视？

答：电力工业法规中规定，评定汽轮发电机组的振动以轴承垂直、水平、轴向三个方向振动中最大者作为评定的依据。

轴承垂直振动测点是在轴承座顶盖上正中位置。

水平测点是在轴承盖中分面正中位置，平行于水平面，垂直于转子轴线。

轴向测点是在轴承盖上方与转子轴线平行。

汽轮发电机组基本上是按照振动频谱来划分振动的。振动可分为普通强迫振动、电磁激振、撞击振动、随机振动、轴瓦自激振动、参数振动、气流振动、摩擦涡动、高次谐波共振、分谐波共振等类型。

振动一般用振动检振仪测量，若加频谱分析则更为准确，有经验的一般凭手的感觉也能感觉到振动的大小。

分析机组振动故障时，一般需进行以下几项振动测试：

（1）测定基频振动或振动频谱。

（2）轴承座的刚度检测。

（3）振动与机组运行参数试验。

（4）故障诊断的验证试验。

11-79　汽轮发电机组转子的振动情况可用哪三个参数来描述？

答：汽轮发电机组转子的振动情况可用转子的位移（振幅）、位移速度和位移加速度三个参数来描述。

振幅是由于汽轮发电机组转子失稳、转子不平衡和轴系中心不准确所造成的。

位移速度可用来评价转子在各种转速下的运转情况。

位移加速度中可能包含有设备疲劳损坏的早期征兆。

11-80　简述汽轮发电机组振动故障诊断的一般步骤。

答：汽轮发电机组振动故障诊断的步骤如下：

（1）测定振动频率，确定振动性质。若振动频率与转子的旋转转速不符合，说明发生了自激振动，进而可寻找具体的自激振动根源。若振动频率与转速相符，说明发生了强迫振动。

（2）查明发生过大振动的轴承座，其稳定性是否良好。如果轴承座的稳定性不良应加固，如果不是主要原因，则可认为振动增大是由于激振力过大所致。

（3）确定激振力的性质。

（4）寻找激振力的根源，即振动缺陷所发生的具体部件和内容。在进行振动故障诊断时，有一点要特别注意，即振动表现最大处为缺陷所在处，通常是这样的规律。但有时特别是多根转子（尤其是柔性转子）连在一起的轴系，有时某个转子轴承上的缺陷造成的振动，在其他转子轴承处的振动比在该转子轴承处还要大，这既有轴承刚度问题，还涉及多根轴连在一起的振型问题等，在分析具体原因时，必须考虑这一因素。

11-81　什么是临界转速？汽轮机转子为什么会有临界转速？

答：在机组启、停过程中，当转速升高或降低到一定数值时，机组振动突然增大，当转速继续升高或降低后，振动又减少，这种使振动突然增大的转速称为临界转速。

汽轮机转子是一个弹性体，具有一定的自由振动频率。转子在制造过程中，由于轴的中心和转子的重心不可能完全重合，总有一定偏心。当转子转动后就产生离心力，离心力就引起转子的强迫振动；当强迫振动频率和转子固有振动频率相同或成比例时，就会产生共振，使振幅突然增大，这时的转速即为临界转速。

11-82 国产 200MW 机组转子的临界转速值是多少?

答：国产 200MW 机组转子的临界转速值如下：

中压转子：2101r/min；高压转子：1787r/min；低压转子：1722r/min。

发电机转子一阶临界转速为 1177r/min。

发电机转子二阶临界转速为 3442r/min。

11-83 汽轮发电机组在临界转速时的振动有哪些特点?

答：汽轮发电机组在临界转速时的振动主要有以下两个特点：

(1) 振动与转速关系密切，当转子的转速接近临界转速时，振动迅速增大；当转速达到临界转速时，振动达到一个最高的峰值；当转速越过临界转速时，振动又迅速减少。

(2) 机组在临界转速时振动的相位角 ϕ（转子质量偏心方向与挠度高点之间的夹角）等于 90°，转速低于临界转速时 ϕ 低于 90°，转速高于临界转速时 ϕ 大于 90°，而且临界转速附近相位角变化比较大。

根据以上两个特点，便可以准确地确定转子的临界转速。

11-84 汽轮发电机组临界转速的大小与哪些因素有关?

答：汽轮发电机组临界转速的大小与转子的粗细、质量、几何形状及主轴跨度、刚度、联轴器形式、轴承刚性及弹性等有关。

11-85 运行规程规定汽轮发电机组的临界转速与轴系临界转速的关系如何?

答：由于汽轮发电机组的轴瓦、轴承座以及轴瓦与大轴之间的油膜都是具有弹性的物体，所以运行规程规定的一般都是单个转子接近弹性支撑的临界转速的计算数值。

汽轮机各转子与发电机转子连成轴系之后，由于各转子的转动惯量会相互影响，相互制约，加上轴承座支撑刚度和联轴器刚度的影响，临界转速高的会低下来一些，低的会高上去一点，产生几个新的临界转速。

一般来说，组成轴系的各转子的临界转速都是轴系的临界转速，新产生的临界转速也是轴系的临界转速，习惯上按转速的高、低依次出现的轴系临界转速分别称为一阶临界转速、二阶临界转速、三阶临界转速（轴承油膜振动与一阶临界转速有关）……

大型机组的调试表明，由几个转子组成的轴系，在启动和停机过程中，会出现临界转速，依次交替、频繁出现振动较大的转速区域，虽然分辨不出哪个转子主振，但绝不允许机组在此转速范围内停留。

11-86 汽轮机叶片发生危险共振的条件有哪些？

答：汽轮机叶片发生危险共振的条件如下：

（1）当叶片的自振频率与干扰力频率的比值成整数倍时，就会发生危险共振。

（2）叶片发生危险共振时，其振动频率等于叶片的自振频率，振型的自振频率越低，危险越大。

（3）共振倍率为1时的共振最危险，倍率越大，危险性越小。

（4）对于长叶片而言，其自振频率较低，应注意避免与干扰力频率为 kn（其中 k 为小于7的整数倍，n 为汽轮机的工作转速，通常为50Hz）的低频干扰力发生危险共振。

（5）对于短叶片而言，其自振频率较高，应当注意避免与干扰力频率为 zn（其中 z 为喷嘴数目）的高频干扰力引起的危险共振。

（6）叶片的频率分散度不应超过8%，否则调开危险共振很难。

11-87 什么是叶片的调频？发电厂中常用的调频方法主要有哪些？

答：当汽轮机叶片（或叶片组）的振动特性不合格时，应对叶片（或叶片组）的自振频率或激振力频率进行调整，以避免共振，这种调整称为叶片的调频。

发电厂中常用的调频方法如下：

（1）改善叶根的研合质量或捻铆叶根，增加叶片安装紧力，以提高刚性。

（2）改善围带或拉筋的连接质量。

（3）改变叶片组的叶片数。

（4）加强拉筋，以改变叶片组的频率。

（5）在叶片顶部钻减荷孔。

（6）改变拉筋位置，变更拉筋或围带的尺寸。

11-88 什么是叶片的频率分散度？一般要求为多少？

答：在汽轮机同一级中所测得叶片（叶片组）的最大静频率差与其平均值之比称为叶片的频率分散度，即

$$\Delta f_s = \frac{2(f_{max} - f_{min})}{f_{max} + f_{min}} \times 100\%$$

一般要求 $\Delta f_s < 8\%$。

11-89 转子为什么要进行平衡？

答：要避免和消除转子的强迫振动，就应该尽可能减少干扰力，由于转

子材料的不均衡和装于同级轮槽内每只叶片质量的不均，因此会使转子产生不平衡的质量，这种不平衡在转子旋转时引起的偏心离心力是干扰力的主要因素。减少和消除不平衡质量是平衡要解决的任务。

11-90 转子找平衡有几种类型？含义是什么？

答：转子找平衡通常有两种类型：动平衡和静平衡。用静力来解决转子找静不平衡的方法称为静平衡。静平衡仅解决力不平衡问题，静平衡是用于安装在转动轴上的盘状零件，平衡后要求轮盘在水平导轨上的任何位置都能维持平衡状态。

由于转子实际上不是一个平面盘状的零件和几个有一定厚度的圆盘所组成的圆柱，因此转子往往除了存在静不平衡外还存在动不平衡，即力偶不平衡。解决动不平衡的方法，只能用动平衡方法来解决，即转子在旋转的状态下，在专门的动平衡机上，使转子上各部分不平衡力产生的离心力平衡。除了静力平衡外，相对于转轴轴线的合力矩等于零，即力偶平衡。

动平衡既可解决动不平衡，又可解决静不平衡。一般采用加平衡块或平衡螺塞的方法校正平衡。

11-91 什么是波德（Bode）图？它有什么作用？

答：所谓波德（Bode）图，实际是绘制在直角坐标上的两条独立曲线，即将振幅与转速的关系曲线和振动相位滞后角与转速的关系曲线，绘在直角坐标图上，它表示转速与振幅和振动相位之间的关系。

波德图有下列作用：

（1）确定转子临界转速及其范围。

（2）了解升（降）速过程中，除转子临界转速外是否还有其他部件（如基础、定子等）发生共振。

（3）作为评定柔性转子平衡位置和质量的依据。

（4）可以正确地求得机械滞后角 α，为加准试质量提供正确的依据。

（5）前后对比，可以判断机组启动中转轴是否存在动、静部分摩擦和冲动转子前转子是否存在热弯曲等故障。

（6）将机组启、停所得波德图进行对比，可以确定运行中转子是否发生热弯曲。

11-92 通常用什么指标评价汽轮发电机组的经济性？

答：汽轮发电机组经济性的评价指标：①机组的各种相对效率，如汽轮机的相对内效率、汽轮机的相对有效效率、汽轮发电机组的相对电效率等；

②汽轮发电机组的汽耗率和热耗率。各种相对效率表示汽轮发电机组本身的完善程度，而热耗率则标志整个发电设备的经济性，它除受汽轮机的效率影响外，还包括蒸汽参数、背压、管道损耗和回热系统的影响。

热耗率是指每发出 1kW 功率在锅炉中需要加入的热量，即

$$\text{热耗率} = \frac{\text{锅炉中加入的热量}}{\text{发出的功率}} \quad (\text{kJ/kWh})$$

汽轮发电机组的热耗率越小，其经济性越高。

锅炉中加入的热量从燃烧的煤或油中得到，因此由热耗率可求得电厂的煤耗率和油耗率，煤耗率或油耗率还包括锅炉效率和厂用电的影响。

对于给水泵用给水泵汽轮机驱动的机组，如 300MW 机组，其热耗率是净热耗率（热耗率中包括给水泵汽轮机所消耗的热量在内）。对给水泵用电动机驱动的机组，其热耗率则为毛热耗率（热耗率中不计给水泵电动机的耗功）。同一台机组的毛热耗率总是小于净热耗率。

必须指出，汽轮机抽汽供厂用汽时，通常此厂用汽的热量假设未完全被利用，从加入锅炉的热量中扣除，这样求得的热耗率必然比不抽汽（厂用）的机组要小。所以比较汽轮发电机组的经济性，应以不抽厂用汽的汽轮机组的热耗率作基准。

第十二章 热力网的启动、停止及运行维护

12-1 减温减压器投运前的准备工作有哪些？

答：减温减压器投运前的准备工作：先将减温减压器的电动阀、调整阀送电，调试合格。远方就地操作灵活，动作正确，试验正常后关闭。减温减压器远方和就地的各压力、温度、流量表计全部安装到位并投入使用。

12-2 如何进行减温减压器的正常维护？

答：减温减压器在运行中应经常保持压力、温度在规定范围内。在正常的情况下，二次压力、温度的调节由减温减压器的自动装置完成。如调节装置失灵，应迅速改为手动调整。同时应检查调节装置及调节设备，如控制油泵是否跳闸、油箱油位是否正常等。在就地进行巡检时，要核对减温减压器就地有关表计与控制室的远方表计是否一致，检查阀门开关位置是否正确，同时检查管道、阀门及减温减压器本体是否完好，有无泄漏等情况。

12-3 停运减温减压器的操作有哪些？重点注意什么？

答：减温减压器切除停运时，应先将自动装置切至手动，关闭减温调整阀和减压调整阀，然后关闭减温水总阀，以防调整阀不严使系统温度突降产生泄漏。最后关闭减压器蒸汽的出、入口阀，并切除疏水器，逐渐开大疏水至排大气阀门，使减温减压器压力缓慢地降至零，然后全开此阀门。关闭减温减压器出、入口阀时应注意其内部压力，以防入口阀不严，压力升高使安全阀动作。

12-4 如何进行减温减压器的切换操作？

答：首先备用减温减压器进行暖管和升压，升压过程中逐渐关小疏水阀，注意升压速率、升温速率，及时投入减温水，缓慢开启备用减温减压器的出口阀，注意尖峰加热器供热蒸汽的压力、温度在正常范围内，逐渐关小准备退出运行的减温减压器的减压调整阀和减温调整阀。然后逐渐开大备用减温减压器的减压调整阀和减温调整阀，直至准备退出运行的减温减压器的

负荷减到零，关闭停运减温减压器的出口阀、进汽阀和减温水总阀，开启疏水阀，使停运的减温减压器内部压力到零。备用减温减压器投入运行正常后将减温调整阀和减压调整阀投入自动。在整个切换过程中应特别注意保持供汽压力、温度的稳定。

12-5　减温减压器的定期校验工作有哪些?

答：减温减压器运行中还应定期试验，检查安全阀动作数值是否正常等，其动作范围应比最高供热压力大0.15～0.2MPa。试验方法：操作减压调节阀，使供热压力强制升高，通过移动安全阀重锤（向里移动降低动作数值，向外移动提高动作数值）调整至规定的动作数值。此外，还要定期检查疏水器是否灵活可靠，以防疏水不畅或大量蒸汽漏出。

12-6　热网启动前的准备工作有哪些?

答：热网启动前应检查检修工作已全部结束，现场清理干净，照明设施齐全，光线充足。

热网启动前应联系电气人员测量各电动机绝缘，合格后送电；热工人员投入有关仪表、信号、自动及保护电源，各种保护装置根据情况投入运行；各电动阀、调整阀送电。然后联系化学，热网除氧器准备上水，联系供热外网做好启动准备，要求所有管线上的阀门开关正确，系统畅通。所有管道放水阀关闭，排空气阀打开。最后，做好厂内热网系统的全面检查。

12-7　热网投入前应按哪些系统对热网站进行全面检查?

答：热网准备投入前，应按如下系统对热网站进行全面检查：

（1）蒸汽系统。主机供热抽汽电动阀、抽汽止回阀、调整阀关闭，各加热器进汽电动阀、调整阀应关闭，蒸汽管道上的疏水阀应开启，排空气阀应开启。

（2）疏水系统。各疏水泵入口阀应开启，出口阀应关闭。疏水泵密封水、冷却水、气平衡阀开启。疏水再循环调节阀及疏水调节阀应关闭，而调节阀前隔离阀应开启，疏水管道上所有放水阀应关闭，疏水冷却器的冷却水应提前投入。

（3）循环水系统。回水滤网前后隔离阀开启，滤网投入，旁路应关闭。各循环泵的入口阀开启，出口阀关闭。各循环泵的密封水、填料压盖和轴承的冷却水应投入。各加热器进、出口阀应关闭，加热器旁路阀打开。循环水管道上所有放水阀应关闭，排空气阀开启。

（4）补水系统。补水系统所有放水阀应关闭。补水泵入口阀开启，出口

阀关闭，补水调整阀前后隔离阀开启。补水直通阀及事故备用补水阀关闭。热网除氧器放水阀关闭，除氧器蒸汽阀关闭。

12-8 热网系统投入前应做哪些试验？

答：热网系统投入前应做以下试验：各泵的联动试验、进汽蝶阀试验和加热器水位试验。

12-9 如何做热网各泵联动试验？

答：热网循环水泵是热网系统中功率最大的设备，试验时先将电源开关放至“试验”位置，送上操作电源，将所试验的设备在“试验”位置启动，信号正确，投入连锁。选择好备用泵，当将运行泵事故按钮捅掉后，此时事故喇叭响，运行泵跳闸，跳闸泵绿灯闪，备用泵应联动，红灯闪，检查信号正确后，合上备用泵操作开关，断开跳闸泵的操作开关。同样方法可试验其他各循环泵。

热网加热器的疏水泵在启动前因无疏水，必须在试验位置做联动试验，方法与热网循环水泵相同。此外，疏水泵还有低水位停泵试验，为了防止疏水泵汽化，在其水位达低Ⅱ值时，一般要停止疏水泵运行。试验时，先在试验位置合上疏水泵，然后短接水位低Ⅱ值信号，疏水泵应跳闸。热网补水泵联动试验和热网循环水泵相同。

12-10 热网进汽蝶阀如何进行试验？

答：一般热网抽汽管道上装设有抽汽止回阀，又称进汽蝶阀。试验前先就地手动，操作应灵活，然后投入自动装置。短接加热器水位高Ⅱ值信号时，加热器进汽蝶阀迅速全关，目的是防止汽水返入汽轮机。

另外，有些热网将该止回阀设计成调整阀，调节加热器的出口水温。试验时，先投运自动调整装置，然后输入出口水温信号，此时蝶阀开度应随输入信号而改变。

12-11 水供暖热网设置了哪些保护系统？

答：水供暖热网设置了热网回水压力保护、加热器水位保护和疏水泵流量保护等其他保护。

12-12 试简述热网回水压力保护。

答：在水供暖热网系统中，为保证在整个供暖期间，热力网中（包括外网）任一点的供水不汽化，同时也不超压，使供水按设计的水力工况运行，就需在整个循环供水系统上设置一个压力恒定不变的地点——定压点。热网系统的定压点均设在回水管循环泵的入口处，并在定压点设置了补水调整装置以确保整个热网系统的安全运行。

试验时，将热网循环水泵电动机开关送“试验”位置，由热工人员分别依次短接压力开关，检查保护动作正常。试验结束后，将热网循环水泵电源送上。

12-13 试简述加热器水位保护及试验方法。

答：为防止加热器管子泄漏，水位高造成汽轮机进水，热网加热器也有水位保护。

保护动作设置情况如下：

（1）水位低。跳疏水泵。

（2）高Ⅰ值。打开事故疏水阀。

（3）高Ⅱ值。停加热器（关进汽阀，关加热器水侧出、入口阀，打开旁路阀），关主机抽汽止回阀、抽汽电动阀，打开抽汽蝶阀。

加热器水位高保护试验方法。注意在不影响主机运行的前提下由热工人员短接加热器水位高、低信号校验各水位报警值、保护动作值。

试验时，疏水泵在“试验”位置，送上操作电源，投入连锁开关，检验疏水泵动作应正常。试验水位高Ⅱ值时，确认主机供热抽汽电动阀在关闭状态。

12-14 试述疏水泵流量保护。

答：疏水泵流量保护如下：

（1）当疏水泵的流量超过允许的最大流量时，备用疏水泵应自动启动。

（2）当疏水泵的流量降到允许的最小流量时，再循环调整阀自动打开或自动停止疏水泵。

12-15 热网的调试分为哪两个阶段？

答：热网的调试分为分部试运阶段和整体试运阶段。

12-16 分部试运阶段主要包括哪几个步骤？

答：分部试运阶段主要包括汽水系统清洗，回转设备的试运，热工保护、连锁的调试，主机调压系统的静态试验几个步骤。

12-17 整体试运阶段主要包括哪几个步骤？

答：整体试运阶段主要包括循环水系统的冷态循环及水力工况的确定，热网水升温试验及供热抽汽的投运。

12-18 如何进行回转设备的试运？

答：热网所有回转设备的电动机均需进行单独空转试验合格，转向及操作回路正确。启动回转设备转子进行检查，设备内无摩擦及卡涩现象，各泵轴承的油质及油量合格，各泵试运时间不少于8h，各泵的联动试验合格，测量各轴承振动，检查轴承温度、轴承振动应符合标准。试运时记录有关数据作为原始资料，这些数据包括各泵轴承的振动值、空转电流，各泵轴向窜动情况、膨胀情况，各泵的流量、扬程等数据。回转设备试运的同时，检查系统泄漏情况，检查各压力表、温度计、流量计等表计能否正常投运。

12-19 热网循环水系统冷态循环如何操作？

答：外网系统软化水灌水完毕后，投运外网各加热站循环水侧，启动热网循环水泵进行热网循环水系统循环，并通过水力特性试验检查，确定供热工况时循环水泵的运行方式（决定供水流量）。

投入热网补水系统，启动软化水泵向除氧器上水，水位正常后，启动热网补水泵向外网补水，用除氧器水位调整阀及补水泵出口调整阀调整除氧器水位，进行除氧器水位报警、保护连锁试验。外网补满水后，回水压力达到定压点定值要求后，启动一台热网循环水泵，缓慢开启出口阀，记录泵出、入口压力，热网供、回水压力，待回水压力稳定后，再启动第二台热网循环水泵，如此逐台启动热网循环水泵，记录供、回水压力，供、回水流量。循环水系统循环稳定后，投入热网加热器水侧，关闭水侧旁路阀。加热器水侧投入时先投基本加热器，再投尖峰加热器。注意维持循环水供、回水母管压力在允许范围内，根据热负荷及系统情况确定热网的供水流量、供水压力，但必须严格按设计的水力工况运行。投入热网补水自动调整装置，维持热网定压点压力在规定范围内变化。

12-20 热网升温调试中备用汽源供热升温试验如何操作？

答：用厂用蒸汽供汽系统或备用汽源（由减压减温器提供或相邻机组的供热抽汽）向热网加热器供汽，做热网水升温试验，并对加热器及疏水系统进行热态冲洗。供汽升温过程如下：

检查确认供热机组供热抽汽止回阀、电动阀处于关闭状态，投运厂用蒸汽或备用汽源供热系统，稍开加热器进汽电动阀，对加热器及蒸汽管道暖体30min，待疏水排尽后，关闭蒸汽管道疏水阀，缓慢开启加热器进汽阀，控制加热器出口水温升不超过0.5℃/min。若温度变化过快，外网管线热应力较大，易使管线伸缩节损坏，应防止加热器温升过快。热网汽侧投入后，注意加热器水位变化，水位计见水后，开启加热器事故疏水阀，对加热器及管路进行直排冲洗一段时间，水质初步合格后，投运疏水泵，开启再循环阀，对加热器循环冲洗，水质合格后，将疏水回收。

12-21　机组抽汽供热升温投运操作步骤有哪些?

答：机组抽汽供热升温投运操作步骤如下：

检查热网循环水系统正常且投入，检查加热器、水位调整装置试验正常且投入，联系汽轮机值班员准备投入汽轮机供热抽汽运行。开启机组供热抽汽止回阀，开启供热抽汽管疏水阀，对抽汽管道进行暖管，疏水排尽后，关闭疏水阀。开启热网加热器进汽阀，缓慢开启供热抽汽电动阀，对热网加热器进行暖体，并注意控制加热器出口水温升。此时，疏水直排地沟，对蒸汽管道及加热器进行直排冲洗。冲洗合格后，关闭事故疏水阀，待加热器水位正常后，启动疏水泵，开启热网加热器疏水至凝结水系统进水阀前疏水排地沟阀，将疏水通过该地沟阀排走，对整个疏水管路进行热态大流量冲洗。如此反复冲洗至水质合格后，回收疏水。

在供热抽汽投运时，控制加热器出口水温升不超过 0.5℃/min，并用机组供热蝶阀调整供热抽汽压力在允许范围内。加热器投运后投入加热器水位自动调整装置，并检查工作正常；基本加热器在整个供暖期间，基本压力维持不变。严寒期根据热负荷曲线及调度命令投运尖峰加热器。

12-22　热网启动分为哪几步?

答：热网启动分为热网除氧器启动、热网循环水系统充水、启动热网循环水泵、热网加热器通水、加热器蒸汽投入、疏水系统投入。

12-23　如何启动热网除氧器?

答：启动化学软化水泵向热网除氧器上水，除氧器水位计见水后，打开除氧器水箱底部放水阀，对除氧器进行排放冲洗。水放尽后，将放水阀关闭。启动软化水泵，向除氧器重新上水，如此冲洗几次，直至冲洗水质化验合格。除氧器冲洗合格后，保持热网除氧器水位在 2/3 的位置，投入除氧器加热蒸汽，开启除氧器再沸腾阀进行加热，除氧器水温加热到 100～104℃，可向热网循环水系统补水升压。

12-24　如何进行热网循环水系统充水?

答：热网循环水系统充水期间检查有无泄漏，系统充满水后，空气排尽关闭排空气阀。然后启动热网补水泵将热网除氧器除氧水充入循环水系统，待回水管压力补至规程要求时，可启动热网循环水泵。

12-25 热网循环水泵启动前应做好哪些检查工作？

答： 热网循环水泵启动前应做好如下检查工作：

（1）检查泵与电动机固定是否良好，螺栓有无松动和脱落。

（2）用手盘动联轴器，泵转子应转动灵活，内部无摩擦和撞击声，否则应将水泵解体检查，找出原因。

（3）检查各轴承的润滑是否充分，检查轴承中的油位应在油位计的2/3～1/2处，油质应正常，否则要换新油。

（4）有轴承冷却水时，应检查冷却水是否畅通，有堵塞时应清理。

（5）检查泵端填料的压紧情况，其压盖不能太紧或太松，四周间隙应相等，不应有偏斜使某一侧与轴接触。

（6）检查泵出、入口压力表是否完备，指针是否在零位，电动机电流表是否在零位。

（7）联系电气人员对该泵电动机测绝缘合格后，送上电源。

（8）对于新安装或检修后的泵，必须检查电动机转动方向是否正确，接线是否有误。

12-26 如何启动热网循环水泵？

答： 检查系统正常后，可以做启动的准备工作：①关闭热网循环水泵出口阀，以降低启动电流及能保持热网循环水系统压力的稳定。②打开泵壳上排空气阀（或旋塞），待排空气阀冒出水后将其关闭。如果排空气阀无水放出，应继续向循环水泵内灌水，直至排空气阀冒出水后排尽空气方可。完成启动的准备工作后，可以合上热网循环水泵操作开关，这时应注意电流表的启动电流是否符合允许范围。若启动电流过大，则必须停止运行，查明原因，以免造成因电流过大而烧毁电动机。热网循环水泵启动后应注意其出入口压力表是否正常，轴承振动是否在允许范围内。如果正常即可缓慢打开出口阀，控制系统压力上升速度，并注意其出口压力和电流指示，将热网循环水泵投入正常运行，关闭循环水泵出入口联络阀。

12-27 如何投入热网加热器水、汽侧？

答： 热网加热器投运前，首先要联系电气人员将加热器的出入口阀、旁路阀、进汽电动阀及事故放水阀送电，调试正常；联系热工人员将加热器的有关表计送电，运行人员检查加热器进出口阀在关闭位置，旁路阀在开启位置，水侧排空气阀开启，进汽电动阀关闭，加热器汽侧放水阀开启，加热器的有关表计投入正常。

在以上准备工作完成后，即可以投入热网加热器水侧，先稍开入口阀灌水排空，待排空气阀冒水后将其关闭，大开入口阀，开启出口阀，关闭旁路阀。检查管束不泄漏，汽侧无水位，热网加热器水侧正常投入运行后即可投入汽侧运行。投入汽侧前要充分疏水，打开进汽电动阀前管道疏水阀，待疏水排尽后方可投入加热器汽侧，以避免管道及加热器冲击。投入汽侧时，要先进行暖体，稍开进汽电动阀、汽侧排空气阀，维持加热器出口水温升不大于0.5℃/min。暖体约20min后，当加热器水位达高Ⅰ值左右时，启动热网疏水泵，通知化学化验水质，不合格时，一般将水排出系统，合格后再送入主机凝汽水系统。热网疏水回收时，汽轮机值班人员注意除氧器水位变化。疏水回收后，可逐渐开大进汽阀投入汽侧运行。

12-28 正常运行中如何维护热网加热器?

答: 正常运行中要注意监视热网加热器汽侧的压力、温度，水侧出、入口温度，尤其应注意监视加热器的水位保持在正常位置，防止水位过低、疏水泵汽化，以及水位过高、加热器冲击。

12-29 如何停运热网加热器汽侧?

答: 热网加热器汽侧停运时，应先关闭加热器空气阀，缓慢关闭进汽阀(一般要求热网水温变化不超过0.5℃/min)，在此过程中，要注意调整热网疏水泵出口调整阀和再循环阀开度，保证疏水泵正常运行。当全关加热器进汽阀时，应注意热网加热器水位较低后，关闭热网加热器疏水阀至相对应机组的阀门，停止热网疏水泵运行，关闭疏水泵出口阀。开启热网加热器汽侧放水阀，开启热网加热器抽汽管道有关疏水阀。如果是采暖期结束，系统全停，则加热器水侧充压力水，而汽侧充入氮气，用来防腐保护。

12-30 如何停止热网循环水系统?

答: 热网循环水系统停止时比较复杂，首先要停止热网补水，停止热网除氧器运行。然后逐台停止热网循环水泵。停泵时，要缓慢关闭其出口阀，注意循环水母管压力应缓慢降低，出口阀全关后方可停泵。这样按顺序逐台停止，以防止因停泵过快造成入口母管超压，损坏设备。

12-31 制订热网站外网系统的清洗方案要考虑哪些因素?

答: 制订热网站外网系统的清洗方案要考虑以下因素:

(1) 水源。由于整个管网系统很大，存储水量很大，清洗时所需的水量成倍增长，这就需要考虑水源问题。在靠近江、河、湖泊的地区，可用江河水作水源，这样既经济又方便；没有条件的地区，就不得不用地下水或生活饮用水作为水源。总之，水源是热网管道清洗时首先考虑的问题。

（2）水质。热网管道及设备清洗时，必须考虑清洗水质对设备的影响，对于不锈钢管的加热器，要特别注意水中氯离子等有害物质的含量。另外，清洗水的pH值，纯度，Ca^{2+}、Mg^{2+}等离子的含量均有严格的要求。清洗水质必须保证清洗后，对设备及管道的危害在规定允许范围内。

（3）清洗效果。除了水源、水质外，还要注意清洗的效果。清洗时必须保证一定的流速（管网主干线清洗时，流速不得小于1m/s），清洗后水的纯度、悬浮物、有机物和杂物的含量必须控制在合格的范围内。

（4）清洗方法。为保证清洗后的效果，还需制订清洗方案。

12-32 供热管网系统的清洗一般分为哪几步？

答：供热管网系统的清洗一般分为以下几步：

（1）人工清理。安装前将管内内表面人工清理干净，管道连接后，将管道内的焊渣及杂物等清理出来，以减轻水冲洗阶段清理的负担。

（2）生水冲洗。此阶段向管网系统灌入生水，进行系统灌水排空、浸泡、循环冲洗、定期排污等粗冲洗，主要是通过冲洗，将管网的杂质、悬浮物、有机物等冲洗掉，保证管网内水的透明度。

（3）软化水冲洗。生水粗冲洗之后，将系统存水放尽，灌软化水循环冲洗，通过该阶段冲洗使整个管网系统水的指标完全合格。然后热网加热器通水、冲洗、冷态循环运行，为热网投入供暖准备条件。

12-33 热网站外网系统清洗前的准备工作有哪些？

答：热网站外网系统清洗前的准备工作：清洗前，整个管网系统应打压合格，无泄漏；各种辅助设施及表计安装验收完毕。管网系统内的流量孔板、温度计、调节阀阀芯、止回阀阀芯等与影响冲洗或易损附件、仪表应拆除，待清洗完毕后重新装上。管网系统和各种阀门应开关灵活，临时补水泵组及系统连接好，试运正常。清洗前，应对全网进行全面检查，重点放在阀门、补偿器及排水设施等管道附件上。波纹补偿器的保护拉杆应拆除，波纹间的杂物应清除干净，保证补偿器伸缩自如。厂内热网站设备清洗前做好隔离工作，短接加热器水侧。进行清洗的设备、管道上所有高点的排空阀应打开，管路上的放水阀应关闭。

12-34 热网站外网系统清洗步骤有哪些？

答：热网站外网系统清洗步骤如下：

（1）灌水。启动灌水用临时补水泵，开始向热网系统灌水，记录开始灌水的时间及灌水流量。管道在充水过程中，热网系统中沿线各高点空气排尽见水后关闭排空阀，并检查沿线补偿器的工作情况，检查系统有无泄漏，水灌满后，关闭所有空气阀，停止补水泵，对管道进行浸泡。

（2）循环冲洗。浸泡2～3天后，启动临时补水泵向系统充水，当回水压力达到一定数值（系统定压点规定值）时，启动热网循环水泵，缓慢开启出口阀，主干线开始循环冲洗。注意主干线升压情况，及时检查泄漏情况，从回水管滤网处定期排污，并注意系统回水压力。压力降低较快时，增大补水量，关小排污阀，并根据滤网压差决定是否清洗滤网。冲洗过程中，必须保持循环水的流速不低于1m/s，冲洗至水质初步化验合格，水清晰，悬浮物、杂质等含量符合要求。

（3）软化水冲洗。生水冲洗合格后，整个管网系统的水放尽，灌入软化水，软化水灌满后，启动热网循环水泵进行软化水循环冲洗，至各项指标经化验满足系统正常运行水质要求后，停止软化水冲洗。

12-35　热网站内汽水系统清洗前的准备工作有哪些？

答：热网站内汽水系统清洗前的准备工作：冲洗前，检查热网加热器、疏水冷却器、热网除氧器等所有设备及系统是否按要求全部安装完毕，并按SDJ 53—1983《电力建设施工及验收技术规范（汽轮机机组篇）》验收合格。根据系统情况确定冲洗方案，安装临时冲洗管路系统，检查冲洗系统与非冲洗系统及运行或检修系统是否可靠地隔离，必要时加装临时堵板。检查冲洗用的临时仪表是否齐全、正确并投运。同时，应将运行中使用的流量孔板、节流孔板等测量装置及重要表计拆除，以防止冲洗时堵塞或损坏。静止状态下，疏水泵、补水泵等子组、功能组控制回路的试验符合要求，电动机空转及电动阀调整试验合格。准备积储充足的软化水和除盐水。冲洗时所用泵轴承加油至正常油位，投入各泵的轴承冷却水系统，应供水正常，回水管排水畅通。

12-36　如何进行热网蒸汽管道系统清洗？

答：由于热网蒸汽管道管径较大，难以采用吹管的方法清扫，而又不具备水冲洗的条件，因此应在冷态情况下进行人工清理。在热态情况下，应将蒸汽管道系统随加热器供汽升温的同时进行清洗，排放至水质合格。

12-37　热网补水系统包括哪些设备？如何清洗补水系统？

答：热网补水系统包括软化水管道、热网除氧器、热网补水泵、补水管。由于在热网外网补充软水的同时已开始投入，因此，此部分的冲洗随补

水同时清洗，不再设临时管路。

热网补水管路的冲洗：除氧器冲洗合格后，保持除氧器水位在高限，开启补水泵入口阀，启动热网补水泵，开启出口阀，将水补至外网。为了提高冲洗效果，要采用快速补水、快速排放的方法。当软化水供水不足时，采用除氧器储水，短时间快速冲洗。定期采样化验，直至水见清，化验水质合格。

12-38 如何进行疏水系统清洗？

答：疏水系统是指由热网加热器疏水箱与疏水到主凝结水管或凝汽器、除氧器之间的管路。这部分系统包括疏水泵、疏水冷却器等设备。这部分管路的清洗是热网厂内水系统清洗的重点。清洗效果的好坏，直接影响热网投产后疏水水质，而疏水水质对主机的影响较大。此部分系统的冲洗应严格按照冷态冲洗和热态冲洗两个步骤进行。

冷态冲洗是在热网抽汽前的冲洗。将软水通过临时系统补至热网加热器汽侧，利用疏水泵的压头，对系统进行冲洗。在冲洗水进入主凝结水管或凝结器、除氧器前通过临时排放管将水排至地沟。

热态冲洗是在热网加热器进汽升温过程中的清洗。在热网加热器升温时，利用临时排放管对疏水管路进行冲洗，使疏水水质满足机组对回收水质的要求后，回收疏水，以降低汽水损失（此部分随热网整体调试进行）。

疏水系统的清洗过程：加热器冲洗结束后，将水位补到高限，启动疏水泵对疏水系统管路进行打压检查。启动疏水泵打开再循环阀，维持疏水泵出口压力较高些，打开疏水管路上的疏水冷却器入口阀、排空阀进行灌水打压，检查疏水冷却器及管路是否泄漏。疏水冷却器打压合格后，开启出口阀，准备试验疏水到凝汽器、除氧器或至主凝结水管的管路，对每段管路分别进行打压检漏。疏水泵系统分段打压后，使整个系统按以下路线流程进行反复冲洗至化验水质满足正常运行的要求：补水—加热器—疏水泵—疏水冷却器—凝汽器前放水阀或除氧器前放水阀。

12-39 如何进行热网加热器汽侧的冲洗？

答：热网加热器汽侧的冲洗过程：检查加热器的进汽电动阀处于严密关闭状态。疏水系统所有阀门处于关闭状态。开启加热器补水临时管路上的补水阀，启动热网补水泵，用补水泵通过临时管路向加热器汽侧灌水。补水过程中检查热网加热器阀门、法兰、表管、焊口有无泄漏现象并及时处理。加热器汽侧补水至高水位时，停止补水，对加热器进行浸泡。开启疏水泵入口阀及放水阀，对每个加热器排放冲洗 10min 之后将加热器水位重新补至高限。启动试转疏水泵，疏水泵试验正常，开启再循环阀，对加热器进行循环冲洗，并注意疏水泵入口滤网的差压达定值时清洗入口滤网，经排放重新补水，反复冲洗到水质合格。

12-40　如何进行热网加热器水侧的冲洗？

答：为防止杂质及生水进入加热器，热网加热器是不参加外网冲洗的。当外网已冲洗合格，整个系统用软化水充满时，方可进行热网加热器水侧的冲洗，冲洗步骤如下：

热网系统补入软化水，入口压力达到一定数值时，启动热网循环泵，开启加热器旁路阀，进行热网水系统循环，经循环过滤冲洗水质合格，打开加热器水侧进口电动阀灌水排空后，关闭排空阀；开启出口阀，关闭水侧旁路阀，投入该加热器循环。按上述方法，依次将加热器投入循环，直至冲洗水质合格。

12-41　热网停运后为什么要进行保护？

答：供热结束后，热网停运时间较长，长达 6 个月以上，由于热网管道及热网加热器管子均为碳钢，为防止加热器管子及系统管道的氧化锈蚀，在热网系统停运后，应进行防腐保护工作。

12-42　热网停运后，防腐方法有哪些？

答：热网锈蚀的主要原因是氧化，保护防腐的主要手段是使管子等金属部件与空气隔绝，其方法有气相保护和液相保护。

12-43　什么是气相保护？其保护机理是什么？

答：将保护气体或气相缓蚀剂汽化后（氮气或有机胺盐与无机胺盐复合材料）充入被保护系统内并达到一定的浓度，使气体在金属表面形成膜状，使空气与金属表面隔离而形成保护。

保护机理为保护气体或气相缓蚀剂汽化后（缓蚀剂受热后分解）进入保护系统，遇到潮湿的金属表面或经过系统弯曲部分积水处，即被潮湿金属表面水膜或凹入部分积水所吸收，在此部分金属表面上将形成一种膜，从而起到保护作用。

12-44　什么是液相保护？其保护机理是什么？

答：在热网系统中加入保护液，使管网系统金属在停用期间不产生锈蚀。液相保护药剂一般采用丙酮肟氨。

液相保护的机理是在溶液中加入缓蚀剂，使液体与金属接触生成钝化膜，将空气与金属表面隔离，使金属得到保护。应通过小型试验确定药剂量，并选择工艺以保证在金属表面形成良好的钝化膜。

12-45 热网停运后，根据系统布置，将保护分成哪几类?

答：热网停运后，根据系统布置，将保护分成两类，即蒸汽、疏水系统及疏水冷却器的保护与热网水侧保护。

12-46 简述如何进行蒸汽、疏水系统及疏水冷却器的保护。

答：蒸汽、疏水系统及疏水冷却器疏水侧由于容积大，一般多采用气相保护法。当充气浓度达到一定值时，即可得到较长时间（2～3个月）的保护。整个保护期间充气两次即完全可以防止金属及管子的锈蚀，保护期结束后再启动时，不需对管子进行冲洗。

保护前，先将被保护部分系统内的积水全部排尽，再将系统所有放水阀、排空阀及疏水阀、进汽阀等阀门关闭。准备好需用量的气相缓蚀剂（一般1000m^{3}约需500kg），连接好加热罐的电源、气化罐气源（大于0.2MPa的干净压缩空气）。开压缩空气向所保护的系统充压缩空气，检查系统是否泄漏，消除漏气点，并进行加热罐气密试验、通电试验、气化罐气密试验。试验合格后，开启进气阀门，开气化罐入口阀、出口阀和加热罐止气阀，投入加热器，缓缓开启加热器来气阀（保持压力在0.02MPa左右），并使加热器出气温度维持在80～90℃。加入缓蚀剂，使系统进入充气状态，注意调整温度小于90℃，调整好压力在0.1～0.2MPa，以温度为准调整压力。充气20min后对所有保护设备进行检验，合格后停止充气，关闭充气阀及各加热器进出口电动阀，使加热器及管路系统处于保护状态。

充气一定时间后，在加热器采样处检查，应有少量气体排出，经检验pH值大于10时，即认为充气保护已合格，可以停止充气，否则应充气至合格为止。

此外，在热网加热器汽侧及蒸汽、疏水管道系统中还可以充入0.2MPa压力的氮气来进行保护。但汽侧氮气压力应略高于水侧压力，以防止热网加热器泄漏。即使如此，在停运期间也应加强对汽侧水位的监视，防止加热器满水后窜入汽轮机。

12-47 如何进行热网水侧保护?

答：热网水侧系统保护多采用液相保护法，即在热网循环水系统（此处仅指发电厂内的热网供、回水系统，不含外网系统）中加入保护液，使热网循环水系统金属在停用期间不产生锈蚀，液相保护药剂一般采用丙酮肪氨。

热网停用后，水系统应全部充满软化水，并检查泄漏情况，消除全部泄漏点后，将整个保护系统用软化水充满。

加药系统一般需要设置一个水箱及一台加药泵，根据保护系统的容量选择水箱大小及加药泵的流量（如保护水箱体积为 500m^3，可选用 100t/h 的泵）。加药时，先将药箱补软化水，启动加药泵，开启出口阀，开启回药阀建立循环；检查系统泄漏情况，并消除泄漏，无泄漏后，停加药泵，向药箱加药（药量按 500m^3 用量计算），将保护药剂倒入药液箱中搅拌至固体药剂完全溶解后，再启动加药泵加药，循环 1h 后，在回水管上采样检查药液的 pH 值，pH 值大于 10，丙酮肪氨量达 30mg/L 为合格，否则，继续向药箱加药，继续循环，至药液合格为止。合格后，停止加药泵，关闭加药阀及回药阀，关闭各加热器进、出水阀，使所有加热器及管路进入保护状态。

12-48　热网保护系统在保护期间如何进行监督检查？

答：首先，应定期进行系统泄漏检查，充气（水）压力降低超过规定范围要随时补足，保证保护介质的充满程度。另外，还要通过化学人员定期对保护介质进行化验，以判定是否能达到加药时的要求，否则应补充并提高药剂浓度，使系统具有一定抗腐蚀能力。还有一种更为直观的检查方法，即在介质中放入金属样品，通过对样片腐蚀情况的监视，直接反应被保护系统金属部件的腐蚀程度，以便随时采取调整措施。

12-49　为什么在热网系统停运后补水系统还要继续运行？

答：由于热网循环水系统（内网和外网）庞大，如热网停运后把水全部放掉将会造成巨大损失，而如果放不尽，积水将在管道内表面产生氧化腐蚀，造成更严重后果。因此，一般热网系统停运后，补水系统继续运行，维持热网循环水管道系统内压力不低于 0.2MPa，防止漏入空气、腐蚀设备。

第四部分

故障分析与处理

第十三章　汽轮机运行的特点及事故处理原则

13-1　大型汽轮机运行的技术特点有哪些？

答：大型汽轮机具有高温、高压、高转速和结构复杂，动、静部分间隙小等特点，特别是在启动、停机、负荷大幅度变化等变工况过程中，动、静部分膨胀、收缩引起的胀差变化以及动、静间隙的变化、热应力引起的变形和推力的变化、蒸汽容积时间常数大、转子飞升时间常数小等都严重威胁着汽轮机设备的安全运行。

13-2　大型汽轮机的发展及设备的严重损坏对电网有哪些影响？

答：自20世纪80年代以来，大容量200MW及以上机组相继投产，现在200、300、600MW机组已成为我国电力网运行的主力机组。汽轮机设备的严重损坏事故，修复困难，有的甚至导致设备报废，不仅影响企业的经济效益，而且会造成电网系统出力的降低，影响对用户的正常供电。

13-3　什么是汽轮机组的异常或故障？

答：汽轮机组脱离正常运行方式的各种工作状态，统称为异常或故障。

13-4　什么是汽轮机组的事故？

答：凡汽轮机组正常运行的工况遭到破坏，被迫降低设备出力，减少或停止向外供电，甚至造成设备损坏、人身伤亡时，称为事故。

13-5　汽轮机事故停机一般可分为哪几类？

答：当处理汽轮机事故需要停机时，一般应根据事故性质，将停机分为破坏真空紧急故障停机和不破坏真空故障停机两类。

13-6　什么是紧急故障停机？什么是故障停机？

答：紧急故障停机：设备已经严重损坏或停机速度慢了会造成严重损坏的事故。操作上不考虑带负荷情况，不需汇报领导，可随即打闸，并破坏真空。

故障停机：不停机将危及机组设备安全，切断汽源后故障不会进一步扩大。操作上应先汇报有关领导，得到同意，迅速降负荷停机，无需破坏真空。

13-7 区别事故停机的原则是什么？

答：区别事故停机的原则是故障对设备的危害程度和要求的停机速度。

13-8 在哪些情况下应紧急故障停机？

答：一般在下列情况下应采取紧急故障停机：

（1）转速升高超过危急保安器动作转速而未动作或达到电气超速保护值而保护不动作。

（2）转子轴向位移超过轴向位移保护动作值而保护未动作。

（3）汽轮机胀差超过规定极限值（对于正胀差超限，在停机前首先采取措施，如迅速降低负荷、汽封温度等，待胀差降到一定范围后再打闸停机，以防因泊桑效应胀差进一步加大，造成设备损坏）。

（4）油系统油压或油位下降，超过规定极限值。

（5）任一轴承的回油温度或轴承的乌金温度超过规定值。

（6）汽轮机发生水冲击或汽温10min内下降达50℃。

（7）汽轮机内有清晰的金属摩擦声。

（8）汽轮机轴封异常摩擦产生火花或冒烟。

（9）汽轮发电机组突然发生强烈振动或振动突然增大超过规定值。

（10）汽轮机油系统着火或汽轮机周围发生火灾，就地采取措施而不能扑灭以致严重危及人身和机组设备安全时。

（11）发电机冒烟、励磁机冒烟或氢气爆炸。

13-9 紧急故障停机的步骤有哪些？

答：紧急故障停机的步骤如下：

（1）立即手打危急保安器解脱滑阀或按停机按钮。

（2）检查高、中压主汽阀、调节汽阀，各段抽汽止回阀，高排止回阀是否关闭，有功负荷到零后，迅速解列发电机，注意汽轮机转速下降。

（3）启动辅助润滑油泵，检查润滑油压、密封油压正常。

（4）停止真空泵（射水泵），开启真空破坏阀，破坏真空时不得向凝汽器内排汽、水。

（5）轴封供汽切换为备用汽源。

（6）停机时禁止开启高、低压旁路系统。

(7) 转子惰走过程中，应进行听声检查。

(8) 进行其他正常停机操作。

13-10 在哪些情况下应故障停机?

答: 发生下列情况之一，应立即汇报单元长（班长）、值长，迅速减掉汽轮机负荷、电气解列，故障停机。

(1) 凝汽器真空下降到规定值，采取措施仍无法提高时。

(2) 主蒸汽或再热蒸汽参数异常变化，超过规定极限值。

(3) 低压缸排汽温度超过规定值。

(4) 机组无蒸汽运行超过规定的时间。

(5) 发电机断水超过 30s，断水保护拒动作或发电机大量漏水时。

(6) DEH 系统和调节保安系统故障无法维持正常运行。

(7) 油系统漏油严重，无法维持机组运行。

(8) 厂用电源全部失去。

(9) 主要管道爆破又无法隔离或加热器、除氧器等压力容器发生爆破，不能维持运行时。

(10) 机炉热控电源全部失去或仪表电源、计算机电源全部失去，不能马上恢复时。

13-11 汽轮机组事故处理的原则是什么?

答: 在处理汽轮机组事故时应遵循以下原则:

(1) 在值长统一指挥下，迅速处理事故。有关领导协助处理事故时，操作命令必须通过值长下达。单元长（班长）受值长的调度指挥，值长不在时，单元长（班长）行使事故处理指挥权。

(2) 事故处理遵循“保人身、保设备、保电网”的原则。事故处理人员应根据事故特征，迅速确认设备发生的故障性质、原因，消除对人身、设备的威胁，必要时应解列或停运故障设备。

(3) 确保厂用电系统及其所带负荷用户的供电，如果厂用电失去，要确保保安电源安全停机，并尽快恢复厂用电系统供电。

(4) 迅速查清事故原因，及时采取正确的措施，消除故障，同时应注意保持非故障设备的连续运行。如故障原因不明或故障未消除时，禁止故障设备运行。

(5) 在处理事故时，应尽量缩小事故范围，隔离故障设备，有效地防止事故扩大。

(6) 处理事故时，头脑要冷静，分析要周密，判断要正确，处理要果

断，行动要迅速。

（7）处理事故过程中应迅速、正确地执行上级命令，如认为上级命令有错误，应申明理由拒绝执行，如上级坚持，先应执行并做好记录，如执行后会对人身、设备、系统造成危害，应申明理由拒绝执行，并汇报有关领导。

（8）事故情况下，运行人员必须坚守岗位，如事故发生在交接班时间，应延缓交接班，无关人员应远离事故现场，协助人员必须在统一指挥下进行。

（9）事故处理完毕，应将发生事故的时间、现象、原因、运行方式及处理情况如实、详细地记录，并对发生的事故进行分析。

第十四章　汽轮机典型事故的处理

14-1　汽轮机动、静部分摩擦事故的特征有哪些？

答：汽轮机动、静部分摩擦事故发生在汽缸内，无法直接观察，因而只能根据事故的特征进行判断，一般有下列几种：

（1）机组振动增大，甚至发生强烈振动。

（2）汽缸内部有清晰的金属摩擦声音。

（3）前后汽封处可能产生火花。

（4）若是推力轴承损坏，则推力瓦温度将升高，轴向位移指示值可能超限并发出报警信号，甚至保护动作。

（5）有大轴挠度指示表计的机组，指示值将增大或超限。

（6）机组在启动、停机和变工况运行时，上、下汽缸温差急速增加或胀差超过正负极限。

（7）停机过程中转子惰走时间明显缩短，甚至盘车装置启动不了。

14-2　造成汽轮机动、静部分摩擦事故的原因有哪些？

答：造成汽轮机动、静部分摩擦事故的原因是多方面的，归纳起来主要有以下几种：

（1）动、静部件加热或冷却不均匀。由于相对于转子来说汽缸质量比较大，而受热面比较小，即转子和汽缸的质面比相差较大。在启动过程中转子加热和膨胀的速度要比汽缸快，这样就产生了膨胀差值，通常称为胀差。如果胀差超过了轴向的动、静部分间隙，就会在轴向产生动、静部分摩擦。另外，由于上、下汽缸散热和保温条件等因素的不同，上、下汽缸也将会产生温差；汽缸法兰内外受热条件不同也会产生温差，这些温差均会使汽缸变形，从而改变了动、静部分的间隙分配。当间隙变化值大于动、静部分间隙时，就会产生动、静部分摩擦。此外，汽轮机的汽缸通过滑销系统会使汽缸和转子保持同心，但如果在机组启停或运行中滑销系统工作失常或汽缸变形，则会导致汽缸和转子偏心，从而造成动、静部分摩擦。

（2）动、静部分间隙调整不当。在汽轮机启动和运转过程中，汽缸热应

力和热变形以及各受力部件的机械变形，必然会引起动、静部分间隙的变化。所以就要求全面地考虑各种因素的影响，制定出合理的动、静部分间隙。在安装和检修过程中进行认真地检查与调整，如果动、静部分间隙调整不当，自然就会引起动、静部分摩擦。

（3）汽缸法兰加热装置使用不当。合理的使用汽缸和法兰加热装置可以减小胀差，避免动、静部分摩擦，如果加热过度就会使法兰外壁温度高于内壁，使汽缸产生危险的变形，而且破坏了胀差的分布规律。经验证明，即使从胀差表中所看到的胀差指示没有超过允许值，也会产生严重的动、静部分摩擦。此外，若左右法兰加热不均匀等，也可能会产生动、静部分摩擦。

（4）受力部件机械变形超过允许值。通流部分的受力部件如隔板叶轮等由于设计刚度不足或在异常工况（如提高出力）下运行，使工作应力增加，都会使这些部件产生过大的变形，从而造成严重的动、静部分摩擦事故。这类情况在一些大容量机组上曾多次发生过。

（5）推力瓦或支撑轴瓦损坏。由于汽轮机发生水冲击、蒸汽品质不良等，使转子轴向推力猛增，推力瓦过负荷或油系统故障、机组润滑油中断，造成推力瓦或支撑轴瓦烧损，转子随之产生大量的轴向或幅向位移，从而产生动、静部分摩擦。

（6）转子套装部件的松动位移。当转子套装部件的松动位移超过规定轴向间隙时，显然要造成动、静部分摩擦。

（7）机组的强烈振动和汽封套的严重变形。由于转轴的强烈振动，轴振动的振幅超出幅向动、静部分间隙时将产生动、静部分摩擦。汽封套变形损坏同样会使汽轮机幅向动、静部分间隙变小，从而产生动、静部分摩擦。

（8）在转子挠曲（或大轴已发生永久弯曲）及汽缸严重变形的情况下强行盘车。

（9）通流部分部件破损或硬质杂物进入通流部分。

（10）运行人员操作不当，引起汽轮机胀差超过极限值，使轴向间隙消失。

14-3 汽轮机动、静部分发生摩擦应如何处理？

答：转子与汽缸的相对胀差表指示超过极限值或上、下汽缸温差超过允许值，机组发生异常振动，这时即可确认动、静部分发生摩擦，应立即破坏真空紧急停机。停机后，如果胀差及汽缸各部温差达到正常值，方可重新启动。启动时要注意监视胀差和温差的变化，注意监听缸内声音和监视机组的振动。

如果停机过程中转子惰走时间明显缩短，甚至盘车装置启动不起来，或者盘车装置运行时有明显的金属摩擦声，则说明动、静部分磨损严重，需要揭缸检修。

14-4　防止汽轮机动、静部分摩擦的技术措施有哪些?

答: 为了防止汽轮机动、静部分发生摩擦，应根据可能产生的原因，采取相应的技术措施，归纳起来主要有以下几点：

（1）运行人员要根据机组的结构特征，认真分析转子和汽缸的膨胀特点和变化规律，制定有效的防范措施，并应熟练地掌握调整和控制胀差的方法。

（2）认真检查调整通流部分间隙，根据机组的实际情况和检查结果，分析鉴定动、静部分间隙的合理性，必要时对规定值做适当的修改，使之适应正常运行需要，同时要求机组具备对胀差调整的必要设备手段，如汽封温度的调整手段。高、中压前汽封应有高温汽源，以便在机组突然甩负荷时及时投入，防止产生过大的负胀差。

（3）加强启动、停机和变工况时对胀差的监视，注意对胀差的控制和调整。

（4）在机组启停过程中严格控制上、下汽缸温差和法兰内、外壁温差不得超限，以防止汽缸变形而造成动、静部分摩擦。

（5）注意监视转子的挠度，运行人员在汽轮机启动前和冲转过程中应严格监视转子挠度指示不得超限。机组检修时一定要测量检查大轴的弯曲情况并做好记录。

（6）严格控制蒸汽参数的变化，以防止发生水冲击损坏推力瓦。主蒸汽温度突降是水冲击的主要特征，在汽轮机滑参数启、停过程中往往由于金属温度低而在发生水冲击时看不到汽封、法兰冒白汽。因此，当主蒸汽温度直线下降50℃（在10min内）时，应立即打闸。而不要看到冒白汽或汽轮机振动以后再停机，这时往往已经造成了设备损坏。另外，推力瓦的监测和保护装置必须齐全，并及时地投入运行，包括汽轮机并列以前和解列以后（尤其是对为冷却汽缸继续滑停的机组）。

当主蒸汽温度较低时，如遇调节汽阀大幅度地摆动或其他原因使主蒸汽压力突然升高，也会引起一定程度的水冲击，运行人员应注意严密监视。如出现水冲击的特征，应立即打闸停机。

（7）加强对叶片的安全监督，防止叶片及其连接件的断落。

（8）停机后应按规程规定投入连续盘车，如因汽缸上、下缸温差过大等

原因造成动、静部分摩擦，使盘车不能正常投入或手动也不能盘车时，不可强行盘车（如用行车等），待其自然冷却，摩擦消失后，方可投入连续盘车。一般来讲，只要汽缸不进水，大轴是不会产生永久弯曲的。另外，如发现盘车电流比正常值增大或明显地随转速摆动或伴随不正常的声响，应停止盘车，分析原因，待异常现象消除以后再投入盘车。

（9）严格控制机组振动，振动超限的机组不允许长期运行，要求机组在工作转速和临界转速下的振动都不应过大。

（10）机组运行中控制监视段压力不得超过规定值，以防止隔板等通流部分过负荷、轴向推力过大以及通流部分部件破损等情况发生。

（11）避免汽轮机在空负荷或低负荷下长期运转，防止汽轮机低真空运行，真空低于停机值，必须紧急故障停机。

14-5 汽轮机进水、进冷汽有哪些危害?

答: 汽轮机进水、进冷汽的危害如下：

（1）叶片的损伤和断裂。水进入汽轮机通流部分，使动叶片，特别是较长的叶片受到水冲击而损伤或断裂。

（2）动、静部分碰磨。水或冷汽进入汽轮机，使机组发生强烈振动，汽缸变形，相对膨胀急剧变化，导致动、静部分轴向和径向碰磨。径向碰磨严重时会产生大轴弯曲事故。

（3）引起金属裂纹。机组在启停时如常出现进水或进冷汽，金属在频繁交变的低热应力下会出现裂纹。如由于受到汽封供汽系统来的水或冷蒸汽的反复急剧冷却，汽封处转子表面就会出现裂纹并不断扩大。

（4）使阀门或汽缸的接合面漏汽。由于阀门和汽缸受到急剧冷却，使金属产生永久性变形，导致配合不严密而漏汽。

（5）推力瓦烧毁。由于水的密度比蒸汽密度大得多，在喷嘴内不能获得与蒸汽同样的加速度，出喷嘴时的绝对速度比蒸汽小得多，使得水的相对速度的进汽角远大于蒸汽相对速度进汽角，不能按正确的方向进入动叶通道，而打到动叶进口边的背弧上。这除了对动叶产生制动力外，还产生一个轴向力，使汽轮机轴向推力增大。另一方面，水不能顺利通过动叶道，使动叶通道的压降增大，也使轴向推力增大。在实际运行过程中，轴向推力甚至可增大到正常情况的10倍，轴向推力过大会使推力轴承超载而导致乌金烧毁。

对于中间再热机组，如果主蒸汽温度急剧下降，汽轮机高压缸发生水冲击，使得负轴向推力增大，严重时，会使转子的总推力方向改变，由推力轴承的非工作瓦块承载。而非工作瓦块的承载能力比工作瓦块小，轴承球面和瓦枕接触面也很小，此时若不及时停机，不仅引起转子向前窜动，而且还会烧坏推力瓦，导致汽轮机动、静部分间隙消失，发生碰磨。

14-6　造成汽轮机进水、进冷汽的原因有哪些?

答：从大量汽轮机发生进水、进冷汽事故的事例分析，热力系统设计不合理、设备存在缺陷以及运行人员的误操作均有可能造成汽轮机进水、进冷汽事故。具体有以下几个方面的原因：

（1）来自锅炉和主、再热蒸汽系统。由于误操作或自动调节装置失灵，使蒸汽温度、汽包水位失去控制或由于锅炉发生汽水共腾等都有可能使水或冷汽进入汽轮机。主蒸汽流量突然增加，滑参数启动和停机过程中参数控制不好等都有可能使蒸汽带水。在再热蒸汽管道中，减温水阀门不严或误操作，也有可能使减温水或冷汽进入汽轮机。此外，若主、再热蒸汽管道及锅炉过热器疏水系统不完善，还有可能将积水带入汽轮机。

（2）来自抽汽系统。当加热器运行中发生故障，如管束泄漏、水位调节装置失灵、疏水系统故障、抽汽止回阀不严等都有可能使加热器的疏水进入汽轮机；除氧器满水也可能使水进入汽轮机。在过去发生的汽轮机进水事故中，抽汽系统故障占的比例最大，尤其是汽轮机长叶片的水冲击事故，绝大部分是由于抽汽系统故障造成的。

（3）来自轴封系统。汽轮机启动时，轴封系统暖管或疏水不充分，在轴封送汽时，水将随蒸汽带入汽封，尤其是甩负荷时，需要迅速投入轴封高温汽源。如果这时暖管疏水不充分，将积水带入轴封，高温的大轴表面将受到不均匀的剧冷冲击，对大轴的危害十分严重。

（4）来自凝汽器。由于凝汽器满水，使水进入汽轮机的事例曾多次发生。汽轮机正常运行中，凝汽器的水位要严格监视，因为当水位升高后，凝汽器的真空将会受到严重影响，所以在机组正常运行中，凝汽器内的水一般是不会倒灌入汽缸的。但停机后，则往往忽视对凝汽器水位的监视，如果进入凝汽器的补水阀等关闭不严，就会发生凝汽器满水，并灌入汽缸的事故。

（5）来自汽轮机本身的疏水系统。从疏水系统向汽缸返水，多数是设计方面的原因造成的。例如，把不同压力的疏水接到一个联箱上，而且疏水管的尺寸又偏小，这样压力大的疏水，就有可能从压力低的管道返回汽缸。此外，疏水管路直径和节流孔板选择不当或在运行中堵塞，会使积水返回汽缸。级内疏水开孔不当，也有可能使汽缸积水。

（6）DEH或一次测温元件故障。

显然，除了上述几种原因可能引起汽缸进水外，由于不同机组的热力系

统不同，还会有其他水源进入汽轮机的可能。所以，运行人员要根据具体情况具体分析，并制定相应的防范措施。

14-7 汽轮机进水、进冷汽的特征有哪些？

答：汽轮机进水、进冷汽的特征：上、下汽缸温差增大；主、再热蒸汽温度突降，过热度减小；机组振动增大；抽汽管道振动并有水击声；汽轮机盘车状态下盘车电流增大等。

14-8 防止汽轮机进水、进冷汽的技术措施有哪些？

答：防止汽轮机进水、进冷汽的主要技术措施如下：

（1）对有关设备和汽水系统应满足以下技术要求。

1）主蒸汽系统除汽轮机电动主汽阀前疏水管外，在其他的管段口也应装设内径不小于25mm的疏水管（如高、中压自动主汽阀前疏水排地沟），并装设排水至地沟的检查管。

2）主蒸汽管道的旁路系统和凝疏管，除主要用于排汽外，还能起到良好的疏水作用，所以旁路和凝疏管路布置应从蒸汽管道的最低水平管路的底部引出，并尽可能接近汽轮机。

3）接到疏水扩容器的疏水，应按压力等级分别接到高、中、低压疏水联箱上；汽轮机本体疏水应单独接入扩容器或联箱，不得接入其他疏水。疏水管按压力等级由高到低的顺序成45°斜切连接，压力高的疏水远离疏水扩容器。扩容器通往凝汽器的连接管道应足够大。

4）所有抽汽管道必须装设足够大的疏水管，各止回阀和截止阀前后的疏水管不要连接在一起，应单独接到通往凝汽器的疏水联箱上；凝汽器上所有疏水连接管均应安装在热井最高水位以上。抽汽止回阀在加热器满水时应能自动关闭。

5）在抽汽管上应有上、下两个温度测点，以便根据此两个温度指示判断抽汽管道是否工作正常，是否存在积水的情况。

6）汽封供汽管应尽量缩短，在汽封调节器前后和汽封供汽联箱上都要装设疏水管。在接到低压加热器的轴封漏汽管上必须装设止回阀。

7）回热加热器和除氧器应有可靠的多重保护，防止水位升高返回汽轮机，并有提示运行人员注意的报警系统。

8）再热冷段管应设置疏水罐，并设置高、低水位自动疏水装置。再热蒸汽减温水除调节阀外，还应装设动力操纵的截止阀。当再热器内蒸汽停止流动时，调节阀和截止阀应能迅速自动关闭；汽轮机甩负荷时，减温水阀应能自动关闭，且滞后于主汽阀和调节汽阀关闭的时间要尽可能缩短。

9）汽轮机应装设防进水监测装置，并可靠投入；应有足够数量和可靠的汽缸金属温度测量元件和参数显示，并应定期进行校验。

（2）在运行维护方面应做到如下几点。

1）加强运行监督，严防发生水冲击现象，一旦发现汽轮机水冲击的特征，应果断地采取紧急事故停机措施。经验证明，对于汽轮机水冲击事故，运行人员所采取的处理措施是否及时得当，对设备的损坏程度会有很大的不同。

2）运行中应注意主、再热蒸汽温度的变化，发现异常，应及时进行调整；超过规定值时，应执行紧停规定。如运行中蒸汽温度急剧下降50℃或蒸汽温度在10min内上升或下降50℃，以及来汽管道阀门、主汽阀、调节汽阀冒白汽，应立即打闸停机。

3）在机组启动前，应全开主、再热蒸汽管道疏水阀，特别是热态启动前，主蒸汽和再热蒸汽要充分暖管，并保证疏水畅通。

4）注意监督汽缸的金属温度变化和加热器、凝汽器的水位，即使在停机以后也不能忽视，对水位的监视。当发现有进水危险时，要及时查明原因，注意切断可能引起汽缸进水的水源。

5）在汽轮机滑参数停机、启动过程中，汽温、汽压都要严格按照运行规程规定进行升或降，保证必要的蒸汽过热度。

6）高压加热器水位调整和保护装置要定期进行检查试验，保证其工作性能符合设计要求，高压加热器保护不能满足运行要求时，禁止高压加热器投入运行。

7）在锅炉熄火后，蒸汽参数得不到可靠保证的情况下，一般不应向汽轮机供汽。如因特殊要求（如快速冷却汽缸等），应事先制定必要的技术措施。

8）定期检查加热器管束，一旦发现泄漏情况，应立即切断水源与汽轮机隔离，并及时检修处理。

9）加强除氧器水位监督，定期检查水位调节装置及溢流放水阀自动是否良好，杜绝发生满水事故。

10）汽封系统应能满足机组各种状态启动供汽要求，正常运行中要确保各个连续疏水情况正常。

11）运行人员应该明确，在汽轮机低转速下进水对设备的损害，要比在额定转速下或带负荷运行状态时进水大得多。因为在低转速下一旦发生动、静部分摩擦，就容易造成大轴弯曲事故。另外，在汽轮机带负荷的情况下进水时，因蒸汽流量较大，汽流可以使进入的水均匀分布，从而使因温差引起

的变形小一些，进水一旦排除后又保持一定的流量，有利于汽缸变形的及早恢复。所以，在汽轮机低转速下运行时，尤其要注意监督汽轮机进水的可能性。

12）在停机时若不出现上、下汽缸温差较大的情况，可不开启汽缸疏水，以防疏水系统的水及冷汽返回汽缸；极热态开机可在冲转前开启 5min 后关闭。

13）给水泵汽轮机应做好和大型汽轮机一样的防范措施。

14-9 汽轮机发生水冲击时为什么要破坏真空紧急停机？

答：因为汽轮机发生水冲击时会损坏叶片和推力轴承。水的密度比蒸汽的密度大很多，随蒸汽通过喷嘴时被蒸汽带至高速，但速度仍低于正常蒸汽速度，高速的水以极大的冲击力打击叶片，会使叶片应力超限而损坏，并且水冲击叶片本身就会造成轴向推力的大幅度增加。此外，水有较大的附着力，会使通流部分阻塞，使蒸汽不能连续顺利向后移动，造成各级叶片前后压差增大，并使叶片反动度猛增，产生巨大的轴向推力，使推力轴承烧损，并有可能导致汽轮机动、静部分摩擦而损坏机组。所以，为了防止机组发生水冲击时严重损坏汽轮机，要果断地破坏真空紧急停机。

14-10 汽轮机发生水冲击的现象有哪些？

答：汽轮机发生水冲击的现象如下：

（1）主蒸汽温度急剧下降，10min 内下降 50℃或 50℃以上。

（2）主汽阀和调节汽阀的法兰、阀杆、轴封等处，以及汽缸的接合面处均可能冒出白汽或溅出水珠。

（3）蒸汽管道有水冲击声，机组发生强烈振动。

（4）负荷下降，汽轮机声音异常突变。

（5）轴向位移增大，推力瓦乌金温度迅速升高，胀差减小或出现负胀差。

（6）上、下汽缸温差变大，下汽缸温度降低较多。

14-11 汽轮机发生水冲击应如何处理？

答：汽轮机发生水冲击的处理方法如下：

（1）启动交流或直流润滑油泵，停止抽气器运行，破坏真空紧急打闸故障停机。

（2）开启汽轮机缸体和主、再热蒸汽管道上的所有疏水阀，进行充分疏水。

（3）惰走过程中应仔细倾听汽缸内部声音，测量机组振动；正确记录转子惰走时间及真空数值，盘车后测量转子弯曲数值，盘车电动机电流应在正常范围内且稳定。

（4）检查并记录推力瓦乌金温度和轴向位移数值。

（5）注意机组惰走过程中的转动声音和推力轴承工作情况，如惰走时间正常，经过充分疏水，蒸汽温度恢复后，一切参数无异常，可以重新启动机组。但启动升速过程中要仔细倾听汽缸内部是否有异声，并监视机组振动是否增大，如发生异常，应立即停止启动，揭缸检查。若惰走时间明显缩短或汽缸内有异声，推力瓦温度升高，轴向位移、胀差超限时，不经检查禁止机组重新启动。

（6）若因加热器铜（钢）管破裂造成机内进水，应迅速手动关闭抽汽止回阀，同时关闭加热器的抽汽阀，对抽汽管要充分疏水。

14-12 汽轮机转子弯曲事故的现象有哪些？

答：转子弯曲事故多数发生在机组启动时，也有少数在滑停过程和停机后发生，其特征表现为：汽轮机发生异常振动，轴承箱晃动，胀差正值增加，轴端汽封冒火花或形成火环；停机后转子惰走时间明显缩短，严重时产生“刹车”现象，转子刚静止时，往往投不上盘车。当盘车投入后，盘车电流比正常值大，且周期性变化。用电流表测量时最为直观，其表针摆动范围远远超过正常值，尽管转子逐渐冷却，但转子晃动值仍然固定在某一较高值，即确认转子产生永久弯曲。

14-13 引起汽轮机大轴弯曲的原因有哪些？

答：引起汽轮机大轴弯曲的原因是多方面的，但在运行现场，主要有以下几种情况：

（1）由于通流部分动、静摩擦，转子局部过热，引起大轴热弯曲，弯曲又加剧摩擦，处理不当可能造成永久弯曲。因为热弯曲一方面显著降低了该部位屈服极限；另一方面受热局部的热膨胀受制于周围材料而产生很大压应力。当应力超过该部位屈服极限时，即发生塑性变形。当转子温度均匀后，该部位呈现凹面永久性弯曲。

（2）大轴在发生摩擦时，因局部摩擦过热向外膨胀，使转子产生热弯曲，摩擦的部分处于弯曲的凸面。当转子转速低于第一临界转速时，转子的弯曲变形和由于大轴弯曲产生的不平衡离心力基本一致，所以往往产生越磨越弯，越弯越磨的恶性循环，以致使大轴产生永久弯曲。当转子转速大于第一临界转速时，大轴弯曲方向和转子不平衡离心力的方向趋于相反，故有使

摩擦面自动脱离接触的趋向，所以高转速时引起大轴弯曲的危害比低转速时要小得多。

（3）汽缸进冷汽、冷水。停机后在汽缸温度较高时，因某种原因（如凝汽器满水、再热器减温水或其他公用系统冷却水阀门等不严）使冷汽、冷水进入汽缸，汽缸和转子将由于上、下汽缸温差过大及法兰内外壁温差过大等，使汽缸、转子产生很大的热变形或拱背弯曲，导致轴端和隔板汽封径向间隙消失，造成转子径向表面与汽封齿摩擦，甚至中断盘车，加速大轴弯曲，严重时将造成永久弯曲。

据有关资料统计，当转子的温差达到150～200℃时，就会造成大轴弯曲，而且转子金属温度越高越易造成大轴弯曲。

启动及运行过程中，操作不当造成汽轮机进水，也可能会引起大轴永久性弯曲。

（4）在制造过程中，因热处理不当或加工不良，所以大轴内部还存在着残余应力。在大轴装入汽缸后，运行过程中这个残余应力会局部或全部消失，致使大轴弯曲。在安装等方面存在缺陷，给大轴弯曲事故留下隐患。对套装转子，紧配合的套装件在热套过程中偏斜、蹩劲也会造成大轴弯曲。

（5）运行人员在机组启动或运行中由于未严格执行规程规定的启动条件、紧急停机规定等，硬撑、硬顶也会造成大轴弯曲。

（6）转子自身的动不平衡。汽轮机转子动平衡质量不高或转子质量平衡定位不完善，造成转子在升速时，产生异常振动，可能引起动、静部分摩擦。

（7）机组热态启动前，大轴晃度值超过规定值，对应的偏心距也大。当转速升高时，不平衡离心力增大，将会引起机组更为显著的振动。如不及时停机，弯曲的转子必然加剧和汽封的摩擦。

（8）机组发生异常振动，振动值大大超过规定值，又未立即停运。

14-14　防止汽轮机大轴弯曲事故发生的措施有哪些？

答：为防止汽轮机大轴弯曲事故发生，通常可采取以下措施：

（1）认真做好每台机组的基础技术工作。

1）每台机组必须备有安装和大修的资料以及大轴原始弯曲的最大晃动值（双振幅）、最大弯曲点的轴向位置及圆周方向的位置；机组正常启动过程中的波德图和实测轴系临界转速；盘车电流和正常摆动值，以及相应的油温和顶轴油压等重要数据，并要求有关人员熟悉掌握。

2）运行规程中必须编制各机不同状态下的启动曲线、停机（包括破坏真空紧急停机）惰走曲线以及相应的真空和顶轴油泵的开启时间。

3）机组启停要有专门的记录。停机后仍要认真监视、定时记录各金属温度、大轴弯曲度、盘车电流、汽缸膨胀、胀差等，直到机组下次热态启动或汽缸金属温度低于150℃为止。

（2）设备系统方面的技术措施。

1）汽缸应有良好的保温，下汽缸下部应设挡风板，保证机组停机后上、下汽缸温差不超35℃，最大不超过50℃。

2）机组在设计制造时，要保证做到机组结构合理、通流部分膨胀畅通、动、静部分间隙特别是轴封间隙要合适。安装和大修中，必须考虑热状态变化的条件，应按要求合理地调整动静间隙，不能随意变化，保证在正常运行中既经济又不会发生动、静部分摩擦。在联轴器找中心后，要保证大轴晃度值小于0.05mm。

3）主、再热蒸汽管道及汽轮机本体必须有完善的疏水装置且布置合理，保证疏水畅通，不返汽、不互相排挤。

4）汽轮机各重要监视参数（如胀差、膨胀、轴或轴承振动、轴向位移、汽缸壁温等）的设置测点与测量表计齐全可靠，工作正常，大轴弯曲指示准确。

（3）运行方面的技术措施。汽轮机运行中一旦确认存在设备缺陷且可能造成大轴弯曲时，必须停机予以消除。在机组正常运行中还应采取如下防范措施：

1）分管运行的领导、专业技术人员和运行主岗人员应掌握各机组的技术资料及确切数据，如大轴晃度表测量安装位置、大轴晃度原始值、机组轴系各轴承正常运行和启动过程的原有振动值，及时通流部分径向、轴向间隙值等，使指挥者和操作者都做到心中有数。

2）运行人员必须严格按照规程操作，杜绝任何疏忽大意。因为大部分的弯轴事故，都与运行操作有密切的关系。

3）每次启动前必须认真检查大轴的晃动度不超过原始值的0.02mm或不超过规程规定的数值。主蒸汽温度至少高于汽缸最高金属温度50℃，但不超过额定汽温，蒸汽过热度不低于50℃。冲转前如发生转子弹性热弯曲，应适当加长盘车时间，升速中如发现弹性热弯曲，应加长暖机时间，热弯曲严重或暖机无效时，应停机处理。

4）上、下汽缸温差在规定范围内。一般要求高中压外缸上、下汽缸温差不超过50℃，内缸上、下汽缸温差不超过35℃。温差或转子晃度超限时，

禁止汽轮机冲转。

5）汽轮机启动前应进行充分连续盘车，一般不少于2～4h（热态启动不少于4h），并避免盘车中断，否则延长盘车时间（一般应按中断时间的10倍再加2～4h进行连续盘车方可冲转）。转子在不转动的情况下，禁止向轴封供汽和进行暖机。

6）热态启动时，应先送汽封后抽真空，且应对机组进行认真全面的检查，保证汽封送汽温度、主蒸汽温度与金属温度相匹配，并充分疏水。

7）启动过程中要严格控制轴承振动，一阶临界转速（一般为1300r/min）下轴承振动不超0.03mm（因为在一阶临界转速以下出现较大的振动，即为明显的动、静部分摩擦的特征，如果让大轴在更低的转速下继续摩擦显然是很危险的），过临界时不超过0.1mm，或者相对轴振动值超过0.26mm，否则立即打闸停机，严禁硬闯临界转速或降速暖机。同时还要注意加强监视高压内、外缸上、下汽缸温差；高压缸左右法兰的温差在规程规定的范围内，防止上述温差过大造成动、静部分摩擦。

8）机组在启、停和变工况运行时，应按规定的曲线控制参数的变化，加强机组状态的监视，控制各个参数在规定范围内。特别应注意严格控制汽轮机胀差及轴向位移的变化。

9）机组运行中要求轴承振动不超过0.03mm或相对轴振动不超过0.08mm，超过时应设法消除。当相对轴振动大于0.26mm时，应立即打闸停机；当轴承振动变化±0.015mm或相对轴振动变化±0.05mm时，应查明原因设法消除；当轴承振动突然增加0.05mm时，应立即打闸停机。

10）机组停机后应立即投入盘车，盘车电流过大或有摩擦声时，严禁强行连续盘车，必须先进行180°直轴，待摩擦消失后再投入连续盘车。

11）因故暂时停止盘车时，应监视转子弯曲度的变化；当转子热弯曲较大时，也应先盘180°直轴，待转子热弯曲消失后再投入连续盘车。

12）严格做好防止汽轮机进冷汽、冷水的措施。

14-15　什么是汽轮发电机组的超速?

答：汽轮发电机组是在高转速下工作的精密配合的机械设备，其转速超过危急保安器动作转速，达到额定转速的111%～112%以上，即为超速。

14-16　汽轮机超速有何危害?

答：汽轮机超速的危害主要有可使叶轮松动变形，叶片及围带脱落，轴承损坏，动、静部分摩擦甚至断轴等。

14-17 汽轮机超速事故的原因有哪些?

答: 汽轮机超速事故的原因除由于汽轮机调节、保安系统故障和设备本身缺陷造成以外，还和运行操作维护有着直接的关系，具体如下：

(1) 调节系统有缺陷，工作不正常。汽轮机调节系统除了保证机组在额定转速下正常运行外，还要保证在甩掉全负荷时转速的升高不超过规定值。所以调节系统是防止汽轮机超速的第一关卡。如果汽轮机甩掉全部负荷以后，不能正常维持机组空负荷运行，就可能引起超速。汽轮机甩掉负荷后，转速飞升过高的原因主要有以下几个方面。

1) 调节汽阀不能正常关闭或漏汽量过大。

2) 调节系统迟缓率过大或部件卡涩。

3) 调节系统速度变动率过大。

4) 调节系统动态特性不良。

(2) 汽轮机超速保护系统故障。

1) 危急保安器不动作或动作转速过高。危急保安器的动作转速一般规定在高于额定转速的10%～12%。如果汽轮机转速升高到危急保安器动作转速，危急保安器不动作或动作转速过高，将会引起超速事故。造成危急保安器不动作或动作过迟的主要原因如下：

a. 飞锤或飞环导杆卡涩。

b. 弹簧在受力后产生过大的径向变形，以致与孔壁产生摩擦。

c. 脱扣间隙过大，撞击子飞出后不能使危急保安器滑阀动作。

2) 危急保安器滑阀卡涩或行程不足：附加保护装置（如电超速保护）定值不当。

3) 自动主汽阀和调节汽阀卡涩或关闭不到位。

4) 抽汽止回阀关闭不严或拒动。

(3) 运行操作调整维护不当。

1) 油质管理不善，如汽封漏汽过大造成油中进水或油中有杂质而油净化系统又工作不良时，引起调节保安系统部套卡涩和锈蚀。

2) 蒸汽品质不良，蒸汽带盐，造成主汽阀和调汽阀阀杆结垢而使阀门卡涩。

3) 超速试验操作不当，转速失控，飞升过快。

(4) 在汽轮机升速过程中，因电调系统故障而导致转速失控。

(5) 抽汽或供热系统止回阀不严或拒动，造成甩负荷或停机解列后向汽轮机返汽。

14-18 汽轮机超速事故的现象有哪些?

答:汽轮机超速事故的现象如下:

(1) 机组负荷突然甩到零,机组发出不正常的声音。

(2) 转速表或频率表指示值超过红线数字并继续上升。

(3) 主油压迅速增加,采用离心式主油泵的机组,油压上升得更明显。

(4) 机组振动增大。

14-19 防止汽轮机超速事故的技术措施有哪些?

答:防止汽轮机超速事故的技术措施如下:

(1) 各超速保护装置均应完好并正常投入且工作正常。

(2) 在正常参数下调节系统应能维持汽轮机在额定转速下运行。

(3) 在额定参数下,机组甩去额定电负荷后,调节系统应能将机组转速维持在危急保安器动作转速以下。

(4) 汽轮机调节系统要有良好的静态和动态特性,速度变动率应不大于5%,迟缓率应小于0.2%。

(5) 自动主汽阀、再热主汽阀、调节汽阀、抽汽止回阀等都应能迅速关闭严密,无卡涩。

(6) 调节保安系统的定期试验装置应完好可靠;应按运行规程规定进行试验。

(7) 坚持调节系统静态特性试验。汽轮机大修后或为处理调节系统缺陷更换了调节部套后,均应做汽轮机调节系统试验。应进行汽阀关闭时间测试,一般要求自动主汽阀的关闭时间不大于0.5s,电调机组不大于0.15s。

(8) 对新装机组或对机组的调节系统进行技术改造后,应进行调节系统动态特性试验,以保证汽轮机甩负荷后,飞升转速不超过规定值。对于新投产机组,必须进行汽轮机甩负荷试验。

(9) 机组安装或大修后、危急保安器解体或调整后、停机一个月以后再次启动时、机组甩负荷试验前,都应做超速试验。

(10) 机组每运行2000h后应进行危急保安器充油试验。但充油试验不合格时,仍需做超速试验。

(11) 按照规定定期进行自动主汽阀、调节汽阀的活动试验,以及抽汽止回阀的开关试验。当汽水品质不合格时,要适当增加活动次数和活动行程范围。

(12) 运行中发现主汽阀、调节汽阀卡涩时,要及时消除汽阀卡涩。消除前要有防止超速的措施。主汽阀卡涩不能立即消除时,要停机处理。

(13) 加强对油质的监督，定期进行油质的分析化验，保证油净化装置正常投入，防止油中进水或杂物造成调节部套卡涩或锈蚀。

(14) 加强对蒸汽品质的监督，防止蒸汽带盐使阀杆结垢造成卡涩。

(15) 运行人员要熟悉超速特征（如声音异常、转速指示连续上升、油压升高、振动增大、负荷到零或仅带厂用电等），严格执行紧急停机规定。

(16) 机组长期停运时，应注意做好停机保护的工作，防止汽水或其他腐蚀性物质进入或残留在汽轮机及调节供油系统内，引起汽阀或调节部套锈蚀。

(17) 机组大修前后应进行汽阀严密性试验，并每年检查一次。试验方法及标准应按制造厂的规定执行。运行中汽阀严密性试验应每年进行一次。

(18) 在汽轮机运行中，注意检查调节汽阀开度和负荷的对应关系以及调节汽阀后的压力变化情况。若有异常，应及时查找、分析原因。

(19) 为防止大量水进入油系统，应加强监视和调整汽封压力不要过高。前箱、轴承箱内的负压也不宜过高，以防止灰尘及汽水进入油系统，一般前箱、轴承箱负压以 12～20mmH_2O 为宜（或轴承室油挡无油及油烟喷出即可）。

(20) 采用滑压运行的机组以及在机组滑参数启动过程中，调节汽阀要留有余度，不应开到最大限度，以防同步器超过正常调节范围，发生甩负荷超速。

(21) 正常停机时，应先打危急保安器，关闭主汽阀和调节汽阀，确定发电机有功功率到零。电能表停转或逆转以后，再解列发电机，避免发电机解列后，由于主汽阀和调节汽阀不能严密关闭造成超速。但也应注意发电机解列至打闸的时间不能拖得过长，因这时属于无蒸汽运行状态，时间过长，会使排汽缸温度升高，胀差增大。

(22) 在机组正常启动或停机的过程中，应严格按运行规程要求投入旁路系统，尤其是低压旁路；在机组甩负荷或事故状态下，旁路系统必须开启。机组再次启动时，再热蒸汽压力不得大于制造厂规定的压力值。

(23) 汽轮机应有至少两套就地转速表，有各自独立的变送器，并分别装设在沿转子轴向不同的位置上。

(24) 数字式电液控制系统（DEH）应设有完善的机组启动逻辑和严格的限制启动条件；对机械液压调节系统的机组，也应有明确的限制条件。同时，汽轮机专业人员必须熟知 DEH 的控制逻辑、功能及运行操作。

(25) 主油泵轴与汽轮机主轴间具有齿型联轴器或类似联轴器的机组，应定期检查联轴器的润滑和磨损情况，其两轴中心标高、左右偏差，应严格按照制造厂规定的要求安装。

14-20 汽轮机叶片或围带断落的现象有哪些?

答：汽轮机叶片或围带断落飞出时，一般都有较明显的现象，只要运行人员注意检查监督，通常是能够发现的。这些现象具体表现如下：

（1）汽轮机内部或凝汽器内部可能产生突然的金属撞击声响，并伴随着机组振动突然增大，有时会很快消失。

（2）机组振动包括振幅和相位均发生明显的变化，有时还会产生瞬间的强烈抖动。这是由于叶片断裂，转子失去平衡或摩擦撞击造成的。但是有时叶片的断落发生在转子的中部，并未引起严重的动、静部分摩擦，在额定转速下也未表现出振动的显著变化。这种断叶片事故若在启停过程中的临界转速附近，振动将会有明显的增加。

（3）叶片损坏较大时，将使通流面积改变，在同一个负荷下蒸汽流量、调节汽阀开度、监视段压力等都会发生变化。反动式机组表现尤其突出。

（4）当调节级复环铆钉头被导环磨平，复环飞脱时，如果堵在下一级导叶上，则将引起调节汽室压力升高。

（5）当低压缸末级叶片或围带断落时，通常会打坏凝汽器的铜管，使循环水漏入凝结水中，表现为凝结水硬度和电导率突然增大，凝汽器水位升高等。

（6）若为抽汽口部位的叶片断落，则叶片有可能进入抽汽管道，造成止回阀卡涩，或进入加热器使加热器管束损坏，加热器水位升高。

（7）在停机惰走过程中或盘车状态下听到金属摩擦声，惰走时间减少。

（8）转子掉落叶片后，其转子平衡情况及轴向推力将会发生变化，有时会引起推力瓦温度和轴承回油温度的升高。

14-21 汽轮机叶片损坏的原因有哪些?

答：汽轮机叶片损坏的原因是多方面的，它与设计、制造、材质、安装、检修工艺和运行维护等因素均有关系，归纳起来有以下几点：

（1）机械损伤。

（2）水击损伤。

（3）腐蚀和锈蚀损伤。

（4）水蚀（水刷）损伤。

（5）叶片本身存在缺陷（如振动特性不合格，设计应力过高或结构不合理，材质不良或错用材料，加工工艺不良等）。

（6）运行管理不当（如偏离额定频率运行，过负荷运行，进汽参数不符合要求，蒸汽品质不良等）。

14-22 造成汽轮机叶片机械损伤的主要原因有哪些？

答：造成汽轮机叶片机械损伤的主要原因如下：

（1）外来的机械杂质随蒸汽进入汽轮机内打伤叶片。

（2）汽缸内部固定零部件脱落（如阻汽环、导流环、测温套管破裂等），造成叶片严重损伤。

（3）汽轮机因轴瓦或推力轴承损坏、胀差超限、大轴弯曲，以及机组强烈振动造成通流部分动、静部分摩擦而使叶片损伤。

14-23 造成汽轮机叶片水击损伤的主要原因有哪些？

答：汽轮机发生水击时，前几级叶片的应力会突然增加，并骤然受到冷却，使叶片过载，末几级叶片则冲击负荷更大。叶片遭到严重水击后会发生变形，其进汽侧扭向内弧，出汽侧扭向背弧，并在进、出汽侧产生细微裂纹，成为叶片振动断裂的根源。水击有时会使叶片拉筋断裂，改变了叶片的连接形式，甚至原来成组的叶片变成单个叶片，改变了叶片的振动频率，降低了叶片的工作强度，使叶片发生共振，造成断裂。

14-24 造成汽轮机叶片腐蚀和锈蚀损伤的主要原因有哪些？

答：汽轮机叶片的腐蚀常发生在开始进入湿蒸汽的各级，这些级段在运行中，蒸汽干、湿交替变化，使腐蚀介质易浓缩，引起叶片腐蚀。另外，长期停机备用的机组往往会因空气中的潮气或蒸汽漏入机内造成叶片严重锈蚀。

叶片受到侵蚀削弱后，不但强度减弱，而且叶片被侵蚀的缺口、孔洞还将产生应力集中现象，侵蚀严重的叶片，还会改变叶片的振动频率，从而使叶片因应力过大或共振疲劳而断裂。

14-25 造成汽轮机叶片水蚀损伤的主要原因有哪些？

答：水蚀一般多发生在末几级湿蒸汽区的低压段长叶片上，尤其是末级叶片。水蚀是湿蒸汽中分离出来的水滴对叶片冲击造成的一种机械损伤，而末级叶片旋转线速度高，并且蒸汽湿度大，水滴多，故水冲蚀程度更严重。受水蚀严重，叶片将出现缺口、孔洞等，叶片强度降低，使断裂损坏。

14-26 造成汽轮机叶片损伤的叶片本身存在缺陷包括哪些方面的因素？

答：叶片本身存在缺陷包括以下几个方面的因素：

(1) 设计应力过高或结构不合理，如叶片顶部太薄，围带铆钉头应力大，常在运行中发生应力集中，铆钉头断裂，围带裂纹折断，使叶片损坏。

(2) 叶片振动特性不合格，运行中因共振产生很高的动应力，使叶片损坏。

(3) 叶片材质不良或错用材料，如叶片材料机械性能差，金属组织有缺陷或有夹渣、裂纹；叶片经过长期运行后，材料疲劳性能和振动衰减性能等降低而使叶片损坏。

(4) 加工工艺不良，如叶片表面粗糙；留有刀痕，围带铆钉孔或拉筋孔处无倒角等，都会使应力集中而损坏叶片。

14-27 造成汽轮机叶片损伤的运行维护方面的原因有哪些？

答：由于运行管理不当，造成汽轮机叶片损伤的原因如下：

(1) 电网频率变动超出允许范围，过高、过低都可能使叶片振动频率进入共振区，产生共振而使叶片断裂。

(2) 机组过负荷运行，使叶片的工作应力增大，尤其是最后几级叶片，蒸汽流量增大，各级焓降也增加，使其工作应力增加很大而严重超负荷。

(3) 主蒸汽参数不符合要求，频繁而较大幅度地波动，主蒸汽压力过高，主蒸汽温度偏低或水击，以及真空过高，都会加剧叶片的超负荷或水蚀而损坏叶片。

(4) 蒸汽品质不良使叶片结垢、腐蚀，叶片结垢后将使轴向推力增大，引起某些级叶片过负荷；腐蚀则容易引起叶片应力集中或材质的机械强度降低，都能使叶片损坏。

(5) 停机后由于主蒸汽或抽汽系统不严密，使汽水漏入汽缸，时间一长，使通流部分锈蚀而损坏。

14-28 运行方面防止叶片断裂事故的措施有哪些？

答：为了防止叶片的断裂事故，要求检修、运行及技术管理、科学试验等各项工作紧密配合。在运行监督方面要做到如下措施：

(1) 加强对蒸汽品质的监督，防止叶片结垢而造成叶片腐蚀。

(2) 在汽轮机正常运行和启动过程中，要严格保持主蒸汽参数符合要求，保证机组及管路系统疏水畅通，严防抽汽管道积水。

(3) 严格控制监视段压力，发现明显的变化，要及时查明原因进行处理。

(4) 电网要保持在额定频率或正常允许的范围内稳定运行，防止频率偏高或偏低，引起某几级叶片陷入共振区。

（5）严防汽轮机超速及保证加热器、凝汽器在正常水位运行，防止发生满水事故，杜绝叶片受到水冲击。

（6）控制汽轮机在规定的参数、负荷下运行，防止低汽温、低真空。禁止汽轮机过负荷运行，特别要防止在低频率下过负荷。机组提高出力运行时，需经过详细的热力和强度核算并经主管领导批准。

（7）汽轮机进行低负荷冲洗叶片时，必须按规程严格进行。如规程无明确规定，必须按事先提出并经有关领导批准的技术措施执行。

（8）当机组需要在缺少个别级段等特殊工况下运行时，应经过详细的热力和强度核算并限制出力，制定运行措施。

（9）运行中注意倾听机内声音，认真监督机内的振动情况，发现叶片断落现象且机组振动突然增大时，应立即停机进行检查处理，避免事故扩大。

（10）停机时间较长的机组，应注意做好停机保养工作，严防水、汽进入汽缸，引起叶片腐蚀。

（11）不要长时间在仅有一个调节汽阀全开的负荷下运行；汽轮机的初终参数超过规定范围时，应相应减负荷。

（12）在机组大修时，应全面检查通流部分损伤情况，叶片存在的缺陷要及时处理。进行叶片测频，若振动特性不合格，要进行调频处理。

14-29　汽轮机叶片断落应如何处理?

答: 汽轮机叶片断落的处理措施如下：

（1）汽轮机运行中发生叶片损坏或断落，各种现象不一定同时出现，发现可疑现象时，应逐级汇报，研究处理。当现象明显时，应破坏真空，紧急停机。

（2）通流部分有清晰的金属摩擦声时，应破坏真空紧急停机。

（3）通流部分有可疑声音，并伴随剧烈振动，应破坏真空，紧急停机。

（4）确证掉叶片且振动明显增大，并伴随凝结水硬度增大（湿冷机组），立即减负荷停机。若掉叶片后只是凝结水硬度增大且能短时间维持运行，应减负荷到50%以下，停半侧凝汽器进行找漏处理，并注意监视真空值。当真空下降时，可投入备用抽汽器。

（5）因掉叶片停机破坏真空后，应准确记录机组惰走时间，倾听汽缸内部声音，判断确定静止后是否投入盘车。

14-30 真空下降的原因有哪些？

答：真空下降的原因如下：

(1) 循环水中断或水量突减，系统阀门误动作。

(2) 凝汽器水位升高。

(3) 轴封汽源不足或轴封汽源中断（水控止回阀误动作）。

(4) 真空泵工作不正常或跳闸；射水抽气器工作失常，射水泵故障或射水箱水位降低，水温过高（超过 30℃）。

(5) 真空系统管道部件及法兰接合面不严密，漏入空气。

(6) 排汽缸安全阀薄膜损坏。

(7) 旁路系统误动。

(8) 给水泵汽轮机真空系统泄漏。

14-31 凝汽器真空下降的处理原则是什么？

答：凝汽器真空下降要按以下原则进行处理：

(1) 发现真空下降时首先要对照表计，判断指示是否正确。如真空表指示降低，排汽缸温度升高，即可确认为真空下降。在其他参数保持不变的情况下，随着真空的降低，电负荷会自动减少。

(2) 确认真空下降后应迅速查明原因，根据真空下降原因采取相应的处理措施。

(3) 真空持续下降，在确证水位正常的情况下，应启动备用抽气设备。

(4) 在处理过程中，若真空不能维持，应按规程规定减负荷，直至负荷到零，打闸停机，以防止排汽缸温度过高，低压缸大气安全阀动作。

14-32 哪些原因造成的真空下降需要增开射水泵？

答：如下原因造成的真空下降需要增开射水泵：

(1) 真空系统漏空气，要增开射水泵并投用备用抽气器。

(2) 备用射水泵止回阀关不严，出水阀又关不紧，或射水泵出水母管泄漏，射水泵有缺陷，造成射水母管压力低时。

(3) 射水抽气器喷嘴阻塞，需要提高射水母管压力冲喷嘴时。

14-33 为什么真空降低到一定数值时要紧急停机？

答：真空降低到一定数值时要紧急停机的原因如下：

(1) 真空降低使轴向位移过大，造成推力轴承过负荷而磨损。

(2) 真空降低使叶片因蒸汽流量增大而造成过负荷（真空降低，最后几级叶片反动度要增加）。

（3）真空降低使排汽缸温度升高，汽缸中心线变化易引起机组振动加大。

（4）为了不使低压缸安全阀动作，确保设备安全，故真空降到一定数值时应紧急停机。

14-34　判明真空系统是否泄漏，应检查哪些地方？

答：判明真空系统泄漏应检查以下地方：

（1）排汽缸安全阀是否有破损而吸气。

（2）真空破坏阀是否关闭严密。

（3）凝汽器汽侧放水阀是否关闭严密。

（4）真空系统水封是否严密，真空系统阀门、管道连接处是否严密。

（5）真空系统的表管、表计是否泄漏。

（6）真空状态的抽汽管道与汽缸连接处焊口是否泄漏。

（7）检查给水泵汽轮机排汽系统是否正常。

14-35　汽轮机轴向位移增大的原因有哪些？

答：汽轮机轴向位移增大的主要原因如下：

（1）负荷或蒸汽流量突然有较大变化。

（2）通流部分损坏。

（3）叶片结垢严重。

（4）凝汽器真空下降。

（5）主、再热蒸汽参数不合格，汽轮机通流部分过负荷。

（6）推力轴承损坏。

（7）汽轮机发生水冲击。

（8）汽轮机单缸进汽。

（9）若为抽汽供热机组，抽汽工况突然有很大的变化也会使汽轮机轴向位移增大。

14-36　轴向位移增大的特征有哪些？

答：轴向位移增大的特征如下：

（1）轴向位移表指示增大或轴向位移光字信号报警。

（2）推力瓦块温度升高。

（3）机组声音异常，振动增大。

（4）胀差指示相应变化。

14-37　发现汽轮机轴向位移增大应如何处理？

答：发现汽轮机轴向位移增大的处理措施如下：

(1) 发现轴向位移增大时，应检查推力瓦块乌金温度、推力轴承回油温度并参考胀差表。倾听机组内部声音，测量轴承振动。同时检查相关参数是否有异常，以便确证轴向位移是否增大。

(2) 当轴向位移达到报警值时，应首先采取减负荷措施，使其下降到正常值并汇报有关领导。同时检查监视段压力、一级抽汽压力、高压缸排汽压力，均不应高于规定值。

(3) 当推力轴承回油温度异常升高，相邻推力瓦块乌金温度超过规程规定值时，应故障停机。

(4) 当轴向位移增大至报警值以上而采取措施无效，并且机组有不正常的噪声和振动时，应迅速破坏真空紧急停机。

(5) 若是汽轮机发生水冲击引起轴向位移增大或推力轴承损坏，应迅速破坏真空紧急停机。

(6) 若是蒸汽参数不合格引起轴向位移增大，应立即要求锅炉调整蒸汽参数，恢复正常参数。

(7) 轴向位移达到正向或负向极限值时，轴向位移保护装置应动作。若保护未动作，应紧急打闸停机。

14-38 电网频率升高或降低对汽轮机及电动机有何影响？

答：电网频率升高或降低对汽轮机运行是不利的。因为汽轮机叶片频率都调整在正常频率运行时是合格的。如果电网频率偏离了正常频率，过高或过低均有可能使某几级叶片陷入或接近共振区，造成应力显著增加而导致叶片疲劳断裂，还会使汽轮机各级速度比偏离最佳工况，使汽轮机效率降低。特别是低频率运行还易造成机组、推力轴承、叶片等过负荷。

电网频率升高或降低对电动机的影响为：频率过高、管道系统特性不变时，辅机出力增大，若原负荷就很大，可能引起电动机过负荷。频率过低，需维持原流量的辅机，电动机电流会升高，若低频率的同时电压也低，电动机过负荷的可能性更大，且电动机易发热。

14-39 电网频率变化时应注意哪些问题？

答：电网频率变化时应加强对机组运行情况特别是机组振动、转速、声音、轴向位移、推力瓦块温度的监视。同时还应监视辅机的运行情况。如因频率下降引起出力不足，电动机发热，视情况可启动备用设备。当频率下降时，还应加强检查发电机定子和转子冷却水压、水温以及进、出口风温的变化，及时调整保持正常值。对液压调节系统机组还应注意一次油压及调速油压的下降情况，必要时启动高压启动油泵，注意机组不过负荷。

14-40 润滑油系统工作失常的主要表现有哪些?

答：润滑油系统工作失常主要表现为主油泵工作失常，轴承断油；油压、油位同时下降；油压、油位不同时下降；辅助油泵故障及油系统着火等几个方面。

14-41 汽轮机轴瓦损坏的原因有哪些?

答：除了水冲击、汽轮机平衡活塞失去平衡功能或蒸汽温度下降处理不当，造成蒸汽带水进入汽轮机，或因蒸汽品质不良、叶片结垢等，造成汽轮机轴向推力明显增大，推力轴承过负荷，推力瓦烧损坏以外，导致轴瓦损坏的原因还有以下几个方面：

(1) 轴瓦断油或润滑油量偏小。

(2) 机组发生强烈振动或长期振动偏大。机组运行中发生强烈振动，油膜破坏会使轴瓦乌金研磨损坏，同时还可能使轴瓦产生位移。机组强烈振动还会使轴瓦乌金发生脱胎、裂纹等，引起轴瓦损坏或工作失常。

(3) 轴瓦制造不良或轴承间隙、紧力过大或过小。轴瓦制造不良主要表现为乌金浇铸质量不良。如在浇铸乌金时，瓦胎不挂锡或挂锡质量不良，因而运行中发生轴瓦乌金脱胎、乌金龟裂等问题。

(4) 润滑油油压偏低、油温过高，使油膜变薄以致破坏。

(5) 油系统进入杂质、润滑油油质不合格，导致轴承油膜破坏。

(6) 轴承过载或推力轴承超负荷，盘车时顶轴油压低或大轴未顶起。

14-42 防止汽轮机轴瓦损坏的技术措施有哪些?

答：在防止汽轮机轴瓦损坏事故方面应结合本厂设备的实际情况和制造厂的有关说明，严格控制轴瓦运行最高金属温度和润滑油压、油温等参数。在运行管理方面应主要采取如下措施：

(1) 油系统进行切换操作时，应在监护人监护下按操作票顺序缓慢进行。操作过程中要注意准备投入的冷油器、滤网等容器内的积存空气排尽，并严密监视润滑油压变化情况。

(2) 润滑油系统的阀门应采用明杆阀，以便识别开关状态或开启程度，并应有开关方向指示和手轮止动装置。

(3) 高、低压备用油泵要定期进行试验。启动前，直流油泵应进行全容量联动试验，以检查熔断器和直流电源的容量是否可靠。交流润滑油泵应有可靠的自投备用电源。

（4）润滑油压应以汽轮机中心线的标高距冷油器最远的轴瓦为准。润滑油压低时应能正确、可靠地联动交、直流润滑油泵。交流润滑油泵电源的接触器，应采取低电压延时释放措施，同时要保证自投装置动作可靠。

（5）机组启动前向油系统供油时，应首先启动低压润滑油泵，并通过压缩线排出调速供油系统积存的空气，然后再启动高压启动油泵。

（6）机组启动定速后，停止高压启动油泵时，先缓慢关闭其出口阀，并注意监视油泵出口和润滑油压的变化情况。发现油压变化异常时，应立即开启高压启动油泵出口阀，查明原因并采取措施。高压启动油泵出口油压应低于主油泵出口油压，一般要求转速达2800r/min以后，主油泵应能开始投入工作。

（7）加强对轴瓦的运行监督，汽轮机轴承应装防止轴电流的装置。在轴承润滑油的进出口管路上和轴瓦乌金面上应装温度测点，并保证指示可靠。

（8）油箱油位保持正常。滤网前后油位差超过规定值时，应及时清扫滤网。

（9）润滑油压要保持在设计要求的范围内运行。机组运行中应经常观测润滑油压力、温度及轴承回油量，并保证油净化装置正常工作。

（10）停机时，均应先试验低压润滑油泵，然后停机。在惰走过程中要注意润滑油压的变化。如发现润滑油压低，油压继电器又投不上或低压润滑油泵不上油，要立即采取措施。如汽轮机转速尚能保持轴瓦供油，可再次挂闸（事故情况外）使汽轮机恢复到额定转速运行，待查明原因，消除缺陷后再按正常步骤停机。

（11）在机组启停过程中，要合理控制润滑油温。汽轮机正常运行时，一般要求进入轴承的油温保持在35～45℃之间，温升一般不超过10～15℃。润滑油温过高或过低对油膜的稳定均不利。机组启动过程中，转速达到2000r/min以前，轴承的进油温度应接近或达到正常要求。所以对滑参数启动及热态启动机组，由于其升速较快，冲转前油温应相对高一些，一般要求不低于38℃。在停机过程中，若轴承已磨损或擦伤，则转速低到一定数值时，便会丧失形成油膜的能力，从而产生干摩擦或半干摩擦。此时应采取措施增加降速率迅速停机。大型轴承停机过程低速烧瓦问题，在国产机组上曾多次发生，据有关资料介绍，大型轴颈为400～500mm，球面直径在1m以上时，停机过程中转速在1200～50r/min，特别是在700～200r/min时，易出现轴瓦磨损。因此规定在停机过程中转速降到1000r/min左右时，启动顶轴油泵。

(12) 在机组启停过程中，应按制造厂规定的转速停启顶轴油泵（转速在1000r/min左右以下时，顶轴油泵应运行）。

(13) 汽轮机运行时，轴封系统应正常工作，以防油中带水。油净化装置应运行正常，油质应符合标准。

(14) 防止汽轮机发生水冲击和汽轮机通流部分发生动、静部分摩擦，以防轴向推力过大或转子异常振动，保证轴承振动，尤其是轴振动保持在合格范围以内。

(15) 当发现在机组运行中有如下情况之一时，应立即打闸停机。

1) 任一轴承回油温度超过75℃或突然连续升高至70℃时。

2) 主轴瓦乌金温度超过厂家规定值。

3) 回油温度升高，且轴承内冒烟。

4) 润滑油泵启动后，油压低于运行规程允许值。

5) 盘式密封瓦回油温度超过80℃或乌金温度超过95℃时。

14-43 推力瓦烧瓦的原因有哪些?

答: 推力瓦烧瓦的原因主要是轴向推力太大，油量不足，油温过高使推力瓦的油膜破坏，导致烧瓦。下列几种情况均能引起推力瓦烧瓦：

(1) 汽轮机发生水冲击或蒸汽温度下降时处理不当。

(2) 蒸汽品质不良，叶片结垢。

(3) 机组突然甩负荷或中压缸汽阀瞬间误关。

(4) 油系统进入杂质，推力瓦油量不足，使推力瓦油膜破坏。

14-44 为什么推力轴承损坏，要破坏真空紧急停机?

答: 推力轴承是固定汽轮机转子和汽缸的相对轴向位置，并在运行中承受转子的轴向推力，一般推力盘在推力轴承中的轴向间隙再加上推力瓦乌金厚度之和，小于汽轮机通流部分轴向动、静部分之间的最小间隙。但有的机组中压缸负胀差限额未考虑乌金磨掉的后果，即乌金烧坏，汽轮机通流部分轴向动、静部分之间就可能发生摩擦碰撞而损坏设备，如不以最快速度停机，后果不堪设想，所以推力轴承损坏要破坏真空紧急停机。

14-45 推力瓦烧瓦的事故特征有哪些?

答: 主要表现在轴向位移增大，推力瓦温度及回油温度升高，推力瓦处的外部特征是推力瓦冒烟。为确证轴向位移指示值的准确性，还应和胀差表对照，轴向位移与胀差变化的关系见表14-1。

表 14-1 轴向位移与胀差变化的关系

轴向位移	高压胀差	中压胀差	低压胀差
正向位移增大	正胀差减小	正胀差增大	正胀差增大
	负胀差增大	负胀差减小	负胀差减小
负向位移增大	正胀差增大	正胀差减小	正胀差减小
	负胀差减小	负胀差增大	负胀差增大

14-46 造成汽轮机轴瓦断油的主要原因有哪些？

答：造成汽轮机轴瓦断油的主要原因如下：

(1) 汽轮机运行中，在进行油系统切换时，发生误操作。

(2) 机组启动定速后，停止高压启动油泵时，未注意监视油压。当已出现射油器工作失常、主油泵出口止回阀卡涩等情况时，仍然盲目停止高压启动油泵，使主油泵失压而润滑油泵又未联动，引起断油。

(3) 油系统积存大量空气未能及时排除，往往会造成轴瓦瞬间断油，烧坏轴瓦。

(4) 启动、停机过程中润滑油泵工作失常。

(5) 油箱油位过低，空气漏入射油器，使主油泵断油。

(6) 厂用电中断，直流油泵不能及时投入时，造成轴瓦断油。

(7) 供油管道断裂，大量漏油造成轴瓦供油中断。

(8) 安装或检修时油系统存留棉纱等杂物，造成进油系统堵塞。

(9) 轴瓦在运行中产生位移，如轴瓦转动，造成进油孔堵塞。

(10) 由于系统漏油等原因，润滑油系统油压严重下降，低油压保护未能起到作用或未投入。

(11) 汽轮机转子接地不良，轴电流击穿油膜。

14-47 个别轴承温度升高和轴承温度普遍升高的原因有什么不同？

答：个别轴承温度升高的原因如下：

(1) 负荷增加、轴承受力分配不均、个别轴承负荷重。

(2) 进油不畅或回油不畅。

(3) 轴承内进入杂物、乌金脱壳。

(4) 靠轴承侧的轴封汽过大或漏汽大。

(5) 轴承中有气体存在、油流不畅。

(6) 振动引起油膜破坏、润滑不良。

轴承温度普遍升高的原因如下：

（1）由于某些原因引起冷油器出油温度升高。

（2）油质恶化。

14-48 轴承烧瓦的事故特征有哪些？

答：轴瓦乌金温度及回油温度急剧升高，一旦油膜破坏，机组振动增大，轴瓦冒烟，应紧急停机。

14-49 油压和油箱油位同时下降的一般原因有哪些？

答：油压和油箱油位同时下降的原因是压力油管（漏油进入油箱的除外）大量漏油，这主要是压力油管破裂、法兰处漏油、冷油器铜管破裂、油管道放油阀误开等引起的。

14-50 油压和油箱油位同时下降应如何处理？

答：油压和油箱油位同时下降应做如下处理：

（1）检查油系统管道是否破裂漏油，立即联系设法处理，并采取临时措施防止漏油到高温管道上引起着火。同时给油箱补油。如果补油无效，运行中不能处理漏油或引起火灾威胁机组运行时，应立即打闸停机。

（2）检查冷油器铜管是否破裂漏油，如果冷油器漏油，应采取措施将冷油器解列，但在解列过程中一定要注意杜绝断油，保证另一台冷油器的正常运行，保证轴承的润滑，再进行相应的处理。

（3）检查如果是油系统有放油阀或油箱底部放水阀误开，应立即关闭，并补油使油箱油位恢复正常。

14-51 油压正常，油箱油位下降的原因有哪些？

答：油压正常，油箱油位下降的原因如下：

（1）油箱事故放油阀、放水阀或油系统有关放油阀、取样阀误开或泄漏、油净化器跑油。

（2）压力油回油管道、管道接头、阀门漏油。

（3）轴承油挡严重漏油。

（4）冷油器管芯一般漏油。

14-52 油压正常，油箱油位下降应如何处理？

答：油压正常，油箱油位下降应做如下处理：

（1）确定油箱油位指示正确。

（2）找出漏油点，消除漏油。

（3）执行防火措施。

(4) 油箱补油至正常油位。

(5) 如采取各种措施仍不能消除漏油，且油箱油位下降较快，无法维持运行时，在油箱油位未降到最低停机值以前应汇报值长，启动交流油泵进行故障停机。油箱油位下降到最低停机值以下，应破坏真空、紧急停机。

14-53 油压下降，油箱油位不变时应如何检查与处理?

答：油压下降，油箱油位不变时，应做如下检查与处理：

(1) 首先严密监视各轴承油温及运行情况，再启动一台润滑油泵。如果是调速油压降低，可启动高压启动油泵，或根据情况调整负荷。

(2) 检查主油泵工作是否异常，主油泵入口压力是否比正常低，是否主油泵入口射油器工作不正常或入口有杂物堵塞。发现异常应立即联系处理，如果运行中不能处理，影响机组正常运行，应立即停机后进行处理。

(3) 检查油箱或机头内以及轴承压力油管是否漏油。如漏油严重，必要时停机处理。

(4) 检查备用油泵的出口止回阀是否不严，而使压力油倒返，或油泵出口过压阀误动，如有异常应立即采取措施。

(5) 检查油系统油滤网是否堵塞，而使油压降低；如果是运行中允许的，应及时切换清理滤网。

14-54 油箱油位升高的原因有哪些?

答：油箱油位升高的原因是油系统进水，使水进入油箱。油系统进水可能是下列原因造成的：

(1) 汽封压力过高使蒸汽呲入轴承油中。

(2) 轴抽风机工作不好或出力不够。

(3) 停机后冷油器水压大于油压，使冷却水漏到油中。

14-55 油箱油位升高应如何处理?

答：油箱油位升高应做如下处理：

(1) 发现油箱油位升高，应进行油箱底部放水。

(2) 联系化学车间，化验油质。

(3) 检查轴抽风机的工作情况或再启动一台轴抽风机。

(4) 停机后，停用润滑油泵前，应关闭冷油器进水阀。

14-56 高压启动油泵工作失常应如何处理?

答：高压启动油泵工作失常应做如下处理：

(1) 汽轮机在启动过程中，转速在2500r/min以下时，若高压启动油泵发生故障，应立即启动交流或直流润滑油泵停机。

(2) 若转速在 2500r/min 以上时，应立即启动交流或直流润滑油泵，迅速提高汽轮机转速至 3000r/min。

(3) 若转速在 2500r/min 以下，高压启动油泵发生故障，启动交流或直流润滑油泵也发生故障时，应迅速破坏真空紧急停机。

14-57 简述汽轮机油系统着火的危害。

答：汽轮机油系统着火，通常是瞬间爆发且火势凶猛不易控制，如不能及时切断油源、热源，火势将迅速蔓延扩大，以致烧毁设备和厂房，甚至危及人身安全，损失极大。

14-58 汽轮机油系统着火的原因有哪些?

答：汽轮机油系统着火的主要原因如下：

(1) 油系统着火，必须具备两个条件：①有油漏出；②附近有未保温或保温不良的高温热体。汽轮机油燃点只有 200℃左右，当其落至表面温度高于 200℃的热体上时，就会立即起火。

(2) 设备的结构有缺陷或检修安装质量不良，如油管由于布置或安装不良，运行中发生振动；油管法兰与某些热体无隔离装置；油动机、阀门、管接头等部件没有紧固好；法兰接合面使用了胶皮垫或塑料垫不能耐高温；法兰垫未放正，螺栓未拧紧等。

(3) 由于外部原因（如油管被击破、氢系统爆炸）造成油系统大量漏油，引起着火。

14-59 汽轮机油系统着火对润滑油系统运行有何规定?

答：汽轮机油系统着火对润滑油系统运行有如下规定：

(1) 油系统着火紧急停机时，只允许使用润滑油泵进行停机。

(2) 当润滑油系统着火无法扑灭时，将交直流润滑油泵自启动开关连锁解除后，可降低润滑油压运行；火势特别严重时，经值长同意后可停用润滑油泵。

(3) 油系统着火，火势严重需开启油箱事故放油阀时，应根据情况调节事故放油阀，使转子停止前，润滑油不中断。

14-60 汽轮机油系统着火应如何处理?

答：汽轮机油系统着火应做如下处理：

(1) 发现汽轮机油系统着火时，要迅速采取措施灭火，通知消防队并报告领导。

(2) 在消防队未到之前，注意不使火势蔓延至回转部位及电缆处。

(3) 火势蔓延无法扑灭，威胁机组安全运行时，应破坏真空紧急停机。

(4) 根据情况（如主油箱着火），开启事故放油阀，在转子未静止之前，维持最低油位，通知电气排出发电机内氢气。

(5) 油系统着火紧急停机时，禁止启动高压启动油泵。

14-61 防止汽轮机油系统着火的技术措施有哪些?

答: 防止汽轮机油系统着火的技术措施如下：

(1) 油系统的布置应尽量远离高温管道，油管最好能布置在低于高温管道的位置。油管的连接应尽量少用法兰、螺栓，尽可能使用焊接。

(2) 汽轮机油管道要有牢固的支吊架和必要的隔离罩、防爆箱。油系统仪表应尽量减少交叉，以防在运行中发生振动磨损。高压油管的管接头宜按高一级选用，不许采用铸铁或铸铜的阀门。在某些大型机组（引进型300MW）上将压力油管放在无压力的油管内，油泵、冷油器放在主油箱内，显然对防火很有利。

(3) 汽轮机油系统的安装与检修必须保证质量，阀门、法兰盘、接头的接合面必须认真研刮，做到接触良好，不渗不漏，管道不应蹩劲。油系统法兰接合面用的垫料，要采用软金属、隔电纸、青壳纸、耐油石棉板等耐油耐热的材料（厚度为1.5mm以内），不准在油管路上使用不耐油、不耐热的塑料、胶皮垫和石棉纸垫以及仅耐油不耐热的耐油胶皮垫，垫要放正；法兰螺栓要均匀拧紧；法兰螺栓的数量和质量要符合技术要求；锁母接头只能用软金属（如紫铜）垫圈。

(4) 油系统的阀门、法兰盘及其他可能漏油的部位附近不准有明火，必须有明火时要采取有效措施。附近敷设有高温管道或其他热体时，这些热体的保温应牢固完整，外包铁皮或玻璃丝布涂油漆。压力油管的法兰接头处应有护罩，防止漏油时直接喷射。保温层表面温度一般不应超过50℃，如有油漏至保温层内，应及时更换保温。此外，还需装设低位油箱，用以收集流入轴承座油槽内的油，疏油管应经常保持畅通。

(5) 运行人员应认真进行巡回检查，注意监视油压、轴承回油温度、轴承油挡处情况是否正常。当调节系统大幅度摆动或机组油管道发生振动时，应及时检查油系统管道是否漏油。发现油系统有漏油现象时，必须查明原因，及时修复，漏出的油要及时擦净。运行中发生系统漏油时，要加强监视，及时处理。如运行中无法消除，而有可能引起火灾事故时，应采取果断措施，停机处理。

(6) 事故排油阀应设两个钢质截止阀，其标志要醒目，油阀的操作把手应设在距油箱和密集的油管区间 5m 以外的地方且应有两个以上的通道可以达到，以防油系统着火后被火焰包围无法操作。为了便于紧急情况下能迅速开启，操作把手不允许上锁，但应挂有明显的“禁止操作”标志牌。

(7) 油系统安装完毕或大修后，应进行超压试验，以便于及早发现问题。

(8) 各发电厂应根据自己的具体设备情况，对汽轮机油系统着火事故的处理，做出切合实际的规定。汽轮机在运行中发生油系统着火，如属于设备或法兰接合面损坏喷油起火，应立即破坏真空停机，同时进行灭火。为了避免汽轮机轴瓦损坏，在破坏真空惰走时间内，应维持润滑油泵运行，但不得开启高压启动油泵。有防火门的机组应按规定操作防火门。当火势无法控制或危及油箱时，应立即打开事故放油阀放油。

(9) 现场应配备足够数量的消防器材，并经常检查，以保证其处于完好备用状态。汽轮机中间层顶部油管较多时，应设置灭火器以备急用。现场消防水源应保持足够的水压，消防栓和消防带应统一规格，完整好用，禁止挪作他用。厂房内必须有消防通道，并经常保持畅通。现场应建立消防责任制度，有关人员应经过消防训练，熟悉消防器材的使用方法并应定期进行消防演习。

在油箱等管道密集区的上方，最好能装设感烟报警探测装置和消防喷嘴，以便发生油系统着火时，能自动报警并向火源处喷洒灭火剂。

(10) 在汽轮机平台下布置和敷设电缆时，要考虑防火的问题，电缆进入控制室电缆层处和进入开关柜处应采取严密的封闭措施。

对使用弱电选线控制的系统，为了便于迅速处理事故，对部分重要开关可考虑增加强电控制。

(11) 禁止在油管道上进行焊接工作。在拆下的油管上进行焊接时，必须事先将管子冲洗干净。在油区、油管道附近作业时，要认真执行动火操作票和执行危险因素控制卡制度，要有避免明火溅落到油区及油管的措施，并应有可靠的安全措施。

14-62 厂用电全停事故的原因有哪些?

答: 厂用电全停事故的原因如下:

(1) 由于发电厂内部的厂用电、热力系统或其他主要设备的故障，处理不当导致机炉全部停运，全厂出力降为零，造成全厂停电。

(2) 由于发电厂和电网的联络线故障跳闸，使地区负荷很大的发电厂发出的功率远远小于负荷，引起发电厂严重低频率、低电压，此时如果处理不当，可能造成发电机组全停，以致全厂停电。

（3）发电厂的主要母线发生故障，使大部分发电机组被迫停机，并波及厂用系统的正常供电时，也可能发展为全厂停电。

（4）发电厂运行人员误操作，致使保护装置的一、二次方式不对应，或者造成某些主要设备，如主变压器、厂用电母线等失电，在某些情况下，可能扩大为全厂停电事故。

可见，厂用电全停事故是发电厂的综合性事故，是多种单一事故互相牵制并发展的结果。

14-63 厂用电全停的现象有哪些？

答：厂用电全停的现象：交流照明灯灭，事故照明灯亮；事故喇叭报警；运行设备突然停止，备用设备不联动，运行设备电流表指示到零；各泵出口压力急剧下降；主、再热蒸汽压力、温度及凝汽器真空下降等。

14-64 厂用电全停的处理原则是什么？

答：厂用电全停事故发生以后，运行值班人员应该在值长的统一指挥下进行事故处理，并应遵循以下基本原则：

（1）尽量限制发电厂内部的事故发展，消除事故根源并解除对人身和设备的威胁。

（2）尽快隔离故障点，倒换系统运行方式，准备恢复厂用电运行。

（3）如果是厂用电电源部分故障，不能尽快恢复时，可立即启动发电厂内的柴油发电机组运行，优先恢复厂内机组保安电源供电。

（4）如果事故发生在发电机组保安电源系统上，且又无法立即恢复，要求尽快与调度联系，准备利用外来电源（如系统联络线送电等）供电。

（5）单元制发电机组厂用电全部中断时，除积极恢复厂用电外，还应立即将单元制发电机组的负荷减至零，将各厂用电动机操作控制开关断开，防止给水泵等电动机倒转。

（6）立即启动直流润滑油泵和直流密封油泵，手打危急保安器紧急停机，同时还应注意检查监视发电机组各参数是否在安全允许范围内。对机组的真空系统、轴封系统、回热系统、冷却水系统等进行必要的切换操作。

（7）根据汽温、汽压、真空、凝汽器水位情况决定汽轮机的运行状态。

（8）如果是电网故障引起厂用电失电，应当考虑发电机组与电网解列的运行方式，但此时必须有上级调度的命令方可进行解列操作。

（9）厂用电中断，如长时间不能恢复，汽轮机转子静止，无法进行电动盘车，要立即手动定期盘车，测量大轴晃动度。当电源恢复后，应在大轴晃动度较小的情况下，投入连续盘车。

14-65 厂用电中断为何要打闸停机？

答：厂用电中断，所有的电动设备都停止运转，汽轮机的循环水泵、凝结水泵、射水泵都将停止，真空将急剧下降，处理不及时，将引起低压缸排大气安全阀动作。由于冷油器失去冷却水，润滑油温迅速升高，定子冷却水泵的停止又引起发电机温度升高，对双水内冷发电机的进水支座将因无水冷却和润滑而产生漏水，对于氢冷发电机、氢气温度也将急剧上升，给水泵的停止，又将引起锅炉断水。由于各种电气仪表无指示，失去监视和控制手段。可见，厂用电全停，汽轮机已无法维持运行，必须立即启动直流润滑油泵、直流密封油泵，紧急停机。

14-66 厂用电失电后为什么要将原运行设备的断路器断开？

答：因为，如果原运行设备的断路器仍在启动位置不断开，当厂用电恢复时，这些设备同时启动，使厂用电电流太大、厂用电变压器过负荷。所以，在厂用电失电时，要断开原运行设备的开关。

14-67 汽轮发电机组振动的原因有哪些？

答：汽轮发电机组发生振动的原因如下：

(1) 机组在运行中中心不正，引起振动。

1) 机组启动时，如暖机时间不够、升速或加负荷太快，将引起汽缸受热膨胀不均匀，或者滑销系统卡涩，汽缸不能自由膨胀，均会使汽缸转子相对歪斜，机组产生不正常的位移，从而引起振动。

2) 机组在运行中，若真空下降，将使排汽缸温度升高，后轴承上抬，因而破坏机组的中心，引起振动。

3) 联轴器安装不正确，中心没有找准确，因此运行中发生振动，且此振动是随负荷增加而增大的。

4) 在机组蒸汽温度超过额定值的情况下，膨胀差和汽缸变形增加，如高压轴封向上抬起等，这样会造成中心移动而引起振动。

(2) 转子质量不平衡，引起振动。

1) 运行中叶片折断、脱落或不均匀磨损、腐蚀、结垢，使转子发生质量不平衡。

2) 转子找平衡时，平衡质量选择不当或安装位置不当，转子上某些零部件松动，以及发电机转子绕组松动或不平衡等，均会使转子质量不平衡。

(3) 转子发生弹性弯曲，即使不引起动、静部分摩擦，也会引起机组振动。

(4) 轴承油膜不稳定或受到破坏，将会使轴瓦烧毁，从而因受热引起轴颈弯曲，以致造成剧烈振动。

(5) 汽轮机内部工作叶片和导向叶片相摩擦，通流部分辐向间隙不够或安装不当，以及隔板弯曲、叶片变形等，均会引起摩擦而产生振动。

(6) 当蒸汽中带水进入汽轮机而发生水冲击时，将造成转子轴向推力增大并产生很大的不平衡扭力，使转子产生剧烈振动。

(7) 发电机内部故障，如发电机转子与定子之间的空气间隙不均匀、发电机转子绕组短路等，均会引起机组振动。

(8) 汽轮机外部零件（如地脚螺栓、基础等）松动，也会引起机组振动。

14-68 汽轮发电机组振动过大有哪些危害?

答: 由于汽轮发电机组是高速回转设备，因而在正常运行时，通常有一定程度的振动，但汽轮发电机机组振动过大的危害主要表现在以下几个方面:

(1) 动、静部分发生摩擦。在机组振动过大时，就会发生动、静部分摩擦，造成轴封及隔板汽封磨损如果处理不当，还会引起大轴弯曲、设备损坏等重大事故。发电机的过大振动，还会引起风挡等动、静部件的摩擦损伤。

(2) 加速一些零部件的磨损。机组过大的振动，会引起一些零部件的磨损，不但降低这些零部件的寿命，而且还会诱发其他故障。

(3) 造成一些部件的疲劳损坏，如轴承乌金的碎裂、脱胎。

(4) 造成紧固件的断裂和松脱。损坏设备基础和周围的建筑物。

(5) 直接或间接造成设备事故，如危急保安器的误动、发电机冷却水管的破裂。

(6) 降低机组的经济性，如汽封间隙的扩大、漏汽量增加。

14-69 大容量汽轮发电机组的振动现象具有哪些特征?

答: 大容量汽轮发电机组的振动现象具有以下几个方面特征:

(1) 临界转速降低，轴系临界转速分布复杂。高、中、低压转子及发电机转子的一阶临界转速均在额定转速以下，再加上基础框架和轴承座等可能具有较低的自振频率，这样在工作转速下，轴系就具有很多个临界转速和共振转速，以致在启动升速过程中，需要通过多个临界转速，易诱发共振。

(2) 轴系的平衡工作更加复杂。由于大功率汽轮发电机组轴系及连接支撑系统的复杂性，每个转子的不平衡所引起的轴承和轴颈的振动又互相影响，再加上运行工况对支撑状态的影响，致使转子质量不平衡所造成的机组振动问题更加突出，同时也给轴系的平衡工作增加了困难。

(3) 容易出现不稳定的振动现象。随着机组容量增加，轴颈尺寸不断增大，轴瓦的压比逐渐降低，同时转子的临界转速也在降低，轴瓦工作不稳定的因素增多，极易产生不稳定的振动。

(4) 容易发生轴系扭振。随着机组单机容量的增加，汽轮机转子由一个刚性体转变为弹性体，具有各种低频的轴系扭转振动的固有频率以及电网的扰动也会导致轴系扭转振动。

14-70　汽轮发电机组的不稳定振动类型有哪些？

答：汽轮发电机组的不稳定振动主要有以下几种类型：

(1) 汽轮机支撑系统复杂，当运行工况变化或状态变化时，由于轴承的热膨胀和变形量不同，轴承的标高发生变化，引起轴承的载荷重新分配，轻载的轴承容易产生不稳定振动。

(2) 一阶临界转速在额定转速的1/2以下，容易激发轴瓦的油膜自激振荡。

(3) 随着机组进汽参数的提高，转子单位面积的蒸汽通流量增加，这样，转子径向流量偏差所引起的不平衡力矩也随之增加，也会引起轴瓦的自激振荡（又称间隙振荡）。

(4) 大容量汽轮机动、静部分间隙较小，热变形较大，容易引起动、静部分摩擦，最终导致摩擦自激振荡。

14-71　什么是转子的强迫振动？其振动有哪些特点？

答：在外界干扰力的作用下，转子产生的振动称为强迫振动。

转子产生强迫振动的主要特点：振动的频率和转子的转速一致，波形多呈正弦波，除在临界转速以外，振动的幅值随转速的升高而增大，且与转速的平方成正比。

14-72　引发汽轮发电机组发生强迫振动的因素有哪些？其各自的特征是什么？

答：引发汽轮发电机组发生强迫振动的因素及其各自的特征如下：

(1) 转子质量不平衡或叶片断落。由于转子质量不平衡所引起强迫振动的主要特征是振动频率和转子转速相一致。振动波形为正弦波，其振幅的大小和转速的平方成正比。

对于挠性转子，由于叶片断落等原因造成的转子不平衡，在工作转速下的振动变化可能不够明显，但在临界转速附近则表现得非常突出。

（2）汽轮发电机组转子中心不正或联轴器松动。转子中心不正是指相邻转轴的同心度和倾斜度超标，其振动主频率是转速的两倍频，但也有转速的分量。振幅的大小与负荷、不对正程度有关。

对于活动式联轴器，如果中心连接不正或联轴器本身有缺陷，在机组并列或解列以及负荷变化的过程中，振动会产生突变现象，但与运行时间长短无关。

（3）汽轮机滑销系统卡涩，膨胀受阻，膨胀不均。当汽轮机膨胀受阻时，将会引起轴承之间的标高变化。导致转子中心破坏，同时还会改变轴承座与台板之间的接触状态，从而减弱了轴承区的支撑刚度，有时还会引起动、静部分摩擦，造成转子新的不平衡。

这类振动通常表现为振动随着负荷的增加而增大，但随运行时间延长振动有减小的趋势。振动的频率和转速一致，波形近似为正弦波。当遇到此类情况时，可适当延长暖机时间，减少负荷变化速度，以改善机组的振动情况。

（4）电磁干扰力引起的振动。主要是发电机转子与定子之间磁场分布不均造成的。转子与定子之间空气间隙不均匀造成的磁通不均匀分布、转子匝间短路等，均会引起机组振动。

（5）支撑刚度不足、连接件螺栓松动和共振。因为有阻尼的强迫振动的振幅与激振力、动力放大系数成正比，与支撑刚度成反比，所以在动力放大系数不变时，即使激振力的大小不变，当支撑刚度降低时，振动也会增大。刚度下降又会使振动系统的共振频率降低，动力放大系数也随之发生变化，这样就有可能使系统的振动频率更加接近工作转速而发生共振。

振动系统的支撑刚度不足所引起的振动与转子质量不平衡所产生的振动相似，但有时会出现高次谐波。

（6）轴瓦松动或轴承工作不正常。轴瓦因安装时紧力不足或经受长期的振动后，会产生在洼窝中松动的现象。这不仅造成轴承振动（尤其是轴振动）的增加，同时还伴有较高的噪声。

（7）热不平衡。有不少汽轮发电机组的振动随着转子的受热状态发生变化，即转子的温度升高时，振动增大，其原因是由于转子沿横截面方向受到了不均匀的加热和冷却，膨胀不均等，使转子产生了沿圆周方向的不规则变形。

（8）转子出现裂纹。当转于出现裂纹时，该裂纹就可能从转子的表面向纵深扩展，最终结果将带来灾难性的损坏。机组振动增大是裂纹扩展的重要特征。在振动波形中包含有运行转速的两次或三次谐波分量。

（9）随机振动。当汽轮发电机组的转子受到不规则冲击时，将会产生随机振动，即振动的频率、振幅都在不断地发生不规则的变化。在振动的波形上找不到相同的形状，其间既包含冲击强迫振动又包含自由振动。

14-73 汽轮机膨胀不均匀为什么会引起振动？如何判断振动是否是由于膨胀不均匀造成的？

答：汽轮机膨胀不均匀，通常是由于汽缸膨胀受阻或加热不均匀造成的，这时将会引起轴承的位置和标高发生变化，从而导致转子中心发生变化。同时还会减弱轴承的支撑刚度，改变轴承的荷载，有时还会引起动、静部分摩擦，所以在汽轮机膨胀不均匀时会引起机组振动。

这类振动的特征，通常表现为振动随着负荷或蒸汽温度的升高而增大。但随着运行时间的延长（工况保持不变），振动逐渐减小，振动的频率和转速一致，波形呈正弦波。根据上述特点，即可判断振动是否是由于膨胀不均匀造成的。

14-74 造成转子幅向不规则热变形的原因主要有哪些？

答：造成转子幅向不规则热变形的原因主要如下：

（1）转子材质残余应力过大。受热后在一定的温度下，由于应力释放使大轴产生弯曲变形。

（2）转子材质横断面上纤维组织不一。当转子温度升高后，由于膨胀不均匀，造成大轴热弯曲，而当转子冷却后，往往又会自然变直。

（3）转子套装件失去紧力或紧力不足。当发电机套箍、汽轮机叶轮等与大轴产生温差时，就可能松动。这时，由于套装件与大轴的间隙不均匀使大轴受热不均而产生热弯曲。

（4）转子套装件之间的膨胀间隙不均匀且间隙不足时，转子受热膨胀就会出现很大的轴向力，从而使大轴产生热弯曲。

（5）转子中心孔进油或进水。当转子中心孔和旋转中心不重合时，油膜在圆周方向分布不均匀，使转子在圆周方向受热不均，从而造成大轴热弯曲。

（6）发电机转子线包匝间短路、通风孔堵塞、线包在径向不对称热膨胀等，都会使转子产生热不平衡。

（7）转轴局部摩擦。汽轮发电机组的动、静部分摩擦是现场经常遇到的问题，转子在高速运转中，由于或多或少地存在着质量不平衡，而不平衡质

量产生的离心力又必然会造成转子弯曲变形，所以一旦发生动、静部分摩擦，总是首先发生在挠曲凸面的局部。这种转子局部摩擦受热膨胀，使转子产生热弯曲。局部动、静部分摩擦引起的转子热弯曲，在不同的转速下，有着不同的表现形式。减小碰磨的几率，可以通过减小原始振动和改善运行工况来实现。

14-75 机组运行中发生的随机振动主要有几种情况？

答：机组运行中发生的随机振动主要有以下几种情况：

（1）停机后再启动时，振动幅值和相位都发生较大的变化，其原因通常有以下几点。

1）平衡重块移动，转子上或中心孔内有活动的零件。

2）套装件紧力不足。

（2）在振动增加的同时有明显的冲击声，这时应注意检查转子的零部件，如动叶片及其连接件等是否飞脱。

（3）运行中振动增大，但在1～2h后又恢复正常或维持在稍大于以前的振动水平上，这时应注意检查汽封磨损情况和转子受热部件是否有可能与水接触。

（4）如在运行中振幅变化很大，在振幅变化的一个周期内相位变化360°，这时应注意检查转轴与密封材料、整流子之间的磨损情况，这类现象多发生在励磁机上。

14-76 滑动轴承的润滑油膜自激振动是如何产生和得以保持的？

答：转子高速转动时，其轴颈中心由于外界扰动使得其轴颈中心偏离轴承中心产生一个小的位移。这时偏离轴承中心的轴颈必然受到油膜的弹性恢复力的作用，这个弹性恢复力有迫使轴颈返回原位的趋势。由于轴颈的偏移，油流产生的压力分布发生了变化，在小间隙的上游侧，油流从大间隙进入小间隙，故形成高压；下游侧，油流从小间隙流向大间隙，故压力较低。这个压差的作用方向垂直于径向偏移线的切线方向，迫使转轴沿着垂直于径向偏移线方向（切线方向）进行同向涡动，涡动方向和转动方向是一致的。一旦发生涡动以后，转轴围绕平衡位置涡旋而产生的离心力又将进一步加大轴颈在轴承内的偏移量，从而进一步减小这个间隙，使小间隙上游和下游的压差更大，也使转轴涡动的切向力更大。如此周而复始，因而形成自激。

14-77 半速涡动是怎样产生的？

答：半速涡动产生的原因：当轴颈在充满润滑油的圆筒轴承中以固定的

角速度旋转时，因受外界干扰，使轴颈中心偏离中心位置，油膜间隙通道不再是等截面的，并使流经轴承间隙最小截面和最大截面流量产生偏差。这时为了容纳这个差额，油量增多的一侧就要推动轴颈向油量减少的一侧移动。移动的方向是垂直于偏心距的，从而迫使轴颈中心绕着平衡位置发生涡动。由于轴承两端存在漏流，减小了最大和最小间隙截面流量的差额，因此要求轴颈涡动让出的空间减小，这样涡动速度就有所降低，略低于当时转速的1/2。当转子的临界转速高于1/2工作转速时，在升速过程中，这种半速涡动不可能与转子的第一临界转速发生共振，因此涡动的振幅始终是不大的，这时半速涡动对机组安全一般不会造成严重威胁。

14-78　油膜振荡是怎样产生的？

答：转子在失稳转速以前转动是平稳的，一旦达到失稳转速，随即发生半速涡动。以后继续升速，涡动速度也随之增加并总是保持着约等于转速一半的比例关系，当继续升速达到第一临界转速时，半速涡动会被更剧烈的临界转速的共振所掩盖，越过第一临界转速后又重表现为半速涡动。当转速升高到两倍于第一临界转速时，由于半速涡动的涡动速度正好与转子的第一临界转速相重合，此时的半速涡动将被共振放大，从而表现为剧烈的振动，这就是油膜振荡。

14-79　什么是油膜振荡的惯性效应？

答：油膜振荡一旦发生之后，振动的主频率就始终保持着等于临界转速的涡动速度，而不再随转速的升高而升高，这一现象称为油膜振荡的惯性效应。因此遇到油膜振荡发生时，不能像过临界转速那样借提高转速冲过去的办法来消除。

14-80　油膜振荡的特征有哪些？

答：油膜振荡的特征如下：

（1）始终保持着等于临界转速的涡动速度，而不再随转速的升高而升高。

（2）升速时发生油膜振荡的转速要比降速时油膜振荡消失的转速要高些。

14-81　什么是轴系扭振？

答：轴系扭振是指组成轴系的多个转子，如汽轮机的高、中、低压转子，发电机、励磁机转子等之间产生的相对扭转振动。

14-82 电力系统的扰动对轴系扭振有哪些影响?

答：电力系统出现的各种较严重的电气扰动和切合操作都会引起大型汽轮发电机组轴系扭振，从而产生交变应力并导致轴系疲劳或损坏，只是其影响程度随运行条件、电气扰动和切合操作方式、频率（次数）等不同而异。其中影响较大的可归纳为以下四个方面：

（1）电力系统故障与切合操作。通常的线路开关切合操作，特别是功率的突变和频繁的变化，手动、自动和非同期并网；输出线路上各种类型的短路和重合闸等都会激发轴系的扭振并造成疲劳损伤。

（2）发电厂近距离短路和切除。发电厂近距离（包括发电机端）二相或三相短路并切除以及不同相位的并网，都会导致很高的轴系扭转机械应力。

（3）电力系统次同步振荡。在电力系统高压远距离输电线路上，当采用串联补偿电容用以提高输电能力时，该电容器同被补偿的输电线路的电感，将构成 L-C 回路并产生谐振。当电网频率与上述的谐振频率的差值与轴系某一机械固有扭振频率相同或接近时，则上述的电气谐振与机械扭振合拍并相互激励，从而给机组轴系的安全运行造成严重的威胁。由于电气谐振频率低于电网频率，通常称为次同步振荡。

（4）电力系统负序电流。发电机定子绕组中的负序电流可由三相负荷不平衡、各种不对称短路、断线故障引起。负序电流相当于一个外力源，因此由负序电流产生的轴系扭振有别于上述的自激扭振，并称为强迫扭振。负序电流在电机中产生的旋转磁场与转子的励磁磁场相互作用，并产生交变转矩作用在轴系上，如果这一交变转矩的频率同机组轴系某一个固有的扭振频率重合，就会激发起轴系的扭振。

14-83 预防和抑制轴系扭振的措施有哪些?

答：预防和抑制轴系扭振的措施可以从设计制造、运行方式、机电配合、在线监测等几个方面针对不同的情况采取相应的措施。

设计制造包括汽轮发电机轴系扭振频率、绕组的设计、选材工艺和机械加工，输电系统的线路的结构方式、继电保护、控制手段，以及串联电容补偿方式的设计与选择等。

运行方式是指在满足输电的条件下，尽量避免采用可能导致高轴系扭振应力的运行方式。

在线监测是利用机组扭振在线监测装置准确测量系统冲击所造成的轴系扭振的损伤。

实际运行中，当发生发电机短路、机组甩负荷等事故时，严格监视机组的振动变化，尤其是机组受到电力系统重大扰动时引起的振动变化，在一定程度上可以监督轴系的扭振造成的轴系损坏。

14-84　什么是机组的振动烈度？

答： 机组的振动烈度为所测得的振动速度的最大有效值，即以振动速度的均方根值表示，振动烈度通常用测振仪直接测量，也可以用振动的主频率和振幅 A 进行换算，计算公式为

$$V_{\mathrm{rms}}=\frac{A\omega}{2\sqrt{2}}\quad 或\quad A=\frac{2\sqrt{2}}{\omega}V_{\mathrm{rms}} \tag{14-1}$$

$$\omega=2\pi f \tag{14-2}$$

式中　V_{rms}——振动烈度，mm/s；

A——振动的双振幅值，mm；

ω——转子转动角速度，rad/s；

f——角频率，s^{-1}。

14-85　汽轮发电机组发生异常振动的处理方法有哪些？

答： 汽轮发电机组发生异常振动的处理方法如下：

(1) 运行中机组突然发生强烈振动或清楚地听到机内有金属摩擦声时，应立即破坏真空紧急停机。

(2) 汽轮机振动超过正常值时，应及时检查或调整润滑油压、油温，或进行减负荷，使其恢复正常。振动过大超过规定极限值时，应紧急停机。

(3) 机组发生异常振动时，还应检查负荷、调节汽阀开度、汽缸膨胀情况、机组内部声音，了解发电机、励磁机工作情况，检查蒸汽参数，真空、胀差、轴向位移、汽缸金属温度等是否发生了变化。

(4) 在加减负荷中出现异常振动时，应恢复原负荷。

(5) 机组在启动升速中若出现异常振动且振动超出规定值，应立即打闸停机，并进行连续盘车。待查明原因，消除缺陷后再进行启动，再次启动时，应特别注意监视各轴承振动。

(6) 引起振动的原因较多，值班人员发现振动增大时，要及时汇报，并对振动增大的各种运行参数进行记录，以便查明原因加以消除。

14-86　防止机组异常振动的措施有哪些？

答： 防止机组异常振动的措施如下：

(1) 运行方面。

1) 机组应有可靠的振动监测、保护系统，且正常投入，便于及时监视，

对照分析。

2）大轴晃动度，上下汽缸温差、胀差和蒸汽温度任何一项不符合规定时，严禁启动机组。

3）启动升速时，应迅速、平稳地通过临界转速。中速以下，汽轮机的任一轴承振动达到 0.03mm 以上或任一轴承处轴振动超过 0.12mm 时，不应降速暖机，应立即打闸停机，查找原因。

4）运行中突然发生振动时的常见原因是转子平衡恶化和油膜振荡。如因掉叶片或转子部件损坏，动、静部分磨损引起热弯曲而导致振动，应立即停机。如发生轻微的油膜失稳，则无需立即停机，应首先减负荷，提高油温，若振动仍不见减小再停机。

5）运行中的润滑油温不应有大幅度的变化，尤其不能偏低。

6）机组不允许在轴承振动不合格的情况下长期运行。

（2）检修方面。在现场为了防止和消除油膜振荡，可以采取以下几项检修措施：

1）增加轴承比压。增加轴承比压就是增加在轴瓦单位垂直投影面积上的轴承荷载，从而提高轴承工作的稳定性。增加轴承比压最方便的办法是调整联轴器中心。但这种方法的缺点是调整幅度有限，且只适用于刚性和半挠性联轴器附近的轴瓦。在现场应用最多的方法是缩短轴瓦长度，即降低长径比。国产 200MW 和 300MW 汽轮发电机组发生的油膜振荡，都是通过改变轴瓦的长径比消除的。

2）降低润滑油的黏度。润滑油的黏度越大，油分子间的凝聚力也越大，轴颈旋转时所带动的油分子也越多，油膜厚度就越大，稳定性也越差。因此，降低润滑油的黏度对油膜的稳定性是有利的。电厂中为降低润滑油黏度，可以改变汽轮机润滑油的牌号，如 30 号换成 22 号。当然最简单易行的办法是提高轴瓦进油温度。

3）减小轴瓦顶部间隙，扩大两侧间隙，这就是增加轴承的椭圆度。经验证明，这一措施对改善轴承工作的稳定性，效果是显著的。

4）增大上瓦的乌金宽度，以便形成油膜，增加轴瓦稳定性。

5）换用稳定性好的轴瓦，如使用可倾瓦。这种瓦块可以绕支点摆动，每个瓦块只形成收敛油楔，因而不会产生失稳分力。此外，用椭圆瓦代替三油楔瓦，也能消除油膜自激振荡。

6）充分平衡同相的不平衡分量。因为发生油膜振荡时，转轴在轴瓦内呈弓状涡动，两端轴承振动的相位相同。若将转轴原有不平衡同相分量尽量减少，即可大大降低第一临界转速下的共振放大能力，使油膜振荡的振幅减小。

14-87　预防和消除摩擦自激振动、间隙自激振动以及其他原因引起的半速涡动的措施是什么?

答：预防和消除摩擦自激振动、间隙自激振动以及其他原因引起的半速涡动的措施，与消除油膜自激振荡所采取的措施基本上相类似，基本原则都是围绕提高轴瓦的工作稳定性和减小转轴对轴承的扰动力这两个方面采取措施的。但最简便有效的办法，还是针对引起自激振动的主要原因，采取相应的措施。例如，消除摩擦自激振动最有效的办法就是避免在运行中发生动、静部分摩擦；消除间隙自激振动最有效的办法就是保持转子和汽缸的同心度，合理地调整动、静部分间隙。此外，还可以在动叶片复环的固定齿封中间加装导流片，从而对间隙中汽体圆周运动起阻尼作用并减少涡流。改变调节汽阀的投入顺序或关闭引起振动的调节汽阀，从而改变蒸汽对转子圆周方向的作用力，通常对消除或改善间隙自激振动也会产生明显的效果。

第十五章　其他事故分析与处理

15-1　主蒸汽温度下降应如何处理？其突降有何危害？

答： 主蒸汽温度下降应联系锅炉恢复汽温，汽温继续下降应按规程规定减负荷，同时开启主蒸汽管及本体疏水阀。减负荷过程中，汽温过热度不应低于150℃，否则应故障停机。蒸汽温度降低，联系锅炉恢复无效时，应采用开启旁路降压；如汽温下降较快，10min内突降50℃，应立即打闸停机。

主蒸汽温度突降，可能是机组发生水冲击的预兆，而水冲击将会引起整个机组的严重损坏。此外，汽温突降还将引起机组部件温差增大，热应力增大；还会使机组胀差负向增大，甚至发生动、静部分摩擦，严重时导致设备损坏。所以在发生汽温突降时，应按规程规定进行处理，同时还应加强对机组运行情况的监视与检查。汽温突降往往不是两侧同时发生，因此还要注意两侧温差，超限后按有关规定处理。

15-2　主蒸汽温度升高应如何处理？

答： 主蒸汽温度升高应做如下处理：

（1）主蒸汽温度应在允许范围内变化，超出时应联系锅炉降低温度。

（2）主蒸汽温度升至最高允许值时，应报告值长、联系锅炉迅速采取措施。如规程规定的时间内不能恢复，应故障停机。

（3）主蒸汽温度急剧升高到最高允许值以上，汇报值长，要求立即打闸停机。

（4）如主蒸汽温度10min内上升50℃，应立即打闸停机。

15-3　主蒸汽压力变化异常有什么危害？

答： 在其他参数条件不变的情况下，主蒸汽压力升高会引起进入汽轮机的蒸汽流量加大，同时在一定压力提升范围内整机的焓降也会增大。但汽压升高过大，蒸汽管道内、阀门汽室内以及法兰螺栓中的应力便会增大。当超过了应力极限时，就有拉断的危险，即使当时应力低于极限值，但超过正常工作应力时，长期运行也会减少零部件的使用寿命。

主蒸汽压力降低会引起理想焓降下降。如汽压降低太多，汽轮机就带不到满负荷。

15-4 主蒸汽压力过高应如何处理？

答：当发现主蒸汽压力超过允许值时，应联系锅炉采取降压措施，对汽轮机也可采取开启旁路阀或用电动主阀门节流降压。如不能立即恢复，主蒸汽压力继续上升到最大允许值，应汇报值长，故障停机。

15-5 主蒸汽的压力和温度同时下降应如何处理？

答：主蒸汽的压力和温度同时下降应按主蒸汽温度下降进行处理。主蒸汽压力降低将使汽耗增加，经济性降低，末级叶片易过负荷，应通知锅炉减负荷。单元制机组锅炉的处理方法包括适当减负荷。主蒸汽温度下降时，汽耗要增加，经济性降低，除末级叶片易过负荷外，其他压力级也可能过负荷，机组轴向推力增加，且末级湿度增大易发生水滴冲蚀。主蒸汽温度突降是水冲击的预兆，所以主蒸汽温度降低比主蒸汽压力降低更危险。主蒸汽的压力和温度同时降低时，如负荷也降低，则对设备安全不构成严重威胁，如主蒸汽温度降低，规程明确规定了要减负荷。所以主蒸汽的压力和温度同时降低，按主蒸汽温度降低处理比较合理；若不减负荷，末级叶片过负荷的危险较大。

主蒸汽温度降低处理中规定，负荷下降到一定的程度是以蒸汽过热度为处理依据的，这时的主要危险是水冲击，主蒸汽压力降低对设备安全已不构成威胁，当然以主蒸汽温度降低处理要求进行合理处理。但要遵循以下原则：中、小型母管制蒸汽系统的机组，主蒸汽的压力和温度同时下降时，一般规定以主蒸汽压力下降的规定进行处理。大容量单元机组的处理则按主蒸汽温度下降的规定处理。

15-6 主蒸汽的压力、温度同时下降时应注意哪些问题？

答：主蒸汽的压力、温度同时下降时应注意如下问题：

（1）主蒸汽的压力、温度同时下降时，应联系锅炉要求恢复正常，并报告值长要求减负荷。

（2）主蒸汽的压力和温度同时下降的过程中，应注意高压缸胀差、轴向位移、轴承振动、推力瓦温度等数值，并应严格监视主汽阀、轴封、汽缸接合面是否冒白汽或溅出水滴，发现水冲击时，应紧急停机。

（3）主蒸汽压力、温度同时下降，虽有150℃过热度，但主蒸汽温度低于调节汽室上部温度50℃以上时汇报值长，要求故障停机。

15-7 主蒸汽和再热蒸汽两侧温差过大有何危害？

答：由于锅炉原因，使汽轮机高、中压缸两侧进汽温度产生偏差，如两侧进汽温差过大，将使汽缸左右两侧受热不均匀，会产生很大热应力，使部件损坏或缩短使用寿命，热膨胀也不均匀，致使汽缸动、静部分产生中心偏斜，造成动、静部分摩擦，机组振动，严重时将损坏设备。因此，当两侧进汽温差太大时，应按规程规定进行处理，两侧进汽温差超过80℃时，应故障停机。

15-8 机组负荷突升、突降的原因是什么？

答：机组负荷突升、突降的原因如下：

(1) 汽轮机控制系统异常或调节汽阀动作失常。

(2) 高、低压旁路阀误动或抽汽突然停用。

(3) 电网频率异常变化或锅炉运行失常。

15-9 机组负荷突升、突降应如何处理？

答：机组负荷突升、突降应做如下处理：

(1) 机组负荷突升或突降应对照有关表计分析原因，超负荷时应将其降至额定值及以下，分析确认汽轮机本体无异常。

(2) 若是由于锅炉异常变化引起负荷骤变的，要相应调整汽轮机的进汽量，以稳定蒸汽参数。若为电网系统异常引起，应尽可能适应负荷要求，但应防止超负荷运行。

(3) 若控制系统失常，应立即切为手动控制。

(4) 调节汽阀脱落时应根据允许流量带负荷。

(5) 如果调节汽阀卡涩，不得强行增减负荷。

15-10 运行中甩去部分负荷，发电机未与电网解列的特征是什么？

答：运行中甩去部分负荷，发电机未与电网解列的特征如下：

(1) 功率表指示突然大幅度降低，调节汽阀关小，各监视段压力相应降低。

(2) 频率正常，主蒸汽压力升高，旁路自动投入。

15-11 运行中甩去部分负荷，发电机未与电网解列应如何处理？

答：运行中甩去部分负荷，发电机未与电网解列应做如下处理：

(1) 调整旁路阀，维持锅炉正常燃烧，维持蒸汽温度、压力正常。检查正常后，联系加负荷到正常。

(2) 及时调整汽封压力，维持真空正常，严密监视和调整各加热器、凝汽器及除氧器的水位。

（3）甩负荷后，注意给水泵的流量，流量低再循环阀是否自动打开，维持给水泵正常运行。

（4）负荷加起来后，关闭旁路阀，调整各参数恢复正常。

15-12 汽轮发电机组甩负荷到零时汽轮机将有哪几种现象？

答：汽轮发电机组甩负荷到零时汽轮机将有以下几种现象：

（1）汽轮机调节汽阀关小，监视段压力降低，发电机与电网未解列，转速保持不变。

（2）若发电机与电网系统解列，汽轮机调节系统正常，能维持空负荷运转，转速上升又下降到一定值。

（3）发电机与电网解列，汽轮机调节系统不能维持空负荷运转，危急保安器动作，转速上升后又下降，主汽阀关闭。

（4）发电机与电网解列，汽轮机调节系统不能维持空负荷运转，危急保安器拒动，将会造成汽轮机严重超速。

15-13 汽轮发电机组甩负荷，汽轮机维持转速，危急保安器未动作有何特征？

答：汽轮发电机组甩负荷，汽轮机维持转速，危急保安器未动作的特征如下：

（1）电负荷指示到零。

（2）光字牌“油开关跳闸”信号出现。

（3）机组声音突变。

（4）机组转速升高，光字牌“汽轮机转速高”信号出现。高中压调节汽阀瞬间关闭1.5～2s后又部分开启，维持机组空转。

15-14 汽轮发电机组突然甩负荷，汽轮机维持转速，危急保安器未动作应如何处理？

答：汽轮发电机组突然甩负荷，汽轮机维持转速，危急保安器未动作应做如下处理：

（1）确认汽轮机本体无故障，维持转速至3000r/min。

（2）关小凝结水至除氧器进水调整阀，开启凝结水再循环阀，保证凝汽器水位，开排汽缸喷水装置。

（3）轴封汽源不足应切换为备用汽源供给。

（4）检查旁路是否动作，若未动作，可根据事故状况及锅炉要求开启或停用旁路系统。

（5）开汽轮机本体与各级抽汽疏水阀，开主蒸汽管、再热蒸汽管冷、热段疏水阀。

（6）检查轴向位移，高压缸胀差、主蒸汽参数等数值和推力瓦回油温度，测量机组振动。

（7）如机组各部正常，迅速并列带负荷。

（8）机组甩负荷恢复过程中，主蒸汽温度应尽量提高，机组不宜在较低主蒸汽温度下运行，同时带负荷要快。

15-15 汽轮发电机组突然甩负荷，危急保安器动作有何特征？

答：汽轮发电机组突然甩负荷，危急保安器动作的特征如下：

（1）电负荷指示到零，光字牌“主油开关跳闸”信号出现。

（2）转速升高后又下降，光字牌“汽轮机超速”信号出现。

（3）1、2号危急遮断器动作，高中压自动主汽阀、高中压调节汽阀及各段抽汽止回阀关闭。

15-16 汽轮发电机组突然甩负荷，危急保安器动作的原因是什么？

答：汽轮发电机组突然甩负荷，危急保安器动作的原因是发电机主油开关跳闸及调节系统异常。

15-17 汽轮发电机组突然甩负荷，危急保安器动作应如何处理？

答：汽轮发电机组突然甩负荷，危急保安器动作应做如下处理：

（1）确证自动主汽阀、调节汽阀、各段抽汽止回阀应关闭严密，转速下降。

（2）启动高、低压交流油泵。

（3）检查凝汽器水位正常，轴封系统自密封切换为高压汽源供给。

（4）若为供热机组，应关闭供热抽汽阀。

（5）其他按正常停机步骤操作。

（6）转子静止后，联系消除调节系统故障，超速试验合格后，方可启动机组。

15-18 汽轮发电机组甩负荷，汽轮机调节系统不能维持空负荷运行，汽轮机超速危急保安器拒绝动作的特征有哪些？

答：汽轮发电机组甩负荷，汽轮机调节系统不能维持空负荷运行，汽轮机超速危急保安器拒绝动作的特征如下：

（1）电负荷指示到零，光字牌“主油开关跳闸”信号出现。

（2）汽轮机转速升高到3330r/min以上，主油泵出口油压升高。

(3) 机组声音异常（转速升高发出的声音）。

(4) 主蒸汽压力升高，旁路自动联开。

15-19 汽轮发电机组甩负荷，汽轮机调节系统不能维持空负荷运行，汽轮机超速危急保安器拒绝动作应如何处理？

答：汽轮发电机组甩负荷，汽轮机调节系统不能维持空负荷运行，汽轮机超速危急保安器拒绝动作，应做如下处理：

(1) 迅速手打停机按钮，关闭高、中压自动主汽阀、调节汽阀和各抽汽止回阀。

(2) 如转速仍不下降，应检查关闭电动主汽阀，并破坏真空，使转速下降。

(3) 启动润滑油泵。

(4) 完成故障停机的其他操作。

(5) 查明并消除造成严重超速的原因后，做超速试验，危急保安器动作转速合格后，机组才能重新并网。

15-20 汽轮机主汽阀关闭，发电机未与电网解列的事故特征有哪些？

答：汽轮机主汽阀关闭，发电机未与电网解列的事故特征如下：

(1) 汽轮机转速不变，高、中压主汽阀、调节汽阀和各抽汽止回阀关闭。

(2) 发电机负荷到零，各监视段压力到零，主蒸汽压力升高。

(3) 旁路自动投入或根据锅炉要求手动打开。

15-21 汽轮机主汽阀关闭，发电机未与电网解列应如何处理？

答：汽轮机主汽阀关闭，发电机未与电网解列应做如下处理：

(1) 立即手动解列发电机，并有返回信号。

(2) 启动润滑油泵。

(3) 旁路系统应自动投入，如未投入，可根据锅炉要求手动打开。

(4) 调整凝汽器水位、汽封压力、给水压力、除氧器压力及水位。若除氧器汽源不足，应切换备用汽源供汽封。

(5) 完成故障停机的有关主要操作。

(6) 迅速查清汽轮机跳闸原因，如属保护正确动作，则应将机组停下，待事故原因查明并清除后方可重新启动。如果查出属于保护误动作，经领导同意后再启动，在投保护前，应由热工人员查明原因，消除缺陷。

15-22 汽水管道故障的处理原则是什么？

答：汽水管道故障的处理原则如下：

(1) 尽可能不使工作人员和设备遭受损害。

(2) 尽可能不停运运行设备。

(3) 先关闭进汽阀、进水阀，后关送汽阀、送水阀。

(4) 先关闭离故障点近的阀门，如无法接近隔绝总阀，再扩大隔绝范围，待可以接近隔绝点时，应迅速缩小隔绝范围。

15-23 高压高温汽水管道或阀门泄漏应如何处理?

答：高压高温汽水管道或阀门泄漏应做如下处理：

(1) 应注意人身安全，查明泄漏部位时，应特别小心谨慎，使用合适的工具，如长柄鸡毛帚等，运行人员不得破坏保温层。

(2) 高温高压汽水管道、阀门大量漏汽，响声特别大，运行人员应根据声音大小和附近温度高低，保持一定的安全距离。

(3) 做好防止他人误入危险区的安全措施。

(4) 按隔绝原则及早进行故障点的隔绝，无法隔绝时，请示上级要求停机。

15-24 汽水管道破裂、水击、振动应如何处理?

答：汽水管道破裂、水击、振动应做如下处理：

(1) 蒸汽管道或法兰、阀门破裂，机组无法维持运行时，应汇报值长进行故障停机，同时还应做到：①尽快隔绝故障点，并开启汽轮机房内的窗户放出蒸汽，注意切勿乱跑，防止被汽流吹伤、烫伤；②采取必要的防火及防止电气设备受潮的临时安全措施；③开启隔绝范围内的疏水阀、放空气阀，泄压放水。

(2) 蒸汽或抽汽管道水冲击时，应开启有关疏水阀，必要时停用该蒸汽或抽汽管道及设备并检查原因。如已发展到汽轮机水冲击，则应按照水冲击的规定处理。

(3) 管道振动大时，应检查该管道疏水是否正常，支吊架是否完整良好，该管通通流量是否稳定。如管道振动威胁与其相连接的设备安全运行，应汇报值长，适当减负荷以减小该管道通流量，必要时隔绝振动大的管道。

(4) 给水管道破裂时，应迅速隔绝故障点。如故障点无法隔绝，且机组无法维持运行，应进行故障停机。

(5) 凝结水管道破裂时，应设法制止、减小凝结水的泄漏，或隔绝故障点，维持机组运行。如隔绝点无法隔绝，且机组无法维持运行，应停机处理。

(6) 循环水母管破裂时，设法制止或减小循环水的泄漏，关闭循环水母管连通阀，尽量避免调度循环水泵，防止因压力波动引起破裂处扩大。根据情况，汇报值长，决定是否申请停机，并注意泄漏是否发展及循环水母管压力、真空、油温、风温的变化。当凝汽器循环水阀后管道破裂时，汇报值长，视情况减负荷或紧急减负荷，将破裂侧凝汽器隔绝运行，并增大正常侧凝汽器循环水阀开度，根据真空情况，调整负荷。

(7) 主蒸汽、再热蒸汽、给水的主要管道或阀门爆破，应紧急停机。

15-25 发电机、励磁机着火及氢气爆炸的特征有哪些？

答：发电机、励磁机着火及氢气爆炸的特征如下：

(1) 发电机和励磁机冒烟着火。

(2) 有爆炸声和油烟喷出。

(3) 发电机铁芯、绕组温度急剧升高，有冒烟和烧焦味。

(4) 氢气压力和温度升高。

15-26 发电机、励磁机着火及氢气爆炸的原因有哪些？

答：发电机、励磁机着火及氢气爆炸的原因如下：

(1) 发电机氢气系统漏氢气并遇有明火。

(2) 机械部分碰撞及摩擦产生火花。

(3) 氢气浓度低于标准值(96%)。

(4) 达到氢气自燃温度。

15-27 发电机、励磁机着火及氢气爆炸应如何处理？

答：发电机、励磁机着火及氢气爆炸应做如下处理：

(1) 立即破坏真空紧急停机，进行事故排氢，CO_2 置换。

(2) 联系消防人员，并进行临时灭火。

(3) 维持密封油压，维持转子转动，严禁在转子静止情况下进行灭火。

15-28 发电机或励磁机冒烟着火时为什么转子要维持一定转速而不能在静止状态？

答：发电机或励磁机着火，实际是发电机或励磁机的线棒绝缘材料达到着火点后发生燃烧，因其绝缘材料均是一些发热量很高的化合物质，燃烧时放出的热量很大，温度很高。当发电机、励磁机冒烟着火时，将使转子受热不均匀。如此时转子在静止状态，必将发生发电机转子弯曲的恶性事故。此外，发电机转子的热量传给支撑轴承，会导致轴瓦乌金溶化，咬煞而损坏。为避免发电机转子弯曲和损坏轴瓦，因此要将转子维持在转动状态。

15-29 轴封供汽带水有哪些原因？

答：轴封供汽带水有如下原因：

(1) 启动时轴封系统管道暖管不充分，疏水不畅。

(2) 用除氧器汽源供汽时，除氧器内发生汽水共腾或除氧器满水。

(3) 均压箱减温水阀误开。

(4) 水封筒注水阀未关。

(5) 汽封加热器、轴封抽汽器泄漏。

15-30 轴封供汽带水对机组有何危害？应如何处理？

答：轴封供汽带水在机组运行中有可能使轴端汽封损坏，严重时将使机组发生水冲击，危害机组安全运行。

处理轴封供汽带水事故时，根据不同的原因，采取相应措施。如发现机组声音变沉，机组振动增大，轴向位移增大，胀差减小或出现负胀差，应立即破坏真空，打闸停机。打开轴封供汽系统及本体疏水阀，疏水疏尽后，待各参数符合启动要求后，方可重新启动。

15-31 如何判断电动机一相断路？

答：判断电动机一相断路的方法如下：

(1) 如果电动机原来在静止状态，则转动不起来。如果电动机原来在运行状态，则转速下降。

(2) 电动机一相断路运行时，有不正常声音。

(3) 若电流表接在断路的这一相上，电流指示为零，否则电流应大幅度上升。

(4) 电动机外壳温度将明显上升。

(5) 此电动机所带的设备流量、压力将下降。

15-32 离心泵常见故障有哪些？

答：离心泵常见故障有启动后水泵不出水、运行中流量不足、水泵发生振动、轴承发热等。

15-33 如何判断离心泵不上水？

答：离心泵不上水的情况有水泵进口压力表指示剧烈摆动，电动机电流表指示在空载位置并摆动，水泵声音异常，泵壳温度升高，泵出口流量减小或无流量。

15-34 离心泵不上水时应如何处理？

答：离心泵不上水时应立即停止泵的运行进行全面检查，查看水源是否中断。若中断，应立即恢复水源后重新启动；若水源正常，则应检查进口滤网是否堵塞，如堵塞应进行清理。如进水侧泄漏，应堵严泄漏处，重新充水启动。

15-35 为什么漏气的水泵会出现不出水现象？

答：在负压下运行的水泵，由于泵的入口压力低于外界大气压力，空气会从泵的不严密处漏入泵内部。水泵在设计工况下工作时，漏入的气体占有的比例小，所以不易失水；反之，空气所占的比例增加，这时液体密度降低，液体在泵中获得的离心力减少，流量、扬程下降。流量减小，影响越大，当出口扬程低于母管压力或空气在泵中积聚较多时，水泵就打不出水来。

15-36 水泵运行中常出现哪些异常声音？

答：水泵运行中常出现的异常声音如下：

（1）汽蚀异声。水泵发生汽蚀时，发出的声音一般是噼噼啪啪的爆裂声响。

（2）松动异声。由转子部件在轴上松动而发出的声音，这种声音常带有周期性。当泵轴有弯曲时，松动异声会更有规律性。

（3）小流量异声。主要是对蜗壳泵来说，小流量的噪声类似汽蚀声音，但有的较大，像是石子甩到泵壳上。

（4）滚动轴承异声。①新换的滚动轴承，由于装配时径向紧力过大，滚动体转动吃力，会发出较低的嗡嗡声，此时轴承温度会升高。②如果轴承体内油量不足，运行中滚动轴承会发出均匀的口哨声。③在滚动体与隔离架间隙过大时，运行中可发出较大的唰唰声。④在滚动轴承内、外圈滚道表面上或滚动体表面上出现剥皮时，运行中会发出断续性的冲击和跳动。⑤如果滚动轴承损坏，运行中发出啪啪啦啦破裂的响声。

15-37 水泵发生汽化有何危害？

答：水泵汽化时轻则供水压力流量降低；重则导致管道冲击和振动，泵轴窜动，动、静部分发生摩擦，使供水中断。

15-38 水泵为什么会发生汽化？

答：水泵在运行中，如果某一局部区域的压力降到流体温度相应的饱和压力下或温度超过对应压力下的饱和温度时，液体就会汽化，由此而形成的气泡随着液体的流动被带至高压区域时，又突然凝聚，这样在离心泵内反复

地出现液体汽化和凝聚过程，就会导致水泵的汽化故障。

15-39 水泵发生汽化有何现象？如何处理？

答：水泵发生汽化的现象如下：

（1）水泵电流指示下降，并有不正常的摆动。

（2）水泵盘根冒汽，平衡管压力升高，并大幅度地摆动。

（3）水泵有异常声音，出入口管道发生冲击和振动。

（4）水泵出口压力、流量不稳定。

处理方法如下：

（1）关小出口阀。

（2）开启出口排汽阀。

（3）若入口有压力，降低入口水温度。

（4）待出口压力正常、管道冲击和振动减弱、排汽阀溢水时将其关闭，再缓慢地开启出口阀恢复正常运行，否则立即停泵处理。

15-40 转动机械轴承温度高的原因有哪些？如何处理？

答：转动机械轴承温度高的原因如下：

（1）油位低，缺油或无油。

（2）油位过高，油量过多。

（3）油质不合格或变坏。

（4）冷却水不足或中断。

（5）油环不带油或不转动。

（6）轴承有缺陷或损坏。

处理方法如下：

（1）油位低或油量不足时应适当加油，或补充适量润滑脂，油位过高或油量过多时，应将油放至正常油位，或取出适量润滑脂，如油环不动或不带油应及时处理好。

（2）油质不合格时应更换油，换油时最好停止转动机械运行，放掉不合格的油质，并把油室清理干净。

（3）轴承有缺陷或损坏时，应及时检修。

（4）如冷却水不足或中断，应立即进行处理，尽快恢复冷却水或疏通冷却水管路，使冷却水畅通。

（5）经处理后，轴承温度仍升高且超过允许值时，应停止运行进行处理。

15-41 给水泵运行中经常发生的故障有哪些？

答：给水泵运行经常发生的故障如下：

（1）给水泵汽蚀。给水泵的流量过小或过大，除氧器压力或水位下降，入口滤网堵塞较多，从而引起给水汽化，造成给水泵汽蚀。

（2）运行中给水泵平衡盘磨损。使用平衡盘平衡轴向推力的给水泵，启、停中不可避免地造成平衡盘与平衡座的摩擦，从而引起磨损。检修处理不当，也会造成平衡盘磨损。

（3）运行中给水泵油系统故障。主要有轴承油压下降、油温升高、轴承故障、液力耦合器故障、油系统漏油、油系统进水、油泵故障等。

（4）运行中给水泵发生振动。主要有轴承地脚螺栓松动、台板刚性减弱、水泵转子动不平衡、水泵发生汽蚀、轴承损坏、水泵内部动、静部分摩擦、水泵进入异物等。

15-42 什么是给水泵的“喘振”现象？

答：给水泵出口压力忽高忽低，流量时大时小的现象称为给水泵的“喘振”现象。

15-43 液力耦合器易熔塞熔化的原因有哪些？

答：液力耦合器易熔塞熔化的原因如下：

（1）给水泵故障，转子卡涩或卡死，此时耦合器的涡轮不能转动，而泵轮仍以原速运转，电动机所提供的功率绝大部分转化成热量进入油中，使工作油温突然升高，引起易熔塞熔化。

（2）工作油进油量不足。工作腔中油的热量是靠工作油的循环冷却带走的。工作油控制阀开度与勺管位置不匹配，耦合器需要大流量工作油时控制阀开在小流量位置，耦合器内部大量热量不能及时带出，从而使循环圆中油温急剧升高，引起易熔塞熔化。

（3）工作冷油器运行不当。冷油器不能较好地冷却工作油，造成油温升高，使易熔塞熔化。

15-44 引起调速给水泵润滑油压降低的原因有哪些？

答：引起调速给水泵润滑油压降低的原因主要如下：

（1）润滑油泵故障，齿轮碎裂，油泵打不出油。

（2）辅助油泵出口止回阀漏油，油系统溢油阀工作失常。

（3）油系统存在泄漏现象。

（4）油滤网严重阻塞，引起滤网前后压差过大。

(5) 油箱油位过低。

(6) 辅助油泵故障。主要有吸油部分漏空气、齿轮咬死、出口管段止回阀前空气排不尽等，从而引起油泵不出油。

15-45 给水泵轴承油压下降应如何处理?

答：给水泵轴承油压下降应做如下处理：

(1) 给水泵轴承油压下降到0.09MPa，应立即启动辅助油泵。

(2) 检查油箱油位情况，油系统是否漏油。

(3) 若辅助油泵运行后油压仍不正常，应启动备用给水泵，停止故障给水泵。

(4) 轴承油压降至0.05MPa，应紧急停泵。

15-46 给水泵轴承温度升高应如何处理?

答：给水泵轴承温度升高应做如下处理：

(1) 任何一个轴承温度升高到65℃，采取措施后不能降低，应切换给水泵运行。

(2) 任何一个轴承温度升高至70℃以上，应立即切换备用泵运行。

(3) 工作油排油温度高到65℃，经调整勺管开度并开大工作冷油器进水阀、出水阀、回水总阀仍无效时，应切换备用泵运行。若超过65℃，应紧急停泵。

15-47 调速给水泵油箱油位降低应如何处理?

答：调速给水泵油箱油位降低应做如下处理：

(1) 检查油箱实际油位是否正常，以判断油位计是否指示正确。

(2) 油箱油位下降5～10mm，立即检查油系统外部有无漏油，排污阀是否误开，对工作冷油器进行查漏，并加油至正常油位。

(3) 油箱油位突然下降至最低油位线以下，应立即切换备用泵运行。

15-48 调速给水泵油箱油位升高应如何处理?

答：调速给水泵油箱油位升高应做如下处理：

(1) 检查油箱实际油位是否升高。

(2) 检查给水泵轴端密封是否大量漏水，密封水回水阀开度是否正常，重力回水漏斗是否堵塞。

(3) 原因不明时，切换备用给水泵运行，停故障泵。关闭停运给水泵工作油冷油器、润滑油冷油器冷却水的进、出水阀，确定冷油器是否泄漏，为防止油质乳化，停辅助油泵，使水沉淀后放水。

（4）凝汽器无真空时，其压力回水应倒至地沟，停机后，凝汽器灌水查漏时，应关闭压力回水、重力回水至凝汽器的回水阀。

（5）打开油箱排污阀放水，联系化学人员化验油质。若油质不合格，应联系检修换油，并做其他相应处理。

15-49 给水泵运行中发生振动的原因有哪些？

答：给水泵运行中发生振动的原因如下：

（1）流量过大超负荷运行。

（2）流量小时，管路中流体出现周期性湍流现象，使泵运行不稳定。

（3）给水汽化。

（4）轴承松动或损坏。

（5）叶轮松动。

（6）轴弯曲。

（7）转动部分不平衡。

（8）联轴器中心不正。

（9）泵体基础螺栓松动。

（10）平衡盘严重磨损。

（11）有异物进入叶轮。

15-50 给水泵汽化的原因有哪些？

答：给水泵汽化的原因有除氧器内部压力迅速降低，使给水泵入口温度超过运行压力下的饱和温度而汽化；除氧器水箱水位过低或干锅；给水泵入口滤网堵塞；给水流量小于规定的最小流量，自动再循环阀失灵，未及时开启。

15-51 给水泵严重汽化的特征有哪些？

答：给水泵严重汽化的特征有入口管和泵内发出不正常的噪声；给水泵出口压力摆动和降低；给水泵电动机的电流摆动和减小，给水流量显著下降。

15-52 为防止给水泵汽化应采取哪些措施？

答：为防止给水泵汽化应采取以下措施：

（1）要在给水除氧系统的设计上采取措施，如对给水箱容量、水箱布置高度、降水管管径的选择和布置等方面进行合理的计算，从而采取一些必要的预防措施。

（2）最根本的还是取决于泵的吸入系统和泵本身的抗汽蚀特性。

（3）除氧器滑压运行下有效汽蚀余量还必须附加水温和入口压力不适应的动态余量。

15-53 给水泵平衡盘压力变化的原因及危害是什么？

答：给水泵平衡盘压力变化的原因如下：

（1）给水泵进口压力变化。

（2）平衡盘磨损。

（3）给水泵节流衬套间隙增大（平衡盘与平衡圈径向间隙）。

（4）给水泵内水汽化。

造成的危害：平衡盘与平衡座之间间隙消失，给水泵产生动、静部分摩擦，引起水泵振动。

15-54 给水泵平衡盘磨损的特征有哪些？

答：给水泵平衡盘磨损的特征如下：

（1）电流增大并变化。

（2）平衡盘压力比进口压力大到0.2MPa以上和轴向位移增大。

（3）严重时，泵内发出金属摩擦声，密封装置处冒烟或冒火。

15-55 给水泵平衡盘磨损应如何处理？

答：给水泵平衡盘磨损应做如下处理：

（1）立即启动备用给水泵，停运故障泵。

（2）如无备用泵，应联系电气降负荷，报告单元长、值长。

15-56 给水泵密封水供水异常应如何处理？

答：密封水泵应运行可靠，当密封水泵跳闸时，备用泵应自启动，否则应强行启动，或迅速联系司机提高凝结水水压，以保证密封水的正常供应。另外，对于采用备用密封水母管的机组，可立即切换至备用母管供水。

15-57 调速给水泵紧急停泵的条件有哪些？

答：调速给水泵紧急停泵的条件如下：

（1）电动机或水泵突然发生强烈振动或金属碰击声与摩擦声，转子轴向窜动剧烈。

（2）任一轴承冒烟，轴承温度急剧升高，超过规定值。

（3）水泵外壳破裂。

（4）水泵内汽化，泵内有噪声。

（5）电流增加，转速下降，并有不正常的声音及发热。

(6) 给水泵油系统着火，不能很快扑灭，严重威胁运行时。

(7) 耦合器内冒烟着火或发生强烈振动和有金属撞击声或工作油回油温度超过105℃。

(8) 润滑油压下降至0.05MPa以下，各轴承油流减少，油温升高，虽启动辅助油泵也无效时。

(9) 轴封冷却水压差小于0.05MPa，且调节汽阀后压力降至1.22MPa，轴封冒烟时。

(10) 轴向位移超过2.5mm。

(11) 电动机或开关冒烟时。

15-58　调速给水泵故障停泵时切换操作应注意哪些问题?

答：调速给水泵故障停泵时切换操作应注意如下问题：

(1) 启动备用给水泵，解除故障泵的油泵连锁，启动故障给水泵的辅助油泵，油压正常，停用故障泵。

(2) 检查投入运行给水泵的运行情况。

(3) 检查故障泵有无倒转现象，记录惰走时间。

(4) 完成停泵的其他操作，根据故障情况，进行必要的安全隔离措施，立即报告单元长。

15-59　调速给水泵自动跳闸的特征有哪些?

答：调速给水泵自动跳闸的特征如下：

(1) 电流表指示到零，报警铃响。

(2) 备用泵自启动。

(3) 闪光报警，跳闸泵绿灯闪光。

(4) 给水流量、压力瞬间下降。

15-60　调速给水泵自动跳闸应如何处理?

答：调速给水泵自动跳闸应做如下处理：

(1) 立即启动跳闸泵的辅助油泵，复位备用给水泵及跳闸泵的开关。调整密封水水压，解除跳闸泵连锁，将运行泵连锁打在工作位置，检查运行给水泵电流、出口压力、流量是否正常，注意跳闸泵不得倒转。

(2) 如备用泵不能自启动，应立即手动启动备用泵。

(3) 若无备用泵，跳闸泵无明显故障，保护未掉牌，就地检查无问题，可试启一次，无效后，报告单元长，把负荷降至一台泵运行对应的负荷。

(4) 迅速检查跳闸泵有无明显重大故障，根据不同原因，通知有关人员

处理。

（5）做好详细记录。保护误动或人为的误操作跳闸，也应在处理完毕后，立即报告单元长，做好记录。

15-61 叙述循环水泵和凝结水泵故障处理的一般原则？

答：循环水泵和凝结水泵故障处理的一般原则是当水泵发生强烈振动、能够清楚地听到泵内有金属摩擦声、电动机冒烟或着火、轴承冒烟或着火等严重威胁人身和设备安全的故障时，应紧急停泵。

当水泵发生盘根发热、冒烟或大量呲水，滑动轴承温度达65～70℃或滚动轴承温度达80℃并有升高的趋势、电动机电流超过额定值或电动机温度超过规定值、轴承振动超过规定值等故障时，则应先启动备用泵，再停故障泵。

15-62 循环水泵和凝结水泵的常见故障有哪些？

答：循环水泵和凝结水泵的常见故障如下：

（1）不能启动。

（2）出力不足或不出水。

（3）超负荷。

（4）异常振动和噪声。

15-63 循环水泵出口蝶阀打不开的原因有哪些？

答：循环水泵出口蝶阀打不开的原因如下：

（1）出口蝶阀电动机电源及热工电源未送。

（2）出口蝶阀电动机及热工保护故障。

（3）油系统大量漏油，油箱油位太低。

（4）电磁阀内漏或电磁阀旁路阀误开。

（5）电动油泵故障，手动泵故障。

（6）机械卡涩。

15-64 循环水泵出口蝶阀打不开应如何处理？

答：循环水泵启动后，出口蝶阀打不开，应迅速查明原因，做相应处理。必要时，停泵，并进行检修。

15-65 循环水泵出口蝶阀下落的原因有哪些？

答：循环水泵出口蝶阀下落的原因如下：

（1）油系统漏油、油箱油位低。

(2) 电磁阀内漏或旁路阀误开。

(3) 出口蝶阀关到 75 度电动机不联动。

(4) 电磁阀直流 24V 电源中断。

15-66 循环水泵出口蝶阀下落应如何处理？

答：发现循环水泵出口蝶阀下落，即进行全面检查，做相应处理，如因电磁阀失灵或内漏造成，即关闭电磁阀前隔离阀或手摇开启出口蝶阀，并进行检修。

15-67 故障停用循环水泵的条件有哪些？

答：故障停用循环水泵的条件如下：

(1) 轴承温度急剧升高达 80℃，无法降低。

(2) 轴承油位急剧下降，加油无效或冷油器破裂，油中带水。

15-68 故障停用循环水泵应如何操作？

答：故障停用循环水泵应做如下操作：

(1) 解除联动开关，启动备用泵。

(2) 停用故障泵，注意惰走时间。如倒转，关闭出口阀或进口阀。

(3) 无备用泵或备用泵无法启动，应请示上级后停用故障泵。

(4) 检查备用泵启动后的运行情况。

15-69 循环水泵跳闸的特征有哪些？

答：循环水泵跳闸的特征如下：

(1) 电流表指示到“0”，绿灯闪光，红灯熄，事故喇叭响。

(2) 电动机转速下降。

(3) 水泵出水压力下降。

(4) 备用泵应联动。

15-70 循环水泵跳闸应如何处理？

答：循环水泵跳闸应做如下处理：

(1) 合上联动泵操作开关，断开跳闸泵开关。

(2) 切换联动开关。

(3) 迅速检查跳闸泵是否倒转，发现倒转立即关闭出口阀。

(4) 检查联动泵运行情况。

(5) 备用泵未联动应迅速启动备用泵。

(6) 无备用泵或备用泵联动后又跳闸，应立即报告单元长、值长。

(7) 联系电气人员检查跳闸原因。

(8) 真空下降，应根据真空下降的规定处理。

15-71 循环水泵打空的特征有哪些?

答: 循环水泵打空的特征如下:

(1) 电流表大幅度变化。

(2) 出水压力下降或变化。

(3) 泵内声音异常，出水管振动。

15-72 循环水泵打空应如何处理?

答: 循环水泵打空应做如下处理:

(1) 按紧急停泵处理。

(2) 检查进水阀及滤网前后水位差，必要时清理滤网。

(3) 检查其他泵运行情况。

(4) 根据真空情况决定是否降负荷。

15-73 低压加热器疏水泵在运行中不出水应如何处理?

答: 低压加热器疏水泵在运行中不出水应做如下处理:

(1) 若因凝结水母管压力大于疏水泵出水压力，应在不影响除氧器正常补水的情况下适当降低母管压力，采用调整凝结水再循环阀开度、降低除氧器压力等办法。

(2) 若因进口汽蚀造成不出水，应适当开大进口空气阀，并将低压加热器维持一定水位运行。

(3) 如因叶轮松动，出口调节汽阀阀芯脱落或轴承损坏等，需停泵切换至备用泵运行，联系检修处理。

(4) 如因密封水投用不当，应将密封水压恢复正常。

15-74 阀门常见故障有哪些?

答: 阀门常见故障如下:

(1) 介质外漏。由于阀门进口法兰、出口法兰、阀盖、阀杆密封处填料损坏及阀体有砂眼、裂纹等，一般需检修专业人员处理。

(2) 阀门关闭不严 (内漏)。原因是阀门没有关到底，密封面有杂物，解决办法是检查阀门开度是否在全关闭位置或再开启阀门几圈后重关严，还有一种是密封面已吹损，需检修人员修理。

(3) 阀门开关不动。原因是阀门关得过紧或开得过大，此时应首先检查分析阀门所处状态，切忌盲目用力过度去操作，以免损坏阀门。如属阀门卡涩锈死，要设法修理。

(4) 阀芯脱落。阀杆螺母损坏等均会引起阀门开关不正常，如明杆阀门的阀杆转动，阀门开关没有尽头等，运行人员要凭经验分析判断。

(5) 传动机构失灵。电动、液动阀门传动机构的部件损坏也会使阀门不能正常开关。此时应修理传动装置。

15-75　除氧器含氧量升高的原因是什么？

答：除氧器含氧量升高的原因如下：

(1) 进水温度过低或进水量过大。

(2) 进水含氧量大。

(3) 除氧器进汽量不足。

(4) 除氧器排氧阀开度过小。

(5) 喷雾式除氧器喷头堵塞或雾化不好。

(6) 除氧器汽水管道排列不合理。

(7) 取样器内部泄漏，化验不准。

(8) 滑参数运行除氧器，机组负荷突然降低。

15-76　引起除氧器振动的原因有哪些？

答：引起除氧器振动的原因如下：

(1) 投除氧器过程中，加热不当造成膨胀不均或汽水负荷分配不均。

(2) 进入除氧器的各种管道水量过大，管道振动而引起除氧器振动。

(3) 运行中内部喷嘴等部件脱落。

(4) 运行中突然进入冷水，使水箱温度不均产生冲击而振动。

(5) 除氧器漏水。

(6) 除氧器压力降低过快，发生汽水共腾。

15-77　除氧器排气带水的原因有哪些？

答：当除氧器内部压力与温度不对应（除氧器压力降低），除氧器排气管就喷出汽水。

造成除氧器排气带水的原因如下：

(1) 除氧器大量进冷水，使压力降低。

(2) 高压加热器疏水量大或再沸腾阀误开，造成除氧器自沸腾。

(3) 除氧器泄压消除缺陷时，低压加热器停运太快。

(4) 除氧器满水。

15-78　除氧器压力升高应如何处理？

答：除氧器压力升高应做如下处理：

（1）检查凝结水至除氧器自动补水调整阀是否失灵，如失灵，应改为手动调整，或开启补水旁路阀增加进水量。

（2）检查进汽调整阀开度是否正常，必要时可改手动调整。

（3）检查各高压加热器水位是否正常，以防止高压抽汽从高压加热器疏水管直接进入除氧器。

（4）当除氧器压力高达安全阀动作值，安全阀应动作，否则应立即开启电动排汽阀，关闭除氧器进汽阀，切除高压加热器汽侧。

15-79 除氧器压力降低应如何处理？

答：除氧器压力降低应做如下处理：

（1）若是由补水量过大引起除氧器压力降低的，应减少补水量。

（2）若进汽调整阀自动调节失灵，应改手动调整。

（3）如供汽压力太低，可并用母管汽源。

（4）若各低压加热器凝结水旁路阀不严或误开，应设法关闭，提高凝结水温度。

（5）若低压加热器汽侧停用，应投用低压加热器汽侧。

（6）若除氧器电动排汽阀误开，应检查关闭。

15-80 除氧器水位升高应如何处理？

答：除氧器水位升高应做如下处理：

（1）检查核对水位计指示是否正确。

（2）查看补水量是否过大，控制除氧器补水。

（3）根据检查发现的原因，采取相应措施，需要时可开放水阀，降低除氧器水位。

15-81 除氧器水位降低应如何处理？

答：除氧器水位降低应做如下处理：

（1）检查核对水位计指示是否正确。

（2）若稳压水箱水位过低，补水量过少，应联系化学，增加除盐水泵，提高除盐水母管压力，增大补水量，保持正常水位。

（3）检查除氧器放水阀是否误开，疏水泵至除氧器进水阀是否误开，如误开应关闭。

（4）通知锅炉运行人员，检查给水系统是否泄漏，或有关阀门误开，省煤器管、水冷壁管、再热器管、过热器管是否爆破。

(5) 水位降至 1500mm，开启疏水泵紧急补水（注意轴封供汽压力）。

15-82 给水含氧量不合格应如何处理?

答：给水含氧量不合格应做如下处理：

(1) 若除氧器进汽量不足，给水温度未达到饱和温度，应增加进汽量。

(2) 若补水不均匀，给水箱水位波动引起加热不均，应均匀补水。

(3) 若除氧器进水温度低，凝结水含氧量不合格，应提高进水温度和采取措施使凝结水含氧量合格。

(4) 若除氧器排汽阀门开度过小，应调整开度。

(5) 若给水泵取样不当或取样管漏气，应改正取样方式。

(6) 若除氧器凝结水雾化不好，应联系检修。

15-83 高压加热器水位升高的原因有哪些?

答：高压加热器水位升高的原因如下：

(1) 钢管胀口松弛泄漏或加热器钢管泄漏。

(2) 疏水自动调整阀失灵，阀芯卡涩或脱落。

(3) 水位计失灵误显示。

15-84 高压加热器水位升高应如何处理?

答：高压加热器水位升高应做如下处理：

(1) 核对电接点水位计与就地水位计。

(2) 手动开大疏水调整阀，查明水位升高原因。

(3) 高压加热器水位高至高Ⅰ值报警时，自动开启高压加热器事故疏水电动阀，值班人员应严密监视高压加热器运行情况。

(4) 高压加热器水位高至高Ⅱ值时，关闭高压加热器进汽电动阀，高压加热器保护应动作，给水走自动旁路，联关抽汽止回阀，自动切除高压加热器。如保护失灵，应按高压加热器紧急停运处理。

(5) 开启有关抽汽止回阀前、后疏水阀。

(6) 完成停运高压加热器的其他操作。

15-85 什么情况下应紧急停运高压加热器?

答：在下列情况下应紧急停运高压加热器：

(1) 汽水管道及阀门爆破，危及人身及设备安全时。

(2) 任一加热器水位升高，经处理无效时，或任一电接点水位计和就地水位计满水，保护不动作。

(3) 任一高压加热器电接点水位计和就地水位计同时失灵，无法监视水

位时。

（4）明显听到高压加热器内部有爆炸声，高压加热器水位急剧上升。

15-86 如何紧急停运高压加热器？

答：紧急停运高压加热器的方法如下：

（1）关闭有关高压加热器进汽阀及止回阀，并就地检查在关闭位置。

（2）将高压加热器保护打至“手动”位置，开启高压加热器旁路电动阀，关闭高压加热器进、出口电动阀，必要时手摇电动阀直至关严。

（3）开启高压加热器事故疏水阀。

（4）关闭高压加热器至除氧器疏水阀。

（5）其他操作同正常停高压加热器操作。

15-87 凝汽器水位升高的原因有哪些？

答：凝汽器水位升高的原因如下：

（1）凝结水泵故障停止。

（2）凝结水泵轴封或进水部分漏空气，造成水泵打不出水。

（3）凝结水泵进口滤网脏污阻塞。

（4）由于负荷增加、补水量增加等原因，凝结水泵不能及时将凝结水排出。

（5）凝结水出水不畅，如出水阀关小，除氧器喷嘴堵塞。

（6）凝结水再循环阀误开。

（7）凝结泵出入口阀未开。

（8）凝汽器泄漏（铜管）。

15-88 影响凝汽器端差增大的原因有哪些？

答：对一定的凝汽器，端差的大小与凝汽器冷却水入口温度、凝汽器单位面积蒸汽负荷、凝汽器铜管的表面清洁度、凝汽器内的空气漏入量以及冷却水在管内的流速有关。清洁的凝汽器，在一定的循环水温度和循环水量及单位蒸汽负荷下就有一定的端差值指标，一般端差值指标是当循环水量增加，冷却水出口温度越低，端差越大，反之亦然。此外，单位蒸汽负荷越大，端差越大，反之亦然。实际运行中，若端差值比端差指标值高得太多，则表明凝汽器冷却表面铜管脏污，致使导热条件恶化。

影响凝汽器端差增大的原因如下：

（1）凝器铜管水侧或汽侧结垢。

（2）凝汽器汽侧漏入空气。

(3) 冷却水管堵塞。

(4) 冷却水量减少等。

15-89 运行中的凝汽器铜管腐蚀损伤的类型有哪些？

答：运行中的凝汽器铜管腐蚀损伤大致可分为以下三种类型：

(1) 电化学腐蚀。由于铜管本身材料质量关系引起电化学腐蚀，造成铜管穿孔，脱锌腐蚀。

(2) 冲击腐蚀。由于水中含有机械杂物在管口造成涡流，使管子进口端产生溃疡点和剥蚀性损坏。

(3) 机械损伤。造成机械损伤的原因主要是铜材的热处理不好，管子在胀接时产生的应力以及运行中发生共振等原因造成铜管裂纹。

凝汽器铜管的腐蚀，其主要形式是脱锌。腐蚀部分的表面因脱锌而变成海绵状，使铜管变得脆弱。

15-90 防止铜管腐蚀的方法有哪些？

答：防止铜管腐蚀的方法如下：

(1) 采用耐腐蚀金属制作凝汽器管子，如用钛管制成冷却水管。

(2) 硫酸亚铁或铜试剂处理。经硫酸亚铁处理的铜管不但能有效地防止新铜管的脱锌腐蚀，而且对运行中已经发生脱锌腐蚀的旧铜管，也可在锌层表面形成一层紧密的保护膜，能有效地抑制脱锌腐蚀的继续发展。

(3) 阴极保护法。阴极保护法也是一种防止溃疡腐蚀的措施，采用这种方法可以保护水室、管板和管端免遭腐蚀。

(4) 冷却水进口装设过滤网和冷却水进行加氯处理。

(5) 采取防止脱锌腐蚀的措施，添加脱锌抑制剂。防止管壁温度上升，消除管子内表面停滞的沉积物，适当增加管内流速。

(6) 加强新铜管的质量检查试验和提高安装工艺水平。

15-91 凝结水硬度大的原因有哪些？

答：凝结水硬度大的原因如下：

(1) 凝汽器铜管胀口处泄漏或者铜管破裂使循环水漏入汽侧。

(2) 备用射水抽气器的空气阀和进水阀及空气止回阀关闭不严或卡涩，使射水箱的水吸入凝汽器内。

15-92 凝结水硬度增大应如何处理？

答：凝结水硬度增大应做如下处理：

(1) 开机时凝结水硬度大，应加强放水。

(2) 关闭备用射水抽气器的空气阀。

(3) 检查并手摸机组所有负压放水阀是否关闭严密。

(4) 将停用中的中继泵冷却水阀关闭，将凝结水至中继泵的密封水阀开大。

(5) 确认凝汽器铜管轻微泄漏，应立即通知加锯末，停用胶球清洗装置。

(6) 凝结水硬度较大，应立即就地取样（取样筒应放水冲洗三次以上），送化学车间检验，以确定哪台凝汽器铜管漏，以便分析隔离。

15-93 凝汽器凝结水电导率增大的原因有哪些？

答：凝汽器凝结水电导率增大的原因如下：

(1) 凝汽器铜管泄漏。

(2) 软化水水质不合格。

(3) 阀门误操作，使生水吸入凝汽器汽侧。

(4) 汽水品质恶化。

(5) 低负荷运行。

15-94 凝结水溶解氧增大有哪些原因？

答：凝结水溶解氧增大的原因如下：

(1) 凝汽器铜管破裂或泄漏。

(2) 凝结水过冷却（凝汽器水位过高）。

(3) 软化水补水量太大或稳压水箱水位过低。

(4) 凝汽器真空除氧装置损坏。

(5) 低于热井中心线以下的负压设备漏空气。

15-95 凝结水过冷度大的原因有哪些？

答：凝结水过冷度大的原因如下：

(1) 凝汽器构造上存在缺陷，管束之间蒸汽没有足够的通往凝汽器下部的通道，使凝结水自上部管子流下，落到下部管子的上面再度冷却。而遇不到汽流加热，则当凝结水流至热水井中时造成过冷度大。

(2) 凝汽器水位高，以致部分铜管被凝结水淹没而产生过冷却。

(3) 凝汽器汽侧漏空气或抽气设备运行不良，造成凝汽器内蒸汽分压力下降而引起过冷却。

(4) 凝汽器冷却水量过多或水温过低。

(5) 凝汽器铜管破裂，凝结水内漏入循环水（此时，凝结水水质严重恶化，如硬度超标等）。

15-96 凝结水过冷却有什么危害？

答：凝结水过冷却的危害如下：

（1）凝结水过冷却，使凝结水易吸收空气，结果使凝结水的含氧量增加，加快设备管道系统的锈蚀，降低了设备使用的安全性和可靠性。

（2）影响发电厂的热经济性。因为凝结水温度低，在除氧器加热就要多耗抽汽量，在没有给水回热的热力系统中，凝结水每冷却7℃，相当于发电厂的热经济性降低1%。

现代大型汽轮机一般要求凝结水过冷度不超过0.5～1℃。

15-97 凝汽器胶球清洗收球率低的原因有哪些？

答：凝汽器胶球清洗收球率低的原因如下：

（1）活动式收球网与管壁不密合，引起"跑球"。

（2）固定式收球网下端弯头堵球，收球网脏污堵球。

（3）循环水压力低、水量小，胶球穿越铜管能量不足，堵在管口。

（4）凝汽器进口水室存在涡流、死角，胶球聚集在水室中。

（5）管板检修后涂保护层，使管口缩小，引起堵球。

（6）新球较硬或过大，不易通过铜管。

（7）胶球密度太小，停留在凝汽器水室及管道顶部，影响回收。胶球吸水后的密度应接近于冷却水的密度。

15-98 造成凝汽器循环水出水温度升高的原因有哪些？

答：造成凝汽器循环水出水温度升高的原因如下：

（1）进水温度升高，出水温度相应升高。

（2）汽轮机负荷增加。

（3）凝汽器管板及铜管脏污、堵塞。

（4）循环水量减少。

（5）循环水二次滤网堵塞。

（6）排汽量增加。

（7）真空下降。

15-99 阀门执行机构拒动或动作迟缓的原因是什么？

答：阀门执行机构拒动或动作迟缓的原因如下：

（1）入口滤油器滤芯脏污、堵塞，影响正常供油。

（2）伺服阀滤芯脏污、堵塞。

（3）伺服阀电磁阀失常、拒动。

（4）伺服阀小滑阀上两侧和中间的油孔堵塞不畅通。

15-100 高压旁路阀误开应如何处理？

答：高压旁路阀误开的处理方法如下：

（1）注意低压旁路阀联动开启，注意凝汽器真空、轴向位移正常。

（2）将高压旁路阀自动切为手动状态关闭。注意低压旁路阀联关，加强对轴向位移、推力瓦温的监视调整。

（3）严密监视主蒸汽温度和防止汽水分离器（汽包）水位剧降。

（4）如果高压旁路阀操作关不回时，应检查喷水阀开启，否则手动开启，防止再热冷段超温。及时汇报，联系处理。

15-101 发电机氢压降低的特征有哪些？

答：发电机氢压降低的特征如下：

（1）氢压下降并发出氢压低信号。

（2）发电机铁芯、绕组温度升高。

（3）发电机出风温度升高。

15-102 发电机运行中氢压降低的原因有哪些？

答：发电机运行中氢压降低的原因如下：

（1）轴封中的油压过低或供油中断。

（2）供氢母管氢压低。

（3）发电机突然甩负荷，引起过冷却而造成氢压降低。

（4）氢管破裂或阀门泄漏。

（5）密封瓦塑料垫破裂，氢气大量进入油系统及定子引出线套管，或转子密封破坏造成漏氢，空芯导线或冷却器铜管有砂眼或运行中出现裂纹，氢气进入冷却水系统中等。

（6）补氢气阀门阀芯脱落。

（7）密封油压调整不当或压差阀、平衡阀跟踪失灵。

（8）运行误操作，如错开排氢阀等而造成氢压降低等。

15-103 发电机运行中氢压降低应如何处理？

答：发电机运行中氢压降低应做如下处理：

（1）确定氢压降低，应立即补氢，维持正常氢压。

（2）如因泄漏，经补氢也不能维持额定压力时，应报告值长降负荷，同时设法消除漏氢缺陷。

(3) 如因供氢中断不能维持氢压时，可向发电机内补充少量氮气，保持低压运行，等待供氢恢复，发电机内氢压绝不能低到“0”。

(4) 如系统阀门误操作，应恢复正常位置，然后视氢压情况及时补氢。

(5) 及时调整密封油压至正常值。

15-104 发电机运行中氢压升高的原因有哪些?

答：发电机运行中氢压升高的原因如下：

(1) 自动补氢装置失灵。

(2) 自动补氢旁路阀不严或误开。

(3) 氢气冷却器冷却水量减少或中断。

15-105 发电机运行中氢压升高应如何处理?

答：发电机运行中氢压升高应做如下处理：

(1) 确认氢压高，应联系电气打开排氢气阀，使氢压恢复正常。

(2) 如自动补氢装置失灵，应关闭隔离阀，用旁路阀调节氢压，同时消除缺陷。若补氢旁路阀误开，应立即关闭。

(3) 若氢冷却器冷却水中断，应及时设法恢复。

15-106 氢冷发电机漏氢有几种表现形式? 哪种最危险?

答：氢冷发电机漏氢按漏氢部位有以下两种表现形式：

(1) 外漏氢。氢气泄漏到发电机周围空气中，一般距离漏点 0.25m 以外，已基本扩散，所以外漏氢引起氢气爆炸的危险性较小。

(2) 内漏氢。氢气从定子套管法兰接合面泄漏到发电机封闭母线中；从密封瓦间隙进入密封油系统中；氢气通过定子绕组空芯导线、引水管等又进入冷却水中；氢气通过冷却器铜管进入循环冷却水中。内漏氢引起氢气爆炸的危险性最大，因为空气和氢气是在密闭空间内混合的，若氢含量达 4%～76%，遇火即发生爆炸。

15-107 发电机进油的原因有哪些? 如何防止?

答：发电机进油的原因如下：

(1) 密封油压大于氢压过多。

(2) 密封油箱满油。

(3) 密封瓦损坏。

(4) 密封油回油不畅。

防止发电机进油的措施如下：

(1) 调整油压大于氢气压力 0.039～0.059MPa。

(2) 调整空气侧压力与氢气侧压力正常。

(3) 严密监视密封油箱油位，防止满油和无油位运行。

(4) 检查防爆风机运行正常。

(5) 经常检查回油管，应畅通。

(6) 检查氢气压力下降情况，判断密封瓦的运行状况。

15-108 发电机密封油压低的特征有哪些?

答：发电机密封油压低的特征如下：

(1) 密封油压降低，发出报警信号。

(2) 若油压低于氢压太多时，造成氢压下降。

15-109 发电机密封油压低的原因有哪些?

答：发电机密封油压低的原因如下：

(1) 密封油箱油位低，或系统阀门误操作。

(2) 密封油泵跳闸。

(3) 备用密封油泵止回阀不严或再循环阀开度过大。

(4) 滤网脏污。

(5) 密封瓦油挡间隙太大。

15-110 密封油压降低应如何处理?

答：密封油压降低应做如下处理：

(1) 密封油压降低，应迅速查明原因，调整并恢复正常值。如油压不能恢复正常值，应降低氢压、降低负荷运行。如油压降低到极限值，应立即报告值长停机。

(2) 若油系统故障，应立即汇报班长，并通知检修人员及时处理，维持油压。

15-111 发电机冷却水电导率突然增大应如何处理?

答：若发电机冷却水电导率突然增大，应立即检查补充水质量是否良好。如补充水的水质不良，应切换至水质良好的水源供水。

15-112 发电机定子冷却水箱、转子冷却水箱水位下降应如何处理?

答：发电机定子冷却水箱、转子冷却水箱水位下降应做如下处理：

(1) 立即开大转子冷却水箱补水调整阀的旁路阀或定子冷却水箱补水阀，维持水箱水位正常。如果水源中断，应立即切换凝结水升压泵出口来的水源或联系化学值班员迅速恢复。

（2）如因水冷器或管道泄漏引起，应迅速隔绝故障点，并设法处理；如因放水阀误开引起水位下降，应将其关闭；如补水调整阀失灵，应用旁路阀维持水位，并通知检修处理，联系化学人员检查离子交换器是否误开。

15-113　发电机定子冷却水、转子冷却水系统压力低应如何处理？

答：发电机定子冷却水、转子冷却水系统压力低应做如下处理：

（1）检查定子冷却水泵、转子冷却水泵运行是否正常，必要时可切换或增加备用泵运行，维持压力正常。

（2）检查定子冷却水泵至定子冷却水箱再循环阀及联系化学检查离子交换器排放阀。若误开，应立即关闭；若备用泵止回阀泄漏，则应关闭备用泵出水阀。

（3）检查冷却水滤水器压差，若超过规定，应切换冷却器运行，将压差超限的滤水器停下并清扫停用的水冷器滤网。

（4）如压力下降系冷却器或管道泄漏引起，应密切注意冷却水箱水位，隔绝故障点，并设法处理。

（5）在进行上述各项处理的同时调节发电机进水阀，维持发电机内冷水压力、流量正常。

15-114　发电机冷却水出水温度高于正常值应如何处理？

答：发电机冷却水出水温度高于正常值时，应立即检查发电机进水温度、压力、流量。

（1）如进水温度高，应检查冷却器冷却水系统是否正常。可增加冷却器的冷却水流量，必要时可清扫冷却器的水室，如冷却器的冷却水侧水量小可增加循环水泵运行台数，排尽空气。

（2）如进水压力低，可根据转子冷却水系统、定子冷却水系统压力低的处理方法处理。

（3）如进水温度、压力都正常，可在不超过最大允许工作压力的条件下，提高发电机的进水压力，增加冷却水流量，以降低发电机的出水温度。

（4）如发电机出水温度高于额定值，无法降低时，联系电气值班员降低发电机的电流。

15-115　发电机定子绕组个别点温度升高应如何处理？

答：发电机定子绕组个别点温度比正常运行最高点高 5℃，应加强监视，并适当增加冷却水流量或降低负荷。若仍不能使温度下降或继续有上升趋势以致达到限额，根据电气规程规定处理，必要时停机处理。

15-116 发电机冷却水压力正常时流量突然减小应如何处理?

答：发电机冷却水压力正常时流量突然减小应立即查明原因，如由于空气进入发电机转子，使转子流量减小，进水压力升高，则应将发电机解列后，降低转速放出空气。但应严密监视机组振动，出现异常振动，应按异常振动处理办法处理。如流量减小是由于发电机定子绕组的水路有局部堵塞引起的，则可根据定子绕组温度进行分析，此时可提高进水压力并降低机组负荷。如仍不能解决，则应减负荷停机处理。

15-117 发电机冷却水中断的原因有哪些?

答：发电机冷却水中断的原因如下：

(1) 冷却水泵运行中跳闸，备用泵未自动启动。

(2) 冷却水箱水位太低，引起发电机断水。

(3) 发电机冷却水系统切换操作错误。

(4) 发电机冷却水系统操作时空气没有放尽。

15-118 发电机断水时应如何处理?

答：运行中，发电机断水信号发出时，运行人员应立即记录信号发出时间，做好断水保护拒动的事故处理准备，同时查明原因，尽快恢复供水。若30s内冷却水恢复，则应对冷却系统及各参数进行全面检查，尤其是转子绕组的供水情况。如果发现水流不通，则应立即增加进水压力恢复供水或立即解列停机。若断水时间达到30s而断水保护拒动，应立即手动解列停机。

15-119 发电机漏水应如何处理?

答：发电机漏水应做如下处理：

(1) 发电机在运行中发现机壳内有水时，应立即查明积水原因。如果是轻微结露所引起的，则应提高发电机的进水和进风温度，使其高于机壳内空气的露点温度，但进水、进风温度不能超限。

(2) 发电机湿度仪指示突然上升而环境湿度未变化或发电机风温基本不变时，汽轮机侧与励磁机侧湿度发生明显差异（大于20%）或出现空气冷却器结露现象，应立即汇报值长并由值长组织检查、处理：①戴好防护器具。对发电机端部，冷、热风道、空气冷却器等做全面检查，如发现发电机端部和热风道有明显滴水，则应立即故障停机。②若非环境湿度高引起湿度仪报警，空气冷却器结露，为争取处理时间，防止影响定子绝缘，应将空气冷却器水室两侧大门打开，以降低机内湿度，并在其两旁做好安全措施。③如经检查发电机无滴水，而仅是个别空气冷却器“结露”滴水，则应将其隔绝，继续观察湿度是否下降。

（3）如果外界湿度不高，而空气冷却器突然数台“结露”，或先后出现“结露”现象（如隔绝一台滴水空气冷却器，则冷却水流量较大的一台又出现“结露”），应对“结露”空气冷却器逐台隔绝检漏：慢慢关闭出水分门（注意空气冷却器不喷水，否则还应关闭进水分门）数分钟后空气冷却器仍滴水或结露，或关出水分门时喷水，说明是空气冷却器漏水，应隔绝漏水的空气冷却器。若漏水的空气冷却器全部隔绝后，湿度仍无明显好转，通过上述检查仍一时分不清何处漏水，则应申请停机。

（4）在减负荷停机过程中，应加强对发电机车面层的检查，一旦发现情况，如发现发电机内滴水或定子端部绕组内出现电晕，湿度继续上升至80%以上等情况，应立即故障停机。为保障人身安全，停机前对空气冷却器小室不做现场检查。

（5）在外界环境湿度无变化时，如发电机湿度大幅度上升的同时检漏仪报警，应由电气确定检查报警确是水滴引起，空气冷却器无明显泄漏现象，应做发电机漏水处理，申请停机检查。

（6）在湿度仪或检漏仪报警的同时，发电机定子或转子接地报警，在判明非报警装置误动作后，做故障停机处理。

（7）如湿度上升确因气候条件变化（如空气冷却器进水管同时结露）引起，则应适当提高空气冷却器风温，降低湿度，防止空气冷却器结露。

（8）在运行中电气值班人员如发现发电机转子绝缘逐步下降而又查不出原因，则可能是由于复合管渗漏所致，应引起密切注意。此时如转子绝缘电阻值小于 2Ω。转子一点接地报警，则应申请停机处理。如此时机组出现欠磁或失磁现象，立即故障停机，汽轮机值班员应配合进行故障停机操作。

15-120　热工仪表指示异常的情况有哪些？

答：热工仪表指示异常的情况有偏大、不动、偏小和到零。

（1）偏大。负压侧泄漏使压差增大，则指示偏大；天气寒冷使仪表管内液体冻结，则指示偏大；二次仪表零位未校准也会使指示偏大。

（2）不动。一次门关闭，仪表管堵塞，造成指示偏小或不动；指针或仪表传动机构卡住。

（3）偏小。差压仪表的正压侧泄漏，使压差减小，指示偏小；仪表管轻微堵塞或泄漏。

（4）仪表指示到零。仪表电源中断，仪表接线断开或短路。

15-121　电阻温度计常见故障有哪些？

答：电阻温度计常见故障如下：

（1）电阻温度计的指示值比实际值偏大。说明测温线路上有接触不良的现象；如果表计指针偏大到最大刻度一端或最小，则说明感温电阻烧毁或测温线路有断线的地方。

（2）指示到"零"。说明在线路的某段有短路的地方。

（3）表计指针来回摆动。说明在线路某段接触不良或表计本身振动。

（4）此种表计的游丝起不到返回"零"的作用。当表计失真时，指示可能随意稳定在某一刻度上。

15-122　动圈式毫伏温度计常见故障有哪些？

答：动圈式毫伏温度计常见故障如下：

（1）热电偶温度计指示偏大。说明冷端补偿不正常、线路调整电阻短路、连接导线电阻偏小。

（2）热电偶温度计指示到"零"。说明电路不正常，连接电路中有断线或短路。

（3）指针来回摆动。说明连接导线及切换开关接触不良或补偿电源相互影响。

（4）指示偏小。说明切换开关到表的公用线路接触不良或各点线路电阻偏大。

15-123　当仪表电源失电时，毫伏表、比率表和电子温度表将发生哪些变化？

答：当毫伏表的补偿电源失电时，毫伏表的冷端补偿没有电，就起不到补偿作用。因此，它的温度表指示比实际温度低。

比率表是由两个装牢在一起的线圈组成的，它们装在针尖上，绕着铁芯的垂直轴在不均匀的永久磁铁磁场中旋转。它的工作原理是测定两个线路中电流强度的比值。这两个线路由共同的直流电源供电。当失电时，作用在运动系统上的两个转矩同时失去，因此它的指针将留在原来位置上不动，这样会造成仪表还在工作的错误印象。所以在比率表上采用特别的电磁复原器，失电时，使它的指示到零。

如果失电，放大器就无法将测量系统中发出的微弱信号放大来操纵可逆电动机，因此它的指针停留在原来的位置。

15-124　氧化锆氧量计在运行中易出现哪些故障？原因是什么？

答：氧化锆氧量计在运行中易出现的故障及原因如下：

(1) 指示值误差大。主要原因（不含二次仪表故障引起的原因）如下：

1) 氧化锆封接不好，有渗漏现象。

2) 氧化锆本身特性欠佳。

3) 安装位置漏风较大。

4) 氧化锆的工作温度高于 900℃或低于 600℃。

(2) 指示值摆动过大。主要原因如下：

1) 安装位置不当。

2) 锅炉本身燃烧不稳，风压波动较大，造成烟温及烟气成分含量波动过大。

15-125　热电阻元件在使用中发生的常见故障有哪些？

答：热电阻元件在使用中发生的常见故障如下：

(1) 热电阻阻丝之间短路或接地。

(2) 热电阻阻丝断开。

(3) 保护套管内积水。

(4) 电阻元件与接线盒间引出导线断路。

参 考 文 献

[1] 张磊，马明礼．超超临界火电机组丛书：汽轮机设备与运行．北京：中国电力出版社，2008.

[2] 张磊．超超临界火电机组技术问答丛书：汽轮机运行技术问答．北京：中国电力出版社，2008.

[3] 《火力发电职业技能培训教材》编委会．火力发电职业技能培训教材：汽轮机设备运行．北京：中国电力出版社，2005.

[4] 《火力发电职业技能培训教材》编委会．火力发电职业技能培训教材：汽轮机设备运行复习题与题解．北京：中国电力出版社，2005.

[5] 姚莹，杨翠仙．电力生产“1000个为什么”系列书：汽轮机运行与检修．北京：中国电力出版社，2005.

[6] 华东电业管理局．电业工人技术问答丛书：汽轮机技术问答．北京：中国电力出版社，2000.

[7] 电力工人技术培训与考工试题丛书编委会．火力发电厂汽轮机运行技术培训与考工试题．青岛：青岛出版社，1992.

[8] 王国清．发电企业安全运行技术问答丛书：汽轮机分册．北京：中国电力出版社，2008.

[9] 电力行业职业技能鉴定指导中心．11-025职业技能鉴定指导书 职业标准·试题库：汽轮机运行值班员．2版．北京：中国电力出版社，2009.

[10] 电力行业职业技能鉴定指导中心．11-024职业技能鉴定指导书 职业标准·试题库：水泵值班员．北京：中国电力出版社，2002.

[11] 电力行业职业技能鉴定指导中心．11-022职业技能鉴定指导书 职业标准·试题库：热力网值班员．北京：中国电力出版社，2002.